A+U高校建筑学与城市规划专业教材

城乡市政基础设施规划

西安建筑科技大学
吴小虎　李祥平　主编

U0301714

中国建筑工业出版社

图书在版编目（CIP）数据

城乡市政基础设施规划 / 吴小虎，李祥平主编. —北京：中国建筑
工业出版社，2014.6（2024.8重印）
A+U高校建筑学与城市规划专业教材
ISBN 978-7-112-16556-8

Ⅰ.①城…　Ⅱ.①吴…②李…　Ⅲ.①市政工程–基础设施建设–
城市规划–高等学校–教材　Ⅳ.①TU99

中国版本图书馆CIP数据核字（2014）第046304号

本书以城乡市政基础设施内容为主体，包括给水系统、排水系统、供热系统、燃气系统、电力系统、信息系统、环卫设施、环境保护、综合防灾减灾等，对以上九个系统分章论述，分别介绍各系统的组成、特点以及规划方法等，特别强调各系统中和城乡规划专业最紧密相关的内容。

本书为城乡规划学科专业教材，也可作为建筑学、风景园林专业以及从事城乡规划、建筑设计和风景园林设计的工作人员的参考资料。

为更好地支持本课程的教学，我们向使用本书的教师免费提供教学课件，有需要者请与出版社联系，邮箱：jgcabpbeijing@163.com。

责任编辑：杨　虹　陈　桦
责任校对：陈晶晶　赵　颖

A+U高校建筑学与城市规划专业教材
城乡市政基础设施规划
西安建筑科技大学
吴小虎　李祥平　主编
*
中国建筑工业出版社出版、发行（北京海淀三里河路9号）
各地新华书店、建筑书店经销
北京嘉泰利德公司制版
建工社（河北）印刷有限公司印刷
*
开本：787×1092毫米　1/16　印张：28　字数：690千字
2016年1月第一版　2024年8月第八次印刷
定价：55.00元（赠教师课件）
ISBN 978-7-112-16556-8
（25389）

前　言

本书以城乡市政基础设施内容为主体，从城乡规划专业的角度进行编写，主要适用于城乡规划专业本科学生及研究生学习使用，也可供相关专业学生和从事相关专业的规划、设计和管理人员参考。

本书编写中根据本课程涉及专业多、内容独立性强的特点，以系统的共性为主线，针对城乡规划专业学生的特点和需求，内容编排有所侧重，主要突出各工程系统的任务、作用、特点及其与城市规划的关系，特别强调各市政基础设施系统中与城乡规划设计最密切相关的部分。本书引入了最新的相关规范、标准，努力把握学科发展前沿趋势和最新理念。

可持续发展是 21 世纪的主题，本书将贯彻这一思想，根据我国国情，以生态型城市建设为目标，本着可持续发展、节约能源资源和保护环境的原则，介绍各专项系统在其中的作用及影响，以培养这一意识。

本书由吴小虎、李祥平主编，各章的编写者为：

绪论　　李祥平、吴小虎

第一章　吴小虎、朱建军、苗国辉

第二章　吴小虎、蒋正、苗国辉

第三章　李祥平、徐才亮

第四章　徐才亮、李祥平

第五章　刘昊、吴小虎

第六章　李祥平、刘昊

第七章　李祥平、王安平

第八章　王安平、李祥平

第九章　朱建军、李祥平、赵廷伟

本书由吴志湘、王小文主审。

在本书的编写过程中，得到了西安建筑科技大学有关专业教师及相关规划设计研究院同事的大力支持，得到了中国建筑工业出版社杨虹编辑的热情帮助，在此谨向各位表示衷心的感谢。

由于编写人员水平有限，书中难免还存在不足之处，恳切希望使用本书的同仁提出意见和建议，以利于今后的充实和提高。

编者

2013 年 2 月

目　录

第九章　综合防灾减灾规划

绪论

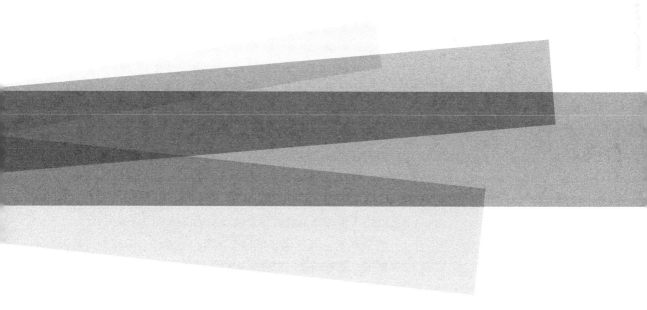

一、城乡基础设施包含的内容

基础设施是指城乡生存和发展所必须具备的工程性基础设施和社会性基础设施的总称。城镇和乡村能否正常高效地进行生产、生活等活动，取决于城乡基础设施保障是否完备有力。

工程性基础设施一般指城乡的能源、水资源、交通、信息、环境和防灾等六大系统的工程设施；社会性基础设施则指行政管理、文化教育、医疗卫生、商业服务、金融保险、社会福利等设施。社会性基础设施主要打造城市的"软环境"，可以聚集城市的"人气"；而工程性基础设施打造的是城市"硬环境"，聚集城市的"地气"。

狭义上的城乡基础设施主要指工程性基础设施，亦称为市政基础设施，它是城乡赖以生存和持续发展的物质基础和重要支撑体系。由于在城乡规划专业教学中，道路系统、交通体系、建设场地等内容均开设有道路交通规划和场地设计(含管线综合)等课程独立教授，因此本教材所称城乡市政基础设施，主要包括给水系统、排水系统、供热系统、燃气系统、电力系统、信息系统、环卫设施、环境保护、综合防灾减灾等。

本书对上述九个系统分章论述，特别强调各系统中和城乡规划专业最紧密相关的内容。

二、城乡市政基础设施的基本作用

市政基础设施在城市中所起的作用可以用一个比喻来形象说明。如果我们把城市比作一个人，那么道路网就好比这个人的骨架，而其他市政基础设施则是这个人的神经、血管和内脏。它们源源不断地为城市补充物质、交换能量和传输信息，使之具有生命力，同时又起着保护城市安全和与周边环境协调共生的作用。

其实无论是城镇还是乡村都是人们的聚居地点，是居民从事各种经济、社会等活动的载体。既然是一种载体，就希望提高它的承载能力。显然，适当超前规划建设市政基础设施是提高城乡承载力的一个必要手段，许多城市政府"经营城市"的理念从早期的招商引资已经逐步转变为通过打造城市基础设施来"筑巢引凤"。

长期以来，城乡二元结构重城市、轻乡村，造成乡村基础设施标准偏低、建设滞后，更需要国家的政策扶持和资金保障。近年来，国家提出的城乡统筹发展、城乡基础设施一体化建设等战略方针，将逐步改变这一现状。

城乡基础设施是实现城乡经济效益、社会效益和环境效益相统一的必要条件，对城乡发展起着重要作用。在人口和产业高度聚集的城市，基础设施的作用更为明显，主要体现在以下几个方面：

第一，基础设施是城市赖以生存和发展的基本条件。

从古今中外的城市发展历史来看，基础设施是城市形成的重要条件。城市要生存发展，要维持城市居民生活，必须有足够的水源补给，不能想象在一个缺乏充足水源没有供水设施的地方能形成某个城市。我国历史上处于西北丝绸之路的楼兰古城、印度北部的斯育等城市，由于自然条件恶化，水源枯竭，城市由盛到衰，最后成为废墟，就是例证。改革开放新时期出现的深圳、珠海等特区城市，仅用十余年时间就从边陲小镇发展成为今天的现代化城市，并呈现继续发展的良好势头，其中重要原因之一就在于城市开发初期进行的大规模城市基础设施建设。由此可见，城市基础设施建设对城市的形成和发展所起的重要作用。

第二，基础设施是城乡经济正常运转的前提条件。

城乡基础设施中的很大一部分以社会方式直接参与了生产企业的生产，其中，供水、排水、道路、交通、燃气、热力、电话等设施，以各自特殊的方式，直接进入了物质生产部门的产品生产全过程。毋庸讳言，没有水资源的开发利用和雨水污水的排放处理，企业就无法生产；没有城市道路的交通设施，生产资料就难以进入社会再生产过程，产品或商品流通势必会遇到极大的困难。在社会化大生产的城市经济中，几乎所有的生产企业都以电力为动力，以水为生产手段或原料，把道路交通设施作为生产企业投资和产出的基础物质条件。北京市 1983 年由于缺电曾平均每天拉闸停电限电 89次，因此一年损失工业产值 30 亿元。天津市在引滦入津前，曾因只剩下两个星期的供水量，几乎使整个城市陷于瘫痪。

第三，基础设施是城乡居民生活质量的重要制约因素。

基础设施也具有为社会服务的性质，其服务对象不仅是生产，而且还有城市居民的生活，有些设施例如防火、防洪、防震等还担负着保证城市安全的作用。为城乡居民生活服务是基础设施一开始出现就具备的职能。

城乡居民生活质量的高低主要取决于国家经济的发展，取决于国家的综合国力及人均国民生产总值的水平，但基础设施的完善及良好与否也对城乡居民生活质量有重要影响。很难想象，一个现代化城市，没有了电力和燃气供应，居民的生活会出现什么样的情况。一个城市如果交通不畅、通信不灵、电力燃气供应不足、给水排水能力低下等，就谈不上城市居民生活的高质量。相反地，完善而良好的基础设施为城乡居民创造清洁、卫生、优美、舒适的工作条件和生活环境，提高居民生活质量，增强城乡居民的向心力、凝聚力，从而促进城乡经济的发展。良好的城乡基础设施，即使居民在生活上得到实惠而且直接感受，也使城乡经济的持续发展获得推动力，其影响是潜在而深远的。

第四，基础设施是城市产生聚集效益的决定因素。

城市是经济社会发展的产物。当社会生产力发展到一定阶段，交换成为日常生活中的必需以后，城市就产生了。城市作为人类文明、社会进步的象征和生产力的空间载体，聚集了一定区域范围内的生产资料、资金、劳动力和科学技术及文化教育卫生，而成为一定区域内社会各要素的聚集体。这种聚集体产生巨大的城市聚集效益和广泛的城市辐射力。

城市聚集效益的产生是由于众多的社会经济单位集合于城市这个空间内，既实现高度专业化分工，又形成经济实体、社会实体和物质实体三者的有机结构，从而提高劳动生产率，产生整体性高效益的结果。高度的专业化分工与经济实体、社会实体和物质实体的综合统一，要求有精密分工和广泛紧密的协作，使城市成为高度社会化的有机整体，这种社会化是建立在完善的基础设施之上的。完善的基础设施可以使城市各社会经济单位更好地分工协作加强联系，基础设施的各个方面迅速传导着人流、物流和信息流，把城市地域内各社会经济要素紧密地聚合在一起，大大提高城市所有部门的经济效益、城市社会效益和城市生态环境效益的有机整体的城市聚集效益。

总之，基础设施是城乡立足的基础，是城乡社会经济运转的骨架，是城乡居民获得安全美好生活的物质前提。所以，有人形象地将基础设施喻为城乡建设的先行官，城乡生存发展的生命线。

三、城乡市政基础设施的特点

基础设施作为城乡赖以生存和发展的基础条件，具有以下四个特点：

第一，服务职能的同一性和公共性。

构成城乡基础设施的各部分，都具有同一职能，即服务职能。无论何种基础设施，其服务对象都是整个城乡的社会生产和居民生活。基础设施的公共性表现在两个方面：（1）任何一项基础设施都不是为特定部门、单位、企业或居民服务的，而是为城乡所有部门、单位、企业和居民提供服务的，是为城乡社会整体提供社会化服务；（2）基础设施提供的服务，从服务对象上看，既为物质生产服务，

又为居民生活服务，两者难以截然分开。

第二，运转的系统性和协调性。

城乡基础设施是一个有机的综合系统，其系统性和协调性，不仅通过道路网、电力网、自来水管网、燃气输配管网等各类设施自成体系的网络表现出来，而且表现为基础设施的各个分类设施系统之间的密切联系，形成城乡内部一个相对独立的系统。这个系统在其内部以及同外界环境之间均需协调一致，才能正常良好地运转。城市基础设施必须与城市国民经济、人口规模、居民生活水平、城乡规划建设等保持协调发展的关系。而且，基础设施内部各分类设施系统之间联系也非常紧密而协调。例如城市的给水、排水、热力、燃气、电信等管线往往预埋在城市道路下面，城市道路的开挖所影响的不只是城市交通，而且会影响到其他城市基础设施效率的发挥。基础设施各分类设施内部都构成一个有机整体，自成系统，互相协调，不能割裂。如水资源的开发利用、水源保护、防洪、给水、排水、污水处理与利用等构成城市水系统。以上所有这些方面，表现出它们之间的联系密切、互相制约、互相依存的运转系统性和协调性。

第三，建设的超前性和形成的同步性。

基础设施建设的超前性有两层含义。一是时间上的超前：从城乡发展要求来看，作为城乡发展和存在的基础，基础设施的建设理应在前；从技术角度讲，基础设施建设的工期长，埋设在地下的部分较多，必须先行施工，否则不但会造成重复施工，影响整体建设工程的工期和效率，而且会浪费大量资财，影响整体效益。所谓城市建设前期准备必须先做到"七通一平"，就是这个道理。二是容量上的超前：即基础设施的能力应走在城乡对其需要的前面。这是因为，城乡对基础设施的需求往往会不断增长变化，而基础设施却因牵动面大而不宜随时扩建变动。所以，城市道路埋设在地下的各种管线等有关工程量大，使用年限长，建成后不易移动的设施，应按城市一定时期内发展规划和总体要求一次建成或按最终规划建设或预留。

基础设施形成的同步性是指基础设施与相关的其他设施工程同时形成能力。基础设施提前形成能力会造成基础设施投资的呆滞，而基础设施滞后形成能力又会造成企业或住宅区等设施投资的呆滞而影响其发挥效益。只有形成建设同步，才能实现宏观最佳投资效益。从我国目前总的情况来看，城乡基础设施形成能力往往落后于其他项目。

第四，效益的间接性和长期性。

基础设施的建设和管理，其目的并不完全着眼于获得自身的经济效益，而在于为整个城乡经济的发展提供基础条件，促进城乡经济和其他各项事业的发展，增进城乡总体效益。城乡基础设施的投资效益和经营管理效果，往往表现为服务对象的效益提高，进而促进城乡总体效益的提高。例如，天津"引滦入津"引水工程完成后，由于水质改善，天津纺织印染工业的染色牢度增加，一级品率也大幅提高。相反的，过去上海因污水处理工程设施的滞后，苏州河和黄浦江水质日趋下降，导致纺织品洁白度不够，啤酒质量下降，不少罐头食品难以外销等，企业因此而蒙受重大损失。此外，城乡基础设施的间接效益，有时还可以通过其服务对象的效益收益来计算，例如，大连市前几年因为缺水每年损失工业产值 6 亿元。所以，基础设施的效益主要是通过整体社会经济效益而间接地表现出来的。

基础设施投资大、使用期长，总的投资效益在短期内难以得到集中反映，要通过一段相当长的时期才能表现出来，而且，基础设施的经济效益、社会效益、环境效益会长期反映出来。例如，城市防灾设施的健全，使城市可以稳定安全地运转，这些效益是深远的长期的。

四、城乡市政基础设施规划的类型和层次

城乡市政基础设施规划是城乡规划的重要组成部分，在编制城乡规划的同时应同步编制市政基础设施规划，使各专业工程系统规划在城市用地和空间上得以保证，同时也使各项建设在技术上得到落实。

规划的编制工作按照规划范围和对象来分包括区域规划，城镇体系规划，城市规划，居住区规划，旅游区（风景区）规划，产业园区规划，小城镇规划，新农村规划等。城市规划按照规划的层次可分为城市发展战略规划，城市总体规划，城市分区规划，控制性详细规划，修建性详细规划等。

针对不同的规划对象，市政基础设施各子项系统规划的内容和侧重点也有所不同。这在后面各章节中会详细说明。同时，对于不同层次的城市规划，与之匹配的市政基础设施规划的内容和深度也不一样。

城市总体规划（包括分区规划）中的市政基础设施规划解决的问题主要有：根据各子项系统的现状基础、资源条件和发展趋势等方面，分析论证城市经济社会发展目标的可行性、总体规划布局的

可行性和合理性，并从各子系统的角度提出调整建议；根据确定的城市发展目标、总体布局以及各子项系统上级主管部门的发展规划，确立各子项系统的发展目标，合理布局重大关键设施和网络系统，并制定实施措施。

城市详细规划（包括控制性详细规划和修建性详细规划）中的市政基础设施规划主要解决的问题包括：根据总体规划（或分区规划），结合本详细规划范围内的实际情况，从各子项系统的角度对本范围详细规划的布局提出调整或完善意见；具体布置本详细规划范围内所有的室外工程设施和工程管线，提出相应的技术要求和实施措施。

这些不同层次的市政基础设施规划的关系是：上层面规划是下层面规划的依据，具有指导作用；下层面规划对上层面规划逐步深化完善和具体落实，同时也可以对上层面规划不合理的部分进行调整。除了和城市规划不同层级对应的市政基础设施规划外，各单项子系统的主管部门也可以组织编制本工程系统的专项规划，如城市给水系统专项规划、城市集中供热系统专项规划等，作为指导本工程系统建设的依据。在编制各层次城市规划中的市政基础设施规划时也要尽量衔接各系统专项规划。

市政基础设施规划的规划期限一般和城市规划期限相一致，即近期规划期限为 5 年，远期规划期限为 20 年左右。有些专业工程系统规划为了更好地衔接近、远期规划，还设有中期规划，规划期限为 10 年。为了适应现实情况并及时指导工程建设，有些专业工程在近期规划的基础上还要编制滚动建设计划，即根据当年的建设实况和专业发展动态，当年年底作下年度的建设计划，修正完善 5 年近期建设规划，形成滚动渐进的近期规划，切实可行地向远期规划目标渐进。

城市规划中市政基础设施规划成果主要包括图纸和文字说明等。总体规划（含分区规划）和控制性详细规划作为法定规划，提交成果中除图纸、说明书以外还应包括文本和基础资料汇编。

五、城乡市政基础设施规划的发展动向

当前国内基础设施规划的发展，随着城乡空间发展趋势，越来越强调高标准化、大区域化、高度集中化和高科技化。高标准化是要在快速城市化的进程中加强基础设施规划建设，规划应适度超前，从选址到设计，再到施工都要强调科学合理，能够适应未来 20 年甚至更久的城市发展需求；大区域化是要在城乡统筹和区域统筹的发

展方针下，打破城乡二元结构和行政区限，统筹大型基础设施规划，避免重复建设；高度集中化是要以可持续发展为目标，集约各项建设资源和能源，扩大生产规模和辐射范围；高科技化是要通过科学技术的不断革新，能够做到最大限度地减少非可再生能源的使用、减少各类污染物的排放和满足城市发展需求，兼顾社会效益和经济效益。

从城市市政基础设施规划编制的发展情况来看，也随着城市发展的进程和工程技术的进步而不断发展变化。城乡市政基础设施规划的发展趋势主要表现在各子系统的规划内容日益增加、各系统之间的关联不断优化整合。

具体到各系统来讲，目前城市给水工程系统和排水工程系统两个子系统一般被视为相对独立的两个系统分别进行规划设计，而未来的发展趋势是将两者整合为城市水系统规划，更加强调两者之间的优化关系；同时根据规划对象的不同还可能增加中水回用、雨水利用、水景观、水安全、水资源统筹和节水等方面的内容。

城市电力系统、供热系统和燃气系统规划将逐步整合为城市能源体系规划。除了完成各系统自身的规划内容外，还要根据城市能源禀赋特点对各系统进行优化组合，提出合理的能源结构优化手段和节能措施。

过去由于通信手段落后，信息化程度低，城市信息系统规划主要是邮政系统和电信系统（固定电话）的规划，而现在的城市信息系统规划，除上述两项外，还应包含无线通信、有线电视广播、互联网络等内容，未来随着科技发展，信息系统的子项内容会越来越多。最近几年，基于 GIS、RS、GPS 及其数据库技术在城市中的广泛应用，"数字城市"或"智慧城市"的概念也被大家普遍接受，所以城市信息系统规划也应涉及这部分内容。

原先的城市防灾规划一般只涉及防洪、防震、消防和人防等针对单灾种的工程措施，一些城市根据自身环境、气候、地形地质特点可能会增加防风、防（海）潮、防塌方泥石流等工程规划内容。而现在随着灾害源（自然的和人为的）不断增加，灾害形成机理愈加复杂（次生灾害和衍生灾害），原先针对各单灾种的"硬件"工程规划已然不能满足城市防灾需求。所以今后的城市综合防灾减灾规划除了对上述单灾种的"硬件"设施（比如疏散通道、避难场地、应急通信等）进行整合优化外，还应包括"软件"的规划内容，比如灾害预警预报、灾害应急预案、防灾演练和安全教育等，进而形成一套完整的应对各类灾害的体系。这样的防灾规划现在称为"城市综合防灾减灾及公众安全保障体系规划"或"城市公共安全体系规划"更为恰当。

六、学习本课程的目的

1. 了解市政基础设施各系统的基本内容，实现各专业间的配合与协调

一个完整的城乡规划设计项目（比如某个城市的总体规划），应包括规划、经济、道路交通、市政、景观等多个专业，市政基础设施规划本身就是规划设计的必要组成部分。对于城乡规划专业来说，尽管有时并不直接去完成这部分的规划设计，但应对市政基础设施各系统的基本原理和内容有所了解。同时，由各专业组成的规划设计团队都在同一个规划项目中做文章，就存在一个配合与协调的问题。就好比一支球队，各个位置上最好的球员组成的球队并不是最好的球队，只有相互了解，配合默契的球队才是一支好球队。在规划设计中，要想解决好各专业之间的配合与协调问题，就应该对其他专业的基本知识有一些了解，尤其对于规划这个"龙头"专业，要知道其他专业在做什么，能做什么，更主要的是我们要为他们做些什么。只有把这个问题解决了，在规划设计工作中才能更好地完成任务，促进规划方案更加合理可行。这就是我们学习市政基础设施规划这门课程的第一个目的，也是对城乡规划专业人员最基本的要求。

2. 在城乡规划中体现可持续发展理念

水资源、能源、生态、环境、安全、可持续……这些词汇已经越来越被人们所熟悉和关注。国家近年来提出的一些可持续发展理念，比如"资源节约"、"环境友好"、"循环经济"、"城乡统筹"、"生态文明"等，如何在所从事的城乡规划工作中得以体现，更是我们应关注的问题。通过对这门课程的学习，我们应当知道水资源是如何使用的，怎样才能在不影响正常用水的情况下尽可能地节约用水；应当知道能源是怎样消耗的，怎样才能尽可能地节约能源；应当知道城市小环境和周围大环境的关系，怎样才能尽量减少对环境、对生态的影响；等等。只有掌握了这些知识，我们才能够在实际工作中和其他专业人员一起，规划出真正的可持续发展的城市和乡村。

3. 适应专业知识拓展的要求和学科交叉的趋势

随着社会经济和科学技术的发展，以及人们对市政基础设施重要性的认识加深，城乡市政基础设施得以快速的发展和完善。一方面使得以前非常复杂的东西变得相对简单，另一方面又出现很多新

的内容、新的系统。这时，就使得原来一些由某一专业人员完成的工作转到其他专业,或由好几个专业共同完成。比如城市给水系统中,水源地保护的内容由规划专业完成,而水资源承载力、水景观、水安全等内容就需要好几个专业共同来完成。再比如城市设计中的夜景照明,原先规划设计内容很简单,主要由电气专业人员就可以完成。而现在城市重点地段的夜景照明设计要求很高,由于电气专业人员没有经过系统的美学方面的训练,无法实现特殊的光环境要求,这时的夜景照明设计就需要由规划、景观、电气等专业人员来共同完成。

七、学习本课程的方法

如前所述,市政基础设施子系统很多,涉及的专业也很多很杂,而各专业、各系统之间的关联性又不强甚至可以说互不相关,不论是基本理论知识还是专业内容都差别很大。如何学习掌握市政基础设施规划的内容,也是我们需要关注的一个重要问题。

市政基础设施虽然涉及的内容众多,但仍然可以找出一些共性。

（一）建立系统的概念

城乡市政基础设施包括很多子系统,如给水系统、供热系统、燃气系统、电力系统、电信系统等等。而这些系统又都呈现出两个特点：

1. 完整性。每个系统都是一个完整的、有头有尾的体系,各环节缺一不可。

2. 独立性。每个系统又是相对独立的,和其他系统没有任何关联。

可以设想,如果抓住城市某条道路下的某个系统的主干管线,把它从这个城市中拿出来,那么所取出的一定是一个完整的系统,而同时这个城市中的其他系统则纹丝不动。

（二）各系统的组成部分及其关注点

对于市政基础设施的大多数子系统（给水、排水、电力、电信、供热、燃气等）来说,每个子系统大致由源、管线和用户三部分组成。

1. 源

如净水厂、锅炉房、天然气门站、变电站等。

市政各子系统的"产品"在这里经过加工、处理,为城市提供所需要的资源或能源。这部分内容可能比较复杂,专业性很强,因此应当由各相关专业人员去完成,而城乡规划专业人员至少应了解：

（1）源的类型及特点

如城市的供热系统,我们应当知道除了锅炉房可以作为热源外,还有热电厂、地热、工业余热废热、太阳能等;而锅炉房除了燃煤锅炉外，还有燃气、燃油和电锅炉；在区域供热范围内，各小区或建筑的热源可能只是一个换热站。同时，不同的热源对环境、噪声、安全等各方面的要求也不同。也就是说，对于一个具体的规划对象，在选择热源时应充分考虑气候条件、建筑类型、环保、能源政策等各种因素，最终确定出一个相对合理的热源类型。

（2）位置

在城市规划中，这些"源"的厂站放在城市规划区什么位置，上游还是下游，上风向还是下风向，市中心还是郊区，地势高或是地势低等。不同子系统的厂站，在城市规划区的位置要求也不同。比如水厂一般应规划在城市的上游，污水厂在城市的下游、下风向、地势较低处；大型枢纽变电站应选址在城市的郊区，而电话局、邮政局等可规划在城市中心区。

（3）面积

每个厂站需要多大用地面积也是需要关注的内容。当然，各系统"源"部分厂站的占地面积取决于它们的类型、规模、工艺等，规划专业人员应当有一个大致的了解。

2. 管线

如城市给水管道、雨污水管道、热力管道、燃气管道、电力线路、通信线路等。

管线将"源"制备出的"产品"输送分配到各用户。对于这部分内容，通过学习应当了解：

（1）管线的布置形式

如给水管网有枝状、环状布置；供电线路有放射式、环式、网孔式等等。管线不同的布置形式，保障程度不同，当然投资也不同。

（2）管线的敷设方式

包括地上、地下两种。前者经济，便于安装、维护，后者比较美观。不同的管线，敷设方式可能有不同的要求。即便同一种管线，对不同的规划对象或在不同的地段，它的敷设方式可能也不同。有些市政管线必须地下敷设，比如给水管道、燃气管道等；有些可以地上敷设，比如电力线路、通信线路等。同样是地下敷设的给水管道，可以直埋敷设，而在有些地段需要采用管沟敷设。

（3）管径估算

对于规划专业人员来说，不一定需要掌握准确计算管径的方法，但应该对管径的估算有一些了解。应当知道，有些管道的管径较大（如雨水管道和污水管道），埋深较深。同时还应了解一些特殊的规定和要求，比如市政给水管道上一般都有室外消火栓，而连接消火栓的给水管道管径最小是 $DN\ 100$。

3. 用户

对于市政基础设施的某个子系统来讲，管线末端基本上都已经深入到建筑内部，所以最终的末端用户是具体的建筑设备。当然，城乡规划不会关注到具体的各末端设备，但是对于各系统用户的特点和要求还是要有所了解。比如某些工业用户的需水量很大，但主要是冷却用水，对给水水质要求不高，这部分水量是可以循环利用的，甚至可以利用中水作为补充水源；有些用户用水不多，但水质要求高，以城市给水系统作为水源，还需要进一步处理。再比如，有些用户供电可靠性要求很高，必须两个独立回路甚至两个独立电源供电，那么我们在供电系统的规划设计中就要采取能满足用户要求的技术措施。

综上所述，虽然市政基础设施各专业内容繁杂，但只要把握住方法，首先建立起一个抽象的框架，形成一个完整、独立的、由源、管线、用户三部分组成的系统之后，在每个专项系统的学习中，掌握各自的特点，逐步形成一个个特别的系统，这样就比较容易掌握市政基础设施的知识内容。

第一章
给水系统规划

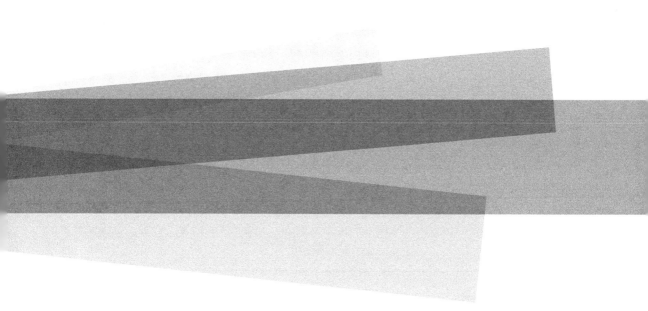

第一节 概述

一、给水系统的任务

给水系统是非常重要的市政基础设施之一，它必须安全可靠、经济合理的向城乡提供各类用水，并满足用户对于水量、水质和水压的要求。因此给水系统基本任务是从水源取水，并将其净化处理达到所要求的水质标准后，经输配水管网送至各用户。

二、用水类型

水是城乡生活生产中必不可少的支持要素，应用在城乡生产和生活的每一方面。通常根据用水目的不同，以及用户对水质、水量和水压的不同要求，将城乡用水分为以下几类：

1. 生活用水

生活用水包括城镇生活用水和农村生活用水。城镇生活用水由居民用水和公共用水（含服务业、餐饮业及建筑业等用水）组成。农村生活用水除居民生活用水外还包括牲畜用水在内。生活用水量的多少取决于各地的气候、居住习惯、社会经济条件、水资源丰富程度等因素。就我国来看，随着人民生活水平的提高和居住条件的改善，生活用水量将有所增长。生活饮用水的水质关系到人体生命健康，必须符合《生活饮用水卫生标准》（GB 5749—2006）。生活用水管网必须达到一定的压力才能保证用户使用。其中从地面算起的最小水压叫做自由水压，应根据给水区内多数建筑层数确定，通常一层为 $10mH_2O$，二层为 $12mH_2O$，二层以上每加一层增加 $4mH_2O$。对城市中个别高层建筑，应考虑自行解决水压问题。

2. 生产用水

生产用水主要指工业生产过程中的用水。其水量、水质和水压的要求，因具体生产工艺而不同。由于工艺技术的改进和节水措施的推广，工业用水重复率将提高，使用水量下降；而工业规模的扩大将使生产用水量增多。一般来讲，火电、冶金、造纸、石油、化工等行业的用水量较大。

3. 市政用水

市政用水主要是指道路保洁，绿化浇水，车辆冲洗等用水。随着市政建设的发展，城乡环境卫生标准的提高及绿化率的提高，市政用水量将进一步增大。

4. 消防用水

消防用水指扑灭火灾时所需要的用水，一般供应室内、外消火栓给水系统、自动喷淋灭火系统等。消防用水不经常使用，可与城市生活用水系统综合考虑，对于防火要求高的工厂、仓库、高层建筑等，可设立专用消防给水系统，以保证对水量和水压的要求。消防用水对水质没有特殊要求。

此外有时还可能包括景观用水、生态用水、农业用水等。

三、给水系统的组成

城市给水系统一般由取水工程、净水工程和输配水工程三部分组成。图 1-1 所表示的是一个以河水为水源的城市给水系统。

1. 取水工程

取水工程主要解决"水量"的问题。包括选择水源和取水地点，建造适宜的取水构筑物，其主要任务是保证给水系统取得足够的水量。

地下水的取水构筑物有管井、大口井、辐射井、渗渠和引泉构筑物等。

地面水的取水构筑物有固定型和移动型两种：固定型包括岸边式、河床式和斗槽式；移动型包括浮船式、缆车式等，应根据水源的具体情况选择取水构筑物的形式。

2. 净水工程

净水工程主要解决"水质"的问题。净水工序在净水厂完成，通过水厂给水处理构筑物，对原水进行处理，使其满足国家生活饮用水水质标准或工业生产用水水质标准要求。

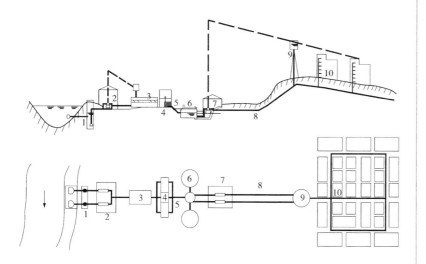

图 1-1 城市给水工程系统
1—取水构筑物；2——级泵站；3—沉淀池；4—过滤池；5—消毒设备；6—清水池；7—二级泵站；8—输水管道；9—水塔或高位水池；10—配水管网

水的净化方法和净化程度，要根据水源水质以及用户对水质的要求而定。城市自来水厂净化后的水必须满足我国现行生活饮用水的水质指标。工业企业用水对水质一般具有特殊要求，往往单独建生产给水系统，以满足不同生产性质、不同产品对水质的不同要求。例如，锅炉用水要求水中具有较低的硬度；纺织漂染工业用水对水中的含铁量限制较严；而制药工业、电子工业则需含盐量极低的脱盐软化水等。

地面水源的原水，需去除水中的泥沙、无机盐、有机物、细菌、病毒等杂质。一般以供生活用水为目的的地面水的净化工艺流程，主要包括沉淀、过滤和消毒三部分。地下水一般不需像地面水那样进行净化处理。有的地方直接饮用地下水；有的仅进行加氯消毒；有的经滤池的过滤和消毒处理之后，作为饮用水。

3. 输配水工程

输配水工程就是指给水管网以及各种加压、调蓄设施，主要解决"水压"和"分配"的问题。

输水管是输送用水到城市配水管网的管道，要求简短、安全，一般铺设两条，最好沿路敷设，少占农田并尽量避开工程艰巨地段。

配水管网是直接供水给用户的管道。

（1）给水管网的布置应满足以下几方面的要求：

① 应符合城市总体规划的要求，考虑供水的分期发展，并留有充分的余地；

② 管网应布置在整个给水区域内，并能在适当的水压下，向用户供给足够的水量；

③ 无论在正常工作或在局部管网发生故障时，应保证不中断供水；

④ 管网的造价及经营管理费用应尽可能低，因此，除了考虑管线施工时有无困难及障碍外，必须沿最短的路线输送到各用户，使管线敷设长度最短。

（2）布置形式

给水管网的布置形式，根据城市规划、用户分布及对用水的要求等，有树枝状管网和环状管网。

① 树枝状管网

管网的布置呈树枝状，向供水区延伸，管径随用户的减少而逐渐变小。这种管网的管线敷设长度较短，构造简单，投资较省。但供水可靠性差。

② 环状管网

给水干管间用联络管相互连通起来，形成许多闭合回路为环状管网。环状管网的管线较长，投资较大，但供水安全可靠。

在实际工程中，为了发挥管网的输配水能力，达到供水既安全可靠又适用经济，常用树枝状与环状相结合的管网。

四、给水系统的形式

城市总体布局、地形地质、水源情况以及用户对水量、水质和水压的要求等是影响城市给水系统布置的主要因素。根据以上不同情况，给水系统可采取以下几种布置形式。

1. 统一给水系统

城市生活用水、工业用水、市政用水、消防用水等都按照生活饮用水的水质标准，用统一的给水管网供给各类用户的系统，称为统一给水系统，如图 1-2 所示。

统一给水系统适用于新建的中小城镇、工业园区和开发区，或用户较为集中，各用户对水质、水压无特殊要求或相差不大，地形起伏变化不大的情况。这是一种最简单最经济的给水系统，运行管理方便，缺点是供水安全性较低。

2. 分质给水系统

取水工程取来的原水经过不同程度的净化过程，用不同的管道，分别将不同水质的水供给不同用户的系统称为分质给水系统，如图 1-3 所示。

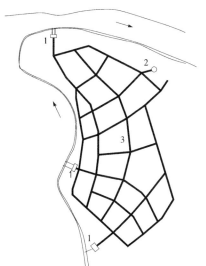

图 1-2　统一给水系统图
1—水厂；2—加压泵站；3—管网

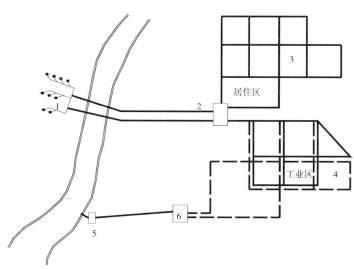

图 1-3　分质给水系统图
1—管井群；2—水厂；3—生活给水管网；4—生产给水管网；5—地面水取水构筑物；6—工业用水处理构筑物

此系统适宜在城市或工业区中低质水用水量占有较大比重的情况下采用。分质供水可以保证城市有限的水资源优质优用，但分质给水系统投资较大，运行管理也较为复杂。

3. 分区给水系统

城市给水系统根据其布局特点同时结合地形地貌分成若干子系统，每个子系统中都有各自的管网、泵站或水塔水池等，承担某一片区的供水任务。这种给水系统称为分区给水系统，如图1-4所示。有时各子系统之间保持适当联系，以便保证供水安全和调度的灵活性。这种系统可节约加压动力费用和管网投资，但运行管理较为复杂。

当城市用水量很大，城市建设用地面积很大或延伸很长，或城市被自然地形分割成若干组团片区，或城市功能区比较明确的大中城市可采用分区给水系统。

4. 分压给水系统

由两个或两个以上的水源向城市不同高程的区域或水压要求不同的用户供水，这种系统适用于水源较多的山区或丘陵地区城市或工业区，如图1-5所示。这种系统的优点是管网压力适宜，可减少加压动力费用，减少了高压管道和设备，供水安全，也便于分期建设。缺点是系统较为复杂，设备较多，运行管理也比较复杂。

5. 区域给水系统

当若干城镇或工业区组成的城镇群沿某一流域展开，分布较为密集但各城镇间又有一定距离，为避免水污染，可以在城镇群的共同上游选择水源统一取水，然后分配给沿河各城镇或工业区使用，这种从区域统一考虑建设的给水系统称为区域给水系统。如图1-6

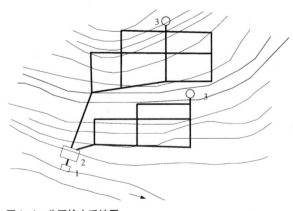

图1-4 分区给水系统图
1—取水构筑物；2—水厂和二级泵站；3—水塔或水池

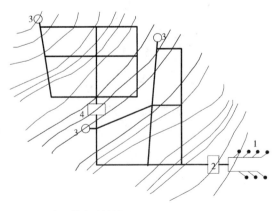

图1-5 分压给水系统图
1—取水构筑物；2—水厂和二级泵站；3—水塔或水池；4—高区泵站

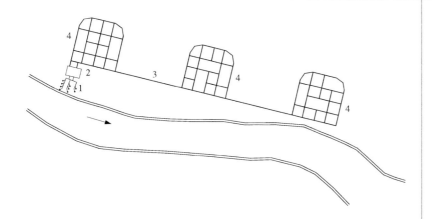

图1-6 区域给水系统图
1—取水构筑物；2—区域水厂；
3—输水干管；4—城镇给水管网

所示。这种系统也适用于水资源贫乏、需要远距离调水的城镇群或工业区，可以发挥给水系统的规模效益，减少成本。

除上述几种系统以外，在某些工业园区或大型厂矿企业内，用水量大且水质要求差异较大，还可以根据实际工艺情况建设循环或循序给水系统。这样可以有效提高工业用水的重复利用率，达到清洁生产和节约用水的目的。

五、给水系统规划

1. 规划内容和深度

城乡规划的层次和内容不同，相对应的给水系统规划深度和要求也不同。

（1）城市总体规划中的给水系统规划

①确定用水量标准，预测城市总用水量；

②平衡供需水量，选择水源，确定取水方式和取水点；

③确定给水系统形式、净水厂供水能力、厂址和占地面积，确定净水处理工艺；

④布局输配水干管和给水管网以及管网配套设施，估算干管管径；

⑤确定水源地保护措施。

规划成果包含图纸、文本和说明书以及基础资料汇编。图纸包括给水系统现状图和给水系统规划图。

（2）城市分区规划中的给水系统规划

①估算分区用水量；

②进一步确定主要供水设施的规模、位置和用地范围；

③对城市总体规划中供水管网的走向、位置进行落实或修正补充，估算控制管径。

规划成果包含图纸、文本和说明书以及基础资料汇编。图纸包括分区给水系统规划图和必要的附图。

（3）城市详细规划中的给水系统规划

分为控制性详细规划和修建性详细规划。

①计算用水量，提出对水压和水质的要求；

②布局给水设施和给水管网；

③计算输配水管道管径，校核配水管网水量和压力；

④选择给水管道管材；

⑤进行造价估算。

规划成果主要包含图纸和说明书。图纸包括给水系统规划图和必要的附图。

2. 规划方法和步骤

城市给水系统规划通常按以下步骤进行：

（1）明确规划任务的内容和范围，收集城市水系统相关部门的规定和文件。

（2）收集基础资料和现场踏勘。基础资料主要包括：城市总体规划、分区规划或详细规划，新近地形图，城市近远期用地布局和人口分布；建筑层数和卫生设备标准；现状给水设施和供水情况，用水大户资料；城市气象、水文和工程地质资料；城市不同用户对水量、水压和水质的特殊要求等。

为直观了解实地状况，必须进行现场踏勘。通过现场调研了解并核实实地地形，增加感性认识。

（3）在搜集资料和现场踏勘的基础上，着手制定给水工程规划设计方案。通常需要拟定几个方案，绘制给水系统规划方案图，估算工程造价，对各方案进行技术经济比较，从中选出最佳方案。

（4）根据确定的方案绘制给水系统规划图纸，编写规划设计说明书。图中应包括给水水源和取水位置、水厂厂址、泵站和水塔位置，以及输配水管网的位置走向等。说明书内容应包括规划项目的方案构思及其优缺点、设计依据、工程造价、所需主要材料设备及能源消耗等。

第二节　用水量预测

一、用水量标准

用水量标准是计算城乡各类用水总量的基础，是城乡给水排水工程规划的主要依据，并且对城乡用水管理也有重要作用。然而，我国各地具体条件差别较大，难有统一精确的城乡用水量标准。规划时确定城乡用水量标准，除了参照国家的有关规范外，还应结合当地的用水量统计资料和未来城乡的经济发展趋势。

（一）居民生活用水量标准

城市中每个居民日常生活所用的水量范围称为居民生活用水量标准，居民生活用水一般包括居民的饮用、烹饪、洗涮、沐浴、冲厕等用水。居民生活用水标准与当地的气候条件、城市性质、当地国民经济和社会发展、给水设施条件、水资源充沛程度、居住习惯等都有较大关系，单位通常按 L／人·d 计。

表 1-1 是《室外给水设计规范》GB 50013—2006 中所规定的标准。

《建筑给水排水设计规范》GB 50015—2003 从住宅类别、卫生器具设置标准的角度规定了住宅的最高日生活用水定额及小时变化系数，见表 1-2。

居民生活用水定额（单位：L／人·d）　　　　　　　表 1-1

城市规模 用水情况 分区	特大城市		大城市		中小城市	
	最高日	平均日	最高日	平均日	最高日	平均日
一	180～270	140～210	160～250	120～190	140～230	100～170
二	140～200	110～160	120～180	90～140	100～160	70～120
三	140～180	110～150	120～160	90～130	100～140	70～110

注：1. 特大城市指：市区和近郊区非农业人口 100 万及以上的城市；大城市指：市区和近郊区非农业人口 50 万及以上，不满 100 万的城市；中、小城市指：市区和近郊区非农业人口不满 50 万的城市。
　　2. 一区包括：贵州、四川、湖北、湖南、江西、浙江、福建、广东、广西、海南、上海、云南、江苏、安徽、重庆；二区包括：黑龙江、吉林、辽宁、北京、天津、河北、山西、河南、山东、宁夏、陕西、内蒙古河套以东和甘肃黄河以东的地区；三区包括：新疆、青海、西藏、内蒙古河套以西和甘肃黄河以西的地区。
　　3. 经济开发区和特区城市，根据用水实际情况，用水定额可酌情增加。
　　4. 当采用海水或污水再生水等作为冲厕用水时，用水定额相应减少。

住宅最高日生活用水定额及小时变化系数　　　　　　　表 1-2

住宅类别		卫生器具设置标准	用水定额（L／人·d）	小时变化系数 K_h
普通 住宅	I	有大便器、洗涤盆	85～150	3.0～2.5
	II	有大便器、洗脸盆、洗涤盆、洗衣机、热水器和沐浴设备	130～300	2.8～2.3
	III	有大便器、洗脸盆、洗涤盆、洗衣机、集中热水供应（或家用热水机组）和沐浴设备	180～320	2.5～2.0
别墅		有大便器、洗脸盆、洗涤盆、洗衣机、洒水栓、家用热水机组和沐浴设备	200～350	2.3～1.8

注：1. 当地主管部门对住宅生活用水定额有具体规定时，应按当地规定执行；
　　2. 别墅用水定额中含庭院绿化用水和汽车洗车用水。

（二）公共建筑用水量标准

公共建筑用水包括娱乐场所、宾馆、集体宿舍、浴室、商业、学校、办公等用水。这些公共建筑的生活用水定额及小时变化系数，根据卫生器具完善程度和区域条件，可见表1-3，是由《建筑给水排水设计规范》GB 50015—2003 规定的。

宿舍、旅馆和公共建筑生活用水定额及小时变化系数 　　　　表1-3

建筑物名称	单　位	最高日生活用水定额（L）	使用时数（h）	小时变化系数 K_h
宿舍 I 类、II 类 III 类、IV 类	每人每日 每人每日	150 ～ 200 100 ～ 150	24 24	3.0 ～ 2.5 3.5 ～ 3.0
招待所、培训中心、普通旅馆 设公用盥洗室 设公用盥洗室、淋浴室、 设公用盥洗室、淋浴室、洗衣室 设单独卫生间、公用洗衣室	每人每日 每人每日 每人每日 每人每日	50 ～ 100 80 ～ 130 100 ～ 150 120 ～ 200	24	3.0 ～ 2.5
酒店式公寓	每人每日	200 ～ 300	24	2.5 ～ 2.0
宾馆客房 旅客 员工	每床位每日 每人每日	250 ～ 400 80 ～ 100	24	2.5 ～ 2.0
医院住院部 设公用盥洗室 设公用盥洗室、淋浴室 设单独卫生间 医务人员 门诊部、诊疗所 疗养院、休养所住房部	每床位每日 每床位每日 每床位每日 每人每班 每病人每次 每床位每日	100 ～ 200 150 ～ 250 250 ～ 400 150 ～ 250 10 ～ 15 200 ～ 300	24 24 24 8 8 ～ 12 24	2.5 ～ 2.0 2.5 ～ 2.0 2.5 ～ 2.0 2.0 ～ 1.5 1.5 ～ 1.2 2.0 ～ 1.5
养老院、托老所 全托 日托	每人每日 每人每日	100 ～ 150 50 ～ 80	24 10	2.5 ～ 2.0 2.0
幼儿园、托儿所 有住宿 无住宿	每儿童每日 每儿童每日	50 ～ 100 30 ～ 50	24 10	3.0 ～ 2.5 2.0
公共浴室 淋浴 浴盆、淋浴 桑拿浴（淋浴、按摩池）	每顾客每次 每顾客每次 每顾客每次	100 120 ～ 150 150 ～ 200	12 12 12	2.0 ～ 1.5
理发室、美容院	每顾客每次	40 ～ 100	12	2.0 ～ 1.5
洗衣房	每千克干衣	40 ～ 80	8	1.5 ～ 1.2

续表

建筑物名称	单 位	最高日生活用水定额（L）	使用时数（h）	小时变化系数 K_h
餐饮业 中餐酒楼 快餐店、职工及学生食堂 酒吧、咖啡馆、茶座、卡拉 OK 房	每顾客每次 每顾客每次 每顾客每次	40 ～ 60 20 ～ 25 5 ～ 15	10 ～ 12 12 ～ 16 8 ～ 18	1.5 ～ 1.2
商场 员工及顾客	每平方米营业厅 面积每日	5 ～ 8	12	1.5 ～ 1.2
图书馆	每人每次 员工	5 ～ 10 50	8 ～ 10 8 ～ 10	15 ～ 1.2 15 ～ 1.2
书店	员工每人每班 每平方米营业厅	30 ～ 50 3 ～ 6	8 ～ 12 8 ～ 12	1.5 ～ 1.2 1.5 ～ 1.2
办公楼	每人每班	30 ～ 50	8 ～ 10	
教学、实验楼 中小学校 高等院校	每学生每日 每学生每日	20 ～ 40 40 ～ 50	8 ～ 9 8 ～ 9	1.5 ～ 1.2 1.5 ～ 1.2
电影院、剧院	每观众每场	3 ～ 5	3	1.5 ～ 1.2
会展中心（博物馆、展览馆）	员工每人每班 每平方米展厅每日	30 ～ 50 3 ～ 6	8 ～ 16	1.5 ～ 1.2
健身中心	每人每次	30 ～ 50	8 ～ 12	1.5 ～ 1.2
体育场（馆） 运动员淋浴 观众	每人每次 每人每场	30 ～ 40 3	4	3.0 ～ 2.0 1.2
会议厅	每座位每次	6 ～ 8	4	1.5 ～ 1.2
航站楼、客运站旅客，展览中心观众	每人次	3 ～ 6	8 ～ 16	1.5 ～ 1.2
菜市场地面冲洗及保鲜用水	每平方米每日	10 ～ 20	8 ～ 10	2.5 ～ 2.0
停车库地面冲洗水	每平方米每次	2 ～ 3	6 ～ 8	1.0

注：1. 除养老院、托儿所、幼儿园的用水定额中含食堂用水，其他均不含食堂用水；
  2. 除注明外，均不含员工生活用水，员工用水定额为每人每班 40L ～ 60L；
  3. 医疗建筑用水中已含医疗用水；
  4. 空调用水应另计。

（三）工业企业用水量标准

工业企业生产用水量，根据生产工艺过程的要求确定，可采用单位产品用水量、单位设备日用水量、万元产值取水量、单位建筑面积工业用水量作为工业用水标准。由于生产性质、工艺过程、生产设备、管理水平等不同，工业生产用水的变化很大。有时，即使生产同一类产品，不同工厂、不同阶段的生产用水量相差也很大。

一般情况下，生产用水量标准由企业工艺部门来提供。规划时，缺乏具体资料，可参考有关同类型工业、企业的技术经济指标，也可按照单位工业用地指标确定。

工业企业职工生活用水标准，根据车间性质决定；淋浴用水标准，根据车间卫生特征确定。表 1-4 是根据《建筑给水排水设计规范》GB 50015—2003 和《工业企业设计卫生标准规定》GBZ 1—2010 所给的用水定额确定，可作为估算这部分水量的参考。

工业企业职工生活用水量和沐浴用水量 表 1-4

用水种类	车间性质	用水量 (L/ 人·d)	时变化系数 K_h
生活用水	一般车间 热车间	25 35	3.0 2.5
淋浴用水	不太脏污身体的车间 非常脏污身体的车间	40 60	每班淋浴时间以 45min 计算，时变化系数等于 1

（四）市政用水量标准

用于街道保洁、绿化浇水和汽车冲洗等市政用水，由路面种类、绿化面积、气候和土壤条件、汽车类型、路面卫生情况等确定。

街道洒水用水量标准按 $1.0 \sim 2.0L/m^2 \cdot$ 次计算，次数按气候条件 $2 \sim 3$ 次 / 日计；

绿化浇水用水量标准按 $1.5 \sim 4.0L/m^2 \cdot$ 次计算，每天浇洒 $1 \sim 2$ 次；

汽车冲洗用水量标准按小轿车 250 ~ 400L/ 辆，公共汽车、载重汽车 400 ~ 600L/ 辆。

（五）消防用水量标准

消防用水量按同时发生的火灾次数和一次灭火的用水量确定。其用水量与城市规模、人口数量、建筑物耐火等级、火灾危险性类别、建筑物体积、风向频率和强度有关。根据《建筑设计防火规范》（GB 50016—2006）规定，城镇、居住区的室外消防用水量见表 1-5。

（六）未预见水量

为确保用水量的预测结果较为准确，将用水量计算中不可预见的各种因素都考虑在内，给出一个余量范围，这部分就叫未预见用水量。有时把给水管网的漏失水量（相关规范要求城市给水管网漏损率不超过 8%）也计入未预见水量。

城镇、居住区室外的消防用水量		表1-5
人数（万人）	同一时间内的火灾次数（次）	一次灭火用水量（L/s）
≤ 1.0	1	10
≤ 2.5	1	15
≤ 5.0	2	25
≤ 10.0	2	35
≤ 20.0	2	45
≤ 30.0	2	55
≤ 40.0	2	65
≤ 50.0	2	75
≤ 60.0	3	85
≤ 70.0	3	90
≤ 80.0	3	95
≤ 100	3	100

注：城镇的室外消防用水量包括居住区、工厂、仓库（含堆场、储罐）和民用建筑的室外消火栓用水量。

根据《室外给水设计规范》GB 50013—2006规定，城镇未预见用水及管网漏失水量按最高日用水量的15%～25%计算。

二、用水量变化和相关参数计算

1. 用水量的变化

在城市中，无论是生活用水还是工业用水，用水量都是时刻变化的。在规划设计给水系统时，应当考虑用水量每日、每时的变化情况，从而使供水水量和流量更符合给水系统的实际运行情况。

城市用水量的变化规律可以通过小时变化曲线、日变化曲线等直观表示，如图1-7所示，也可以引入数学参数来描述曲线的波动幅度。其中最常用的就是用水量的日变化系数和时变化系数。

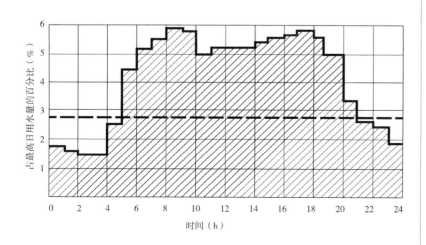

图1-7　城市用水量小时变化曲线

（1）日变化系数

全年中每日的用水量随着气候以及生活习惯等不同而有所变化，比如夏季用水量比冬天多，节假日用水量较平时多。

日变化系数 K_d 是一年中最高日用水量与年平均日用水量的比值。通常日变化系数 K_d 在 1.1 ～ 2.0 之间，大中城市取值宜为 1.1 ～ 1.5，小城镇可适当加大。

（2）时变化系数

一天中各小时的用水量随着作息时间及生活习惯等不同而有所差别，比如白天比夜间用水量多。

时变化系数 K_h 是最高日最大时用水量与最高日平均时用水量的比值。通常时变化系数 K_h 在 1.3 ～ 2.5 之间，大中城市取值宜为 1.3 ～ 2.0，小城镇可适当加大。

2. 相关参数计算

（1）最高日用水量 Q

在规划设计年限内，用水量最多的一天的用水量，称为最高日用水量。城市给水规模就是按城市给水工程的最高日用水量来确定，而在城市水量平衡中所采用的是平均日用水量。

（2）最高日平均时用水量 Q_c

为了使给水系统能合理的适应城市用水量变化，根据用水量变化曲线来确定二级泵站、输水管道、配水管网以及蓄水设施（水塔、蓄水池等）的流量与规模，因此需了解每小时的用水量情况。

城市取水构筑物的取水量和水厂的供水能力应以最高日用水量（必要时还应校核消防补充水量）进行计算，因此最高日平均时的用水量 Q_c 应为：

$$Q_c = Q/24 \quad (\text{m}^3/\text{h}) \qquad (1\text{-}1)$$

最高日平均时用水量 Q_c 是取水构筑物设计取水流量和水厂设计供水能力的主要依据。

（3）最高日最大时用水量 Q_{max}

城市最高日最大时用水量为：

$$Q_{max} = K_h \cdot Q_c = K_h \cdot Q/24 \quad (\text{m}^3/\text{h}) \qquad (1\text{-}2)$$

最大秒流量 q 为：

$$q = Q_{max}/3.6 \quad (\text{L/s}) \qquad (1\text{-}3)$$

在设计给水管网时，应按最高日最大时的设计秒流量 q 计算，所以最高日最大时用水量是确定给水管道管径、流速等参数的主要依据。

三、用水量估算

（一）估算的目的

进行用水量估算的目的主要是合理选择城市水源，确定水厂的供水能力以及给水管网及其附属构筑物的规模。

按照上文所给的各类用水标准最终确定出的用水量即是最高日用水量，然后我们可根据最高日用水量来进一步确定最高日最大时用水量、最高日平均时用水量等相关参数，作为确定给水系统的水源、净水厂、给水管网以及其他构筑物的基本依据。所以用水量的估算就是以最高日用水量为结果。

（二）估算方法

在城市总体规划和分区规划阶段，常用的用水量预测或估算方法有以下几种：

1. 人均综合用水量指标法

人均综合用水量指标是指城市每日的总供水量除以用水人口所得到的人均用水量。表1-6是20世纪90年代对我国部分城市人均用水量情况进行调查统计后的结果，表1-7是《城市给水工程规划规范》（GB 50282—98）中给出的人均综合用水量指标。

城市人均综合用水量调查表（单位：L／人·d）　　　　　表1-6

城市规模 用水情况 分区	特大城市		大城市		中小城市	
	最高日	平均日	最高日	平均日	最高日	平均日
一区	507 ~ 682	437 ~ 607	568 ~ 736	449 ~ 597	274 ~ 703	225 ~ 656
二区	316 ~ 671	270 ~ 540	249 ~ 561	249 ~ 433	224 ~ 668	189 ~ 449
三区	—	—	229 ~ 525	212 ~ 397	271 ~ 441	238 ~ 365

注：城市分类和分区见表1-1注。

城市单位人口综合用水量指标（万m³／万人·d）　　　　表1-7

区 域	城市规模			
	特大城市	大城市	中等城市	小城市
一区	0.8 ~ 1.2	0.7 ~ 1.1	0.6 ~ 1.0	0.4 ~ 0.8
二区	0.6 ~ 1.0	0.5 ~ 0.8	0.35 ~ 0.7	0.3 ~ 0.6
三区	0.5 ~ 0.8	0.4 ~ 0.7	0.3 ~ 0.6	0.25 ~ 0.5

注：城市分类和分区见表1-1注。

在确定了人均综合用水量指标后，再乘以规划人口数，就能算出规划总用水量。即：

$$Q = N \cdot q \cdot k \qquad (1\text{-}4)$$

式中：N 为规划期末人口数，q 为人均综合用水指标，k 为规划期末自来水普及率。

显然，这种方法估算城市用水量较为简便，但估算结果较为粗略，一般在粗略预测用水量时可采用此方法。

由于各城市的居民生活用水人均指标差别不大，但各城市的工业结构和规模及发展水平有较大差别，所以工业用水量差异很大，而工业用水量往往在城市总用水量中占有较大比例（综合型城市通常占 50% 左右，对于工业城市来说所占比例更高）。规划时，合理确定规划期内的人均用水量指标是应用此方法的关键。

2. 单位建设用地用水量指标法

这种方法和前一种方法的原理类似，只不过将人均综合用水量指标替换为单位建设用地用水量指标。在确定了单位建设用地用水量指标后，再乘以规划建设用地规模，就能得到规划总用水量。表 1-8 是《城市给水工程规划规范》GB 50282—98 中推荐的单位建设用地综合用水量指标。

同人均综合用水量指标法一样，这种方法估算城市用水量也很简便，但由于单位建设用地综合用水量指标较难确定，如果选取不当往往会造成估算结果和实际误差很大。鉴于此，《城市给水工程规划规范》还给出了按城市建设用地分类的用水量指标，见表 1-9 ～ 表 1-12。城市居住用地用水量应根据城市特点、居民生活水平等因素确定；公共设施用地用水量应根据城市规模、经济发展状况和商贸繁荣程度以及公共设施的类别、规模等因素确定；工业用地用水量应根据产业结构、主体产业、生产规模及技术先进程度等因素确定。

城市单位建设用地综合用水量指标（万 m³/km²·d）　　　　　　　　　　　表 1-8

区域	城市规模			
	特大城市	大城市	中等城市	小城市
一区	1.0 ～ 1.6	0.8 ～ 1.4	0.6 ～ 1.0	0.4 ～ 0.8
二区	0.8 ～ 1.2	0.6 ～ 1.0	0.4 ～ 0.7	0.3 ～ 0.6
三区	0.6 ～ 1.0	0.5 ～ 0.8	0.3 ～ 0.6	0.25 ～ 0.5

注：1. 城市分类和分区见表 1-1 注；
　　2. 本表指标已包括管网漏失水量。

单位居住用地用水量指标（万 m³/km²·d）　　　表 1-9

区 域	城 市 规 模			
	特大城市	大城市	中等城市	小城市
一区	1.70 ～ 2.50	1.50 ～ 2.30	1.30 ～ 2.10	1.10 ～ 1.90
二区	1.40 ～ 2.10	1.25 ～ 1.90	1.10 ～ 1.70	0.95 ～ 1.50
三区	1.25 ～ 1.80	1.10 ～ 1.60	0.95 ～ 1.40	0.80 ～ 1.30

注：1. 城市分类和分区见表 1-1 注；
　　2. 本表指标已包括管网漏失水量。

单位公共设施用地用水量指标（万 m³/km²·d）　　　表 1-10

用地名称	用水量指标
行政办公用地	0.50 ～ 1.00
商贸金融用地	0.50 ～ 1.00
体育、文化娱乐用地	0.50 ～ 1.00
旅馆、服务业用地	1.00 ～ 1.50
教育用地	1.00 ～ 1.50
医疗、疗养用地	1.00 ～ 1.50
其他公共设施用地	1.00 ～ 1.50

注：本表指标已包括管网漏失水量。

单位工业用地用水量指标（万 m³/km²·d）　　　表 1-11

工业用地类型	用水量指标
一类工业用地	1.20 ～ 2.00
二类工业用地	2.00 ～ 3.50
三类工业用地	3.00 ～ 5.00

注：本表指标包括了工业用地中职工生活用水及管网漏失水量。

单位其他用地用水量指标（万 m³/km²·d）　　　表 1-12

用地类型	用水量指标
仓储用地	0.20 ～ 0.50
对外交通用地	0.30 ～ 0.60
道路广场用地	0.20 ～ 0.30
市政公用设施用地	0.25 ～ 0.50
绿地	0.10 ～ 0.30
特殊用地	0.50 ～ 0.90

注：本表指标已包括管网漏失水量。

在总体规划、分区规划以及控制性详细规划阶段，根据用地平衡表中各类用地的性质、构成和规模，选择合适的各类用地用水量指标分别去计算用水量，最终叠加得到结果。这种方法适用范围较广，但各类用地的用水量指标较难确定。

3. 分项预估叠加法

按照城市用水类型可分为生活用水、生产用水、市政用水、消防用水和其他用水等。在城市规划各阶段都会有完整的用地、人口甚至建筑规划，这样，估算生活用水量、生产用水量、市政用水量等的基本参数可以直接或间接从各层次的规划成果中取得，然后据此估算出规划期内的总用水量。

（1）综合生活用水量估算

生活用水量主要指的是城市居民在住宅和各类公共建筑内的用于日常生活耗费的水量，或称为综合生活用水量，人均指标可参考表1-13选取。城市综合生活用水量的预测，应根据城市特点、居民生活水平等因素确定。

人均综合生活用水量指标（L／人·d）　　　　　表1-13

区域	城市规模			
	特大城市	大城市	中等城市	小城市
一区	300～540	290～530	280～520	240～450
二区	230～400	210～380	190～360	190～350
三区	190～330	180～320	170～310	170～300

注：综合生活用水为城市居民日常生活用水和公共建筑用水之和，不包括浇洒道路、绿地、市政用水和管网漏失水量。

可以看出，人均综合生活用水量指标要比表1-1所给出的居民生活用水定额数值大一些，其实就是把公共建筑用水也一并计入造成的结果。

当然，在详细规划阶段，居住用地（或住宅）和各类公共服务设施用地（或公建）的相关技术经济指标比较确定，因此综合生活用水量也可以用居民生活用水和公共建筑用水量分项叠加来计算。

（2）生产用水量估算

生产用水在城市总用水量中所占比例较大，其预测结果对城市给水系统的规划布局有重要影响，甚至还会涉及城市规划中的产业结构调整、重大工业项目选址以及城市用水政策制定等。

影响城市工业用水量的因素很多，工业类型、规模等不同，用水量差别很大。为了使估算结果比较准确，最好采用"调查法"，具体方法可以直接向工业企业获取耗水量资料，也可参考比照同类型、同规模的工业企业的"单位产值耗水量"、"单位产品耗水量"等指标来估算规划工业用水量。如果条件所限无法采用调查法，也可参照表1-11所给单位工业用地用水量指标，按照不同类型工业用地用水量叠加获得结果。

需要特别指出的是，工业生产用水中有一部分是可以重复利用的，工业生产总用水量是从城市水源或给水系统所取新水量与重复利用水量之和。工业用水重复利用率就是指在一定时间内（如1年），生产过程中使用的重复利用水量与总用水量的比率。在估算工业生产用水量时应考虑工业用水重复利用率这一因素，合理确定工业耗水量，尤其是所取新水量。

表1-14列出目前我国各生产行业的工业用水重复利用率的合理值，可作为估算工业用水量的参考。

（3）市政用水量估算

市政用水主要是指城市道路广场保洁，绿化浇水，车辆冲洗用水等。市政用水量可以参考表1-12所给单位用地指标去计算。在缺乏资料时，也可按综合生活用水量和生产用水量之和的5%～10%估算。

（4）未预见水量估算

为了避免用水分项过细，有时把给水管网的漏失水量、水厂自用水量等都计入未预见水量。城镇未预见水量可按以上（1）、（2）、（3）三项用水量之和的15%～25%估算。

将以上四项用水量叠加后就得到规划区的最高日总用水量。

最后还需要对消防用水量进行校核计算。按同时发生的火灾次数和一次灭火的用水量计算确定消防用水量后，看是否不超过城市总用水量（通常都会满足）。消防用水量不必叠加进入总用水量，但这部分水量在给水系统规划时必须考虑提出预留措施。

4. 统计分析法

统计分析法计算城市用水量，根据计算原理和数学模型不同，有多种方法。包括发展增量法、年增长率法、线性回归法等等。这

										表1-14

各种工业用水重复利用率的合理值

行业	钢铁	有色冶金	石油工业	一般化工	造纸	食品	纺织	印染	机械	火力发电
重复利用率（%）	90～98	80～95	85～95	80～90	60～70	40～60	60～80	30～50	50～60	90～95

些计算方法较为繁琐，且有一定局限性，只适用于多年统计资料比较齐全、发展已经较为稳定的综合型城市。所以给水系统规划中估算用水量很少采用这些方法。

在进行给水系统的总体规划或分区规划时，为使预测结果较为准确，在资料较为齐备的前提下，常常采用几种方法分别估算，得出的结果互相校核，修正出合理的用水量数值。

在控制性详细规划阶段，可以参照上述方法1、2、3来估算规划区域的最高日用水量。

在修建性详细规划阶段，也可以参照上述方法1、2来估算规划区的最高日用水量。由于修建性详细规划中的技术经济指标可以给出各类建筑的面积和规划人口，所以通常按照《建筑给水排水设计规范》GB 50015—2003所给出的各类建筑单位建筑面积（或床位、人数等）用水量指标（参见表1-2～表1-4）进行估算，结果会更加准确可靠。

（三）用水量估算应注意的问题

1. 注意预测方法的选用

以上介绍了城市用水量预测的一些方法，各种方法应结合具体情况选用。在最充分地利用资料的条件下，选用最能显示其优点的预测方法。规划时，应采用多种方法进行预测，以相互校核。

2. 充分研判过去的资料数据

由于历史的原因，我国城市经济发展和建设有过一些波折，不同的历史阶段，用水量变化规律不同。选用数据时，应考虑各种历史因素，若采用不恰当的资料，可能使外推结果随时间失去精确性。例如改革开放以来，不少城市的供水递增率都很高，有一些都在8%以上，但这种情况只能存在一定的历史阶段，若直接采用这些指标就可能失误很大。

3. 充分考虑各种因素的影响

城市的经济发展水平、区域分布、水资源丰富程度、基础设施配套情况、人们的生活习惯、水价、工业结构等都是影响城市用水量的重要因素，确定指标和预测时，应考虑哪些因素影响用水量，然后分析这些因素今后如何变化，不能盲目套用。

4. 应注意人口的流动和变化

用水量预测的许多方法都要以城市人口作为参量，所以人口预测准确与否将影响用水量的预测结果。随着我国户籍政策的变化，人口的流动和变化也是一个不可忽视的因素。大部分城市的用水量统计资料中，没有计入暂住人口和流动人口，特别是沿海开放城市和经济发达城市的流动人口数量巨大，导致人均用水标准偏高。在用水量预测时要考虑这方面的影响。

5. 应掌握城市用水的变化趋势

城市在特定的历史阶段，受到经济技术发展的影响或水资源条件的限制，城市用水量的变化也有一定规律。比如在初始阶段，经济发展和生活水平较低，用水量增幅较小；到了发展阶段，随着产业的发展、城市人口聚集和生活水平提高，城市用水量会骤增；到饱和阶段，城市水资源的开发受到限制，节水措施大力推广，新增用水量主要依靠重复用水来解决，城市用水量趋于饱和，增幅很小甚至会负增长。这是许多城市的发展规律，在规划城市用水量时应充分考虑。

第三节 水源

一、水源类型及特点

城市水源一般指可被利用的淡水资源，包括地下水源和地表水源。有时也把海水利用、再生水回用作为城市水源的补充。

1. 地下水

地下水的来源主要是大气降水和地面水的入渗，渗入水量与降雨量、降雨强度、持续时间、地表径流和地层构造及其透水性有关。一般年降雨量的 30% ~ 80% 下渗补给地下水，地下岩层的含水情况则与岩石的地质年代有关。第四纪以来所形成的沉积层是一种松散的沉积物，在地面分布较广，特别是河流冲积层和洪积层，对储藏浅层地下水具有重要意义。

地下水具有水质澄清、水温稳定、分布面广等优点，但水的矿化度、硬度较高，一些地区的地下水可能还含有其他物质，如铁、锰、氟化物、硫酸盐等。地下水若水质符合要求，可以优先作为城乡给水水源，但必须认真进行水文地质勘察，以保证有限度的合理开发利用。

（1）上层滞水

上层滞水是存在于包气带中局部隔水层之上的地下水，如图 1-8 所示。它的特征是埋藏较浅，分布范围有限，补给区与分布区一致，水量随季节变化明显，旱季甚至干涸。因此，只宜作为居民较少的村庄或小城镇临时供水水源。如我国西北黄土高原某些地区埋藏的上层滞水成为了该区某些村镇的宝贵水源。

（2）潜水

潜水是埋藏在第一隔水层之上，具有自由表面的重力水，如图 1-9 所示。潜水的主要特征是有隔水底板而无隔水顶板，具有自由

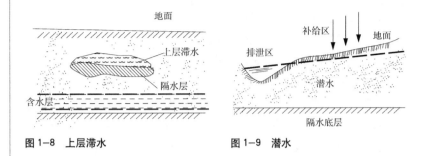

图1-8　上层滞水　　　　　　　　　图1-9　潜水

表面的无压水。它的分布区和补给区往往一致,水位及水量变化较大。我国潜水分布较广、储量丰富,常用作给水水源。但由于埋深较浅易被污染,作为水源时必须注意卫生防护。

（3）承压水

承压水是充满于两隔水层之间有压力的地下水,又称自流水。当用钻孔凿穿地层时,承压水就会上升到含水层顶板以上,如有足够压力,则水能喷出地表,称为自流井。其主要特征是含水层上下都有隔水层,承压,有明显的补给区、承压区和排泄区,补给区和排泄区往往相隔较远。同时由于埋藏较深,不易被污染。如图1-10所示。

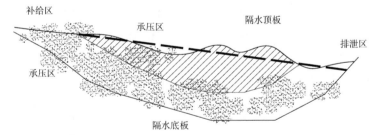

图1-10　承压水

我国承压水分布广泛,广东雷州半岛、陕西关中平原、山西汾河平原、内蒙古河套平原以及新疆很多山间盆地均属于自流盆地;另外北京附近、甘肃河西走廊祁连山等山前洪积平原等属于山前自流斜地,这些地区均含有丰富的承压水,是城市生活和工业的重要水源。

（4）岩溶水

岩溶水也称为喀斯特水。通常在石灰岩、白云岩、泥灰岩等可溶岩石分布地区,由于水流作用形成河、溶洞、地下暗河等岩溶现象,储存或运动于岩溶层中的地下水就称为岩溶水。其特征是矿化度低的重碳酸盐水，涌水量一年内变化较大。我国石灰岩分布较广的广西、贵州、云南等地，岩溶水水量丰富，可作为给水水源。

（5）裂隙水

裂隙水是埋藏于基岩裂隙中的地下水，主要在山区出现。

（6）泉水

涌出地表的地下水露头称为泉，有包气带泉、潜水泉和自流泉等。其中自流泉由承压水补给，其特点是向上涌出地表，动态稳定，水量变化小，可以作为良好的供水水源。

2. 地表水

地表水主要指江河、湖泊、水库中的水。地表水源由于受到地面各种因素的影响，往往具有浑浊度较高、水温变幅大、易受人为活动的污染、季节变化明显等特点。但地表径流较大，水的矿化度、硬度较低，铁锰含量也较低。城乡采用地表水作为水源时，在地形、地质、水文、安全、卫生防护等方面较为复杂，且水处理成本较高，所以投资和运行费用较大。地表水源水量充沛，常能满足大量供水的需要，所以现在是城市给水的主要水源。

（1）江河水

我国江河水资源丰富、流量较大，但因各地条件不一，江河水源状况也不同。

一般来说，江河洪枯季节流量及水位变化较大，水中含泥沙等杂质较多，并且发生河床冲刷、淤积和河床演变。

（2）湖泊、水库水

我国南方湖泊较多，可作为给水水源。其特点是水量充沛，水质较清，比江河水的泥沙量和悬浮物较少，但水中易繁殖藻类及浮游生物，底部积有淤泥，选作水源时应注意水质的情况。

北方地区的中小河流由于流量季节变化明显，枯水季节往往水量不足甚至断流，此时可根据水文、气象、地形地质等条件修建调节性蓄水库作为给水水源。

3. 其他水源

除了常规的地下水源和地表水源外，在不得已的情况下，还有一些其他水源可以利用。如海水、微咸水、再生水以及暴雨洪水等。

海水含盐量高，淡化成本较高。一般用于工业用水和生活杂用水方面，也有经济发达且淡水资源匮乏的国家和地区对海水进行淡化处理，作为城市主要水源。

微咸水主要埋藏在较深层的含水层中，多分布在沿海地区。微咸水氯离子的含量约为海水的1/10，可作为农业灌溉、渔业和某些工业用水。

再生水和雨水作为城市补充水源详见本章第六节和第二章第四节。

二、水源选择

在城市给水系统规划中，应根据城市近远期发展规模，对水量、水质、给水安全性和水资源统筹等因素进行技术经济比较，从而能合理的确定城市水源。

1. 水源应有充足的水量

当采用地表水源时，天然河流的最枯流量按设计枯水流量的保证率为 90% ~ 95% 考虑，视城市规模和工业用水比例而定；应优先考虑天然河道和湖泊中取水的可能性，其次可采用拦河筑坝的蓄水库取水，而后考虑需调节径流的河流。地下水源的取水量应不大于可开采储量（不使地下水位连续下降或水质变坏的条件下从含水层中所能取得的水量），由于地下水储量往往有限，一般不适于取水量很大的情况。

如果只考虑原水水量的因素，那么水源选择的顺序一般是先地表水后地下水。

2. 水源应有良好的水质

水质良好的原水有利于提高供水水质，简化净水处理工艺，减少基建投资和降低制水成本。《地面水环境质量标准》GB 3838—2002 中把地面水分为 5 类，其中生活饮用水源的水质必须符合《生活饮用水水源水质标准》CJ 3020—93 中的要求。《生活饮用水水源水质标准》中把水源水分为两级：一级水源的水质要求地表水只需经过简易净化处理（如过滤）、消毒后即可供生活饮用；地下水只需消毒处理。二级水源水质允许受轻度污染，经过常规净化处理（如絮凝、沉淀、过滤、消毒等），其水质达到《生活饮用水卫生标准》GB 5749—2006。若水质污染物浓度超过二级标准限值的水源水，不宜作为生活饮用水的水源，若限于条件需加以利用时，应采用相应的净化工艺处理，达到标准，并经主管部门批准。

如果只考虑原水水质的因素，那么水源选择的顺序是泉水、承压水、潜水、水库水、湖泊水、江河水。

3. 水资源的统筹利用

在城市水源规划中，应考虑其他部门对于水资源的利用情况，以及由此而引起的水量、水质变化。如农业灌溉用水、水产养殖、水力发电、航运、旅游、排水等，规划时应协调与其他部门的关系，全面考虑、统筹安排，做到合理的综合利用各种水资源。

4. 保证安全供水

为了保证供水安全，大中城市应考虑多水源分区供水；小城市也应有远期备用水源。在无多个水源可选时，结合远期发展，应设两个以上取水口。

三、取水构筑物

取水构筑物的作用是从水源经过取水口取到所需要的水量。在给水系统规划中，要根据水源条件确定取水构筑物的位置、取水量，并考虑取水构筑物可能采用的形式等。

1. 地下水取水构筑物

地下水取水构筑物按其构造可分为管井、大口井、辐射井、渗渠和引泉构筑物等，其中管井和大口井最为常见。

管井又叫机井，通常用凿井机械开凿至含水层中，用井管保护井壁的垂直于地面的直井。用作井管的材料有钢管、铸铁管、钢筋混凝土管等。当取水量较大时，须建若干管井组成井群取水，如图 1-11 所示。

大口井为机械或人工在含水层开挖的，用钢筋混凝土、砖、石或其他材料衬砌井壁，垂直地面，如图 1-12 所示。大口井适宜于地下水位埋藏不深和含水层较薄、不宜打管井的地层中取水。

辐射井是在大口井内沿辐射方向布设若干水平渗水管，用以增大集水面积，从而增加出水量，辐射管管径一般为 100 ~ 200mm，管长为 10 ~ 30m。辐射井适用于补给条件良好、厚度较薄、埋深较大且不含漂石的含水层。

渗渠用以取集浅层地下水、河床渗透水和潜流水。它一般由水平集水管、集水井和泵站构成，集水管一般采用钢筋混凝土管，水量小时可用铸铁管。集水管上有进水孔，孔径一般为 20 ~ 30mm。

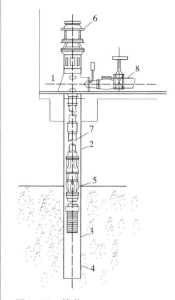

图 1-11　管井
1—井室；2—井管；3—过滤器；4—沉砂管；5—离心泵；6—电动机；7—压水管；8—溢流井

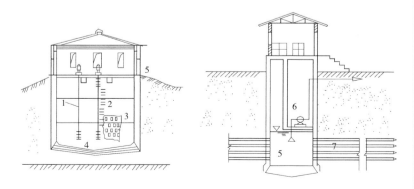

图 1-12　大口井和辐射井
1—吸水管；2—侧壁；3—进水孔；4—反滤层；5—大口井；6—水泵；7—辐射管

引泉构筑物用来取集泉水，自流泉由下往上涌出地面，故多采用底部进水方式收集。如果泉水出口较多且分散时，可敷设水平集水管收集。潜水泉常出露于倾斜的山坡或河谷，向下流出地面，多采用侧壁进水方式收集。

地下水取水构筑物形式的选择应根据含水层埋藏深度、含水层厚度、水文地质特征以及施工条件等通过技术经济比较确定。各种地下水取水构筑物的适用范围详见表1-15。

地下水取水构筑物适用范围 表1-15

形式	尺寸	深度	水文地质条件			出水量
			地下水埋深	含水层厚度	水文地质特征	
管井	井径为50～1000mm，常用为150～600mm	井深为20～1000m，常用为300m以内	在抽水设备能解决的情况下不受限制	厚度一般在5m以上或有几个含水层	适于任何砂卵石地层	单井出水量一般为500～600m³/d，最大为2000～30000m³/d
大口井	井径为2～12m，常用为4～8m	井深为30m以内，常用为6～20m	埋藏较浅，一般在12m以内	厚度一般在5～20m	补给条件良好，渗透性较好，渗透系数最好在20m/d以上，适于任何砂砾地区	单井出水量一般为500～10000m³/d，最大为20000～30000m³/d
辐射井	同大口井	同大口井	同大口井。能有效开采水量丰富、含水层较薄的地下水和河床渗透水	补给条件良好，含水层最好为中粗砂或砾石层并不含漂石		单井出水量一般为5000～50000m³/d
渗渠	管径常用为600～1000mm	埋深为10m以内，常用为4～7m	埋藏较浅，一般为2m以内	厚度较薄，一般在1～6m	补给条件良好，渗透性较好，适用于中砂、粗砂、砾石或卵石层	一般为15～30m³/d·m，最大为50～100m³/d·m

地下水取水构筑物的位置选择应综合考虑以下情况：

取水点要求水量充沛，水质良好，应设于补给条件好、渗透性强、卫生环境良好的地段；

取水点与给水系统的总体布局相统一，力求降低取水、输水电耗和取水构筑物、输水管道的造价；

取水点应设在城镇和工矿企业的地下径流上游，取水井尽可能垂直于地下水流方向布置；

尽可能靠近主要用水地区，不占或少占农田。

2.地表水取水构筑物

（1）固定式

固定式取水构筑物供水安全可靠，维护管理方便，适应性强，无论从河流、湖泊和蓄水库取水均广泛应用。但水下工程量较大，施工周期长，特别是在水位变幅很大的河流上投资甚大。

固定式取水构筑物按其构造特点分为岸边式、河床式、斗槽式和潜水式。

当河岸边坡较陡，岸边水深，地质条件较好，不易被冲刷以及在水位变幅和流速较大的河流，适宜建岸边式取水构筑物，从河岸边取水。它由集水井和泵站两部分组成，如图1-13所示。

当河床稳定、岸边较缓，主流距离河岸边较远，岸边水深不足或水质较差时，而河心中央有足够水深和良好水质时，宜采用河床式取水构筑物。它由取水头部、虹吸管、集水井和取水泵房等部分组成。

斗槽式取水构筑物是在岸边由堤坝围成斗槽，或在岸边开挖进水斗槽，取水构筑物从进水斗槽中取水，如图1-14所示。根据河流中冰凌和泥沙含量情况，可视情采用顺流、逆流或双向斗槽。

当岸边地质条件较好，岸坡较陡，岸边水深足够、水质较好时，可采用潜水泵直接取水，这种取水方式简单，投资少，但洪水时检修不便。

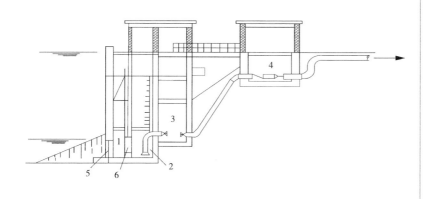

图1-13 岸边式取水构筑物
1—进水间；2—吸水间；3—泵间；4—闸室；5—格栅；6—格网

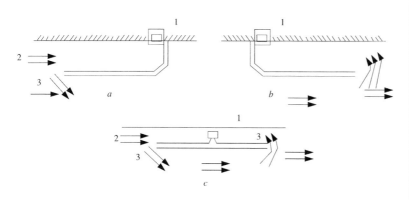

图1-14 斗槽式取水构筑物
a—顺流式；b—逆流式；c—双向斗槽；
1—取水构筑物；2—上层水流；3—下层水流

（2）移动式

移动式取水构筑物有浮船和缆车两种。

浮船适用于河流水位变幅较大，水位变化速度不大（不超过 2m/s）时，枯水期有足够水深、水流平稳、河床稳定的河流中。浮船取水投资少，施工期短，调动灵活，在我国长江中上游地区采用较多。

缆车式取水构筑物由泵车、坡轨道、输水斜管、牵引设备等组成。当河流水位变化时，泵车由牵引设备带动，沿坡道轨道上升或下降。它也具有投资省、施工周期短、水下工程量小等优点，但维护管理较为麻烦，供水的安全性也不如固定式。

地表水取水构筑物的位置选择应综合考虑以下情况：

①应与城市总体规划相适应，在保证供水安全的前提下尽可能靠近用水地点，以节省输水投资。

②取水点设在水量充沛、水质较好的地点，宜位于城镇和工矿企业的上游清洁河段。取水口应避开河流中的回流区和死水区，潮汐河道取水口应避免海水倒灌的影响；水库的取水口应在淤积范围以外，靠近大坝；湖泊取水口应在靠近湖泊出口处且需避开藻类集中滋生区。

③取水点附近具有稳定的河床、河岸，靠近主流，水深一般不小于 3m；取水口不宜位于入海的河口段和支流汇入主流的交汇口处。

④取水位置应设在洪水季节不受冲刷和淹没的地点，在寒冷地区为防止冰凌影响应设在无底冰和浮冰的河段。

四、水源保护

城市的供水水源一旦遭到破坏，很难在短期内恢复。所以在开发利用水资源时，应做到利用与保护相结合，以避免由于自然和人为的因素致使水源水量下降和水质污染。防止水源枯竭和污染是水源保护的两个方面。在城乡规划中必须明确水源地保护措施。

（一）防止水源枯竭

防止水源枯竭主要是要加强水源管理，做到统筹兼顾，合理安排，以防乱开滥采。对地表水源要进行水文观测和预报，对地下水源要进行区域地下水动态观测，避免过量开采以及制定过量开采后的有效补救措施。同时应注意流域面积上的水土保持工作，涵养水源，避免洪水量增加和常水位下降。

（二）防止水质污染

防止水源水质污染的主要措施是做好水源地的卫生防护，我国相关法律法规和规范标准对给水水源的卫生防护提出了具体的要求，在城乡规划中应予以执行。

1. 地表水水源卫生防护

在城市给水地表水水源取水口附近，划定一定的水域或陆域作为饮用水地表水源一级保护区。其水质标准不得低于《地面水环境质量标准》GB 3838—2002 中的Ⅱ类标准。在一级保护区外划定的水域和陆域为二级保护区，其水质不低于Ⅲ类标准。根据需要，可在二级保护区外划定一定的水域或陆域为准保护区。各级保护区的卫生防护要求如下：

（1）取水点周围半径100m的水域内，严禁捕捞、网箱养殖、停靠船只、游泳和从事其他可能污染水源的任何活动，并应设有明显的范围标志。

（2）取水点上游1000m至下游100m的水域不得排入工业废水和生活污水；其沿岸防护范围内不得堆放废渣，不得设立有毒、有害化学物品仓库、堆栈，不得设装卸垃圾、粪便和有毒有害化学物品的码头，不得使用工业废水或生活污水灌溉及施用难降解或剧毒的农药，不得排放有毒气体、放射性物质，不得从事放牧等有可能污染该水域水质的活动。

作为生活饮用水水源的水库和湖泊，应根据不同情况，将取水点周围部分水域或整个水域及其沿岸划为水源保护区，并按上述两项的规定执行。

（3）以河流为给水水源的集中式供水，由供水单位及其主管部门会同卫生、环保、水利等部门，根据实际需要，可把取水点上游1000m以外的一定范围河段划为水源保护区，严格控制上游污染物排放量。排放污水时应符合《工业企业设计卫生标准》和《地面水环境质量标准》的有关要求，以保证取水点的水质达标。

（4）净水厂生产区的范围应明确划定，并设立明显标志。在生产区外围不小于10m范围内不得设立生活居住区和修建禽畜饲养场、渗水厕所、渗坑；不得堆放垃圾、粪便、废渣或铺设污水渠道；水厂及周边应保持良好的卫生状况并充分绿化。

单独设置的泵站、沉淀池和清水池外围不小于10m范围内，卫生要求与水厂生产区相同。

2. 地下水水源卫生防护

饮用水地下水源一级保护区位于井群周围，其作用是保证集水有一定滞后时间，以防止一般病原菌的污染。直接影响开采井水质的补给区地段，必要时也可划为一级保护区。二级保护区位于一级保护区之外，以保证集水有足够的滞后时间，以防止病原菌以外的其他污染。准保护区位于二级保护区以外的主要补给区，以保护水源地的补给水量和水质。各级保护区的卫生防护要求如下：

（1）取水构筑物的防护范围，应根据水文地质条件、取水构筑物的形式和附近地区的卫生状况进行确定，其防护措施与地面水的水厂生产区要求相同。

（2）在单井或井群的影响半径范围内，不得使用工业废水或生活污水灌溉和施用难降解或剧毒的农药，不得修建渗水厕所、渗水坑、不得堆放废渣或铺设污水渠道，并不得从事破坏深层土层的活动。

如取水层在水井影响半径内不露出地面或取水层与地面水没有互相补充关系时，可根据具体情况设置较小的防护范围。

（3）在水厂生产区范围内，应参照地面水水厂生产区的防护要求执行。

（4）分散式给水水源的卫生防护带，以地下水为水源时，水井周围30m的范围内，不得设置渗水厕所、渗水坑、粪坑、垃圾堆和废渣堆等污染源，并建立卫生检查制度。

第四节　净水工程

净水工程主要指给水系统中的净水厂及其相关设施。它的作用是通过一系列净水构筑物和净水处理工艺流程去除原水中的悬浮物质、胶体物质、细菌、藻类等，在特殊情况下，还要去除原水中的铁锰离子和氟化物及其他杂质，使净化后的水质满足城市居民生活饮用水和工业企业用水的要求。

一、天然原水水质

1. 天然原水中的杂质

天然的地面水和地下水中均含有各种不同的杂质。这些杂质按其颗粒大小及存在形态可分为悬浮物质、胶体、溶解物三种。悬浮物质如泥沙、黏土、水草、藻类、原生动物、细菌和病毒等；胶体如水中的硅酸胶体、腐殖质胶体等；溶解物如钙盐、镁盐和其他盐类，氧、二氧化碳溶解气体和其他溶解有机物等。

为了鉴别原水中的杂质成分、含量及其变化规律，必须进行水的物理、化学及细菌分析。水的物理分析包括水温、浑浊度、悬浮固体、色度、嗅和味等。水的化学分析包括pH值、硬度、硫酸盐、氯化物、氨氮、亚硝酸盐、溶解氧、铁和锰以及铅、汞、氰化物酚类化合物等各种有毒有害物质，必要时还应测定水中的放射性物质。原水中含有细菌，其中可能包括病原菌，借水传播的疾病有伤寒、霍乱、痢疾等。

2. 天然原水水质特点

（1）地下水

地下水经过地层渗滤，悬浮物和胶体已基本或大部分去除，水质清澈。不易受外界影响，水质、水温较为稳定。但由于地下水溶解了各种可溶性矿物质，水的矿化度和硬度通常高于地面水。当地下水中的铁、锰、氟化物等超过标准时，须经处理方可使用。

（2）江河水

江河水易受自然条件影响，水中悬浮物和胶体杂质含量较多，浑浊度高于地下水，但含盐量和硬度较低。江河水在地表流动时，受到生活污水、工业废水排放和其他人为活动污染，因而水的色、嗅、味变化较大，有毒有害物质易进入水体，水温也不稳定。

（3）湖泊及水库水

湖泊及水库水主要由江河水供给，水质同江河水相似。但由于湖泊水库中水的流动性小，储存时间长，经过长时间自然沉淀，浑浊度较低。湖泊水库有利于浮游生物的生长，所以含藻类较多。水生生物死亡后腐化，会影响水质，使水产生色、嗅、味。

（4）海水

海水含盐量高且各盐类或离子比例基本一定。海水需经过淡化处理后才可作为居民生活用水，有时可直接作为工业冷却水或生活杂用水。

二、水质标准

无论作为生活饮用水、工业用水、农业用水、渔业用水，还是作为航运、旅游、水能利用等，都有一定的水质要求。水质标准就是不同的用户对于用水要求的水质指标。随着经济的发展和技术的进步，水质标准也在不断进行修正（表 1-16 ~ 表 1-18）。

水质标准是国家或行业部门规定的各种用水在物理性质、化学性质和生物性质方面的要求。根据供水目的的不同，目前有《生活饮用水水质标准》、《饮用净水水质标准》、《工业冷却水水质标准》、《工业锅炉水质标准》、《城市杂用水水质标准》、《农业灌溉水质标准》、《渔业水质标准》等。

绝大多数的城市净水厂的净水处理工艺只把原水处理达到《生活饮用水卫生标准》要求，即"自来水"的水质标准。如果某些用户对供水水质有特殊要求，可自己进行二次处理。

饮用水水质标准是为维持人体正常的生理功能，对饮用水中有害元素的限量、感官性状、细菌学指标以及制水过程中投加的物质含量等所作的规定。我国在 1956 年首次制定《饮用水水质标准》，后经多次修订，1973 年颁布了《生活饮用水卫生规程》，1985 年颁布了《生活饮用水卫生标准》。随着经济的发展，人口的增加，不少地区水源短缺，有的城市饮用水水源污染严重，居民生活饮用水安全受到威胁。1985 年发布的《生活饮用水卫生标准》GB 5749—85 已不能满足保障人民群众健康的需要。为此，卫生部和国家标准化管理委员会对原有标准进行了修订，联合发布新的强制性国家《生活饮用水卫生标准》GB 5749—2006，并于 2007 年 7 月 1 日正式实施。新标准加强了对水质有机物、微生物和水质消毒等方面的要求，统一了城镇和农村饮用水卫生标准，实现饮用水标准与国际接轨。新标准水质项目和指标值的选择，充分考虑了我国实际情况，并参考了世界卫生组织的《饮用水水质准则》和欧盟、美国、俄罗斯和日本等国饮用水标准。

新标准适用于城乡各类集中式供水的生活饮用水，也适用于分散式供水的生活饮用水。

水质常规指标及限值　　　　　　　　表 1—16

指　标	限　值
1. 微生物指标[1]	
总大肠菌群（MPN/100mL 或 CFU/100mL）	不得检出
耐热大肠菌群（MPN/100mL 或 CFU/100mL）	不得检出
大肠埃希氏菌（MPN/100mL 或 CFU/100mL）	不得检出
菌落总数（CFU/mL）	100
2. 毒理指标	
砷（mg/L）	0.01
镉（mg/L）	0.005
铬（六价，mg/L）	0.05
铅（mg/L）	0.01
汞（mg/L）	0.001
硒（mg/L）	0.01
氰化物（mg/L）	0.05
氟化物（mg/L）	1.0
硝酸盐（以 N 计，mg/L）	10 地下水源限制时为 20

续表

指　标	限　值
三氯甲烷（mg/L）	0.06
四氯化碳（mg/L）	0.002
溴酸盐（使用臭氧时，mg/L）	0.01
甲醛（使用臭氧时，mg/L）	0.9
亚氯酸盐（使用二氧化氯消毒时，mg/L）	0.7
氯酸盐（使用复合二氧化氯消毒时，mg/L）	0.7
3. 感官性状和一般化学指标	
色度（铂钴色度单位）	15
浑浊度（NTU- 散射浊度单位）	1 水源与净水技术条件限制时为 3
臭和味	无异臭、异味
肉眼可见物	无
pH（pH 单位）	不小于 6.5 且不大于 8.5
铝（mg/L）	0.2
铁（mg/L）	0.3
锰（mg/L）	0.1
铜（mg/L）	1.0
锌（mg/L）	1.0
氯化物（mg/L）	250
硫酸盐（mg/L）	250
溶解性总固体（mg/L）	1000
总硬度（以 $CaCO_3$ 计，mg/L）	450
耗氧量（CODMn 法，以 O_2 计，mg/L）	3 水源限制，原水耗氧量＞6mg/L 时为 5
挥发酚类（以苯酚计，mg/L）	0.002
阴离子合成洗涤剂（mg/L）	0.3
4. 放射性指标[2]	指导值
总 α 放射性（Bq/L）	0.5
总 β 放射性（Bq/L）	1

1. MPN 表示最可能数；CFU 表示菌落形成单位。当水样检出总大肠菌群时，应进一步检验大肠埃希氏菌或耐热大肠菌群；水样未检出总大肠菌群，不必检验大肠埃希氏菌或耐热大肠菌群；
2. 放射性指标超过指导值，应进行核素分析和评价，判定能否饮用。

饮用水中消毒剂常规指标及要求 表1—17

消毒剂名称	与水接触时间	出厂水中限值	出厂水中余量	管网末梢水中余量
氯气及游离氯制剂 （游离氯，mg/L）	至少30min	4	≥0.3	≥0.05
一氯胺（总氯，mg/L）	至少20min	3	≥0.5	≥0.05
臭氧（O₃，mg/L）	至少12min	0.3		0.02 如加氯，总氯≥0.05
二氧化氯（ClO₂，mg/L）	至少30min	0.8	≥0.1	≥0.02

农村小型集中式供水和分散式供水部分水质指标及限值 表1—18

指　标	限　值
1. 微生物指标	
菌落总数（CFU/mL）	500
2. 毒理指标	
砷（mg/L）	0.05
氟化物（mg/L）	1.2
硝酸盐（以N计，mg/L）	20
3. 感官性状和一般化学指标	
色度（铂钴色度单位）	20
浑浊度（NTU-散射浊度单位）	3 水源与净水技术条件限制时为5
pH（pH单位）	不小于6.5且不大于9.5
溶解性总固体（mg/L）	1500
总硬度（以CaCO₃计，mg/L）	550
耗氧量（CODMn法，以O₂计，mg/L）	5
铁（mg/L）	0.5
锰（mg/L）	0.3
氯化物（mg/L）	300
硫酸盐（mg/L）	300

三、给水处理方法

给水处理的目的是通过必要的处理方法和工艺去除水中杂质，使之符合生活饮用水和工业使用所要求的水质。水处理方法应根据原水水质和用户对水质的要求确定。下面对几种主要的方法和工艺做一简要介绍。

1. 混凝

天然水中细微混浊物质是以分散的胶体微粒状态存在的，这些细小微粒长久不能下沉，而且由于带有同性负电荷，互相排斥而不能凝聚，因此使水呈现浑浊并保持胶体分散几乎不变的稳定性质。水的混凝处理的目的就是借助混凝剂（常用硫酸铝、硫酸亚铁等）的作用，使水中的胶体杂质颗粒负电位降低，稳定性降低，促使胶体之间、胶体和混凝剂水解物之间互相凝聚，生成较大的绒体，为随后在沉淀池或澄清池中的固 - 液分离创造条件。

2. 沉淀

原水加混凝剂后，经过混合、反应，絮凝成较大颗粒绒体（俗称矾花），需要进一步沉淀。常用的沉淀设备分为两大类，一类称为沉淀池，另一类称为澄清池。沉淀池只起到使矾花和其他杂质下沉的作用，对于混凝沉淀时，沉淀池建在反应池后面。澄清池是利用具有吸附能力的活性泥渣，加强混凝反应过程，提高澄清效率。

3. 过滤

水的过滤处理是使来水流入装有滤料的过滤池，通过滤料层的吸附、筛滤、沉淀等作用，截留水中杂质，使水得到澄清。在城市水厂中过滤通常作为澄清的最后处理手段，当原水比较澄清时，可直接采用混凝过滤。滤池分为重力式和压力式，现多采用重力式滤池，如普通快滤池、虹吸滤池等。可作为滤料的有石英砂、无烟煤颗粒、磁铁矿粒、碎陶瓷粒等。

4. 消毒

消毒是杀灭水中的病原微生物，通常在过滤以后进行。消毒的方法有物理法和化学法，物理方法有紫外线、超声波、激光和放射线等；化学方法有液氯消毒、臭氧消毒、过锰酸钾消毒等。目前我国普遍采用的消毒剂是液氯，也有用漂白粉和氯胺消毒的。

"混凝—沉淀—过滤—消毒"称为生活饮用水的常规处理工艺，我国以地面水为原水的水厂主要就采用这种工艺流程。根据原水水质特点，可以增加或减少某些处理环节。

5. 水的其他处理方法

（1）软化

软化是降低水的硬度（即减少水中钙、镁离子浓度）的处理过程。软化的方法很多，有加热法、药剂软化法、离子交换法等。

（2）除铁和除锰

有些地区的地下水中铁锰含量高，易引起水有铁锈味，洗涤衣物时生成黄斑，在工业生产上会影响印染、纺织、造纸等产品质量；

在给水管道中滋生铁细菌大量繁殖等。地下水中铁的存在形态主要为重碳酸铁、硫酸亚铁、有机铁等。当水中含重碳酸铁时，常采用曝气石英砂过滤法；当水中含有硫酸亚铁时可采用石灰碱化法，当地下水中含有有机铁时，可采用氯氧化法或混凝除铁法。

锰的存在形态与铁基本相同，只是在某些反应条件上比除铁要求更高。

（3）除氟

人体中的微量元素氟主要来源于水，氟对人体健康有一定影响，当水中含氟量过低会引起龋齿，含氟量过高会引起关节疼痛、骨硬化、瘫痪甚至死亡。有些地方的地下水含氟量过高，需要除氟处理。除氟的方法有药剂法（利用氢氧化铝、氢氧化镁的吸附作用）和离子交换法。

四、水厂净水处理工艺选择

水厂净水处理工艺流程的选择，取决于原水水质、供水水质要求、设计生产能力和经济运行情况等因素。以地面水为水源时，生活饮用水的处理常采用前面提到的"常规处理工艺流程"，如图1-15所示。

图1-15　常规处理工艺流程

一般工业用水或以地下水为原水的生活用水，净水工艺流程相对简单。如遇到特殊原水，如受污染的原水、含藻类、含铁锰、含氟或以海水为原水的，则需进行特殊处理。一般净水工艺流程及其适用的条件见表1-19。

一般净水流程　　　　　　　　　　　　　　　　　　　　　　表1-19

可供选择的净水工艺流程	适用条件
1. 原水→简单处理（如用筛隔滤、沉砂池）	水质要求不高，如某些工业冷却水，只要求去除粗大杂质时，或地下水水质要求满足时采用
2. 原水→混凝、沉淀或澄清	一般进水悬浮物含量应小于2000～3000mg/L，短时间内允许到5000～10000mg/L，出水浊度约为10～20度，一般用于水质条件不高的工业用水
3. 原水→混凝、沉淀或澄清→过滤→消毒	1. 一般地表水水厂广泛采用的常规流程，进水悬浮允许含量同上，出水浊度小于3度； 2. 山溪河流浊度经常较低，洪水时含泥沙量大，也可采用此流程，但在低浊度时可以不加混凝剂或跨越沉淀直接过滤； 3. 含藻、低温低浊水处理时沉淀工艺可采用气浮池或沉淀池

续表

可供选择的净水工艺流程	适用条件
4. 原水→接触过滤→消毒	1. 一般可用于浊度和色度低的湖泊水或水库水处理，比常规流程省去沉淀工艺； 2. 进水悬浮物含量一般应小于 100mg/L，水质稳定变化较小且无藻类繁殖时； 3. 可根据需要预留建造沉淀池（澄清池）的位置，以适应今后原水水质的变化
5. 原水→调蓄预沉、自然预沉或混凝预沉或澄清→过滤→消毒	1. 高浊度水二级沉淀（澄清），适用于含砂量大，砂峰持续时间较长时，预沉后原水含沙量可降低到 1000mg/L 以下； 2. 黄河中上游的中小型水厂和长江上游高浊度水处理时已较多采用二级混凝沉淀工艺； 3. 利用岸边的天然洼地、湖泊、荒滩地修建调蓄兼预沉水库进行自然沉降。有效调蓄库容的调整时间约为 7～10 天。出水浊度一般为 20～100 度。汛期或风季出水浊度在 300 度以下。可用挖泥船排沙； 4. 中、小型水厂，有时在滤池后建造清水调蓄水库； 5. 西南地区很多水厂采用沉砂池、人字形折板絮凝池和组合沉淀池。进水浊度 1000 度时，沉淀水浊度小于 10～15 度； 6. 高浊度水处理时，沉淀（澄清）池池型选择：一级沉淀构筑物，大中水厂多采用辐流沉淀池、水旋沉淀池。二级沉淀构筑物，在大水厂一般采用组合沉淀池，中小型水厂多采用机械搅拌沉淀池； 7. 沉淀池采用重力流大口径直管就近排泥，并有冲洗措施，以防泥沙堵塞排水系统。限于地形无法重力排放时，可用泥浆泵压力排泥

五、水厂厂址选择

水厂是城市的重要市政工程设施，厂址的选择应结合城市总体规划，根据整个给水工程系统规划的合理性，考虑地形、地质、卫生、环保、交通、供电和安全性等因素，经过技术经济比较确定。主要有以下几个要点：

1. 厂址应选在工程地质条件较好的地点，以降低工程造价和便于施工；

2. 水厂应选址在不受洪水威胁的地方，否则应考虑防洪措施；

3. 水厂周围应具有较好的环境卫生条件和安全防护条件；

4. 水厂选址应考虑自身污水（沉淀池污泥和滤池冲洗水）排出方便；

5. 水厂应尽量设置在交通便利、靠近电源的地方，以利于施工和运行管理以及降低输电线路的造价；

6. 水厂选址要考虑远期发展，为规模扩大或新增工艺留有发展余地；

7. 水厂一般应尽可能靠近城市或用水区，当取水点距离城市或用水区较远时更应如此；当取水点距离城市或用水区较近时，也可设在取水构筑物附近；

8. 有条件的地方，水厂应设置在地势较高处，尽量采用重力输水，以节省管网加压动力费用。

六、水厂平面布置

水厂的平面布置是在水厂用地范围内将各项构筑物和建筑物进行合理安排和布局，以便于生产管理和物料运输，并留出远期发展余地。布置要求流程合理、管理方便、因地制宜、布局紧凑。地下水为原水的净水厂生产构筑物少，平面布置较为简单。

水厂厂区内的各建筑物造型宜简洁美观，并考虑建筑群体效果和环境的协调。厂内一些构筑物必须考虑朝向和风向的影响，如加药间、液氯库等应设在主导风的下风向。水厂必须进行绿化，绿化面积不宜少于水厂用地面积的 20%。

水厂平面布置时，最先要考虑的是生产区各项构筑物的流程安排。水厂中各净水构筑物之间的水流应为重力流，流程中相邻构筑物的水面高差应满足一定的水头损失要求（图 1-16）。

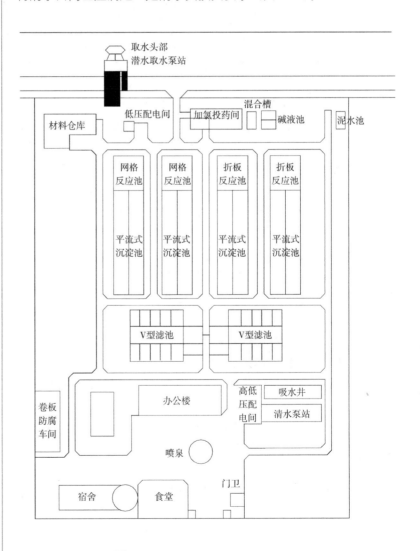

图 1-16　某水厂平面布置图

七、水厂用地面积

水厂的用地面积应根据水厂处理规模、生产构筑物、生产和生活辅助建筑物以及水厂的其他组成部分合理的布置所需要的总面积来确定。不同规模的水厂用地指标根据《室外给水排水工程技术经济指标》和《城市给水工程规划规范》确定，作为初步估算的参考依据（表1-20）。

地表水厂用地指标　　　　　　　　　　表1-20

水厂设计规模	每 m³/d 水量用地指标（m²）
水量 30 万 m³/d 以上	0.3 ~ 0.1
水量 10 万 ~ 30 万 m³/d	0.5 ~ 0.2
水量 5 万 ~ 10 万 m³/d	0.8 ~ 0.3
水量 2 万 ~ 5 万 m³/d	1.0 ~ 0.5
水量 1 万 ~ 2 万 m³/d	2.0

在某些城市给水系统中，还有一种配水厂，它只有加压泵房、清水池及消毒设备和附属建筑物，不包括水质处理部分的构筑物。配水厂的主要作用是向城市不同地区分配水量，一般位于距各用水区距离比较适中的位置。配水厂的用地面积指标见表1-21，只有简单处理工艺的地下水净水厂的用地指标也可参照此表。

配水厂用地指标　　　　　　　　　　表1-21

水厂设计规模	每 m³/d 水量用地指标（m²）
水量 5 万 ~ 10 万 m³/d	0.40 ~ 0.20
水量 10 万 ~ 30 万 m³/d	0.20 ~ 0.15
水量 30 万 m³/d 以上	0.20 ~ 0.08

第五节　给水管网

给水系统的管网按照所承担的任务不同可分为输水管道和配水管道。输水管道是指从水源到水厂或从水厂到配水管网之间的管道，中间沿线一般不接用户管，主要起转输水量的作用。配水管网是将输水管线送来的水分配给城市用户的管道系统，分为干管、分配管和接户管。

给水管网不但涉及安全、经济、合理的给用户供水，而且投资巨大，占整个给水系统工程造价的 50% ~ 80%。因此，合理的规划设计给水管网是非常重要的一项工作。

一、给水管网布置的基本要求

给水管网的布置应满足以下几方面的要求：

1. 应符合城市总体规划的要求，考虑供水的分期发展，并留有充分的余地；

2. 管网应布置在整个给水区域内，并能在适当的水压下，向用户供给足够的水量；

3. 无论在正常工作或在局部管网发生故障时，应保证不中断供水；

4. 管网的造价及经营管理费用应尽可能低，因此，除了考虑管线施工时有无困难及障碍外，必须沿最短的路线输送到各用户，使管线敷设长度最短。

二、给水管网的布置形式

根据城市规划、用户分布及用户对用水的要求等，有树枝状管网和环状管网两种布置形式。

1. 树枝状管网

管网的布置呈树枝状，向供水区延伸，管径随用户的减少而逐渐变小。这种管网的管线敷设长度较短，构造简单，投资较省。但当某处发生故障时，其下游部分要断水，供水可靠性差，又因树枝状管网终端水流停顿，成为死水端，会使水质变坏。一般在小城镇的给水管网或城市给水管网的边远地区采用树枝状管网，或城镇管网建设初期先采用树枝状管网，逐步发展形成环状管网（图 1-17）。

2. 环状管网

给水干管间用联络管相互连通起来，形成许多闭合回路为环状管网（图 1-18）。环状管网中，任一段管道都可从与之连接的其他管段供水，从而提高了供水的可靠性。一般在大、中城市的给水系

图 1-17　树枝状管网（左）
1—泵站；2—输水管；3—水塔；
4—输水管
图 1-18　环状管网（右）
1—泵站；2—输水管；3—水塔；
4—输水管

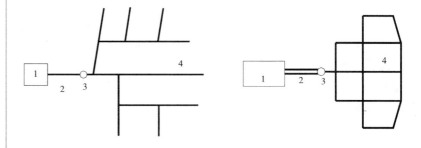

统或对给水要求较高、不能断水的给水管网，均应采用环状管网。环状管网还能减轻管内水锤的威胁，有利管网安全。总之，环状管网的管线较长，投资较大，但供水安全可靠。

在实际工程中，为了发挥管网的输配水能力，达到供水系统既安全可靠又经济适用，常用树枝状与环状相结合的管网。

三、给水管网的布置原则

给水管网的布置（定线）通常应遵循以下原则：

1. 给水干管的走向应向供水的主要流向延伸，而供水的流向取决于用水大户或水塔等调节构筑物的位置；

2. 给水管道应沿规划道路布置，干管尽量避免在高级路面或重要道路下敷设；

3. 给水干管应尽量布置在高地，这样可以降低干管管内压力并保证连接的配水管压力足够；

4. 管线应在能覆盖整个供水区域的前提下力求长度较短，以降低管网造价和加压动力费用。

四、给水管道的敷设

城市给水管道基本埋设在道路下或绿地下，特殊情况时（如过河、穿山谷时）可局部采用架桥或倒虹管敷设。管道敷设应符合以下原则：

1. 给水管道的覆土深度根据地面荷载、管道材料、土壤地基和与其他工程管线的交叉关系等情况决定。一般来说，金属管道覆土深度不小于 0.7m，非金属管道不小于 1m；

2. 在寒冷地区，除了考虑以上因素外，管道的覆土深度还要在当地冰冻线以下；

3. 给水管道敷设时应与建筑物、铁路、道路侧石边缘和乔木以及其他工程管线留出足够的水平净距；和其他管线交叉时的位置和垂直净距应满足管线综合的规定；

4. 给水管道穿越铁路和公路时，一般应在路基下垂直方向穿越，并采用合适的管材（如钢管）和保护方式（如加套管）；

5. 给水管道穿越河道、山谷时，可利用现有桥梁架设水管，或建造桥架支撑管道穿越，或敷设倒虹管从河底或沟底穿越；倒虹管维护检修不便，一般至少敷设两条；

6. 给水管道可以采用直埋敷设或管沟敷设，城市道路下的给水管道一般多采用直埋的敷设方式。

五、给水管网的水力计算

进行给水管网水力计算的主要目的，就是根据最高日最大时用水量确定各管段流量，计算管网中各管段的管径和水头损失，确定管网所需压力；给水系统工程专项规划中还需确定各管段的流量、流向、压力等参数，进而确定加压泵站的水泵扬程或水塔高度。

由于给水管网属于压力管网，而且往往采用环状布置，水力计算极为复杂，需要借助计算机通过专业软件计算确定管网的设计参数和工况。限于篇幅和对城乡规划专业的要求，这里只做简要介绍。

1. 给水管网设计和计算的步骤

（1）管网定线，即在城市规划总平面图上布置干管各管段位置和走向；

（2）确定干管长度；

（3）计算干管的沿线流量；

（4）计算干管的节点流量；

（5）将最高日最大时工况下由二级泵站和水塔供入管网的流量，沿各节点进行流量分配，从而定出各管段的计算流量；

（6）根据各管段计算流量和选取的合理经济流速，计算各管段的管径；

（7）计算各管段的水头损失（压力损失）值；

（8）对于树枝状管网，根据给水最不利点和用户的自由水头计算二级泵站所需扬程和水塔所需高度；

（9）对于环状管网，若各环内水头损失代数和超过规定值（出现闭合差），则需要进行管网的水力平差，调整各管段的设计流量，使各环内的闭合差达到允许范围内。然后算出二级泵站水泵扬程或水塔高度。

2. 相关计算参数

（1）管段沿线流量

给水干管和配水管上承接了许多用水户，管道沿线配送的水量可分为两部分，一部分是水量较大的集中流量，如工厂、机关、学校等用水大户；另一部分是用水量比较小但数量很多的分散居民用户，这类用户水量变化较大。所以各段管道的配水情况十分复杂，按照这种情况计算管网是不切实际也是不必要的。

在计算城市给水管网时，通常采用的简化方法是比流量法，有两种表现形式：

①长度比流量法

假定所有用户用水量 q_1、q_2、……等均匀分布在全部干管线上，则管线单位长度上的配水流量称为长度比流量，记为 q_{cb}，可按下式计算：

$$q_{cb} = \frac{Q - \Sigma q}{\Sigma l} \qquad (1\text{-}5)$$

式中：q_{cb} 为单位管线长度比流量；Q 为管网总用水量（L/s）；Σq 为大用户集中用水量总和（L/s）；Σl 为配水干管总长度（m），只计实际配水管线长度，单侧配水管线长度按一半计算（图1-19）。

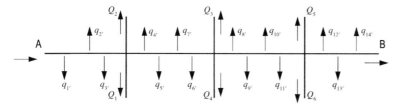

图1-19 干管沿线配水情况

显然，在干管线的不同管段上，它的供水面积和人口数不会相同，配水量不可能均匀。长度比流量法忽视了沿管线供水人数多少的影响，存在一定缺陷，因此提出了一种改进的计算方法——面积比流量法。

②面积比流量法

假定所有用户用水量 q_1、q_2、……等均匀分布在整个供水面积上，如图1-20中，管段1-2中的流量均匀分布在管段1-2两侧的阴影区域面积上。则单位面积上的配水流量称为面积比流量，记为 q_{mb}，可按下式计算：

$$Q_{mb} = \frac{Q - \Sigma q}{\Sigma A} \qquad (1\text{-}6)$$

式中：q_{mb} 为单位管线面积比流量；Q 为管网总用水量（L/s）；Σq 为大用户集中用水量总和（L/s）；ΣA 为供水区域总面积（m²），不含供水区域内非供水面积。

（2）管网节点流量

干线上各管段的沿线流量可由比流量法计算求出，但是实际上管网每一管段的流量包括两部分，上述沿管线分配的沿线流量（记为 Q_y）只是一部分，另一部分则是转输到后续管线去的转输流量（记为 Q_z）。在一条管段中，转输流量始终不变，而沿线流量因沿线配水，流量沿程逐渐减小，到管段末端为零。

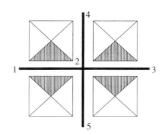

图1-20 干管服务面积分配

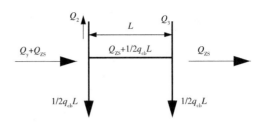

图 1-21　管网节点流量分配

显然，这种沿线变化的流量，不便于用来确定管径和水头损失，简化的方法是化渐变流为均匀流，全管段引用一个不变的流量，称为折算流量（记为 Q_j）。由此，将管段的沿线流量折算成节点流量，只需将该管段的沿线流量平半分配给管段起始、末端的两个节点上，便得到节点流量 q_n。q_n 的计算公式为：

$$q_n = 1/2Q_y \quad (\text{L/s}) \tag{1-7}$$

图 1-21 为某一管段沿线流量化为节点流量的分配图，此时该管段的折算流量为：

$$Q_j = Q_z + 1/2\,q_{cb} \cdot L \quad (\text{L/s}) \tag{1-8}$$

求得各节点流量后，管网计算图上便只有集中于节点的流量，而管段的计算流量为：

$$Q_j = Q_z + 1/2 \sum Q_y \quad (\text{L/s}) \tag{1-9}$$

（3）管段计算流量

当运用折算流量法求出各节点流量，并把用水大户的集中流量叠加于附近的节点上后，则管网上各节点流量的总和，便是由二级泵站送来的总流量（即总供水量）。按照质量守恒定律，流向某节点的流量应等于从该节点流出的流量，即流进等于流出。可以规定某节点流进为正，流出为负，则所有节点流量的代数和应等于零，即 $\sum Q=0$。

以此条件，二级泵站送来的总流量沿各节点进行流量分配，所得出的每条管段所通过的流量，就是各管段的计算流量。

（4）管径的计算

管网中各管段的管径，是按最高日最大时用水量确定的。当流量已定时，管径可按下式计算：

$$d = \sqrt{\frac{4Q}{\pi v}} \quad (\text{m}) \tag{1-10}$$

式中：Q——最高日最高时的管段计算流量（m^3/s）；

　　　v——管内流速（m/s）。

由上式看出，管径不但和管段流量有关，而且和流速 v 的大小有关，因此还需要选定流速。

为防止管网因"水锤现象"造成事故，在技术上规定最高流速限定在 2.5 ~ 3m/s 的范围内。在输送原水时，为避免水中杂质在管内沉积，最低流速应不小于 0.6m/s。合理的经济流速数值大概在 1m/s 左右。

由上式还可看出，管径与流速的平方根成反比，流速取的小则管径便增大，管网造价增加；但管径增加的好处就是管段水头损失减小，管网加压的电费可节省，从而降低了管网的运行管理费用。所以，管道流速和管径的确定，要综合考虑管网造价费用和运行费用两个经济因素，确定出最经济合理的管径。

（5）管段水头损失的确定

给水管网上的水头（压力）损失的大小与管道运行压力、流速、管材（内壁粗糙系数）、管径以及管道上的阀门、水表等附件都有关系。一般只计算管道的沿程水头损失，忽略管道附件的局部压力损失（因为所占总水头损失的比重不大）。由水力学计算管道单位长度上的水头损失 i 为：

$$i = A \cdot Q^2 \qquad (1\text{-}11)$$

式中：A——比阻值，和管道内径、内壁粗糙系数、平均流速
　　　　　等有关；

　　　Q——计算流量。

3. 给水管道管径和水头损失的估算

对于各层次城市规划中给水系统管网管径和水头损失的计算，由上述水力计算的步骤和方法确定较为繁琐，在实际工程中也没有必要。对于城乡规划专业来说，只需要掌握最基本的估算方法即可。

（1）管径估算方法

在经济流速下，一定的管径对应一定的流量。而室外给水管道管径的规格是有一定序列值的，且这个序列值有进一步简化的趋势。

给水管径简易估算如表 1-22 所示，可以作为确定管径时的参考。

一般来说，可以根据规划区的最高日最大时用水量，用管径计算公式（1-10）或表 1-22 来确定规划范围内给水干管的最大管径。

给水管径简易估算表　　　　　　　　　　　　　　表 1—22

管径（mm）	50	75	100	150	200	300	400	600	800	1000
计算流量（L/s）	1.3	1.3 ~ 3	3.0 ~ 5.8	10.3 ~ 17.5	17.5 ~ 31	48.5 ~ 71	111 ~ 159	284 ~ 384	505 ~ 635	785 ~ 1100

大中城市水厂出厂管道管径一般在 $DN\,1000 \sim DN\,2000$，小城市水厂出厂管道管径一般在 $DN\,400 \sim DN\,600$；城市道路下的配水管道管径一般不小于 $DN\,150 \sim DN\,200$；街坊或小区内配水管道考虑室外消防的话一般不小于 $DN\,100$；连接建筑生活给水系统（不考虑消防）的室外给水管道管径一般在 $DN\,40 \sim DN\,75$。这些数据可以作为规划时的参考。

确定了干管最大管径和支管最小管径后，中间的各级管道管径可根据管道走向和配水地位依次估定。

（2）水头损失估算

在简化估算的情况下，单位长度管段水头损失 i 可取为 $5\mathrm{mH_2O/km}$，则沿程水头损失 h 为：

$$h = i \cdot L \quad (\mathrm{mH_2O}) \qquad (1\text{-}12)$$

式中：L 为管道长度（km）。

六、给水管材

在给水管网系统中，管材费用一般占管道工程总投资的三分之一以上，同时管材对供水水质也有一定的影响。

管材性能要求有承受内外荷载的强度、一定的水密性、内壁光滑、价格低廉、使用寿命长、运输安装方便，并有一定的抗腐蚀性。目前常用的给水管材有以下几种：

1. 球墨铸铁管

给水球墨铸铁管是原先大量使用的灰口铸铁管的替代产品。它具有强度高、耐腐蚀、使用寿命长、施工安装方便，能适用于各种场合，如高压、重载、地基不良、震动等。尤其对于较大管径管道，它具有灰口铸铁管的耐腐性和钢管的韧性，是管道抗震的有效措施之一。铸铁管的连接方式通常有承插式、法兰式和柔性接口三种。综合比较球墨铸铁管在承压、耐腐等功能以及管材造价、开挖施工、维护等各种费用，管径在 $DN\,200 \sim DN\,800$ 时采用优势比较明显。

2. 钢筋混凝土管

钢筋混凝土管有普通的钢筋混凝土管（RCP）、自应力钢筋混凝土管（SPCP）、预应力钢筋混凝土管（PCP）和预应力钢筒钢筋混凝土管（PCCP）。它们共同的特点是价格较金属管材低廉，防腐能力强，不需要任何防腐处理，有较好的抗渗性和耐久性。但管道重量大，质地脆，装卸和运输不便。

钢筋混凝土管管径规格一般为 $DN\,100 \sim DN\,2000$。现多用预应力混凝土管道作为大口径输水管，连接方式一般为承插连接。

3. 塑料管

近些年陆续出现了品种繁多的室外给水塑料管材，目前常用的有高密度聚乙烯（HDPE）管、硬聚氯乙烯（PVC-U）管、丙烯腈-丁二烯-苯乙烯（ABS）管等。它们具有表面和内壁光滑、水头损失小、卫生条件好、耐腐蚀、柔韧性好、重量轻、施工连接方便、价格低廉等诸多优点，但是也有强度低、抗压和抗冲击性差、耐温性差、寿命短易老化等缺点。

塑料管道常用热熔焊接和热熔承插连接。管道敷设既可采用通常的直埋方式施工，也可采取插入管敷设（主要用于旧管道改造中的插入新管，省去大开挖）。一定范围内管径的塑料管与金属管相比具有经济优势，随着管径增大，经济性下降，所以塑料管一般用于小管径（$DN\,400$ 以下）管道，如用户连接管和室内管道等场所。

4. 玻璃钢管

玻璃钢管也称玻璃纤维缠绕夹砂管（RPM 管）。它具有重量轻、耐腐蚀性强、内表面光滑、使用寿命长（50 年以上）、运输安装方便等优点。缺点是价格较高，刚度差，安装要求高，增加了安装费用。玻璃钢管有 $DN\,25 \sim DN\,3000$ 的几十种规格，综合比较玻璃钢管性能及各种费用，大管径时（$DN\,500$ 以上）选用玻璃钢管优势更突出。

5. 钢管

钢管有焊接钢管和无缝钢管之分，以防腐蚀性能来说可分为保护层型和无保护层型。保护层型（主要指的是管道内壁）有金属保护层型与非金属保护层型，表面镀层保护层型中常见的是镀锌管，镀锌管也有冷镀锌管和热镀锌管，热镀锌管因为保护层致密均匀、附着力强、稳定性比较好，目前仍大量应用。钢管有较好的机械强度、耐高压、耐震动、重量较轻、单节管长度大、接口方便，但缺点是易生锈、耐腐蚀性差，防腐造价高。城市给水管网使用钢管多用在穿越铁路、河谷和地震活动区域等局部地段。钢管接口一般采用焊接或法兰连接，小管径钢管可用焊接或丝扣连接。

6. 复合管

钢管内壁衬一层塑料（PE、ABS 等），就兼具钢管和塑料管的优点，但目前钢塑复合管管径规格一般在 $DN\,100 \sim DN\,300$，在室外大管径给水管道上使用受到一定的局限。

现在还有一种钢骨架增强塑料复合管，它是以钢骨架为增强体、以热塑性塑料为连续基材，两者均匀复合在一起的一种新型双面防腐压力管道。基体原料为高密度聚乙烯、聚丙烯、交联聚乙烯，还可加入必要的添加剂、抗氧剂、紫外线稳定剂等；增强体原料为优质低碳钢钢板网和低碳素结构钢丝网。这种复合管具有较强的承压能力，既有一定的柔韧性，又有较高的强度。管道连接有电热熔连接和法兰连接两种。但是管道连接工艺要求高，并且管材、管件等价格也较贵，这些都制约了其在室外给水管道中大量推广应用。

7. 灰口铸铁管

灰口铸铁管具有耐腐蚀性强、使用寿命长、价格便宜等优点，但质地较脆，重量沉，抗震和抗弯性差，在运行中容易发生爆管。埋地敷设的铸铁管常采用承插口连接方式，接口空隙用填料填充。灰口铸铁管是过去几十年城市给水管网使用最广泛的管材，但由于爆管事故多、漏损率大等缺点，现今已逐渐被淘汰。

七、管网附件及附属设施

为保证给水管网的正常运行、维护管理和消防的要求，管网上必须装设必要的附件，如在适当的位置安装闸门、室外消火栓、排气阀、泄水阀等；管网的流量和压力调节需设置蓄水池、加压泵站、水塔等；管道穿越河流、深谷、铁路等障碍物时还需设置倒虹管等适当的构筑物。

1. 闸门

闸门是控制水流、调节管道水量和压力的重要设备，闸门一般装设在输水管和配水管的连接点、长距离的干管上，以及连接用户接户管等处。一般在干管上每隔 400 ~ 600m 可设置一个闸门。

2. 室外消火栓

室外消火栓是供消防车从市政给水管网或室外消防给水管网取水实施灭火的重要消防设施，也可以直接连接水龙带、水枪出水灭火。消火栓其实就是一个特殊的阀门，至少应有直径为 100mm 和 65mm 的栓口各一个。

消火栓应设于使用方便、易于寻找处，同道路侧缘石不应大于 2m，以便于消防车接近；距离建筑外墙不小于 5m；室外消火栓保护半径不应超过 150m，间距不应超过 120m。为不妨碍地面交通和自身安全以及满足严寒地区的防冻要求，消火栓采用地下式为宜。连接它的给水管道管径应不小于 $DN100$。

3. 倒虹管

给水管道在穿越河流、深谷时常采用倒虹管。倒虹管敷设的位置应选在地质条件好，河床或河岸不受冲刷处。一般应敷设两条，采用柔性接口的铸铁管或防腐处理的焊接钢管，水压力低的倒虹管

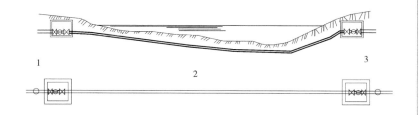

图1-22 倒虹吸管
1—进水井；2—倒虹管；3—出水井

也可采用钢筋混凝土管。倒虹管的管径应根据管内流速确定，一般应小于上游管道管径，以提高管内水流速，防止泥沙沉积（图1-22）。

4. 水塔或高位水池

水塔（或高位水池）是调节管网流量、保证管网水压的构筑物。水塔高度（或高位水池标高）由所处地面高程和需保证的水压决定。由于其调节容量较小，在大中城市一般不太采用，主要用于小城镇或农村。根据水塔在管网中的位置分为网前水塔、对置水塔和网中水塔。

5. 蓄水池

蓄水池的作用是调节流量并储存一定水量的构筑物。水厂的清水池可以调节水源地一级泵站抽水量和出厂二级泵站供管网水量之间的流量差；用户的蓄水池可以调节供水量和用水量的变化，并储存消防用水量。

6. 泵站

按照泵站在给水系统的作用可分为一级泵站、二级泵站和中途加压泵站等。一级泵站将水源地的原水输送到水厂；二级泵站通常设在水厂内，将处理好的自来水加压后进入给水管网；中途加压泵站用于管网中水流的加压，多用于地形高差太大或供水距离过远的给水管网。

第六节　中水系统简介

一、中水的概念

由于"水危机"的困扰，许多国家和地区积极着手巩固和加强节水意识以及研究废水再生与回用工作。污水回用就是将生活及生产中使用过的水经过处理后回用，这当中有两种不同程度的回用：一种是将污水处理到可饮用的程度，而另一种则是将污水处理到非饮用的程度。对于前一种，因其投资较高、工艺复杂，非特别缺水场合一般不常采用，多数则是将污水处理到非饮用的程度，由此引出了中水概念。

所谓"中水"，是相对于"上水"（给水）和"下水"（排水）而言的，因其水质介于给水（上水）和排水（下水）之间，故名中水。中水是将各种排水经处理后，达到规定的水质标准，可在生活、市政、环境等范围内使用的非饮用水。中水水质主要指标低于生活饮用水水质标准，但高于污水允许排入地面水系的排放标准。

"中水"回用，一方面为城镇供水开辟了另外的水源，可大幅度降低"上水"（自来水）的消耗量；另一方面在一定程度上解决了"下水"（污水）对水源的污染问题，从而起到保护水源、增加供水量的作用。

二、中水的发展情况

在国外一些发达国家如美国、日本、以色列、英国、德国等，中水回用已实施很久，回用规模很大，已显示出明显的经济效益和环境效益。美国自20世纪70年代以来，总用水量增加了约1.5倍，但总取水量反而减少，就得益于中水的回用。以色列在中水回用方面也处于世界领先地位，占全国污水处理总量45%的出水直接回用于灌溉，33.3%的出水回灌于地下，作为饮用水源。日本是个水资源相对丰富的岛国，但尽管如此，政府还在通过奖励政策、减免税金、提供融资和补助金等手段大力鼓励推广中水系统的设置，新建的政府机关、学校、企业办公大楼以及会馆、公园、运动场等公共建筑物基本上都设置了中水管道。

我国也已意识到中水回用的重要性和紧迫性。近十几年来，国内许多大中城市如北京、天津、青岛、大连、西安等都建设了城市中水系统。例如：北京的高碑店污水处理厂建成了我国最大的中水回用工程，回用规模为30万 m^3/d，主要用于河湖补水、城市绿化、喷洒道路和热电厂冷却用水等。目前城市中水回用的重点集中在占有较大比重的生产用水上，工业废水回用率已达70%以上。随着社会经济的发展和人们环保意识的不断提高，中水回用会逐渐扩展到其他行业。

我国关于中水利用的标准和法规也相继出台。2000年，以"十五"计划纲要为标志，中水回用被正式写入文件；2002年出台了《城市污水再生利用 城市杂用水水质》GB/T 18920、《城市污水再生利用 景观环境用水水质》GB/T 18921 和《农田灌溉水质标准》GB 5084 三个国家标准，以代替《生活杂用水水质标准》CJ 25.1—89 行业标准，细化了不同用途中水的水质标准。在国家环境保护"十一五"规划中，将"城镇污水处理和中水回用工程"列为国家重点支持的九大工程之一。

三、中水系统的组成和分类

中水系统由中水原水系统、中水处理设施和中水供水系统组成。中水原水系统主要是原水采集系统，如室内排水管道、室外排水管道及相应的集流配套设施；中水处理设施用于处理污水达到中水的水质标准；中水供水系统用来供给用户所需中水，包括室内外和小区的中水管道系统及设施。

中水系统是中水原水的收集、储存、处理和中水供给等工程设施组成的有机结合体，按系统规模可分为：

1. 建筑中水系统

是将单幢建筑物或相邻几幢建筑物产生的一部分污水经适当处理后，作为中水，进行循环利用的系统。该方式规模小，不需在建筑外设置中水管道。进行现场处理，较易实施，但投资和处理费用较高，多用于用水单独的办公楼、宾馆等公共建筑。

2. 小区中水系统

是在一个范围较小的地区，如一个住宅小区、几个街坊或小区联合成一个中水系统，设一个中水处理厂，然后根据各自需要和用途供应中水。该方式管理集中，基建投资和运行费用相对较低，水质稳定。从运行和管理角度来看，小区中水系统有广泛的发展前景，特别适应于新建居住区、商业区、开发区等。因此本节第六部分将重点介绍小区中水系统。

3. 城市中水系统

是利用城市污水处理厂的深度处理水作为中水，供给具有中水系统的建筑物、住宅区、工业企业、广场绿地等。如位于邻近城市污水处理厂的居住小区或高层建筑群，一般可利用城市污水处理厂的出水作为小区或楼群的中水回用水源，该方式规模大，管理方便。但须单独敷设城市中水管道系统。

城市中水回用是开源节流、减轻水体污染、改善生态环境、解决城市缺水的有效途径。在城市生活、生产用水中，有多达 60% 的水是用在工业用水、环卫绿化、冲洗地面等方面，其中大部分对水质要求不高，若使用中水不仅在水质上完全符合用水标准，而且将节约大量的水源。

在兴建大型污水深度处理厂进行中水回用的同时，在小城镇、居民小区和大型公共建筑内，开发利用分散间歇式的生活污水再生利用设备，也是中水回用的重要补充和完善。特别是在近期内，由于大型污水处理厂建设周期长、投资高、中水管道在城市敷设复杂困难等原因，发展投入少、运行费用低、适用范围广、使用方便灵活的污水再生设备是当前中水回用的有效手段。

四、中水的水源和水质要求

可以作为中水水源的原水包括冷却排水、淋浴排水、盥洗排水、厨房排水、雨水、城市污水厂二沉池出水等。一般不采用工业污水作为中水水源，严禁传染病医院、结核病医院污水和放射性污水作为中水水源。对于住宅建筑可考虑除厕所污水外的其余排水作为中水水源；对于大型公共建筑、旅馆、商住楼等，采用冷却排水、淋浴排水、盥洗排水作为中水水源；公共食堂、餐厅的排水水质污染程度较高，处理比较复杂，不宜采用；大型洗衣房的排水由于含有各种不同的洗涤剂，能否作为中水源须经试验确定。

经过净化处理的污水可以作为一种再生的水资源，具有量大、集中、水质和水量都较稳定的特点。城市中水的用途主要是作为城市杂用水类，城市杂用水包括绿化用水、冲厕、街道清扫、车辆冲洗、建筑施工、消防用水等。污水再生利用按用途分类，包括农林牧渔用水、城市杂用水、工业用水、景观环境用水、补充水源水等。不同用途的水必须经过不同程度的处理，达到相应的水质标准后才能使用。

中水作为生活杂用水，其水质必须满足下列基本条件：

（1）卫生上安全可靠，无有害物质，其主要衡量指标有大肠菌群数、细菌总数、悬浮物量、生化需氧量、化学耗氧量等；

（2）外观上无不快的感觉，其主要衡量指标有浊度、色度、臭气、表面活性剂和油脂等；

（3）不引起设备、管道等严重腐蚀、结垢和不造成维护管理的困难，其主要衡量指标有 pH 值、硬度、溶解性固体等。

五、中水的处理工艺和设备

为了将污水处理成符合中水水质标准的水，一般要进行三个阶段的处理：

（1）预处理，该阶段主要有格栅和调节池两个处理单元，主要作用是去除污水中的固体杂质和均匀水质。

（2）主处理，该阶段是中水回用处理的关键，主要作用是去除污水的溶解性有机物。

（3）后处理，该阶段主要以消毒处理为主，对出水进行深度处理，保证出水达到中水水质标准。

确定工艺流程时必须掌握中水原水的水量、水质和中水的使用要求，并根据上述条件选择经济合理、运行可靠的处理工艺；在选择工艺流程时，应考虑装置所占的面积和周围环境的限制以及噪声和臭气对周围环境带来的影响；中水水源的主要污染物是有机物，目前大多数以生物处理为主处理方法；在工艺流程中消毒灭菌工艺必不可少，一般采用含氯消毒剂进行消毒。

中水处理的工艺流程主要取决于中水水源和中水的用途。中水水源不仅影响处理工艺的选择，而且影响处理成本，因此，中水水源的选择十分关键。

中水处理大部分是以生物处理为中心的流程，而生物处理中又以接触氧化法为最多，这是因为接触氧化生物膜法具有容易维护管理的优点，适用于小型水处理。以物化法处理为主的处理流程较少，而且多应用于原水水质较好的场合，见表1-23中的1、2流程。

中水处理工艺流程　　　　　　　　　　　表1-23

序号	处理流程	适用范围及特点
1	格栅→调节池→混凝气浮（沉淀）→化学氧化→消毒	—
2	格栅→调节池→一级生化处理→过滤→消毒	以杂排水为原水
3	格栅→调节池→一级生化处理→沉淀→二级生化处理→沉淀→过滤→消毒	
4	格栅→调节池→絮凝沉淀（气浮）→过滤→活性碳→消毒	—
5	格栅→调节池→一级生化处理→混凝沉淀→过滤→活性碳→消毒	以生化处理和物化处理相结合，多以含有粪便的污水为原水
6	格栅→调节池→一级生化处理→二级生化处理→混凝沉淀→过滤→消毒	
7	格栅→调节池→絮凝沉淀→膜处理→消毒	—
8	格栅→调节池→生化处理→膜处理→消毒	—

中水处理设备有格栅或格网、调节池、沉淀（气浮）池、接触氧化池、絮凝池、滤池、消毒及活性炭吸附设备等。

六、小区中水系统

1. 小区中水系统的水源

小区中水系统规模大小适度，可选作中水水源的种类较多。水源的选择应根据水量平衡和技术经济比较确定。首先选用水量充足、稳定、污染物浓度低、水质处理难度小，安全且居民易接受的中水水源。按污染程度的轻重，建筑小区中水水源选取顺序为：

（1）小区内建筑物杂排水；

（2）小区或城市污水处理厂经生物处理后的出水；

（3）小区附近工业企业排放的水质较清洁、水量较稳定、使用安全的生产废水；

（4）小区生活污水；

（5）小区内雨水，可作为补充水源。

2. 中水管道布置与敷设的特殊要求

（1）中水供水系统必须独立设置；

（2）中水管道必须具有耐腐蚀性，因为中水保持有余氯和多种盐类，产生多种生物和电化腐蚀，采用塑料管、衬塑复合管和玻璃钢管比较适宜；

（3）中水供水系统应根据使用要求安装计量装置；

（4）中水管道不得装设取水龙头，便器冲洗宜采用密闭型设备和器具，绿化、浇洒、汽车冲洗宜采用壁式或地下式的给水栓；

（5）中水管道、设备及受水器具应按规定着浅绿色，与自来水相区分，以免引起误饮误用。

3. 中水处理站

小区中水处理站是中水处理设施集中设置的场所，它的选址及布置应符合以下要求：

（1）中水处理站应设置在所收集污废水的建筑和建筑群与中水回用地点便于连接的地方，且符合建筑总体规划的要求，如为单栋建筑的中水工程可以设置在地下室附近；

（2）建筑群的中水工程的处理站应靠近主要集水和用水地点，并有单独的进出口、道路，便于进出设备、排除污物；

（3）中水处理站的面积按处理工艺需要确定，并预留发展位置；

（4）处理站除设有处理设施的空间外，还应设有值班室、化验间、贮藏维修间等附属房间；

（5）处理设备的间距不应小于 0.6m，主要通道不小于 1.0m，顶部有人孔的构筑物及设备距顶板不应小于 0.6m；

（6）处理工艺中的化学药剂、消毒剂等需妥善处理，并有必要的安全防护措施；

（7）处理间必须有通风换气、采暖、照明及给排水设施；

（8）中水处理站必须根据实际情况，采取隔声降噪及防臭气等防污染措施。

小区中水站尽可能选择小型、高效、定型的设备，注意中水处理给建筑环境带来的臭味、噪声的危害。

小区中水用于水景、空调、冷却用水时，采用一般处理不能达到相应水质标准时，应增加深度处理设施。中水处理产生的沉淀污泥、活性污泥和化学污泥，可采用机械脱水装置或自然干化池进行脱水干化处理，或排至化粪池处理。

附1 节水措施

一、水资源状况

水是人类及一切生物赖以生存的不可缺少的重要物质，也是工农业生产、经济发展和环境改善不可替代的极为宝贵的自然资源。

地球水储量包括地球表面、岩石圈内、大气层中和生物体内所有各种形态的水，包括海洋水、冰川水、湖泊水、沼泽水、河流水、地下水、土壤水、大气水和生物水，在全球形成了一个完整的水系统，这就是水圈。水圈内全部水体的总储量为 $1.386 \times 10^{18} m^3$。其中有 $1.338 \times 10^{18} m^3$ 储存于面积为 3.61×10^8 亿 km^2 的海洋中，占全球的 96.5%；分布在面积为 $1.49 \times 10^8 km^2$ 的陆地上的各种水体储量约为 $4.8 \times 10^{16} m^3$，约占总储量 3.5%；大气水和生物体内的水仅 $1.4 \times 10^{13} m^3$，只占 0.001%。在陆地水储量中，有 73% 即 $3.503 \times 10^{16} m^3$ 为淡水（含盐量小于 1g/L），占全球水储量的 2.53%。在陆地淡水中，只有 30.4%，即 $1.065 \times 10^{16} m^3$ 分布在湖泊、沼泽、河流、土壤和地下 600m 以内含水层中，其余 69.6% 分布在两极冰川与雪盖、高山冰川和永久冻土层中，难以利用。

我国是一个缺水的国家，淡水资源总量为 $2.8 \times 10^{13} m^3$，人均水资源拥有量仅为 2150m^3（按 13 亿人计），不到世界人均水平的 1/4，排在世界第 109 位，是世界人均水资源极少的 13 个贫水国之一。在这些水资源中，又有 81% 在南方。因此北方地区的很多城市都属于绝对缺水的资源型缺水城市（一般认为人均拥有水量小于 1000m^3 属于严重缺水，小于 500m^3 属于绝对缺水，目前国际公认的维持发展所需要的人均淡水资源的临界值为 500 ~ 1000m^3），如北京为 357m^3，西安为 384m^3。中国目前有 15 个省份人均水量低于严重缺水线，其中天津、上海、宁夏、北京、河北、河南、山东、山西、辽宁等省市区人均拥水量低于生存起码线。特别是"三北"（东北、华北和西北）地区和经济发达的沿海地区，水的供需矛盾已十分突出。有关资料表明，在全国 600 多个建制市中，有近 400 个城市缺水，其中 130 多个严重缺水。

同时这些有限的水资源又由于人类活动受到不同程度的污染和破坏。全国七大重点流域地表水有机污染普遍，特别经过城市的河段有机污染较重，主要湖泊富营养化问题突出。目前我国水污染问题依然突出，从而出现了一些滨河的无水吃的污染型缺水城市。

可用的淡水资源又大量被白白浪费掉。目前我国农业用水占总用水量的 3/4，但是农业灌溉水的利用系数仅为 0.5，工业万元产值耗水量将近 $100m^3$，是发达国家的近 10 倍，城市供水的管网漏损约占总供水量的 15% 以上。

中国从 20 世纪 70 年代以来就开始闹水荒。20 世纪 80 年代以来，中国的水荒由局部逐渐蔓延至全国，形势越来越严重，"北方资源性缺水，南方水质性缺水，中西部工程性缺水"，对农业和国民经济已经带来了严重影响。

从人口和水资源分布统计数据可以看出，中国水资源南北分配的差异非常明显。长江流域及其以南地区人口占了中国的 54%，但是水资源却占了 81%。北方人口占 46%，水资源只有 19%。专家指出，由于自然环境以及高强度的人类活动的影响，北方的水资源进一步减少，南方水资源进一步增加。这个趋势在最近 30 年尤其明显。这就更加重了我国北方水资源短缺和南北水资源的不平衡。

根据缺水的原因，可大致将缺水城市分为四类：

（1）水资源短缺型。由于水资源不足，城市和工农业需水量超过当地水资源承受能力所造成的缺水。

（2）工程缺乏型。当地有一定的水资源条件，由于缺少水资源工程和供水工程而造成的缺水。

（3）水质污染型。由于水资源受到污染，使水质达不到城市用水标准而造成的缺水。

（4）混合型。由前述两种或两种以上因素而造成的城市缺水。

节水作为解决城乡水资源短缺问题的优先对策，是受到广泛关注的世界性问题。尤其对我国而言，到 21 世纪中叶，人口将达到 16 亿左右，经济要达到中等发达国家水平；如将我国人均用水维持在 2000 年 $430m^3$ 的水平或略高到 $450m^3$（目前国际上经济发达的高收入国家和中等偏上收入国家人均年用水量多数在 $400 \sim 800m^3$），需水量将增加到 6900 ～ 7200 亿 m^3。因此，加快治理水污染，保护水资源，节约用水，采取新的战略使水资源可持续利用，以支持社会经济的持续发展，是我国当前所面临的重要而紧迫的任务。

二、节水对策

水资源短缺已成为制约我国经济和社会发展的重要因素。为解决这一问题，必须坚持"节流、开源与保护水源并重"的方针，挖掘节水潜力，广泛开展节约用水工作，以缓解城乡水资源的紧张状况。

城乡节水的基本对策应包含以下几个方面：

1. 提高水的利用效率。主要措施包括：

①实行科学灌溉，减少农业用水浪费

我国农业用水占全国总用水量的 70% 左右，其中灌溉用水占农业用水总量的 90% 以上，高达 3600 亿～3800 亿 m^3，但利用率却很低，仅为 0.4～0.45，而发达国家都在 0.7 以上，差距很大。我国现代节水农业领域的技术储备还很薄弱，缺乏适合国情的现代节水农业新技术和产业化程度较高的产品设备，没有建立起适用于不同农业类型区的节水农业技术体系和推广应用模式。因而，根据我国国情、地情，因地制宜地发展适合不同地区特点的节水农业模式，建立符合国情的节水农业技术体系，已成为我国刻不容缓的重大战略举措。

②提高工业用水的重复利用率，降低生产耗水量

工业不仅是用水大户，取水量占全国总取水量 1/5，而且直接排放出大量工业废水，造成严重的水污染。此外，工业用水效率总体水平较低，万元人民币工业产值取水量约为发达国家的 7～10 倍；工业用水重复利用率也远低于发达国家 80% 的水平。而要保证经济与资源、环境的协调发展，工业取水量的年均增长率不应超过 1.2%。中国的水资源条件已不允许工业用水过快增长，工业用水未来的增量空间很小，工业企业必须及早调整用水结构，改革生产用水工艺，争取少用水，提高循环用水率。

③城市污水资源化回收再利用

污水资源化，既可增加水源缓解城乡缺水问题，又可起到治理污染和改善生态环境的作用。将污水处理回用于城市杂用水或用于农业灌溉并与污染治理有机地结合起来，对于解决我国水资源短缺和水环境改善具有特别重要的意义。

2. 给水设备设施的优化。主要措施包括：

①节水卫生器具的推广使用；

②城乡给水设施的改造和维护，减少"跑冒滴漏"。

3. 开辟第二水源，以增加可靠供水。主要措施包括：

①建造水库调节流量

建造水库可以将丰水期多余水量储存在库内，补充枯水期的流

量不足。这样不仅可以提高水源供水能力，还可以为防洪、发电、发展水产等多种用途服务。

②跨流域调水

跨流域调水是一项耗资巨大的增加供水工程，是从丰水流域向缺水流域调节。我国近年来相继完成的"引黄济青"、"引滦入津"等工程都是从丰水流域向缺水流域供水的大工程，国家"南水北调"工程也已经全面动工。

③城乡雨水收集利用

④海水利用

4. 加强水污染的防治。主要措施包括：

①恢复江河湖泊等水体水质

采用系统分析的方法，研究水体自净、污水处理规模、污水处理效率与水质目标及其费用之间的相互关系，应用水质模拟预测及评价技术，寻求优化治理方案，制定水污染控制规划。

②严格保护城乡水源地

采取各种措施防止水源地的水量枯竭和水质污染。

5. 强化节水的管理和宣传。主要措施包括：

①制定完善节水法规、标准体系，节水产品强制认证等。

②加强水务管理，实现水资源合理配置。

③通过调节水价等经济手段突出水的经济价值。

④广泛、深入、持久开展建设节水型社会的宣传教育，增强全社会节水意识。

随着水资源短缺问题日益突出，节水内容应在各阶段的城乡规划中得以体现，尤其是对于北方干旱地区的城乡，节水措施已是城乡规划中必不可少的内容。

三、节水卫生器具

节水型器具是指与同类器具、设备相比，具有显著节水功能的用水器具设备，或其他检测控制装置。其特点，一是在较长时间内免除维修，不发生跑、冒、滴、漏的无用耗水现象；二是设计先进合理，制造精良，使用方便，比传统用水器具设备的耗水量明显减少。在城市生活用水中，由于用水点多而分散，单个用水量小的特点，节水主要通过卫生给水器具的使用来完成。因此节水器具的开发、推广和管理对于节约用水的工作是十分重要的，节水型器具种类很多，主要包括龙头阀门类，淋浴器类，水位和水压控制类以及水装置设备类等。

由于同一类节水器具和设备往往会采取不同的节水方法，而常用的节水器具和设备的种类繁多。因此在选择时，应依据其作用原理，着重考察是否满足下列基本条件：

（1）实际节水效果好；

（2）安装调试和操作使用方便；

（3）结构简单经久耐用；

（4）经济合理。

四、中水回用

本章第六节已对中水系统作了全面介绍。

城市中水回用是开源节流、减轻水体污染、改善生态环境、解决城市缺水的有效途径。在城市生活和生产用水中，大部分是用在冲洗用水、冷却用水、市政用水、景观用水等方面，对水质要求不高的用户，若使用中水不仅在水质上完全符合用水标准，而且将节约大量的水资源。

五、雨水收集利用

雨水利用就是通过工程技术措施收集、储存并利用雨水，同时通过雨水的渗透、回灌、补充地下水及地面水源，维持并改善水循环系统。

目前，我国雨水利用多在农业领域，随着城市的发展，可供城市利用的地表水和地下水资源量日趋紧缺，加强雨水利用的研究，实现城区雨水的综合利用，将是城市可持续发展的重要基础。

雨水的收集利用方法详见第二章第四节。

六、市政环境节水技术

市政环境用水在城市用水中所占比例有逐步增大的趋势。鼓励工程节水技术与生物节水技术、节水管理相结合的综合技术，促进市政环境节水。应积极发展生物节水技术，提倡种植耐旱性植物，绿化用水应优先使用再生水，发展景观用水循环利用技术、推广游泳池用水循环利用技术、发展机动车洗车节水技术、大力发展免冲洗环保公厕设施和其他节水型公厕技术。

1. 选择合适的绿化植物

城市绿化的生态效益不仅取决于绿化面积，而且取决于绿地的结构和植被的类型。单纯的草坪不仅需要经常养护更需要及时浇灌，其需水量非常大，既费时又费力，故城市绿化一般应选择节水型植物，特别是北方地区更应选择耐干旱、需水量少的植物品种。从生态学角度考虑，以草地为基础，实行乔、灌木、藤本植物、草地及地被植物多层次混交，高中低空间耦合的立体绿化系统构架，其生态效益是单一草地的45倍，不仅可以节约大量灌溉用水，其植物叶片通过气孔呼吸还可以将空气中的铅、镉等大气污染物吸收降解，具有明显的降温、吸尘、消噪、增湿等功能，还能为城市构成丰富多彩的三维立体景观。

2. 改变传统的浇灌方法

绿化用水应优先使用再生水，应采用喷灌、微喷、滴灌等节水灌溉技术，灌溉设备可选用地埋升降式喷灌设备、滴灌管、微喷头、滴灌带等。

3. 发展景观用水循环利用技术

水景满足了众多希望从现代都市回归亲水自然环境的人们的要求，按常规设计则需要消耗大量的水资源。同时景观用水也依赖于一个良好水质的支持。目前国内大多数人工水景基本采用定期换水的方式来保持景观用水的水质。然而，鉴于换水的成本和用水量的限制，这种昂贵的作法仍然无法满足水景的景观设计要求，存在积泥、青苔、水藻、水体浑浊等诸多有碍观瞻的现象。

景观用水可以城市或小区中水系统的再生水为水源，投资费用较少，用水费用较低，水质较好，作为小区水系统有机组成的一部分，定期进行回流—处理—补充，环保效益、经济效益好，适于各种大小的水体。为防止水中藻类大量繁殖，可采用定期的紫外光控藻技术。对于小型的水景，例如跌水，还可以采用先进的二氧化钛超亲水性水幕墙技术，除作为景观外，还具有降低温度的作用。

4. 发展机动车洗车节水技术

目前机动车清洗方式有四种：传统的自来水直接冲洗；循环再生水（中水洗车）；微水洗车和蒸汽洗车；无水洗车。除自来水直接冲洗外，其余均为节水型方式。应大力推广洗车用水循环利用技术，推广采用高压喷枪冲车、电脑控制洗车和微水洗车等节水作业技术，研究开发环保型无水洗车技术。

5. 大力发展节水型公厕技术

我国现在普遍使用的公共厕所（水厕）耗水量大、粪便污水基本没有资源化，对水环境污染较大，厕所的外形和气味与环境的要求不相配。随着人们环保意识的增强，各地出现了许多新型的环保公厕，种类繁多，功能各异。目前国际国内已研究成功并获应用的环保节水厕所技术主要有三类：真空厕所、生物化解粪便厕所、塑料袋包装粪便免冲水厕所。

七、海水利用

海水是一种非常复杂的多组分水溶液，各种元素都以一定的物理化学形态存在。

目前，海水利用主要有三个方面：即直接利用和简单处理后作为工业用水或生活用水，例如作为工业冷却水，或用于洗涤、除尘、冲灰、化盐碱及印染等方面；经淡化处理后提供高质淡水，或再经矿化作为饮用水；综合利用，如从海水中提供化工原料等。

（一）直接使用

1. 工业冷却水

工业生产中海水被直接用为冷却水的量占海水总用量的90%左右。应用的行业主要为：火力发电行业的冷凝器、油冷器、空气和氨气冷却器等；化工行业的吸氨塔、碳化塔、蒸馏塔、煅烧炉等；冶金行业的气体冷缩机、炼钢电炉、制冷机等；水产食品行业的醇蒸发器、酒精分离器等。

2. 冲洗及消防用水

（1）冲洗用水

冲厕用水一般占城市生活用水的15%～40%。海水一般只需要简单的预处理后，就可用于冲厕，其处理费用一般低于处理自来水的处理费用。推广海水冲厕不仅节约沿海城市的淡水资源，而且可取得很好的经济效益。

（2）消防用水

消防用水主要起灭火作用，用海水作为消防给水不仅是可能而且是完全可靠的。但是，如果建立常用的海水消防供水系统，应对消防设备的防腐蚀性能加以研究改进。如日本阪神地震发生后，由于城市供水系统完全破坏，其灭火的水源全部为海水。

3. 海产品洗涤用水

在海产品养殖中，海水被广泛用于对海带、鱼、虾和贝类等海产品的清洗。只需对海水进行必要的预处理，使之澄清并除去菌类物质，就可代替淡水进行加工。这种做法在我国沿海的海产品加工行业已被广泛应用，节约了大量淡水资源。

4. 海水烟气脱硫

海水烟气脱硫工艺是利用天然的纯海水作为烟气中SO_2的吸收剂，无需添加其他添加剂，也不产生任何污染物，具有技术成熟、工艺简单、系统运行可靠、脱硫效率高和投资运行费用低等特点。

5. 化盐溶剂

纯碱或烧碱的制备过程中均需使用食盐水溶液，传统方法是用自来水化盐，如此要使用大量的淡水，而且盐耗也高。用海水作化盐溶剂，可降低成本、减轻劳动强度、节约能源，经济效益明显。

（二）海水的综合利用

海水化学资源主要是指海盐、钾盐、溴素及镁盐等四大主体要素，该主体是我国国民经济的基础化工原料。我国对海洋化学资源的利用主要集中在海水制盐方面，而对其他的化学元素的提取开发重视不够。除了氯化钠是从海水中直接提取外，其他元素仅限于从地下卤水和盐田苦卤提取。而且，资源综合利用工艺流程落后，产品质量与国外有一定差距，急需技术更新和设备改造。

（三）海水淡化

海水淡化是指经过除盐处理后使海水的含盐量减少到所要求含盐量标准的水处理技术。海水淡化后，可应用于生活饮用、生产使用等各个用水领域。

海水的淡化利用化学、物理方法从溶液中将水和溶质分离，我国从 20 世纪 60 年代起也开始进行海水淡化技术的研究开发。目前，海水淡化技术大体上可分为两大类：一类是从海水中分离出淡水，如蒸馏法、冷冻法、溶剂萃取法和反渗透法等；第二类是从海水中析出各种化学元素而获取淡水，如电渗析法、离子交换法等。其中蒸馏法、反渗透法和电渗析技术应用较为广泛，分别占世界海水淡化总量的 62%、31% 和 4%。一般大型装置多采用水电联产的多级闪蒸和低温多效技术；中型装置以压气蒸馏和反渗透法居多；电渗析法因产量小、耗电量大，多用于小型淡化站。

我国海岸线长 1.8 万 km，沿海地区居住着 4 亿人口，沿海生产总值为全国城市生产总值的 60% 以上。沿海开放城市中，大连、天津、青岛等 9 个城市严重缺水，缺水已成为阻碍城市发展的重要因素。因此，海水淡化在我国需求紧迫，前景广阔。

我国由多部门联合制定的《海水利用专项规划》中提出，到 2020 年海水淡化能力将达到 250 万 ～ 300 万 m^3/ 日，海水直接利用能力达到 1000 亿 m^3/ 年，海水利用对解决沿海地区缺水问题的贡献率达到 26% ～ 37%，海水利用国产化率达到 90% 以上，沿海地区的高用水企业的工业冷却水基本上由海水替代，实现海水利用产业的跨越式发展。

对于海水淡化，能耗是直接决定其成本高低的关键。几十年来，随着技术的提高，海水淡化的能耗指标降低了 **90%** 左右（从 **26.4kWh/m³** 降到 **2.9kWh/m³**），成本随之大为降低。目前我国海水淡化的成本已经降至 4 ~ 7 元 /m³，苦咸水淡化的成本则降至 2 ~ 4 元 /m³。如果进一步综合利用，把淡化后的浓盐水用来制盐和提取化学物质等，则其淡化成本还可以大大降低。至于某些生产性的工艺用水，如电厂锅炉用水，由于对水质要求较高，需由自来水进行再处理，此时其综合成本将大大高于海水淡化的一次性处理成本（表 1-24）。

几种淡水获取方式的成本比较　　　　表 1—24

取水方式	平均成本
远程调水	引滦入津：2.3 元 /m³（直接成本）
	南水北调：5 ~ 20 元 /m³（到北京平均水价）
海水淡化	海水：4 ~ 7 元 /m³（综合成本）
	苦咸水：2 ~ 4 元 /m³（综合成本）

我国是一个海洋大国，海水资源极其丰富，西部地区则有相对丰富的苦咸水资源，这为我国发展海水淡化产业提供了前提和基础。

八、节水意识的形成

节水是一项系统工程，应运用法律、行政、经济、技术等综合手段，加大推进节水工作的深入开展。国家对民众节水意识的培养可通过制定节水法规、标准体系、节水产品强制认证等措施，通过调整水价、节水宣传等手段，同时从政策层面、经济层面和教育层面加以引导，增强全社会节水意识，提高民众的用水道德，树立良好的用水观念。

（一）法律手段

1. 节水政策法规

《中华人民共和国水法》、《中华人民共和国水污染防治法》、《取水许可制度实施办法》、《水功能区划管理办法》、《城市供水条例》、《城市节约用水管理办法》等，对节约用水作了法律规定。

相继制定了全国节约用水规划和工业、农业、城市节约用水规划如：《全国节水规划纲要》、《全国地下水资源开发利用规划》、《农业节水规划》、《中国城市节水技术进步发展规划》、《城市水资源供水水源地规划》、《西北水资源开发利用规划》等。

2. 节水型用水标准体系

我国制定有关节水的标准包括用水节水基础标准、用水节水考核标准、节水设施与产品标准、节水技术规范等。例如：《取水许可技术考核与管理通则》、《评价企业合理用水技术通则》、《工业企业产品取水定额编制通则》、《工业取水定额》、《城市居民生活用水量标准》、《节水型产品技术条件与管理通则》等，使用水节水管理纳入了标准化轨道。

3. 发展节水产品、加强节水产品认证

2001 年和 2003 年分别公告了两批《当前国家鼓励发展的节水设备目录》，并提出了对当前国家鼓励发展的节水设备的鼓励和扶持政策。

（二）行政手段——水务管理

水务管理是对水资源的开发、利用、配置、节约和保护的规划、计划、调度及组织、协调、监督等方面的管理。城乡水务管理就是实行在行政区划范围内防洪、水资源供需平衡和水生态环境保护的统一管理体制，即对防洪、排涝、蓄水、供水、用水、节水、污水处理、水资源统筹等涉水事务进行统一管理。城乡水务管理首先要求对区域水资源的统一管理，其次是对涉水事务的统一管理。这种管理体制的科学基础是水资源以流域管理为基础的系统管理思想，实现以流域为系统，以区域为单元，流域与区域相互协调的管理体制。它是对地表水与地下水、水量与水质、生活用水、生产用水与生态用水、城市与农村、流域与区域等水问题的统筹兼顾。

（三）经济手段——水价

水价是水资源管理的主要经济杠杆，对水资源的配置起着重要的导向作用。制定科学合理的水价，是保护水资源和节约用水的一种重要手段，可以在一定程度上制约用户的用水量，特别是对于工业用水。但长期以来，在我国水并没有被真正当作商品来对待，水价政策与水的实际价值严重背离，水的价格远不能承担起供水工程的运行成本、还贷、税金及必要利润等项的要求。低廉的水价带来严重的后果，产生了负面影响。一方面，直接导致水利工程缺少维修，运行管理质量低水平，致使供水单位长期亏损，政府背上财政包袱，工程效益难以充分发挥；另一方面，各行各业的用水户无须过多考虑用水成本在产品总成本费用中所占的份额，节水意识十分淡薄，毫不珍惜，无节制地使用便宜水，滥引滥用，跑冒滴漏，浪费水的现象普遍存在，进一步加剧了水资源短缺的态势，造成了供不应求的局面。

国内外经验表明，水价要对节水起到经济杠杆作用，需要达到一定的标准，比如城市居民生活用水水费支出，占家庭平均收入的 2% ～ 3% 是比较适宜的。但过高的水价，也可能产生负面影响，因此适当提高标准，有利于提高人们的节水意识，促进用户节约用水。水价的提升不单单是个价格问题，也体现了水作为一种战略资源本身所具有的价值。全国大多数省份已经开始着手对城市居民生活用水实行阶梯式计量计价，这种〝阶梯水价〞对正常、合理用水的居民没有增加大的负担，而超额用水者则须付出高价，这是科学、合理和公平的。

（四）宣传手段

为增强全民的水的法律意识和法制观念，自觉地运用法律手段规范各种水事活动，原国家水利部从 1989 年开始，确立每年 7 月 1 日至 7 日为〝水法宣传周〞。自 1993 年〝世界水日〞诞生后，从 1994 年起，水利部决定〝水法宣传周〞从每年的〝世界水日〞即 3 月 22 日开始至 3 月 28 日为止。为了提高城市居民节水意识，我国从 1992 年开始，将每年 5 月 15 日所在的那一周定为〝全国城市节水宣传周〞。通过该活动，有助于提高社会对节水工作重要现实意义和长远战略意义的认识；有助于增加投入开发推广应用节水的新工艺、新技术、新器具；有助于提高城市用水的综合利用水平。

第二章
排水系统规划

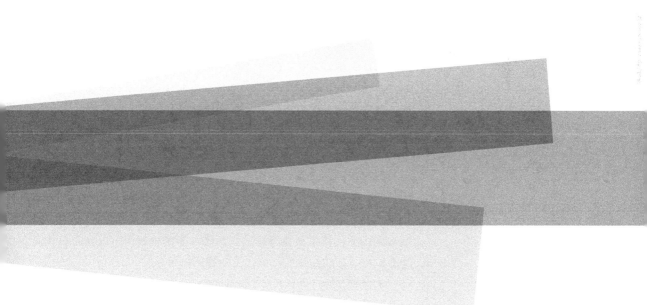

第一节　概述

一、排水系统的任务

城市除了具有完善的给水系统外，还必须具有良好的排水系统。排水工程系统也是城市最基本的市政基础设施之一。

人们在日常生活和生产活动中无处不用水，水经过使用后就变成了污水或废水，如不及时排除与处理，将会对环境造成污染或破坏，甚至形成公害，影响城市生产、生活和人体健康。此外，城市内的降水（雨水和冰雪融化水）也应及时排除，否则可能会引起城市内涝灾害。

城市排水系统的任务就是有组织的、及时的收集、处理、排放污、废水和雨、雪水，以减少对环境的污染，保护水资源，避免对城市产生威胁。从而保证城市生活和生产的正常秩序，满足社会效益、经济效益和环境效益等方面的要求。

二、排水类型

城市排水按照来源和水质特点可分为以下几类：

1. 生活污水

是指人们在日常生活中所使用过的水，包括住宅、机关、学校、商场及其他公共建筑（也包括工厂的生活间）等排出的水。生活污水主要从厕所、浴室、厨房、洗衣房、盥洗室等处收集排放。

这类污水的水质特点是污染物成分较为稳定，含有较多的有机物杂质，并带有病原微生物和寄生虫卵等。

2. 生产污水

是指在工业生产过程中，水质受到较为严重的污染，须经处理后方可排放的水，其污染物质多半具有危害性。不同工业污水所含的污染物成分也不同。有的生产污水污染物主要为有机物，如食品工业、石化工业等排放的污水；有的生产污水污染物主要为无机物，如冶金工业、建材工业等排放的污水；有的生产污水既含无机物又含有机物，如纺织工业、焦化工业等所排污水。

3. 生产废水

是指在工业生产过程中，水质被轻微污染，或没有被污染只是水温升高的水。比如许多工业中大量使用的冷却用水都属于这类。生产废水可不经处理直接排放，但一般都会进行简单处理后循环使用或重复利用。

4. 降水

是指在地面上径流的雨水和融化的冰雪水。降水径流的水质与大气状况和径流表面的情况有关，一般来说水质较为清洁。但降雨（雪）初期，雨（雪）水挟带大气、屋面、地面的污染物，会使得径流水质较差。雨水径流的特点是时间集中、径流量大，尤其以暴雨径流危害最大，城市内涝往往由此引起。雨（雪）水可不经处理直接排放到环境中去，对于水资源匮乏的地区，可考虑对这部分排水进行收集利用。

我们将排水分类的原因是：排水类型不同，水量水质特点也不同，排水系统收集、处理、排放的思路和手段也会有所差别。

三、排水体制

上述几种排水均需及时妥善处置。对生活污水、生产污废水和降水径流所采取不同的汇集、排除方式所形成的不同排水系统就称为排水体制，也叫排水制度。

排水体制可分为合流制和分流制两大类。合流制是将生活污水、生产污废水和降水径流混合在一套管道（或渠道）中收集、排除的排水系统；将生活污水、生产污废水和降水径流分别在两个或两个以上各自独立的管道（或渠道）中分别收集、排除的排水系统称为分流制。

四、排水系统的组成

城市排水系统通常由排水管（渠）网及其附属设施、污水处理系统和出水口组成（图2-1）。

1. 生活污水系统

（1）室内卫生器具和污水管道系统

卫生器具不但是生活给水系统的末端，也是生活污水系统的起端。生活污水由此进入建筑污水管道（经存水弯后依次进入横支管、立管、排出管），最后排至室外。

（2）室外（小区）污水管道及其附属设施

建筑污水排出管经检查井进入小区污水管道，如果通过重力自流至城市污水管道有困难还需设置小区污水泵站进行污水的局部提升。此外，不同场合中还可能会有一些污水的局部处理设施，如化粪池、隔油池、消毒池等。

（3）城市（市政）污水管道及其附属设施

（4）城市污水处理厂

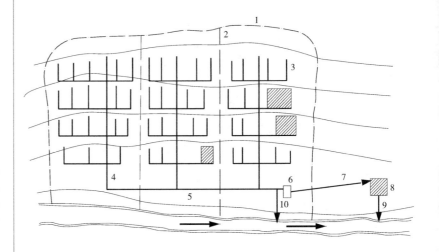

图 2-1 城市污水排水系统平面图
1—城市边界；2—排水流域分界线；3—污水支管；4—污水干管；5—污水主干管；6—污水泵站；7—压力管；8—污水处理厂；9—污水厂出水口；10—事故出水口

对收集来的生活污水进行处理，水质达标后可排放至环境中或继续深度处理成中水再利用。

（5）出水口

将处理达标后的污水由此排放至自然水体或洼地。通常在市政污水泵站和污水处理厂之前还要设事故出水口，当发生故障或检修维护时可临时排除上游来水。

2. 雨水系统

雨水地面径流一部分来自建筑的屋面，通过天沟、雨落管流至地面；另一部分就是地面雨水径流，最后由雨水口进入雨水管（渠）道。

（1）建筑雨水排水系统

（2）室外（小区）雨水管（渠）道系统

包括雨水口、庭院雨水沟、检查井、小区雨水管道等。

（3）城市（市政）雨水管（渠）道及其附属设施

包括道路边沟、路边雨水口、雨水管（渠）道、检查井、雨水泵站等。

（4）出水口

3. 工业污、废水系统

（1）车间排水设备和室内管道

（2）厂区（园区）污（废）水管道及其附属设施

（3）污（废）水处理站或局部处理设施

（4）出水口

对于合流制的排水系统，以上各系统组成中，除了城市排水管（渠）网为共用外，其他部分都应当具备。

五、排水系统的布置形式

城市排水系统的平面布置，根据地形、竖向规划、污水处理厂位置、周围水体情况、污水种类和污染情况及污水处理利用的方式、城市水源规划、大区域水污染控制规划等来确定。下面是几种以地形为主要因素的布置形式。

1. 正交式布置

在地势向水体适当倾斜的地区，各排水流域的干管可以最短距离与水体垂直相交的方向布置，称正交式。其干管长度短，口径小，污水排出迅速，造价经济。但污水未经处理直接排放，使水体污染严重。这种方式在现代城市中仅用于排除雨水，如图 2-2（a）所示。

2. 截流式布置

对正交式布置，在河岸再敷设总干管，将各干管的污水截流送至污水厂，这种布置称为截流式。这种方式对减轻水体污染，改善和保护环境有重大作用。适用于分流制污水排水系统，将生活污水及工业废水经处理后排入水体。也适用于区域排水系统，区域总干管截流各城镇的污水送至城市污水厂进行处理。对截流式合流制排水系统，因雨天有部分混合污水排入水体，易造成水体污染，如图 2-2（b）所示。

3. 平行式布置

在地势向河流方向有较大倾斜的地区，为了避免因干管坡度及管内流速过大，使管道受到严重冲刷或跌水井过多，可使干管与等高线及河道基本上平行，主干管与等高线及河道成一倾斜角敷设，称为平行式布置，如图 2-2（c）所示。

4. 分区式布置

在地势高低相差很大的地区，当污水不能靠重力流流至污水处理厂时，可采用分区布置形式，分别在高、低区敷设独立的管道系统。高区污水以重力流直接流入污水厂，低区污水利用水泵抽送至高区干管或污水厂。这种方式只能用于个别阶梯地形或起伏很大地区，其优点是能充分利用地形排水、节省电力。若将高区污水排至低区，然后再用水泵一起抽送至污水厂则是不经济的，如图 2-2（d）所示。

5. 分散式布置

当城市周围有河流，或城市中央部分地势高，地势向周围倾斜的地区，各排水流域的干管常采用辐射状分散布置，各排水流域具有独立的排水系统。这种布置具有干管长度短、口径小、管道埋深浅、便于污水灌溉等优点，但污水厂和泵站的数量将增多。在地形平坦的大城市，采用辐射状分散布置可能是比较有利的，如图2-2（e）所示。

6. 环绕式布置

由于建造污水厂用地不足，以及建造大型污水厂的基建投资和运行管理费用也较小型厂经济等原因，故不希望建造数量多规模小的污水厂，而倾向于建造规模大的污水厂，所以由分散式发展成环绕式。即在四周布置总干管，将干管的污水截流送往污水厂，如图2-2（f）所示。

7. 区域性布置形式

把两个以上城镇地区的污水统一排除和处理的系统，称为区域布置形式。这种方式使污水处理设施集中化大型化，有利于水资源

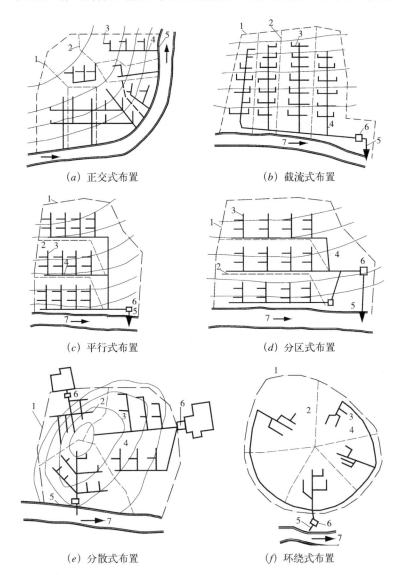

图2-2　排水系统的布置形式

1—城市边界；2—排水流域分界线；3—支管；4—干管；5—出水口；6—污水厂；7—河流

（a）正交式布置　　（b）截流式布置
（c）平行式布置　　（d）分区式布置
（e）分散式布置　　（f）环绕式布置

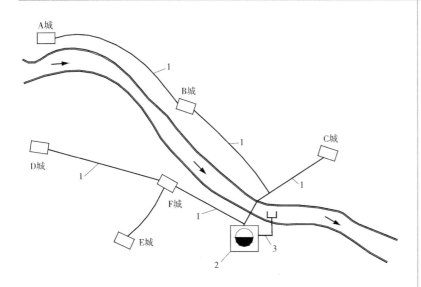

图 2-3 区域性污水系统布置
1—污水主干管；2—区域污水处理厂；3—出水口

的统一规划管理，节省投资，运行稳定，占地少，是水污染控制和环境保护的发展方向。但也有管理复杂，工程效益慢等缺点。比较适用于城镇密集区及区域水污染控制的地区，并应与区域规划相协调，如图 2-3 所示。

六、排水系统的布置要点

城市排水工程系统的平面布置是确定城市排水系统各组成部分的平面位置，这是城市排水工程规划的主要内容。它是在计算出城市排水量后，确定了排水体制及基本确定了污水处理与利用方案的基础上进行的。城市排水系统的布置与排水体制有密切关系。分流制中，污水系统的布置要确定污水处理厂、出水口、泵站、主要管渠的布置或其他利用方式；雨水系统布置要确定雨水管渠、排洪沟和出水口的位置等；合流制系统的布置要确定管渠、泵站、污水处理厂、出水口、溢流井的位置。在进行城市排水系统的布置时，要考虑地形、地貌、城市功能分区、污水处理和利用方式、原有排水设施的现状及分期建设等的影响。在布置城市排水系统时应重点考虑下面的一些要点：

1. 污水排放系统的形式

通常根据城市的地形和区划，按分水线和建筑边界线、天然和人为的障碍物划分排水流域，如果每个流域的排水系统自成体系，单独设污水处理厂和出水口，称为分散布置；如将各流域组合成为一个排水系统，所有污水汇集到一个污水处理厂处理排放，称为集中布置。通常集中布置干管较长，需穿越天然或人为障碍物较多，但污水厂集中，出水口少易于加强管理；分散布置则干管较短，污水回收利用便于接近用户，利于分期实施，但需建几个污水厂。对于较大城市，用地布局分散，地形变化较大，宜采用分散布置；对中小城市，在布局集中及地形起伏不大，无天然或人为障碍物阻隔，宜采用集中布置。实际过程中，常对不同方案进行技术经济比较确定。

2. 污水处理厂及出水口位置

污水出水口一般位于城市河流下游，特别应在城市给水系统取水构筑物和河滨浴场下游，并保持一定距离（通常至少100m），出水口应避免设在回水区，防止回水污染。污水处理厂的位置一般与出水口靠近，以减少排放渠道的长度。污水厂一般也在河流下游，并要求在城市夏季最小频率风向的上风侧，与居住区或公共建筑有一定的卫生防护距离。当采取分散布置，设几个污水厂与出水口时，将使污水厂位置选择复杂化，可采取以下措施弥补：如控制设在上游污水厂的排放，将处理后的出水引至灌溉田或生物塘；延长排放渠道长度，将污水引至下游再排放；提高污水处理程度，进行三级处理等。

3. 污水的利用和处理方式

污水的最终出路无外乎排入水体、灌溉农田和重复使用。直接排放水体对环境造成严重污染。处理后的污水进行农田灌溉或水产养殖，都是对污水利用的较好方式。城市污水的重复利用随着水资源的日益匮乏而越来越受到重视，污水的利用方式对城市排水系统的布置有较大影响，并应考虑城市水源和给水工程系统的规划。城市污水的不同处理要求和处理方式也对城市排水系统的布置产生影响。

4. 工业污废水和城市污水的关系

工业污废水中的生产废水一般由工厂直接排入水体或排入城市雨水管渠。生产污水排放有两种情况：一是工厂独立进行无害化处理后直接排放；二是一般性的生产污水直接排入城市污水管道，而有毒害的生产污水经过无害化处理后直接排放，或先经预处理后再排往城市污水厂合并处理。一般地，当工业企业位于城市内，应尽量考虑工业生产污水（无毒害）排入城市污水管道系统，一起排除与处理，这是比较经济合理的。而第一种情况有利于较快地控制生产污水污染。

5. 污水主干管的位置

每一个排水流域一般有一条或几条主干管，来汇集各干管的污水。为了使干管便于接入，主干管不能埋置太浅；但也不宜太深，给施工带来困难，增加造价。原则上在保证干管能接入的前提下尽量使整个地区管道埋深最浅。主干管通常布置在集水线上或地势较低的街道上。若地形向河道倾斜，则主干管常设在沿河的道路上。主干管不宜设置在交通频繁的街道上，最好设在次要街道上，便于施工和维修。主干管的走向取决于城市布局及污水厂的位置，主干管终端通向污水厂，其起端最好是排泄大量工业废水的工厂，管道建成后可立即得到充分利用，水力条件好。在决定主干管具体位置时，应尽量避免减少主干管与河流、铁路等的交叉，避免穿越劣质土壤地区。

6. 泵站的数量和位置

由主干管布置情况综合考虑决定。排水管道为保证重力流，都有一定坡度，敷设一段距离后，管道将埋置很深，造成工程量太大和施工困难，所以采取在管道中途设置提升泵站的方法，来减少管道埋深。但中途泵站的设置将增加泵站本身造价及运行管理费用。所以应尽量减少泵站的使用。

7. 雨水管渠布置

根据分散和短捷的原则，密切结合地形，就近将雨水排入水体。布置中可根据地形条件，按分水线划分排水分区，各区域的雨水管渠一般采取与河湖正交布置，以便采用较小的管径，以较短距离将雨水迅速排除。

8. 排水管与竖向设计关系

排水管道布置应与竖向设计相一致。竖向设计时结合土方量计算，应充分考虑城市排水要求。排水管道的流向及在街道上的布置应与街道标高、坡度协调，减少施工难度，另外发生管道溢流的情况，可使溢流水沿地面排除，减少路面积水。

9. 排水方式的选择

传统的排水系统采用重力流排水方式，需要有较大的管径和必要的坡度，通常埋设较深，开挖面积大，工程费用高，对地域广阔、人口密度低、地形地质受限的地区很不适应。近年来，一些城市开始采用压力式或真空式排水方式，得到较好的应用，尤其适应于地形地质变化大的地区，管网密集、施工困难的地区，不准破坏景观的自然风貌和历史文化保护区，居民分散、人口密度低的别墅、观光区等。在这些地区，相对于重力流方式具有管道口径小、工程量小、施工便捷、建设周期短、建设费用低、方便污水厂选址等优点，但其管理维护要求高。所以多应用在一些特殊地段上。

七、排水系统规划

1. 规划内容和深度

（1）城市总体规划中的排水系统规划

①预测城市各种排水量：分别估算生活污水、生产污废水和雨水（尤其是暴雨）径流量。

②拟定城市污水、雨水的排除方案；确定排水体制；根据地形地貌特点划分排水分区和确定排水方向；对原有排水系统提出改造利用方案，明确规划期限内排水系统的规划建设要求；提出近远期规划建设时序。

③确定污水处理厂：包括污水厂的厂址、处理能力和占地面积，根据当地环保要求和污水再生利用方案确定污水处理工艺；选择排水出路并布置出水口。

④布局污水、雨水干管（干渠）以及管网配套设施：确定污水、雨水干管（干渠）的位置、走向；估算干管管径（或截面积）；布置污水（雨水）泵站位置。

规划成果包含图纸、文本和说明书以及基础资料汇编。图纸包括排水系统现状图和排水系统规划图。

（2）城市分区规划中的排水系统规划

①估算分区各类排水量；

②进一步确定主要排水设施的规模、位置和用地范围；

③对城市总体规划中排水管（渠）网的走向、位置进行落实或修正补充，估算控制管径（截面积）。

规划成果包含图纸、文本和说明书以及基础资料汇编。图纸包括分区排水系统规划图和必要的附图。

（3）城市详细规划中的排水系统规划

分为控制性详细规划和修建性详细规划。

①分别计算各排水分区内的各类排水量。

②布局规划区内排水设施和排水管网；确定排水设施的位置、占地面积，对排水管道（渠道）的位置走向进行复核定线定位；确定地面主要控制点标高。

③根据排水的计算流量计算排水管（渠）道的管径（截面积），同时确定排水坡向坡度、设计充满度、流速、管底标高等参数。

④选择排水管道管材或排水渠道断面形式；确定管道的衔接方式。

⑤进行造价估算。

规划成果主要包含图纸和说明书。图纸包括排水系统规划图和必要的附图。

2. 规划方法和步骤

城市排水系统规划通常按以下步骤进行：

（1）明确规划任务的内容和范围，收集城市环保、水务及其他相关部门的规定和文件。

（2）收集基础资料和现场踏勘。基础资料主要包括：城市总体规划、分区规划或详细规划，新近地形图，城市近远期用地布局和人口分布；建筑层数和卫生设备标准；现状给排水设施和用水情况，排水大户资料；城市气象、水文和工程地质资料。

为直观了解实地状况，必须进行现场踏勘。通过现场调研了解并核实实地地形，掌握现状排水设施运行情况，增加感性认识和直观印象。

（3）对现状排水系统进行分析，掌握现有排水设施存在的主要问题和薄弱环节，初步提出改造利用方案。

（4）在搜集资料、现场踏勘和现状分析的基础上，着手制定排水工程规划设计方案。通常需要拟定几个方案，绘制排水系统规划方案图，估算工程造价，对各方案进行技术经济比较，从中选出最佳方案。

（5）根据确定的方案绘制排水系统规划图纸，编写规划设计说明书。图中应包括各排水分区、污水厂厂址、提升泵站、出水口位置，以及排水管网（渠道）的位置走向等。说明书内容应包括规划项目的方案构思及其优缺点、设计依据、工程造价、所需主要材料设备及近远期发展时序等。

3. 排水规划与其他各专业工程规划的协调

排水工程规划是单项工程系统规划之一，与其他各专业工程规划是平行展开、分别完成的，这就要求排水规划和其他专业工程规划之间必须协调配合、避免矛盾，使整个城市规划各专业各部分之间构成有机的整体。

在其他各工程系统规划中，与排水工程系统最密切相关的有给水系统规划、道路系统规划、竖向规划、管线综合规划、人防工程规划等。

排水管（渠）道应沿着城市道路布置，道路的等级、宽度、断面形式、纵坡等和排水管（渠）道的布置密切相关。比如道路宽度直接影响连接支管的长度和坡度，道路红线宽度超过一定数值时，需要两侧布置排水管道；道路纵坡太大或太小都不利于排水管道的布置，尤其是反坡排水，将会大大增加管道的埋深。

排水规划和给水规划互为依存。比如城市用水大户通常也一定是排水大户；给水系统的水源、取水口的选择与污水厂、出水口的位置确定要通盘考虑，避免污染给水水源；道路下的排水管道和给水管道之间要留够水平净距和垂直净距。

城市用地的竖向规划也会直接影响到排水系统的布置，比如场地的竖向规划可能会改变原始地形，那么排水系统规划也应随之调整适应。

排水系统规划应尽量满足城市地下各类工程管线综合的要求，这是因为排水管道一般管径较大、埋深较深，而且属于重力流管道，对于其他工程管线的布置和管位确定影响较大。

此外，排水系统规划还要考虑和城市人防工程的结合、与城市防洪排涝的关系等问题。

第二节 排水体制及其选择

一、合流制排水系统

将生活污水、生产污废水、雨（雪）水用一个管（渠）系统汇集、排除的称为合流制排水系统。根据各类排水混合、汇集后的处置方式不同，可分为以下三种情况：

1. 直泄式合流制

合流干管（渠）系统的布置就近坡向水体，每个合流干管（渠）下游末端布置出水口，由支管汇集混合的各类排水进入干管（渠），最后未经处理的各类混合排水由出水口直接泄入水体，如图2-4所示。

我国目前部分小城镇和某些中小城市的老城区的排水系统就属于这种系统。这是由于在以往工业尚不发达，城市人口规模也较小，

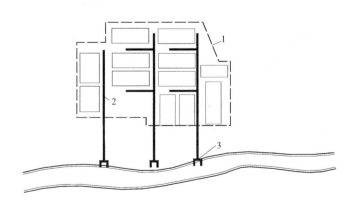

图 2-4　直泄式合流制
1—城市范围；2—合流管道；
3—排水口

生活污水和工业污废水的排水量都不太大，直接泄入水体，对环境卫生和水体污染问题不太严重。但是随着城市工业化进程的加快和人口的集聚，各类污水量不断增加，水质也日趋复杂，如继续采用直泄式合流制的排水系统，将会造成严重的环境污染。因此，这种直泄式合流制的排水系统目前已不宜采用，同时需要对很多城镇现状的这种排水体制进行改造。

2. 全处理合流制

各类排水混合汇集后不直泄入水体，而是通过合流干管全部输送到污水厂处理后排放，这种排水系统称为全处理合流制，如图 2-5 所示。

这种排水系统在防治水体污染、保护环境卫生方面是最理想的，但由于要考虑暴雨时的混合流量，需要主干管（渠）的管径（截面积）尺寸很大，污水厂的容量也会增加很多，基建费用相应提高，很不经济。同时由于晴天时合流管（渠）道中流量过小，水力条件不好。对于污水处理厂来说，在晴天和雨天时的水量、水质差别太大，负荷很不均衡，造成运行管理上的困难。因此，这种排水体制在实际工程中很少采用。

3. 截流式合流制

为了弥补上述两种排水体制的缺点，尤其是对现状直泄式合流制排水系统的改造时，常采用截流式合流制的排水系统。

在原先直泄式合流制排水系统的基础上，靠近岸边沿河流走向修建一条截流干管，截流干管和原先排水干管的交叉处修建溢流井，保留原先各出水口作为溢流口，并在截流干管下游设置污水处理厂，如图 2-6 所示。

晴天时，合流管道里主要是污水，流量较小，可通过截流干管全部送入污水厂处理后排放；降雨初期，雨水水质较差，合流管道

图 2-5 全处理合流制（左）
1—城市范围；2—合流干管；
3—污水处理厂
图 2-6 截流式合流制（右）
1—城市范围；2—截流干管；
3—合流干管；4—溢流井；
5—污水处理厂；6—出水口；
7—溢流出水口

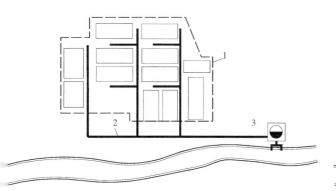

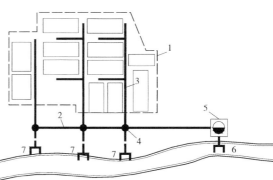

里是污水和初雨的混合流量，也通过截流干管全部进入污水厂处理；随着雨量增大，混合流量超过截流干管的输水能力后，将有部分污水雨水的混合流量通过溢流井溢出，经溢流口直接泄入水体。溢流井的构造如图2-7所示。

这种排水系统较直泄式合流制有了较大改进，但在雨天（尤其是暴雨），仍有部分雨污混合水量未经污水厂处理直接排入水体，可能对水体有一定污染。但这种污染往往在可以容忍的限度之内。因为当暴雨时发生的溢流，由于雨水量比污水量大得多，通过雨水的稀释作用，混合水中污染物浓度较晴天时低很多；而且暴雨时，河流里面的水量也较平时大很多，排入河流的污染物又被进一步稀释，通过天然水体的自净作用，对下游的影响很小。

当然，如果当地的环保要求很高，通过溢流口溢流出的混合水污染物浓度超过了规定的极限值，也可以采取其他的工程措施来满足环保要求。比如在溢流井后设置雨水调蓄池，收集溢流水量，待雨停之后再把积蓄的混合水量输送到污水处理厂；随着技术的发展，还可以在溢流井和溢流口之间就地设置小型污水处理设备，对溢流的混合水就地处理后排放。

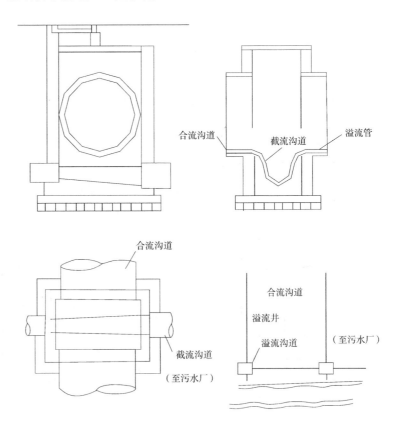

图2-7 溢流井构造

二、分流制排水系统

将生活污水、生产污废水和降水径流分别在两个或两个以上各自独立的管道（或渠道）中分别收集、排除的排水系统称为分流制。对于城市排水系统来说，主要是指生活污水和雨水的分流。生产污水一般由工厂企业自行处理达标排放或处理至一定程度而进入城市污水管道系统；生产废水也由工厂自行处理后循环利用。所以，除了厂区或工业园区内部外，城市一般不会单独设置生产污废水的管道系统。

按照生活污水和雨水的收集排除方式不同，分流制还可分为以下两种：

1. 完全分流制

分设污水和雨水两个管（渠）系统，前者汇集生活污水（包括进入污水管道的工厂处理后的生产污废水），送至城市污水厂，经处理后排放或再利用；后者汇集雨（雪）水径流，就近排入人工或自然水体，如图 2-8 所示。

这种排水系统卫生条件好，但造价较大，新建的城市或城市新区一般都采用这种排水体制。

对于重要的工矿企业或工业园区，也尽量采用分流制的排水系统，甚至要布置多套排水管网排除不同种类的工业污废水和雨水，做到清浊分流和分质分流。

2. 不完全分流制

只有污水管道系统而没有完整的雨水管（渠）系统，污水经由污水管道输送至污水厂处理，雨水沿着地面、道路边沟、沟渠进入较大的自然水体或经由绿地、蓄渗池等下渗补充地下水。这种排水系统称为不完全分流制。

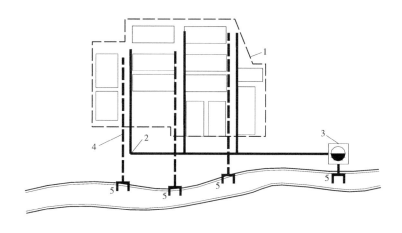

图 2-8 完全分流制
1—城市范围；2—污水管网；
3—污水处理厂；4—雨水管网；
5—排水口

这种排水体制投资较少，主要适用于以下几种情况：

（1）地形起伏有利于雨水地面排放的小城市；

（2）降雨量少、干旱地区的小城市；

（3）有较为健全的明渠、沟道等，水系密布的小城市；

（4）对于新建城市或经济不发达的城市，为了节省投资，建设初期常不设雨水管网，待今后随着道路建设不断完善，再改建或增设雨水管网系统，变成完全分流制。

三、排水体制的选择

合理的选择排水体制，是城市排水系统规划中一个十分重要的问题，它关系到整个排水系统是否高效实用，能否满足环境保护的要求，同时也影响排水工程的投资造价、运行管理费用和分期建设时序安排等。

在选择、确定规划区域的排水体制时，通常需要考虑以下几个因素：

1. 环境保护要求

从环境保护和防止水体污染的角度来看，完全分流制、不完全分流制和全处理合流制最好，截流式合流制次之，直泄式合流制最差。

直泄式合流制的排水系统中，各种污水未经处理直接排放至水体，造成水环境污染，目前我国的江河、湖泊、水库等水体污染就和此密切相关。截流式合流制排水系统同时汇集了污水和部分雨水（尤其是含有较多悬浮物的较脏的初期雨水，其污染程度接近于生活污水）输送到污水厂处理，这对保护水体是有利的，但另一方面，暴雨时通过溢流井和溢流口将部分生活污水泄入水体，给水体带来一定程度的污染，是不利的。对于分流制的排水系统，将城市污水全部送到污水厂处理，但降雨初期的雨水径流未经处理直接排入水体是其不足之处。从环境保护方面分析，究竟哪一种排水体制较为有利，要根据当地的环保政策、接纳水体等具体条件分析比较才能确定。一般情况下，截流式合流制在保护环境卫生、防止水体污染方面不如分流制排水系统，而分流制排水系统较为灵活，较易适应发展需要，通常能符合城市环境卫生要求，因此得以广泛采用。

2. 投资造价

合流制排水只需一套管（渠）系统，大大减少了管（渠）的总长度。相关资料统计表明，一般合流制管渠的长度比分流制管渠的长度减少 30%～40%，而断面尺寸和分流制管渠基本相同，因此合流制排水管渠的造价一般要比分流制低 20%～40%。虽然合流制的泵站和

污水厂的造价通常高于分流制，但由于管渠系统造价在排水系统总造价的比例较高（占 70% ~ 80%），所以合流制排水系统的总造价仍低于分流制系统。从节省初期投资考虑，初期只建污水系统而缓建雨水系统，初期投资小，施工期限短，发挥效益快，随着城市的发展，再逐渐建造完善雨水管渠。

3. 近远期建设时序

排水体制的选择还要处理好近期、远期建设的关系。在规划设计时应做好工程分期的协调与衔接，特别是对于含有新旧城区的城市规划而言，尽量使前期工程在后期工程中得到全面应用。在城市逐渐发展的新区，可以分期建设，先建污水系统，缓建雨水系统；先建下游管网，再建上游管网。在发展进度很快、全面开发的城市新区，污水雨水系统宜同步一次建成。对于原先采用直泄式合流制的小城市或中小城市的老城区，近期可采用截流式合流制进行改造，保留原有排水设施，新建截污干管、溢流井和污水厂，即可初步改善环境质量，且易于实施、工程量小、工期短、见效快。

4. 系统的施工、运行、管理和维护

合流制管线单一，可减少与其他地下工程管线和构筑物的交叉，管渠施工简单，尤其对于街道狭窄、人口稠密或地下设施较多的旧城区更为突出。另外，合流制排水管（渠）道可利用暴雨时剧增的流量冲刷管渠内的沉积物，维护管理较为简单，从而降低系统维护管理费用；但对于排水泵站和污水厂来说，由于设备容量大，晴天和雨天管渠内的流量、水质变化明显，从而使泵站和污水厂的运行管理复杂，增加运行管理费用。分流制排水系统流入污水厂的流量和水质相对稳定，变化较小，有利于污水处理和系统的运行管理；同时分流制系统也便于雨水的收集利用。

总之，排水体制的选择应根据城市总体规划、环境保护要求、当地受纳水体条件、城市污水水量和水质情况、城市原有排水设施、近远期规划建设时序等因素综合考量，通过技术经济比较后决定。

这里需要特别指出的是，同一个城市的不同片区，也可以根据具体情况，因地制宜，采用不同的排水体制。

第三节 污水管道

一、污水量计算

污水量估算是确定污水管网及其附属构筑物的规模、污水厂的处理能力和工艺，以及合理的选择排水出路或受纳水体的前提条件。

我们估算的污水量是指进入到城市污水管网中的总量，主要包括生活污水量和部分经过处理达标排放至污水管网中的工业污废水量。

生活污水量与生活用水量密切相关，绝大多数用过的生活给水都成了生活污水进入污水管道。据实测资料统计，生活污水量约占生活用水量的80%～95%。进入到城市污水系统中的工业污废水量和工业企业的用水性质、规模以及重复利用率等都有关系。

在城市总体规划和分区规划阶段，计算污水量时，可以用城市用水量乘以污水排放系数求得。污水排放系数是指在一定计算时间（如1年）内的污水排放量与用水量的比值。按照城市用水分类可对应出城市污水分类，相应的排放系数也可分为城市污水排放系数、城市综合生活污水排放系数和城市工业污废水排放系数。

城市污水排放系数应根据城市综合生活用水量和工业用水量之和占城市供水总量的比例确定。城市综合生活污水排放系数应根据城市规划的居住水平、给水排水设施完善程度与城市排水设施规划普及率，结合第三产业产值在国内生产总值中的比重确定。城市工业废水排放系数应根据城市的工业结构和生产设备、工艺先进程度及城市排水设施普及率确定。

当城市污水排水量缺乏统计资料时，可按表2-1给出的排放系数取值。

城市分类污水排放系数 表2-1

污水性质		排放系数
城市污水		0.75～0.90
城市综合生活污水		0.85～0.95
城市工业废水	一类工业	0.80～0.90
	二类工业	0.80～0.95
	三类工业	0.75～0.95

注：1. 城市综合生活污水是指居民生活污水与公共建筑污水量两部分的总和；
    2. 排水系统完善的城市取上限值，反之取下限值；
    3. 城市工业供水量即工业取水量，是指取用的新鲜水量。

城市污水量宜根据城市综合用水量（平均日）乘以城市污水排放系数确定。城市综合生活污水量宜根据城市综合生活用水量（平均日）乘以城市综合生活污水排放系数确定。城市工业废水量宜根据城市工业用水量（平均日）乘以城市工业废水排放系数，或由城市污水量减去城市综合生活污水量确定。

在城市总体规划阶段城市不同性质用地污水量可按照《城市给水工程规划规范》GB 50282 中不同性质用地用水量乘以相应的分类污水排放系数确定。当城市污水由市政污水系统或独立污水系统分别排放时，其污水系统的污水量应分别按其污水系统服务面积内的不同性质用地的用水量乘以相应的分类污水排放系数后相加确定。

和城市用水量一样，污水量也是逐日、逐时变化的，但是在污水系统的规划设计中，通常都假定在每小时内污水流量是均匀的，便于我们确定污水厂的规模和管道的管径等相关参数。因为管道管径有一定的富余容量，这样假定不至于影响系统的运转。

污水量的变化情况可以用变化系数来表示：

日变化系数 K_d 是一年中最高日污水量与平均日污水量的比值。

时变化系数 K_h 是最高日最大时污水量与最高日平均时污水量的比值。

$$总变化系数 K_z = K_d \cdot K_h \tag{2-1}$$

污水量变化系数随污水流量的大小而不同，污水流量越大，其变化幅度越小，变化系数较小；反之变化系数越大。生活污水量总变化系数可按表 2-2 所给的数值采用。

生活污水量总变化系数　　　　　　表 2-2

平均日流量（L/s）	5	15	40	70	100	200	500	1000	≥ 1500
总变化系数 K_z	2.3	2.0	1.8	1.7	1.6	1.5	1.4	1.3	1.2

注：当污水平均日流量为中间数值时，总变化系数可用内插法求得。

在控制性详细规划阶段和修建性详细规划阶段，由于规划区范围人口、用地性质、规模、容积率甚至各类建筑面积等相关技术经济指标都比较确定，规划区的污水量可采用另一种方法来计算，即用各类污水定额乘以规模后叠加计算。居民生活污水定额可根据当地采用的用水定额，结合建筑内部给排水设施水平和排水系统普及程度等因素确定；公共建筑污水量定额可结合建筑性质、卫生器具等条件确定；工业区内生活污水量、沐浴污水量的确定，应符合现行国家标准《建筑给水排水设计规范》GB 50015 的有关规定。工业区内工业废水量和变化系数的确定，应根据工艺特点，并与国家现行的工业用水量有关规定协调。

规划区的污水量也可按照各类用水量乘以各自的排放系数后叠加得到。

二、污水系统的布置形式

在进行城市污水管道的规划设计时，先要在城市总平面图上进行管道系统平面布置，也称定线。主要内容有：确定排水区界，划分排水流域；选择污水厂和出水口的位置；拟定污水干管及主干管的路线；确定需要抽升的排水区域和设置泵站的位置等。平面布置得正确合理，可为设计阶段奠定良好基础，并使整个排水系统的投资节省。

污水管网的平面布置形式都是采用树枝状管网，即从最上游的支管到干管、主干管，最后到污水处理厂，越靠下游的管道管径越大。总的来说，污水系统宜"集中"布置，将污水集中收集到污水厂统一处理，污水厂数量尽量少。

定线一般按先确定主干管、再定干管、最后定支管的顺序进行。在总体规划中，只决定污水主干管、干管的走向与平面位置。在详细规划中，还要决定污水支管的走向及位置。

1. 污水干管的布置形式

按干管与地形等高线的关系分为正交式和平行式两种。正交式布置是干管与地形等高线垂直相交，而主干管与等高线平行敷设，适应于地形平坦略向一边倾斜的城市。由于主干管管径大，保持自净流速所需坡度小，其走向与等高线平行是合理的，如图2-9 (a) 所示。

平行式布置是污水干管与等高线平行，而主干管则与等高线基本垂直，适应于城市地形坡度很大时，可以减少管道的埋深，避免设置过多的跌水井，改善干管的水力条件，如图2-9 (b) 所示。

2. 污水支管的布置形式

污水支管的平面布置取决于地形、建筑特征和用户接管的方便。如图2-10所示，一般有三种形式：

(1) 低边式：如图2-10 (a)，将污水支管布置在街坊地形较低一边，其管线较短，适于街坊狭长或地形倾斜时。

(2) 围坊式：如图2-10 (b)，将污水支管布置在街坊四周，适于街坊地势平坦且面积较大时。

(3) 穿坊式：如图2-10 (c)，污水支管穿过街坊，而街坊四周不设污水管，其管线较短，工程造价低，适于街坊内部建筑规划已确定或街坊内部管道自成体系等情况。

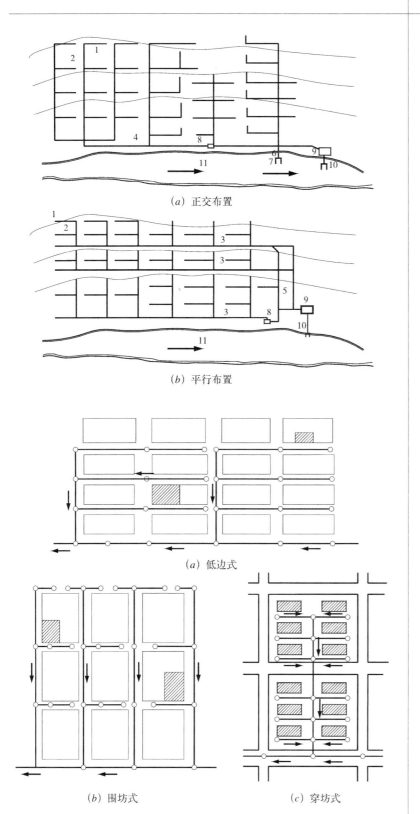

(a) 正交布置

(b) 平行布置

图 2-9　污水干管布置形制

1—支管；2—干管；3—地区干管；4—截流干管；5—主干管；6—溢流管渠；7—溢流排放口；8—泵站；9—污水厂；10—排水口；11—河流

(a) 低边式

(b) 围坊式

(c) 穿坊式

图 2-10　污水支管布置形制

三、污水管网布置原则

排水分区划分确定后，在排水区界内应根据地形和城市的竖向规划，划分排水流域。流域边界一般应与分水线相符合。在地形起伏及丘陵地区，流域分界线与分水线基本一致。在地形平坦无显著分水线的地区，应使干管在最大合理埋深的情况下，让绝大部分污水自流排出。

在进行定线时，要在充分掌握资料的前提下综合考虑各种因素，使拟定的路线能因地制宜地利用有利条件而避免不利条件。通常影响排水管平面布置的主要因素有：地形和水文地质条件；城市总体规划、竖向规划和分期建设情况；排水体制、受纳水体；污水处理利用情况、处理厂和排放口位置；排水量大的工业企业和公建情况；道路和交通情况；地下管线和构筑物的分布情况。

污水管网在具体规划布置时，要考虑以下的一些原则：

1. 尽可能在管线较短和埋深较小的情况下，让最大区域上的污水自流排出。

2. 地形是影响管道定线的主要因素。定线时应充分利用地形，在整个排水区域较低的地方，如集水线或河岸低处敷设主干管及干管，便于支管的污水自流接入。地形较复杂时，宜布置成几个独立的排水系统，如由于地表中间隆起而布置成两个排水系统。若地势起伏较大，宜布置成高低区排水系统，高区不宜随便跌水，利用重力排入污水厂，并减少管道埋深。

3. 污水主干管的走向与数目取决于污水厂和出水口的位置与数目。如大城市或地形平坦的城市，可能要建几个污水厂分别处理与利用污水，就需设几个主干管。小城市或地形倾向一方的城市，通常只设一个污水厂，则只需敷设一条主干管。若区域中几个城镇合建污水厂，则需建造相应的区域污水管道系统。

4. 污水管道尽量采用重力流形式，避免提升。由于污水在管道中靠重力流动，因此管道必须有坡度。在地形平坦地区，管线虽不长，埋深亦会增加很快，当埋深超过最大埋深深度时，需设中途泵站抽升污水。这样会增加基建投资和常年运行管理费用，但不建泵站，使管道埋深过深，会使施工困难大且造价增高。所以需作方案比较，选择最适当的定线位置，尽量节省埋深，又可少建泵站。

5. 管道定线尽量减少与河道、山谷、铁路及各种地下构筑物交叉，并充分考虑地质条件的影响。污水管特别是主干管，应尽量布置在坚硬密实的土壤中。如通过劣质土壤（松软土、回填土、土质不均匀等）或地下水位高的地段时，污水管道可考虑绕道或采用建泵站及其他施工措施的办法加以解决。

6. 污水干管一般沿城市道路布置，但不宜设在交通繁忙的快车道下和狭窄的街道下，也不宜设在无道路的空地上。通常设在污水量较大或地下管线较少一侧的人行道、绿化带或慢车道下。道路宽度超过 40m 时，可考虑在道路两侧各设一条污水管，以减少连接支管的数目及与其他管道的交叉，并便于施工、检修和维护管理。污水干管最好以排放大量工业废水的工厂（或污水量大的公共建筑）为起端，除了能较快发挥效用外，还能保证良好的水力条件。

7. 管线布置应简捷顺直，不要绕弯，注意节约大管道的长度。避免在平坦地段布置流量小而长度大的管道，因流量小，保证自净流速所需的坡度较大，而使埋深增加。

8. 管线布置考虑城市的远、近期规划及分期建设的安排，与规划年限相一致。应使管线的布置与敷设满足近期建设的要求，同时考虑远期有扩建的可能。规划时，对不同重要性的管道，其设计年限应有差异。城市主干管，年限要长，基本应考虑一次建后相当长时间不再扩建，而次干管、支管、接户管等年限可依次降低，并考虑扩建的可能。

四、污水管道的敷设

城市污水管道在城市道路下敷设必须满足一定的要求，通常应考虑以下几方面：

1. 因污水管道主要是重力流管道，其埋设深度较其他管线大，且有很多支管，连接处都要设检查井，对其他管线的影响较大，所以在管线综合时，应首先考虑污水管道在平面和垂直方向上的位置。

2. 由于污水管道渗漏的污水会对其他管线产生影响，所以应考虑管道损坏时，不影响附近建筑物、构筑物的基础或污染生活饮用水。管道之间的最小净距应满足管线综合规范的要求。当其他管线与排水管道有少许相碰时，管道顶部允许作适当压缩后便于各自按原坡度通过。

3. 管道的埋设深度指管底内壁到地面的距离，简称埋深。因为管道埋深越大，工程造价就越高，施工难度也越大，所以管道埋深有一个最大限值，称为最大埋深。具体应根据技术经济指标和当地情况确定。通常在干燥土壤中，最大埋深不超过 7 ~ 8m；在多水、流砂、石灰岩地层中，不超过 5m。

4. 管道的覆土厚度是管道外壁顶部到地面的距离，尽管管道埋深越小越好，但管道的覆土厚度有一个最小限值，叫最小覆土厚度，通常由所在地区的冻土深度、管道的外部荷载、房屋连接管的埋深等因素决定。规范规定，无保温措施的生活污水管道或水温与生活污水接近的废水管道，管底可埋设在冰冻线以上0.15m。污水管道在车行道下的最小覆土厚度不宜小于0.7m。考虑房屋污水排出管的衔接，污水支管起点埋深一般不小于0.6～0.7m。因此，综合以上几点因素后，其中的最大值就是管道的最小覆土厚度。通常最大覆土厚度不宜大于6m；在满足各方面要求的前提下，理想覆土厚度为1～2m。

5. 在排水分区内，对管道系统的埋设深度起控制作用的点称为控制点。每条管道的起点大都是这些管道的控制点。这些控制点中离出水口或污水厂最远或最高的一点，就是整个系统的控制点。控制点一般是该排水管道系统的最高点，是控制整个系统标高的起点。这些控制点处管道的埋深，往往影响整个污水管道系统的埋深。在规划设计时，尽量采取一些措施来减少控制点管道的埋深：如增加管道强度，减少埋深；填土提高地面高程以保证最小覆土厚度；必要时设置泵站，提高管位等。

五、污水管道的衔接

污水各管段之间的衔接是在检查井完成的。所以污水管道在管径、坡度、高程、方向发生变化及支管接入的地方都需设检查井，其中在考虑检查井内上下游管道衔接时应遵循以下原则：

1. 尽可能提高下游管段的高程，以减少埋深，降低造价；

2. 避免上游管段中形成回水而造成淤积；

3. 不允许下流管段的管底高于上游管段的管底。

管道的衔接方式主要有管顶平接和水面平接，特殊情况下需用管底平接，如图2-11所示。

管顶平接指污水管道水力计算中，上、下游管段的管顶内壁位于同一高程。采用管顶平接时，可以避免上游管段产生回水，但增加了下游管段的埋深，管顶平接一般用于不同管径管道的衔接。有时，

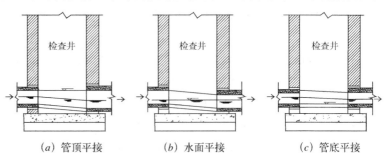

图2-11　污水管道衔接

(a) 管顶平接　　　　(b) 水面平接　　　　(c) 管底平接

当上下游管段管径相同，而下游管段的充满度小于上游管段的充满度（如由小坡度转入较陡的坡度时），也可采用管顶平接。

水面平接指污水管道水力计算中，上、下游管段的水面高程相同。同管径管段往往是下游管段的充满度大于上游管段的充满度，为避免上游管段回水而采用水面平接。在平坦地区，为减少管道埋深，异管径的管段有时也采用水面平接。但由于小口径管道的水面变化大于大口径管道的水面变化，难免在上游管道中形成回水。

特殊情况下，下游管段的管径小于上游管段的管径（坡度突然变陡时）而不能采用管顶平接或水面平接时，应采用管底平接，以防下游管段的管底高于上游管段的管底。有时为了减少管道系统的埋深，虽然下游管道管径大于上游，也可采用管底平接。

城市污水管道一般都采用管顶平接法。在坡度较大的地段，污水管道可采用阶梯连接或跌水井连接。无论采用哪种衔接方法，下游管段的水面和管底部都不应高于上游管段的水面和管底。污水支管与干管交汇处，若支管管底高程与干管管底高程的相差较大时，需在支管上设置跌水井，经跌落后再接入干管，以保证干管的水力条件。

第四节　雨水排放和利用

一、雨水量计算

雨水量估算的主要目的是确定降雨尤其是暴雨时的地面径流量，从而确定雨水管网及其附属构筑物的规模，同时为合理的选择排水出路或受纳水体提供依据。

城市雨水量计算应与城市防洪排涝系统规划相协调。设置雨水管（渠）系统的目的是及时排除雨水地面径流，尤其是暴雨径流，防止引起内涝。所以我们计算雨水量最关心的是暴雨流量，以此作为确定雨水管（渠）及其附属构筑物的依据。

1. 计算公式

雨水设计流量应按下式计算确定：

$$Q = q \cdot \psi \cdot F \tag{2-2}$$

式中：Q——雨水设计流量（L/s）；

　　　q——设计暴雨强度 [L/（s·ha）]；

　　　ψ——径流系数；

　　　F——汇水面积（ha）。

设计暴雨强度，应按以下公式计算：

$$q = \frac{167A_1 \left(1 + c\lg P \right)}{(t + b)^n}$$ (2-3)

式中：q——设计暴雨强度 $[L/ (s \cdot ha)]$；

t——降雨历时（min）；

P——设计重现期（年）；

A_1，c，b，n——地方参数，根据统计方法进行计算确定。

暴雨强度计算应采用当地的城市暴雨强度公式，我国部分大中城市的暴雨强度公式可参考《给水排水工程设计手册》获取。城市无相关资料时，也可采用地理环境及气候相似的邻近城市的暴雨强度公式。具有十年以上自动雨量记录的地区或城市，设计暴雨强度公式也可按有关规定自行编制。

2. 相关设计参数

（1）径流系数 ψ

降落在地面上的雨水并不是全部流入雨水管渠，沿着地面流入管渠的部分称为径流量，径流系数 ψ 就是径流量与降雨量的比值。

影响径流系数的因素很多，最主要的是汇水面积内的地面性质，如地面材质、植被情况、建筑密度、场地坡度等。同时径流系数还受降雨强度和降雨历时的影响，降雨强度越大，历时越短，径流系数越小。

单一覆盖地面的径流系数 ψ 可按表2-3的规定取值，汇水面积的平均径流系数按地面种类加权平均计算；综合径流系数可按表2-4的规定取值。

单一覆盖径流系数　　　　　　　　　　　　　　　　表2-3

覆盖种类	径流系数 ψ 值
各种屋面、混凝土和沥青路面	0.90
大块石铺砌路面、沥青表面处理的碎石路面	0.60
级配碎石路面	0.45
干砌砖石、碎石路面	0.40
非铺砌土路面	0.30
绿地和草地	0.15

城市综合径流系数	表 2-4
区 域 情 况	径流系数 ψ 值
城市建筑密集区（城市中心区）	$0.60 \sim 0.85$
城市建筑较密集区（一般规划区）	$0.45 \sim 0.60$
城市建筑稀疏区（公园、绿地等）	$0.20 \sim 0.45$

（2）重现期 P

某一暴雨强度的频率是指等于或大于该暴雨强度发生一次的时间概率，而暴雨强度重现期 P 指的是等于或大于该暴雨强度发生一次的平均时间间隔，以年为单位。它们是互为倒数的关系，用重现期表示更为直观，相当于城市内涝的设防标准。强度越大的暴雨，发生一次的平均时间间隔越长，即重现期越大。设计重现期取值越大，那么雨水系统标准越高，发生内涝的概率越小。当然，最理想的情况是按最大暴雨径流量来设计雨水管渠，这样能排除当地最大暴雨径流。但这是不现实的，会使雨水管（渠）道的管径（断面尺寸）很大，造价很高，而且平时很多时间管渠不能充分发挥作用，造成浪费。针对不同重要程度城市或地段的雨水管渠，应采用不同的重现期来设计，比如北京市一般的居住区，设计重现期一般取 $1 \sim 3$ 年；而天安门广场的雨水管道是按重现期为 10 年设计的，也就是说当遇到十年一遇的特大暴雨时，天安门广场也不会形成积水内涝。

规划城市地段的设计重现期可参考表 2-5 选取。

设计降雨重现期				表 2-5
地形		设计降雨重现期（年）		
地形分级	地面坡度	一般居住区 一般道路	中心区、使馆区、工厂区、仓储区、主干道、广场	特殊重要地区
有两向地面排水出路的平缓地形	$< 2‰$	$0.33 \sim 0.5$	$0.5 \sim 1$	$1 \sim 2$
有一向地面排水出路的谷地	$2‰ \sim 1\%$	$0.5 \sim 1$	$1 \sim 2$	$2 \sim 3$
无地面排水出路的封闭洼地	$> 1\%$	$1 \sim 2$	$2 \sim 3$	$3 \sim 5$

注："地形分级"和"地面坡度"是地形条件的两种分类方法，符合其中的一种情况即可按表选取；如果两种情况同时符合，则宜按上限值选取。

城市雨水系统规划的设计重现期，应根据城市性质、重要性以及汇水地区类型（广场、主干道、居住区等）、地形特点和气候条件等因素确定。在同一排水系统中可采用同一重现期或不同重现期。重要干道、重要地区或短期积水能引起严重后果的地区，重现期宜采用 3 ～ 5 年，其他地区重现期宜采用 1 ～ 3 年。其他特别重要地区设计重现期可酌情增加；次要地区或排水条件好的地区设计重现期可酌情减小。

（3）降雨历时 t

连续降雨的时段称为降雨历时，降雨历时可以指全部降雨的时间，也可以指其中任一时段。设计中通常用汇水面积最远点的雨水流到设计断面时的集水时间作为设计降雨历时。

对于管（渠）道的某一设计断面，集水时间由两部分组成：从汇水面积最远点流到第一个雨水口的地面集水时间 t_1 和从雨水口流到设计断面的管内雨水流动时间 t_2。

雨水管渠的降雨历时 t，应按以下公式计算：

$$t = t_1 + mt_2 \ (\text{min}) \tag{2-4}$$

式中：t_1——地面集水时间（min），视距离长短、地形坡度和地面覆盖情况而定，一般采用 5 ～ 15min；

m——折减系数，暗管取 $m = 2$，明渠取 $m = 1.2$；在陡坡地区，暗管折减系数 $m = 1.2 ～ 2$；

t_2——管渠内雨水流行时间（min），$t_2 = \sum L/60v$，L 为上游各管道长度，v 为上游各管段的设计流速。

当这些设计参数都选定或确定后，根据汇水面积（设计管段所承担的雨水排放面积）就可以计算设计管段的设计雨水流量。需要特别指出的是，当有允许排入雨水管道的生产废水排入雨水管道时，应将其流量叠加计算在内。

二、雨水管（渠）网的平面布置

1. 规划内容

城市雨水管渠系统是由雨水口、雨水管渠、检查井、出水口等构筑物组成的一整套工程设施。城市雨水管渠系统规划的主要内容有：确定或选用当地暴雨强度公式；确定排水流域与排水方式，进行雨水管渠的定线；确定雨水泵房、雨水调节池、雨水排放口的位置；决定设计流量计算方法与有关参数；进行雨水管渠的水力计算，确定管渠尺寸、坡度、标高及埋深。

虽然雨水径流的总量并不大，但全年雨水绝大部分常在极短时间内倾泻而下，形成强度猛烈的暴雨，若不能及时排除，便会造成内涝灾害。由于暴雨径流大，所需雨水管渠也大，造价也很高。在进行城市排水规划时，除了建立完善的雨水管渠系统外，应对城市的整个水系进行统筹规划，保留一定的水塘、洼地、截洪沟，考虑防洪的"拦、蓄、分、泄"功能。

2. 布置形式

雨水管渠系统和污水管网系统相似，也多采用树枝状管网，所不同的是雨水管渠系统宜"分散"布置，排水分区数量较污水系统多，尽量让各片区雨水迅速、分散、就近排入各种受纳水体。

3. 布置原则

雨水管渠系统的布置，要求使雨水能顺畅及时地从城镇和厂区内排出去。一般应遵循以下原则：

（1）充分利用地形，就近排入水体

规划雨水管线时，首先按地形划分排水区域，再进行管线布置。根据地面标高和河道水位，划分自排区和强排区。自排区利用重力流自行将雨水排入河道；强排区需设雨水泵站提升排入河道。根据分散和直接的原则，多采用正交式布置，使雨水管渠尽量以最短的距离重力流排入附近的池塘、河流、湖泊等水体中。只有当水体位置较远且地形较平坦或地形不利的情况下，才需要设置雨水泵站。一般情况下，当地形坡度较大时，雨水干管宜布置在地形低处或溪谷线上；当地形平坦时，雨水干管宜布置在排水流域的中间，以便尽可能扩大重力流排除雨水的范围。

（2）尽量避免设置雨水泵站

由于暴雨形成的径流量大，雨水泵站的投资也很大，且雨水泵站在一年中运转时间短，利用率低，所以应尽可能靠重力流排水。在一些地形平坦、地势较低、区域较大或受潮汐影响的城市，在必须设置的情况下，应把经过泵站排泄的雨水径流量减少到最小限度。

（3）结合街区及道路规划布置

道路通常是街区内地面径流的集中地，所以道路边沟最好低于相邻街区地面标高，尽量利用道路两侧边沟排除地面径流。雨水管渠应平行道路敷设，宜布置在人行道或绿化带下。另外，也不宜设在交通量大的主干道下。从排除地面径流而言，道路纵坡最好为3‰ ~ 7‰。

（4）充分结合竖向规划

进行城市竖向规划时，应充分考虑排水的要求，以便能合理利用自然地形就近排出雨水，还要满足管道埋设最不利点和最小覆土要求。另外，对竖向规划中确定的填方或挖方地区，雨水管渠布置必须考虑今后地形变化，进行相应处理。

（5）结合具体条件确定管渠形式

一般在城市市区，建筑密度较大，交通频繁地区，均采用暗管排雨水，尽管造价高，但卫生情况较好，养护方便；在城市郊区或建筑密度低、交通量小的地方，可采用明渠，以节省工程费用，降低造价。在受到埋深和出口深度限制的地区，可采用盖板明渠排除雨水。

（6）合理设置雨水出水口

雨水出口的布置有分散和集中两种布置形式。当出口的水体离流域很近，水体的水位变化不大，洪水位低于流域地面标高，出水口的建筑费用不大时，宜采用分散出口，以便雨水就近排放，使管线较短，减小管径。反之，则可采用集中出口。

（7）合理规划布置调蓄水体和雨水贮留设施

充分利用地形，选择适当的河湖水面和洼地作为调蓄池，以调节洪峰，降低沟道设计流量，减少泵站的设置数量。必要时，可以开挖一些池塘、人工河，以达到储存径流，就近排放的目的。调蓄水体的布置应与城市总体规划相协调，把调蓄水体与景观规划、消防规划结合起来，起到游览、休闲、娱乐、消防储备用水的作用，在缺水地区，可以把储存的水量用于市政绿化和农田灌溉。调蓄水体宜布置在低洼处或滩涂上，使设计水位低于道路标高，减少竖向工程量。若调蓄水体的汇水面积较大或呈狭长时，应尽量纵向延伸，与城市内河结合，接纳城市雨水。没有调蓄水体时，城市雨水应尽量高水高排，以减少雨洪量的蓄集。也可以在绿地、广场、校园、运动场、停车场、花坛下等处修建雨水人工贮留系统，使所降雨水尽量多地分散贮留。通过建立一定的雨水贮留系统，一方面可以避免水淹之害，另一方面可以利用雨水作为城市水源，缓解用水紧张。

（8）合理布置雨水口

雨水口的布置应使雨水不致引起道路积水而影响交通，因此一般在街道交叉路口的汇水点、低洼处应设置雨水口。此外，在人行横道上游、沿街单位或小区出入口上游、靠地面径流的街坊或庭院的出水口等处均应设置雨水口。道路低洼和易积水地段应根据需要适当增加雨水口。

雨水口连接管最小管径为200mm。连接管坡度应大于或等于10%，长度小于或等于25m，覆土厚度大于或等于0.7m。街道两旁雨水口的间距，主要取决于街道纵坡、路面积水情况及雨水口的进水量，一般为 25 ~ 50m。

道路交叉口处应按竖向设计布设雨水口，并应采取措施防止路段的雨水流入交叉口，如图 2-12 所示。

雨水管道的敷设和衔接与污水管道基本相同，这里不再赘述。

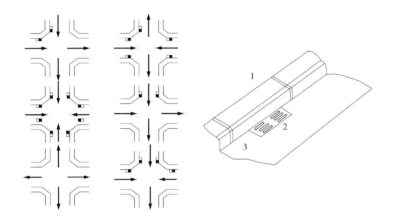

图 2-12 道路交叉口雨水口布置
1—路缘石；2—雨水口；3—道路路面

三、雨水收集利用

雨水的合理利用具有多方面的效益，比如可为城乡开辟第二水源，有效节约水资源量，缓解用水与供水矛盾；暴雨时可减缓或抑制城区雨水径流，提高已有排水管道的可靠性；雨水入渗或回灌地下可增加城市地下水补给量，缓解地面沉降，改善水循环；雨水的贮留还可以加大地面水体的蒸发量，创造湿润的气候条件，利于植被的生长，改善城市的生态环境和水环境等等。

1. 雨水集流技术

（1）雨水收集系统

雨水收集系统是将雨水收集、储存并经简易净化后供给用户的系统。依据雨水收集场地的不同，分为屋面集水式和地面集水式两种雨水收集系统。

屋面集水式雨水收集系统由屋顶集水场、集水槽、落水管、输水管、简易净化装置、储水池和取水设备组成。

地面集水式雨水收集系统由地面集水场、汇水渠、简易净化装置、储水池和取水设备组成。

①屋面集水

屋面雨水一般占城区雨水资源量 65% 左右，易于收集，但在其他影响条件相同时，屋面材料和屋顶坡度往往影响屋面雨水的水质，因此要选择适当的屋面材料。集雨屋面材料一般以瓦质屋面和水泥混凝土屋面为主，而不宜收集草皮屋顶、石棉瓦屋顶、油漆涂料屋顶的水。因为草皮中会积存大量微生物和有机污染物，石棉瓦在水冲刷浸泡下会析出对人体有害的石棉纤维，有些油漆和涂料不仅会使水中有异味，在雨水作用下还会溶出有害物质。屋面雨水的典型收集方式是屋面雨水经雨水斗、雨水立管、独立设置的雨水管道经过滤器过滤后流入贮水池。

②地面集水

地面集水场是按用水量的要求在地面上单独建造的雨水收集场。为保证集水效果，场地宜建成有一定坡度的条型集水区，坡度不小于5‰。在低处修建一条汇水渠，汇集来自各条型集水区的降水径流，并将水引至沉砂池。汇水渠坡度应不小于2.5‰。

场地地面及汇水渠要做好防渗处理，最简单的办法是用黏土夯实，也可利用场院、道路或其他防水材料等，但应注意不能增加水的污染。

（2）雨水储留设施

①城市集中储水

城市集中储水是指通过工程设施将城区雨水径流集中储存，以备处理后用于城市杂用水或消防等方面的工程措施。

储留设施有截流坝和调节池，前者在我国一些城市早有应用，如北京1988年以来修建了50多座橡胶坝拦截雨水。但截流坝受地理等自然条件限制，难以在城区大量采用。

从雨水利用角度考虑，雨水调节池具有中水利用、防灾（消防等）、初期雨水处理前的储和调节功能。但目前我国对这方面的研究和应用都很少。从国外的一些经验看，城市集中储留雨水具有节水和环保双重功效，如德国从20世纪80年代后期开始，修建了大量的雨水调节池来储存、处理和利用雨水，有效地降低了雨水对污水处理厂的冲击负荷和对水体的污染。

②分散储水

分散储水是指通过修筑小水库、塘坝、水窖（储水池）等工程设施，把集流场所拦蓄的雨水储存起来，以备利用。

小水库、塘坝及涝池，这类储水设施中的水易于蒸发和下渗，储水效率较低。国外一些地方采用在水面上覆液态化学制剂，也有采用轻质水泥、聚苯乙烯、橡胶和塑料等制成板来抑制蒸发，但这些方法成本较高。目前，许多国家正着手研究一些廉价、绝热且能避免太阳辐射进入水体的反射材料，以便能在水库等水面上覆盖而抑制蒸发。

水窖（储水池）是一种相对较好的储水设施。常见水窖有红胶泥水窖、二合土抹面水窖，也有混凝土薄壳水窖。

（3）雨水的简易净化

①屋面集水式的雨水净化

初期雨水径流后，屋面集水的水质较好，因此多采用粗滤池净化，出水消毒后便可使用。粗滤池一般为矩形池，池子结构可由砖或石料砌筑，内部以水泥砂浆抹面，也可为钢筋混凝土结构。粗滤池顶部应设木制或混凝土盖板。池内填粗滤料，自上而下粒径由小至大，可选石英粗砂和砾石自上而下铺设。

②地面集水式的雨水净化

地面集水式雨水收集系统收集的雨水一般水量大，但水质较差，要通过沉砂、沉淀、混凝、过滤和消毒处理后才能使用，实际应用时可根据原水水质和出水水质的要求对上述处理单元进行增减。

2. 雨水渗透回灌

通过各种雨水渗透设施让雨水回灌地下，补充涵养地下水资源，是一种间接的雨水利用方式。雨水渗透可分为分散渗透技术和集中回灌技术两大类。

分散式渗透可应用于城区、生活小区、公园、道路和厂区等各种情况下，规模大小因地制宜，设施简单，可减轻对雨水收集、运输系统的压力，补充地下水，还可以充分利用表层植被和土壤的净化功能减少径流带入水体的污染物。但一般渗透速率较慢，而且在地下水位高、土壤渗透能力差或雨水水质污染严重等条件下应用受到限制。集中式深井回灌容量大，可直接向地下深层回灌雨水，但对地下水位，雨水水质有更高的要求，尤其对地下水做饮用水源的城市应慎重（图2-13）。

（1）渗透地面

渗透地面可分为天然渗透地面和人工渗透地面两大类，前者在

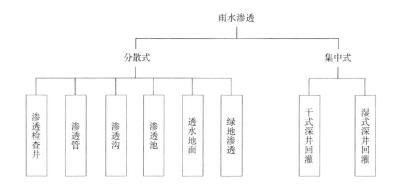

图2-13　雨水渗透技术

城区以绿地为主。绿地是一种天然的渗透设施。主要优点是透水性好；可减少绿化用水并改善城市环境；对雨水中的一些污染物具有较强的截留和净化作用。缺点是渗透量受土壤性质的限制。人工透水地面是指城区各种人工铺设的透水性地面，如多孔的嵌草砖、碎石地面等。主要优点是能利用表层土壤对雨水的净化能力，对预处理要求相对较低；技术简单，便于管理。缺点是渗透能力受土质限制，需要较大的透水面积，对雨水径流量的调蓄能力低。在条件允许的情况下，应尽可能多采用透水性地面。

（2）渗透管沟

雨水通过埋设于地下的多孔管材向四周土壤层渗透，其主要优点是占地面积少，管材四周填充碎石或其他多孔材料，有较好的调储能力。缺点是一旦发生堵塞，渗透能力下降，不能利用表层土壤的净化功能。渗沟可采用多孔材料制作或做成自然的带植物浅沟，底部铺设透水性较好的碎石层。特别适用于沿道路、广场或建筑物四周设置。

（3）渗透井

渗透井包括深井和浅井两类，前者适用水量大而集中，水质好的情况，如城市水库的泄洪利用。城区一般宜采用后者，其形式类似于普通的检查井，但井壁是透水的，在井底和四周铺设碎石，雨水通过井壁、井底向四周渗透。渗透井的主要特点是净化能力低，水质要求高，不能含过多的悬浮固体，需要预处理。适用于拥挤的城区或地面和地下可利用空间小、表层土壤渗透性差而下层土壤渗透性好等场合。

（4）渗透池（塘）

渗透池的最大优点是渗透面积大，能提供较大的渗水和储水容量；对水质和预处理要求低；具有渗透、调节、净化、改善景观等多重功能。缺点是占地面积大，在拥挤的城区应用受到限制；设计管理不当会造成水质恶化，蚊蝇滋生和池底部的堵塞，渗透能力下降。适用于汇水面积较大、有足够的可利用地面的情况。特别适合在城郊新开发区或新建生态小区里应用。结合小区的总体规划，可达到改善小区生态环境，提供水的景观、小区水的开源节流、降低雨水管系负荷与造价等目的。

（5）综合渗透设施

可根据具体工程条件将各种渗透装置进行组合。例如在一个小区内可将渗透地面、绿地、渗透池、渗透井和渗透管等组合成一个渗透系统。

3. 雨水利用发展概况

雨水利用具有悠久的历史。早在 4000 年以前，古代中东的纳巴特人（Nabateans）在涅杰夫沙漠，把从岗丘汇集的雨水径流由渠道分配到各个田块，或将径流储存到窖里，以供农作物利用，获得了较好的收成。

自 20 世纪 70 年代以来，世界各国对雨水利用十分重视，对雨水的集水面进行了大量研究。目前许多发达国家采用铁皮屋顶集流，将汇集径流储存在蓄水池中，再通过输水管道灌溉庭院的花、草、树木、洒水洗车和卫生间等。

我国近年来在雨水利用方面也取得了一些进展。北京市 1988 年以来修建了 50 多座橡胶坝拦截雨水；甘肃省利用雨水集流水窖抗旱，取得了显著的效果；舟山群岛、南海诸岛进行了雨水集流，以解决淡水短缺问题；湖南、湖北、安徽等地的雨水蓄积、埝塘田生态系统、黄、淮、海流域的节水农业等，都取得了一定成果。

目前，我国雨水利用多在农村的农业领域，城市中雨水利用的实例还很少。随着城市的发展，可供城市利用的地表水和地下水资源量日趋紧缺，加强雨水利用的研究，实现城区雨水的综合利用，将是城市可持续发展的重要基础。

我国实施雨水收集利用最成功的范例是甘肃省的"1211 雨水集流工程"。为解决干旱山区的人畜饮水困难，政府鼓励每户建一个 $100m^2$ 左右的雨水集流场，打两眼水窖，发展一亩左右庭院经济，供一户人的生活用水，简称"1211 工程"。该工程方便实用，蓄水充足、水质良好，庭院经济充满生机。据调查，在实施"1211 工程"的地区都未发生过严重的吃水困难。截至 2002 年底，甘肃集雨节灌工程项目累计建成集雨节灌水窖 190 多万眼，并实施了"大地之爱·母亲水窖工程"，建水窖 8620 眼，蓄水池 2475 个；实施了"万眼爱心水窖工程"，在贫困山区建水窖 10920 眼，使甘肃中东部干旱半干旱地区 200 多万人依靠集雨节灌工程摆脱了贫困。

第五节　排水管（渠）

排水管渠及其附属设施是排水系统的主要组成部分，约占整个排水系统造价的 70% ~ 80%。排水管渠按排水类别可分为污水管道、雨水管（渠）道和合流管（渠）道。

污水管道、雨水管（渠）的布置和敷设等内容前文已做介绍。

各种排水管渠敷设要求、管渠材料、水力计算以及附属设施等都较为相似，所以在本节一并介绍。

一、排水管（渠）的断面形式

排水管渠的横断面形式须满足静力学、水力学及经济性和维护管理上的要求。即管（渠）道要有足够的稳定性和坚固性，良好的输水性，管材省造价低，便于清通等。

管渠的断面形式有圆形、半椭圆形、马蹄形、矩形、梯形及蛋形等，如图 2-14 所示。

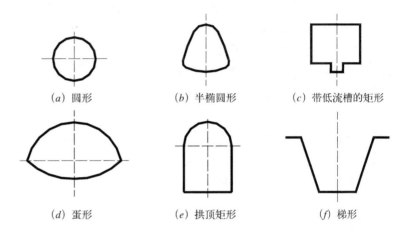

(a) 圆形　　　(b) 半椭圆形　　　(c) 带低流槽的矩形

(d) 蛋形　　　(e) 拱顶矩形　　　(f) 梯形

图 2-14　排水管（渠）断面形式

圆形管道具有水力条件好，能适应流量变化，并且便于预制和运输，受力条件好，用材省等优点，所以应用很广泛，最为常见。

半椭圆形管渠可承受上部较大荷载，从而减小管壁厚度，用于较大断面（大于 2m）的场合；马蹄形管渠断面的高度小于宽度，可减少埋深，同时由于下部较宽，适用于变化系数小、流量大的污水管渠。

大型管渠常采用砖石砌筑、预制组装以及现场浇筑的方法施工，渠道断面多为较宽浅的形式。其中矩形断面适用于大截面渠道，现场预制、安装较为方便，其底部过流断面宽，导致雨污水流速较慢，易沉积堵塞。所以常采用带低流槽的矩形断面，改善下部水力条件，加快流速，特别适用于雨污合流制的管渠。采用拱顶矩形可以改善上部受力，承受较大荷载。梯形断面的水力特性与带低流槽的矩形断面相似，常用于大截面的明渠。

二、排水管道的管材

城市排水系统多数采用管道形式，用预制管道现场铺设；在地形平坦、管道埋深或出水口标高受到限制的地区，也可采用沟渠排水，它是用土建材料在现场修筑而成的。

排水管渠的材料必须满足一定的要求，才能保证正常的排水功能。通常有如下要求：要有承受内外部荷载的足够强度；内壁整齐光滑，减少水流阻力；有抗冲刷、磨损和腐蚀的能力；不透水性强；便于就地取材，减少运输施工费用。

常用管道多是预制的圆形管道，绝大多数为非金属材料，其具有价格便宜和抗腐蚀性好的特点。

1. 混凝土管和钢筋混凝土管

这两种管道，制作方便，造价低，在排水管道中应用很广。但具有抵抗酸、碱侵蚀及抗渗性能差，管节短、接口多、搬运不便等缺点。混凝土管内径不大于600mm，长度不大于1m，适用于管径较小的无压管；钢筋混凝土管口径一般500mm以上，长度在1～3m之间。多用在埋深大或地质条件不良的地段。

2. 塑料管

塑料管现已被广泛用作室内外排水管道，具有较好的性能，如质轻、水力性能好、耐腐蚀、耐老化、产品强度大和施工安装方便等。

目前常用的排水塑料管有硬聚氯乙烯（PVC-U）管材、硬聚氯乙烯加筋管材（用于小管径管道）、聚氯乙烯双壁波纹管材、聚乙烯（PE）双壁波纹管材，管径规格 DN 100 ～ DN 1200。塑料双壁波纹管还具有弯曲性能好、施工快速等优点。

3. 金属管

常用的金属管有排水铸铁管、钢管等。具有强度高，抗渗性好，内壁光滑，抗压、抗震性强，且管节长，接头少。但价格贵，耐酸碱腐蚀性差。室外大型重力排水管道较少采用，只用在排水管道承受高内压，高外压，或对渗漏要求高的地方，如泵站的进出水管，穿越河流、铁道的倒虹管，或靠近给水管和房屋基础时。

4. 陶土管

陶土管由塑性黏土焙烧而成。带釉的陶土管内外壁光滑，水流阻力小，不透水性好，耐磨损，抗腐蚀，尤其适于排除酸碱废水。但质脆易碎，抗弯抗拉强度低，不宜敷在松土中或埋深较大的地方，所以现在已逐渐被淘汰。

5. 大型排水管渠

排水管道的预制管管径一般小于2m。当排水需要更大的口径时，可建造大型排水渠道，常用建材有砖、石、混凝土块或现浇钢筋混凝土等，一般多采用矩形、拱形等断面，主要在现场浇制、铺砌或安装。

管材选择合理与否，对降低排水系统的造价影响很大。一般应考虑技术、经济及市场供应因素。对腐蚀性污水采用陶土管、石棉水泥管、砖渠或加有衬砌的钢筋混凝土管。压力管段（泵站压力管、倒虹管）采用金属管、钢筋混凝土管或预应力钢筋混凝土管。地震区、施工条件较差地区（地下水位高，有流砂等）及穿越铁路等，也可用金属管。而一般重力流管道通常用混凝土管、钢筋混凝土管。另外，选用管材应尽量考虑当地市场供应情况，降低运输和施工费用。

三、排水管道的水力计算

在完成了排水管道系统的平面布置后，便可进行污水管道的水力计算。污水管道水力计算的目的，在于合理经济地选择管道管径、坡度和埋深等。

1. 基本公式

管道中的污水或雨水流动，通常是依靠水的重力从高处流向低处。污水和雨水中都含有一定量的固体杂质，但主要是水分，所以可以按水力学规律来计算城市各类排水的流动。排水在管道中的流动按均匀流（即假定过水断面上每一条流线的流速大小和方向沿流程不变）计算。

管道水力学的两个基本公式（均匀流）如下：

$$流量公式：Q = \omega \cdot v \tag{2-5}$$

$$流速公式：v = C\sqrt{RJ} \tag{2-6}$$

式中：Q——设计管段的设计流量（m^3/s）；

ω——设计管段的过水断面面积（m^2）；

v——过水断面的平均流速（m/s）；

R——水力半径（过水断面面积与湿周的比值）（m）；

J——水力坡度（即水面坡度，等于管底坡度 i）；

C——流速系数（或谢才系数）。

$$C = \frac{1}{n}R^{1/6} \tag{2-7}$$

式中 n 为管壁粗糙系数，由管渠材料决定，见表 2-6。

2. 水力计算的相关参数

为保证排水管道设计的经济合理，《室外排水设计规范》GB 50014—2006 对充满度、流速、管径与坡度作了规定，作为设计时的控制数据。

排水管渠粗糙系数	表 2-6
管渠种类	n 值
陶土管	0.013
混凝土和钢筋混凝土管	0.013 ~ 0.014
石棉水泥管	0.012
铸铁管	0.013
钢管	0.012
水泥砂浆抹面渠道	0.013 ~ 0.014
浆砌砖渠道	0.015
浆砌块石渠道	0.017
干砌块石渠道	0.020 ~ 0.030
土明渠（带或不带草皮）	0.025 ~ 0.030
木槽	0.012 ~ 0.014

（1）设计充满度

由于城市污水量难以准确计算，且流量变化较大，所以设计时要留出部分管道断面，避免排水溢流。而且，留出的管道断面在各检查井处直接连通大气，有利于排水通畅。同时，管道中淤积的污泥会在厌氧环境下消化而散发出有毒害的臭气和易燃易爆的甲烷气体，且污水本身所含的易燃液体（如汽油、苯、石油等）挥发成爆炸性气体，需让污水管道通风，也不能使管道满流。

排水管道是按不满流的情况进行设计的。在设计流量下，管道中的水深 h 和管径 D 的比值称为设计充满度，如图 2-15 所示。设计充满度有一个最大的限值，即规范中规定的最大设计充满度，如表 2-7 所示。明渠的超高（渠中最高设计水面至渠顶的高度）应不小于 0.2m。

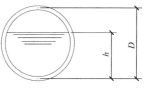

图 2-15 充满度示意图

最大设计充满度的有关规定	表 2-7
管径（D）或暗渠高（H）/mm	最大设计充满度（h/D 或 h/H）
200 ~ 300	0.55
350 ~ 450	0.65
500 ~ 900	0.70
≥ 1000	0.75

（2）设计流速

由于污水和雨水中含有杂质，流速过小则会产生淤泥，降低输水能力；流速过大，则会因冲刷剧烈而损坏管壁。所以要选择合理流速，避免上面的情况。

设计流速 v 指管渠在设计充满度情况下，排泄设计流量时的平均流速。为防止管道因淤积而堵塞或因冲刷而损坏，规范对设计流速规定了最低限值，即最小设计流速（对应自净流速或不淤流速）及最高限值，即最大设计流速，如表2-8所示。

就整个污水管道系统来讲，各设计管段的设计流速从上游到下游最好是逐渐增加的。

（3）最小设计坡度

坡度和流速之间存在着一定的关系，同最小设计流速相应的坡度是最小设计坡度。相同直径的管道，如果充满度不同，可以有不同的最小设计坡度。

污水管道的最大允许流速、最大设计充满度和最小设计坡度　　　　表2-8

管径 (mm)	最大允许流速 (m/s)		最大设计充满度	在设计充满度下最小设计流速 (m/s)	按照设计充满度下最小设计流速控制的最小坡度		最小计算充满度	最小计算充满度下的不淤流速 (m/s)	按照最小设计充满度下最小设计流速控制的最小坡度	
	金属管	非金属管			坡度	相应流速 (m/s)			坡度	相应流速 (m/s)
150					0.007	0.72			0.005	0.40
200			0.6		0.005	0.74			0.004	0.43
300			0.7	0.7	0.0027	0.71	0.25	0.4	0.002	0.40
400			0.7		0.002	0.77			0.0015	0.42
500					0.0016	0.81			0.0012	0.43
600					0.0013	0.82			0.001	0.50
700					0.0011	0.84			0.0009	0.52
800	≤ 10	≤ 5	0.75	0.8	0.001	0.88	0.3	0.5	0.0008	0.54
900					0.0009	0.90			0.0007	0.54
1000					0.0008	0.91			0.0006	0.54
1100					0.0007	0.91			0.0006	0.62
1200					0.0007	0.97			0.0006	0.66
1300			0.9		0.0006	0.94	0.35	0.6	0.0005	0.63
1400			0.8		0.0006	0.99			0.0005	0.67
1500				1.0	0.0006	1.04			0.0005	0.70
>1500					0.0006				0.0005	

注：1. 粗糙系数 $n=0.014$。

2. 计算污水管道充满度时，不包括淋浴水量或短时间内忽然增加的污水量，但当管径 ≤ 300mm 时，按满流复核。

3. 含有机械杂质的工业废水管道，其最小流速宜适当提高。

当设计流量很小而采用最小管径的设计管段称为不计算管段。由于这种管段不进行水力计算，没有设计流速，因此直接规定管道的最小设计坡度，如表2-9所示。比如在街坊或小区内部的室外污水管道最小管径一般为 $DN200$，可取最小设计坡度为4‰；城市道路下的污水管道最小管径一般为 $DN300$，可取最小设计坡度为3‰。

（4）最小管径

一般排水管道系统的上游部分流量很小，若根据流量计算，管径也将很小。管径过小极易堵塞。另外，采用较大管径，可选用较小的坡度，使管道埋深减小。因此规定了一个允许的最小管径。若按计算所得的管径小于最小管径，则采用最小管径。规范中对污水管道的最小管径做了规定，如表2-9所示。雨水管道的最小管径一般规定如下：雨水口的连接管最小管径为 $DN200$，小区内和城市道路下的雨水管道最小管径为 $DN300$。

污水管道的最小管径和最小设计坡度   表2-9

管径（D）或暗渠高（H）/mm	最小管径（mm）	最小设计坡度
在街坊和厂区内	200	0.004
在街道下	300	0.003

3. 排水管道水力计算的步骤和方法

排水管道系统平面布置完成后，即可划分设计管段，计算每个管段的设计流量，以便进行水力计算。水力计算的任务是根据计算结果确定或调整各设计管段的管径、坡度、流速、充满度和井底高程。

排水管道中，任意两个检查井间的连续管段，如果流量基本不变，管道坡度不变，则可选择相同的管径。这种管段称为设计管段，作为水力计算中的一个计算单元。通常根据管道平面布置图，以街坊排水支管接入干管的位置作为起讫点，划分设计管段。每一管段的起点和终点须设置检查井。

与给水管道一样，每一个设计排水管段的排水设计流量大致由两部分组成：

本段流量——是从管段沿线街坊流来的排水量；

转输流量——是从上游管段和旁侧管段流来的排水量。

为了简化计算，假定本段流量集中在起点进入设计管段，且流量不变。从上游管段和旁侧管段流来的转输流量以及集中流量对这一管段是不变的。

本段流量可用下式计算：

$$Q = F \cdot q_0 \cdot K \qquad (2\text{-}8)$$

式中：Q——设计管段的本段流量（L/s）；

F——设计管段服务的街坊面积（ha）；

K——生活污水总变化系数（雨水管道 K 取 1）；

q_0——单位面积的本段平均流量，即面积比流量（L/s·ha）。

在确定设计流量后，即可从上游管段开始，进行各设计管段的水力计算。当然，计算过程相当复杂，现在一般都会借助专用的软件进行计算。

四、排水系统的附属构筑物

排水系统除管渠本身外，还需在管渠系统上设置某些附属构筑物。这些构筑物有的数量较多，在管渠系统的总造价中占相当比例。

1. 排水泵站

将各种排水由低处提升到高处所用的抽水机械称为排水泵。由安置排水泵及有关附属设备的建筑物或构筑物（如水泵间、集水池、格栅、辅助间及变电室）组成排水泵站。排水泵站按排水的性质可分为污水泵站、雨水泵站、合流泵站和污泥泵站等。按在排水系统中所处的位置又分为局部泵站、中途泵站和终点泵站。

由于排水管道中的水流基本上是重力流，管道需沿水流方向按一定的坡度倾斜敷设。在地势平坦地区，管道埋深增大，使施工困难，费用升高，需设置泵站，把离地面较深的污水提升到离地面较浅的位置上。这种设在管道中途的泵站称作中途泵站。当污水和雨水需直接排入水体时，若管道中水位低于河流中的水位，就需设终点泵站。有时，出水管渠口即使高出常水位，但低于潮水位，在出口处也需建造终点雨水泵站。当设有污水处理厂时，为了使污水能自流流过地面上的各处理构筑物，也需设终点泵站。在污水处理厂中，处理和输送污泥过程中，都需设污泥泵站。在某些地形复杂的城市，需把低洼地区的污水用水泵送至高位地区的干管中；另外，一些低于市政污水管道的高层建筑地下室、地下铁道和其他地下建筑物的污水也需用泵提升送入市政管道中，这种泵站称为局部泵站。

泵站在排水系统总平面图上的位置安排，应考虑当地的卫生要求、地质条件、电力供应、施工条件及设置事故排水出口的可能，进行技术经济分析比较后决定。

排水泵站的型式主要根据进水管渠的埋深、进水流量、地质条件等决定。排水泵站宜单独设置，与居住房屋、公共建筑保持适当距离，以防止泵站臭味和机器噪声对居住环境的影响。泵站周围应尽可能设置宽度不小于 10m 的绿化隔离带。

排水泵站的占地面积随排水性质、流量等不同而有所差异，参见表 2-10。

泵站建设用地指标　（单位：m²）　　　　　　　　表 2-10

泵站性质＼建设规模	I	II	III	IV
污水	2000 ~ 2700	1500 ~ 2000	1000 ~ 1500	600 ~ 1000
合流	1500 ~ 2200	1200 ~ 1500	800 ~ 1200	400 ~ 800

注：1. 建设规模：
　　I 类：20 ~ 50 万 m³/d；II 类：10 ~ 20 万 m³/d；III 类：5 ~ 10 万 m³/d；IV 类：2 ~ 5 万 m³/d；V 类：0.5 ~ 2 万 m³/d。
2. 表中指标为泵站围墙内，包括整个流程中的构筑物和附属建筑物、附属设施等占地面积。
3. 小于 IV 类规模的泵站，用地面积按照 IV 类规模的指标控制。大于 I 类规模的泵站，每增加 10 万 m³/d，用地指标增加 300 ~ 400m²。

2. 检查井

检查井用来对管渠进行检查和清通，也有连接管段的作用。一般设在管渠交汇、转弯、管渠尺寸或坡度改变及直线管段相隔一定距离处。相邻两检查井之间管渠应成一条直线。直线管道上检查井间距通常为 25 ~ 60m，管径越大，间距越大。检查井有不下人的浅井和需下人的深井。

3. 跌水井

当遇到下列情况且跌差大于 1m 时需设跌水井：管道中流速过大，需加以调节处；管道垂直于陡峭地形的等高线布置，按原坡度将露出地面处；接入较低的管道处；管道遇上地下障碍物，必须跌落通过处。在转弯处不设跌水井，常用跌水井有竖管式、阶梯式等。

4. 溢流井

多用在截流式合流制排水系统中，晴天时，管道中污水全部送往污水厂处理；雨天时，管道中混合污水仅有部分送污水厂处理，超过截流管道输水能力的那部分混合污水不作处理，直接排入水体。在合流管道与截流管道交接处，应设溢流井完成截流和溢流作用。溢流井设置的位置应尽可能靠近水体下游。

5. 雨水口

雨水口是在雨水管渠或合流管渠上收集雨水的构筑物。地面上的雨水经过雨水口和连接管流入管道上的检查井后进入排水管渠。雨水口由进水箅、井筒、连接管组成。雨水口按进水箅在街道上设置位置可分为边沟式雨水口、侧面式雨水口、联合式雨水口。

6. 倒虹管

排水管渠遇到河流、山涧、洼地或地下构筑物等障碍物时，不能按原有坡度埋设，而是按下凹的折线方式从障碍物下通过，这种管道称为倒虹管。倒虹管由进水井、管道及出水井三部分组成。管道有折管式和直管式两种。折管式施工麻烦，养护困难，只适于河滩很宽情况，如图 2-16 所示。倒虹管应尽量与障碍物正交通过。倒虹管顶与河床距离一般不小于 0.5m。其工作管线一般不小于两条，但通过谷地、旱沟或小河时，可敷设一条。

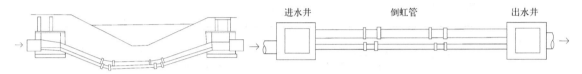

图 2-16　折管式倒虹管

7. 出水口

排水管渠出水口的位置和形式，应根据出水水质、水体的水位及变化情况、水流方向、下游用水情况、水岸变迁（冲淤）情况和夏季主导风向等因素确定。出水口一般设在岸边，当排水需要同受纳水体充分混合时，也可将出水口伸入水体中，伸入河中心的出水口应设标志。污水管的出水口一般都应淹没在水体中，管顶高程在常水位以下，以使污水和河水充分混合，而避免污水沿河滩泄流，造成污染。雨水管出水口可采用非淹没式，管底标高在水体最高水位以上，一般在常水位以上，以免造成倒灌。否则应设防潮闸门或排涝泵站。出水口与水体岸边接连处，一般做成护坡或挡土墙，以保护河岸及固定出水管渠与出水口。

第六节　污水处理和污水厂

一、城市污水的污染指标

污水中的污染物可分为无机物和有机物两大类。无机性的有矿粒、酸、碱、无机盐类、氮、磷营养物及氰化物、砷化物和重金属离子等。有机性的有碳水化合物、蛋白质、脂肪及农药、芳香族化合物、高分子合成聚合物等。污水的污染指标是用来衡量水在使用过程中被污染的程度，也称污水的水质指标。主要污染物指标有以下几种：

1. 生化需氧量（BOD）

城市污水中含有大量有机物质，其中一部分在水体中因微生物的作用而进行好氧分解，使水中溶解氧降低，至完全缺氧；在无氧时，进行厌氧分解，放出恶臭气体，水体变黑，使水中生物灭绝。由于有机物种类繁多，难以直接测定，所以采用间接指标进行表示。生化需氧量（BOD）就是反映水中可生物降解的含碳有机物含量及排到水体后所产生的耗氧影响的指标。污水中可降解有机物的转化与温度和时间有关。为便于比较，一般以20℃时，经过5天时间，有机物分解前后水中溶解氧的差值称为5天20℃的生化需氧量，记为BOD_5，单位通常用mg/L。BOD越高，表示污水中可生物降解的有机物越多。

2. 化学需氧量（COD）

BOD只能表示水中可生物降解的有机物，并易受水质的影响，所以为了表示一定条件下，化学方法所能氧化有机物的量，采用化学需氧量（COD），即高温、有催化剂及强酸环境下，强氧化剂氧化有机物所消耗的氧量，单位为mg/L。化学需氧量一般高于生化需氧量。

3. 悬浮固体（SS）

悬浮固体是水中未溶解的非胶态的固体物质，在条件适宜时可以沉淀。悬浮固体可分为有机性和无机性两类，反映污水汇入水体后将发生的淤积情况，单位为mg/L。因悬浮固体在污水中肉眼可见，能使水浑浊，属于感官性指标。

4. pH值

酸度和碱度是污水的重要污染指标，用pH值来表示。它对保护环境、污水处理及水工构筑物都有影响。生活污水多呈弱碱性。

5. 氮和磷

氮和磷是植物性营养物质，会导致湖泊、海湾、水库等缓流水体富营养化，而使水体加速老化。生活污水中含有丰富的氮、磷，某些工业废水中也含大量氮、磷。

6. 有毒化合物和重金属

这类物质对人体和污水处理中的生物都有一定的毒害作用，如氰化物、砷化物、汞、镉、铬、铅等。

7. 感官性指标

城市污水呈现一定的颜色、气味将降低水体的使用价值，也使人在感官上产生不愉快的感觉。温度升高也是水体污染的一种形式，会使水中溶解氧含量降低，破坏鱼类正常生活环境；高水温还会使污水中所含有毒物的毒性加强。

污水的性质取决于其成分，不同性质的污水反映出不同的特征。

生活污水含有碳水化合物、蛋白质、脂肪等有机物，具有一定的肥效，可用于农田灌溉。生活污水一般不含有毒物质，但含有大量细菌和寄生虫卵，其中也可能包括致病菌，具有一定危害。生活污水的成分比较固定，只是浓度有所不同。城市污水厂的污水处理工艺就是根据生活污水的水质特点来确定的。表2-11是我国城市生活污水的成分组成。

生活污水成分组成　　　　　　　　　　　　　　　　表2-11

成分	pH值	BOD$_5$（mg/L）	耗氧量（mg/L）	悬浮物（mg/L）	氨氮（mg/L）	磷（mg/L）	钾（mg/L）
数量	7.1~7.7	15~59	30~88	50~330	15~59	30~34.6	17.7~22

生产污水的成分主要取决于生产过程中所用的原料和工艺情况，所含成分复杂多变，多具有危害性，各工厂的污水情况要具体分析。工业污废水一般都由工业企业自行处理达标后排放或再利用；如果要排入城市污水管道，必须达到《污水排入城市下水道水质标准》所要求的水质。

二、水体防护及相关水质标准

为控制水污染，国家已制定了各种水质标准，在规划时需要参照执行。水质标准分为水域水质标准（根据人类对水体的使用要求制定）和排放水质标准（根据水体的环境容量和技术经济条件制定）。水域水质标准有：《地面水环境质量标准》、《海水水质标准》、《渔业水质标准》、《景观娱乐用水水质标准》、《农田灌溉水质标准》等。排放水质标准是对排入水体的污水水质进行严格的控制，如：《污水排入城市下水道水质标准》、《城市污水处理厂污水污泥排放标准》及各行业污水排放标准等。

这些标准都是浓度标准，即规定了企业或设备的排放口的污染物的浓度限值。排放标准中的总量控制标准是指对一个工厂的排放口、一个小范围（可能有若干个工厂）的总排污量、一条河流流域的总排污量等提出限值。这种标准可以消除一些企业用清水稀释来降低排放浓度的现象，有利于对水体的环境容量有总体把握。我国一些城市已经实施了总量控制标准，取得了较好的效果。

三、水体的污染与自净

水体污染是指排入水体的污染物在数量上超过了该物质在水体中的本底含量和水体的环境容量，使水体中的水产生了物理和化学上的变化，破坏了固有的生态系统，导致水体失常，降低了水体的使用价值。造成水体污染的因素是多方面的，如直接排放未经处理的城市污水和工业废水；施用的化肥、农药及地面污染物，随雨水径流进入水体；大气中的污染物质沉降或随降水进入水体等。当然第一项是最主要的。排入水体的污染物会对水质产生物理、化学、生物等的影响。

当污水排入水体后，在一定范围内，水体具有净化水中污染物质的能力，称为"水体自净"。水体自净过程相当复杂，经过水体的物理（如稀释、沉淀）、化学（如氧化还原反应）和生物（光合作用等）的共同作用，使排入污染物质的浓度，随着时间的推移和在向下游流动的过程中自然降低。从外观看，河流受生活污水污染后，河水变浑，有机物和细菌含量增加，水质下降；随着水流离管道出水口愈来愈远，河水逐渐变清，有机物和细菌恢复到原有状态。

必须指出，水体自净有一定的限度，即水环境对污染物质都有一定的承受能力，叫水环境容量。如果水体承纳过多污水，则会破坏水体自净能力，使水体变得黑臭。随着城镇不断发展，对整个流域来说，所谓上游、下游的界限逐渐模糊。因为对一个城市来说，河流的下游是另一个城市的上游。由于污水的不断排放，整条河流始终处于污染状态。所以进行城市总体规划和给水排水规划时，一定要充分考虑流域水体的环境容量，并从整个区域或流域来处理水污染控制问题。

四、污水处理方法

污水处理技术，就是采用各种方法将污水中所含有的污染物分离出来，或将其转化为无害和稳定的物质，从而使污水得到净化。

目前，采用的污水处理技术，按其作用原理，可分为物理法、化学法和生物法三类。

1. 物理法

污水的物理处理法，就是利用物理作用，分离污水中主要呈悬浮状态的污染物质，在处理过程中不改变其化学性质，属于物理法的处理技术有：

（1）沉淀（重力分离）。利用污水中的悬浮物和水比重不同的原理，借重力沉降（或上浮）作用，使其从水中分离出来。沉淀处理设备有沉砂池、沉淀池及隔油池等。

（2）筛滤（截留）。利用筛滤介质截留污水中的悬浮物。筛滤介质有钢条、筛网、砂、布、塑料、微孔管等。属于筛滤处理的设备有格栅、微滤机、砂滤池、真空滤机、压滤机（后两种多用于污泥脱水）等。

（3）气浮。此法是将空气打入污水中，并使其以微小气泡的形式由水中析出，污水中比重近于水的微小颗粒状的污染物质（如乳化油等）粘附到空气泡上，并随气泡上升至水面，形成泡沫浮渣而去除。根据空气打入方式的不同，气浮处理设备有加压溶气气浮法、叶轮气浮法和射流气浮法等。

（4）离心与旋流分离。利用悬浮固体和废水质量不同造成的离心力不同，让含有悬浮固体或乳化油的废水在设备中高速旋转，结果质量大的悬浮固体被抛甩到废水外侧，使悬浮体与废水分别通过不同排出口得以分离。旋流分离器有压力式和重力式两种。

（5）反渗透。用一种特殊的半渗透膜，在一定的压力下，将水分子压过去，而溶解于水中的污染物质则被膜所截留，污水被浓缩，而被压透过膜的水就是处理过的水。

属于物理法的污水处理技术还有蒸发等。

2. 生物法

污水的生物处理法，就是利用微生物新陈代谢功能，使污水中呈溶解和胶体状态的有机污染物被降解并转化为无害的物质，使污水得以净化，属于生物处理法的工艺有：

（1）活性污泥法。这是目前使用很广泛的一种生物处理法。它的处理过程就是模拟自然界水体自净的过程，即"水体自净人工化"。将空气连续鼓入曝气池的污水中，经过一段时间，水中即形成繁殖有大量好氧性微生物的絮凝体——活性污泥。活性污泥能够吸附水中的有机物。生活在活性污泥上的微生物以有机物为食料，获得能量并不断生长增殖，有机物被去除，污水得以净化。从曝气池流出的含有大量活性污泥的污水，经沉淀分离，水被净化排放，沉淀分离后的污泥作为种泥，部分回流曝气池。活性污泥法自出现以来，经过多年演变，出现了各种活性污泥的变法，但其原理和工艺过程没有根本性的改变，如分步曝气法、延时曝气法、厌氧一好氧活性污泥法（A/O）、间歇式活性污泥法（SBR）、AB法、氧化沟法等。

（2）生物膜法。这种处理方法形象的说就是"土壤自净人工化"。使污水连续流经固体填料（碎石、炉渣或塑料蜂窝），在填料上就能够形成污泥状的生物膜，生物膜上繁殖着大量的微生物，能够起与活性污泥同样的净化作用，吸附和降解水中的有机污染物，从填料上脱落下来的衰死生物膜随污水流入沉淀池，经沉淀池澄清净化。生物膜法有多种处理构筑物，如生物滤池、生物转盘、生物接触氧化以及生物流化床等。

（3）自然生物处理法。利用在自然条件下生长、繁殖的微生物处理污水，形成水体（土壤）—微生物—植物组成的生态系统，对污染物进行一系列的物理、化学和生物的净化。生态系统可对污水中的营养物质充分利用，有利绿色植物生长，实现污水的资源化、无害化和稳定化。该法工艺简单、费用低、效率高，是一种符合生态原理的污水处理方式。但容易受自然条件影响，占地较大。主要有稳定塘和土地处理法两种技术。

人工湿地处理污水也属于这类方法。将需处理的污水有控制的投配到人工建造和控制运行的洼地内，污水沿一定方向流动的过程中，通过土壤、人工介质、植物、微生物的物理、化学、生物三重协同作用，对污水进行净化处理。其作用机理包括吸附、滞留、过滤、氧化还原、沉淀、微生物分解、转化、植物遮蔽、残留物积累、蒸腾水分和养分吸收及各类动物的作用。人工湿地污水处理系统具有建造和运行费用低、易于维护等优点，还可提供如绿化、水产、造纸原料、野生动物栖息等直接或间接效益。人工湿地污水处理系统比较适合于污水量不太、土地充足的乡村地区。

（4）厌氧生物处理法。利用兼性厌氧菌在无氧的条件下降解有机污染物。主要用于处理高浓度、难降解的有机工业废水及有机污泥。主要构筑物是消化池，近年来开发了厌氧滤池、厌氧转盘、上流式厌氧污泥床、厌氧流化床等高效反应装置。该法能耗低且能产生能量，污泥产量少。

3. 化学法

污水的化学处理法，就是通过投加化学物质，利用化学反应作用来分离、回收污水中的污染物，或使其转化为无害的物质。属于化学处理法的有：

（1）混凝法。水中的呈胶体状态的污染物质，通常都带有负电荷，胶体颗粒之间互相排斥，形成稳定的混合液，若向水中投加带有相反电荷的电解质（即混凝剂），可使污水中的胶体颗粒改变为呈电中性，失去稳定性，并在分子引力作用下，凝聚成大颗粒而下沉。这种方法用于处理含油废水、染色废水、洗毛废水等，可以独立使用也可以和其他方法配合，作预处理、中间处理、深度处理工艺等。

（2）中和法。用于处理酸性废水或碱性废水。向酸性废水中投加碱性物质如石灰、氢氧化钠、石灰石等，使废水变为中性。对碱性废水可吹入含有 CO_2 的烟道气进行中和，也可用其他酸性物质进行中和。

（3）氧化还原法。废水中呈溶解状态的有机或无机污染物，在投加氧化剂或还原剂后，发生氧化或还原作用，使其转变为无害的物质。常用的氧化剂有空气、纯氧、漂白粉、氯气、臭氧等，氧化法多用于处理含酚、含氰废水。常用的还原剂则有铁屑、硫酸亚铁、亚硫酸氢钠等，还原法多用于处理含铬、含汞废水。

（4）吸附法。将污水通过固体吸附剂，使废水中的溶解性有机污染物吸附到吸附剂上，常用的吸附剂为活性炭、硅藻土、焦炭等。此法可吸附废水中的酚、汞、铬、氰等有毒物质。此法还有脱色、脱臭等作用，用于深度处理。

（5）离子交换法。使用离子交换剂，其每吸附一个离子，也同时释放一个等当量的离子。常用离子交换剂有无机离子交换剂（沸石）和有机离子交换树脂。离子交换法在工业废水处理中应用广泛。

（6）电渗析法。污水通过由阴、阳离子交换膜所组成的电渗析器时，污水中的阴、阳离子就可以得到分离，达到浓缩和处理的目的。此法可用于酸性废水回收，含氰废水处理等。

属于化学法处理技术的还有电解法、化学沉淀法、汽提法、吹脱法和萃取法等。

五、污泥的处置

污泥是污水处理的副产品，属于城市固体废物，有相当大的产量，约为处理的水体积的 5% 左右。污泥含有水分和固体物质，主要是所截留的悬浮物质及经过处理后使胶体物质和溶解物质所转化的产物。污泥聚集了污水中的污染物，还含有大量细菌和寄生虫卵，所以必须经过适当处理，防止二次污染。

污泥主要有以下几个来源：初沉池污泥、二沉池污泥、栅渣、沉砂沉渣及浮渣等。初沉池污泥的成分以有机物为主，二沉池污泥含有生物体和化学药剂。污泥中含有大量水分，沉淀池污泥含水率一般在 95% 以上。

污泥利用和处置前一般要进行浓缩，根据不同的处置方法，通常还要进行稳定、调理、脱水，甚至消毒等过程。

污泥可以用于农业肥料，这可以充分利用污泥中的营养成分，但应进行无害化灭菌处理。污泥也可以用于工业作建筑材料。污泥不能利用时，其最终处置方法有填埋、焚烧等。在考虑利用处置方法时，一定要注意防止对环境污染及减少处理费用。

六、污水处理工艺选择

污水处理工艺的选择在于最经济合理地解决城市污水的管理、处理和利用问题，应根据污水水质、排放水体要求、排水水量和出路等因素确定。污水处理的最主要目的是使处理后出水达到一定的排放要求，不污染环境，又要充分考虑水体自净能力节约费用。在缺水地区，污水处理应考虑回用问题。

选择污水处理工艺时，首先需确定污水应达到的处理程度，一般划分为三级。一级处理的内容是去除污水中呈悬浮状态的固体污染物质，物理处理法中的大部分只能完成一级处理的要求。一级处理的效果很低，BOD 去除率只有 30% 左右，一般作为二级处理的预处理。二级处理可以大幅度地去除污水中呈胶体和溶解状态的有机污染物质（如 BOD），其处理效果较好，BOD 去除率可达 90% 以上，一般可以达到排放标准。三级处理进一步去除二级处理所未能去除的污染物质，如悬浮物、未被生物降解的有机物及磷、氮等，以满足水环境标准、防止封闭式水域富营养化和污水再利用的水质要求。三级处理也可看作是对于常规处理（即一、二级处理）的深度处理（表 2-12）。

污水处理流程的选择一般应根据各方面的情况，经过技术经济综合比较后确定，主要因素有：原污水水质、排水体制、污水出路、受纳水体的功能、城市建设发展情况、经济投资、自然条件、建设分期等，其中最重要的是污水处理的程度。城市污水处理的典型流程如图 2-17 所示。

污水处理的分级

表 2—12

处理级别	污染物	处理方法	处理效果
一级处理	悬浮或胶态固体、悬浮油类	格栅、沉淀、混凝、浮选	去除 SS 约 35% ～ 60% 去除 BOD_5 约 10% ～ 30%
二级处理	溶解性可降解有机物	生物处理	去除 SS 约 60% ～ 90% 去除 BOD_5 约 65% ～ 95%
三级处理	不可降解有机物	活性炭吸附	可去除所有污染物
	溶解性无机物	离子交换、电渗析、超滤、反渗透、化学药剂	

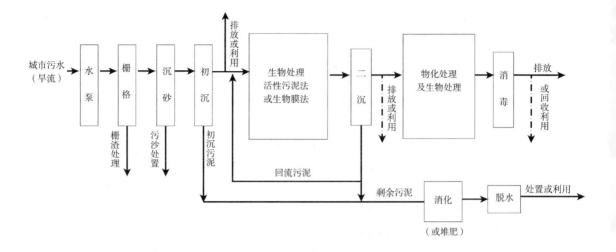

图 2-17 城市污水处理流程示意图

七、污水处理厂

城市污水处理厂是城市排水工程的重要组成部分，恰当地选择污水处理厂的位置对于城市规划的总体布局、城市环境保护、污水的利用和出路、污水管网系统的布局、污水处理厂的投资和运行管理等都有重要影响。

1. 厂址选择

（1）污水处理厂应设在地势较低处，便于城市污水自流进入厂内各构筑物。厂址选择应与排水管网系统布置统一考虑，充分考虑城市地形的影响。

（2）污水厂宜设在受纳水体附近，便于处理后的污水就近排入水体；尽量不提升，合理布置出水口；受纳水体应有足够环境容量。

（3）厂址必须位于集中给水水源的下游，并应设在城镇的下游和夏季主导风的下风向。厂址与城镇、工厂和生活区应有 300m 以上距离，并设卫生防护带。

（4）厂址尽可能少占或不占农田；宜在地质条件较好的地段，便于施工、降低造价；选择有适当坡度的地段，充分利用地形，以满足污水在处理流程上的自流要求。

（5）结合污水的出路，考虑污水回用于工业、城市和农业的可能，厂址应尽可能与回用处理后污水的主要用户靠近。

（6）厂址不宜设在雨季易受水淹的低洼处。靠近水体的污水处理厂要考虑不受洪水的威胁。

（7）污水处理厂选址应考虑污泥的运输和处置，宜靠近公路和河流；要有良好的电力供应，最好是双回路供电。

（8）选址应注意城市近、远期发展问题，近期合适位置与远期合适位置往往不一致，应结合城市总体规划一并考虑；同时污水厂用地应考虑远期扩建的余地。

2. 用地面积

污水处理厂占地面积与污水量及处理方法有关，而处理规模应根据平均日污水量确定。表 2-13 列出不同规模污水厂的用地指标。

污水处理厂建设用地指标（单位：m²/m³·d） 表 2-13

规模（m³·d）	20万以上	10～20万	5～10万	2～5万	1～2万
用地指标	一级污水处理指标				
	0.3～0.5	0.4～0.6	0.5～0.8	0.6～1.0	0.6～1.4
	二级污水处理指标（一）				
	0.5～0.8	0.6～0.9	0.8～1.2	1.0～1.5	1.0～2.0
	二级污水处理指标（二）				
	0.6～1.0	0.8～1.2	1.0～2.5	2.5～4.0	4.0～6.0

注：1. 用地指标是按生产必须的土地面积计算。
2. 本指标未包括厂区周围绿化带用地。
3. 处理级别以工艺流程划分。一级处理工艺流程大体为泵房、沉砂、沉淀及污泥浓缩、干化处理等。二级处理（一），其工艺流程大体为泵房、沉砂、初次沉淀、曝气、二次沉淀及污泥浓缩、干化处理等。二级处理（二），其工艺流程大体为泵房、沉砂、初次沉淀、曝气、二次沉淀、消毒及污泥提升、浓缩、消化、脱水及沼气利用等。
4. 本用地指标不包括进厂污水浓度较高及深度处理的用地，需要时可视情况增加。

3. 污水处理厂的布置

（1）平面布置

污水厂内的生产性的构筑物和建筑物包括各种处理池、泵站、鼓风机站、药剂间等；辅助性建筑物如化验室、修理间、仓库、办公楼等。平面布置就是对处理构筑物、管渠、辅助性建筑物、道路、绿化等进行布置。平面布置应当紧凑，减少处理厂占地和连接管长度，并应考虑工人操作运行的方便；各处理构筑物间的连接管应简单、短捷，尽量避免立体交叉；构筑物的布置要结合地形和地质条件，尽量减少土石方量；要考虑近、远期结合，有条件时可按远期规模布置，分期建设。

（2）竖向布置

污水厂竖向布置的任务是确定各处理构筑物和泵房的高程，使污水能顺利的流过各处理构筑物。当地形有利、自然坡度合适时，应充分利用，合理布置，以减少填、挖方量，甚至省去提升泵站。

附2 城市水系统

一、城市水系统的内涵

水是城市发展的基础性自然资源和战略性经济资源，而水环境则是城市发展所依托的生态基础之一。水在城市系统中具有以下功能：

（1）水是城市生存和发展的必需品；

（2）水是污染物传输和转化的基本载体；

（3）水是维持城市生态平衡的物质基础；

（4）水是城市景观和文化的组成部分；

（5）水还是城市安全的风险来源。

城市水资源作为城市生产和生活的最基础资源之一，除了它固有的基本属性外，还具有环境属性、社会属性和经济属性。水的环境属性源于其本身就是环境的重要组成部分，它决定了水在自然环境中的特殊地位以及水的质量和状态受环境影响的必然性；水的社会属性决定了水资源的功能，主要体现在水的开发利用上，而开发利用的行为方式又取决于社会对水的需求程度和认识水平；水的经济属性是水资源稀缺性的体现，它是由水的社会属性衍生出来的，水的社会需求是产生经济价值的根源，水的功能和价值只有通过开发利用和保护这一社会活动才能得以实现。因此，水资源的功能和价值的实现过程实际上就是水资源的开发利用和保护过程。由此可见，城市水系统就是在一定地域空间内，以城市水资源为主体，以水资源的开发利用和保护为过程，并与自然和社会环境密切相关且随时空变化的动态系统。从这个意义上说，城市水系统的内涵已经远远超出了通常所说的〝水源系统〞或〝给水排水系统〞的范畴，这个系统不仅包涵了相关的自然因素，还融入了社会、经济，甚至政治等许多社会因素。

城市中与水相关的各个组成部分所构成的〝水物质流〞、〝水设施〞和〝水活动〞构成了〝城市水系统〞。城市水系统规划设计的合理与否将直接影响到城市的建设发展。

二、现行涉水规划评析

自2006年4月1日起施行的新的《城市规划编制办法》中规定了从土地、水、能源和环境等城市长期的发展保障出发，进行城市规划编制工作。其中城市规划编制内容明确指出要确定水资源保护目标和保护要求；原则确定城市供水、排水、防洪基础设施的布局；

划定河湖水面的保护范围（蓝线），确定岸线使用原则；控制开发湿地、水源保护区等生态敏感区，确定综合防灾与公共安全保障体系，提出防洪等灾害防护规划原则和建设方针等。《城市规划编制实施细则》中这些内容主要体现在给水工程规划、排水工程规划、水资源保护规划、防洪规划等各单项工程规划中。

目前城市规划编制的正式成果中与水相关的单项规划只有给水工程规划、排水工程规划和城市防洪规划。这样显然没有体现出城市水系统的复杂性和水功能的多样性，主要弊端有两方面：

一是这些单项显然不能涵盖所有涉水内容。城市规划中的涉水内容除了给水规划、排水规划和防洪规划以外，还应当包括水污染防治规划、节水规划、雨水利用规划、再生水利用规划，有的城市还有水道航运规划、水景观规划、海水利用规划等等，每一种涉水规划都有其特定的服务对象和服务功能。当然，有些城市规划成果中可能会对以上内容有所反映，但是往往不够具体、也不成系统，指导作用有限。比如将节水规划并入给水系统，单从供水用水环节提出措施（管网减漏和节水器具）；将中水回用规划并入污水系统规划，仅把中水看作为污水厂的一个深度处理工艺，而未对中水系统规划作出合理布局，也未考虑中水的用途、水量等如何与给水系统合理搭配衔接。再比如城市的江、河、湖泊等是城市水系统的根本来源和最终归宿，但是蓝线的规划一般由规划专业来完成，与给排水、防洪、环保等涉水专业衔接不力甚至互相矛盾；城市的景观用水和生态用水在规划成果中没有体现等。

二是各单项规划之间往往缺乏有机的联系。于是可能导致下列现象：如规划的城市供水设施能力过于超前，设施利用率明显下降，不仅浪费资源，还限制了再生水的利用；排水管网及污水处理设施建设严重滞后，或厂网建设不配套，造成城市排水不畅，污水处理设施得不到有效利用。另一方面，一些城市宁愿花费巨资开发新水源，甚至跨流域远距离调水，也不愿投资在污水处理及再生水利用上，不仅造成了浪费，还在一定程度上助长了多用水、多排水的作为，既浪费了水资源，又加剧了水环境的恶化；有些城市因水源污染而被迫在净水厂前端设置污水处理设施对原水进行预处理。在上述情况下，这些涉水系统已相互交织，难分彼此；城市水源、供水、用水、排水之间的关系变得越来越密切，相互间的制约作用也越来越明显。目前由水引发的城市建设发展问题，已经不只牵涉某个领域，而是错综交织的复杂课题，如城市水污染造成城市生态环境恶劣，城市水源污染和枯竭；城市排水规划与节水规划的协调等。

以上两方面的弊端主要反映出目前涉水规划的内容不全面，而且缺乏内在联系；涉水规划内容偏重各单项工程设施，而忽略了系统的整合。这与城市水系统功能复杂性和子系统之间的密切关联性的发展趋势是不相适应的。其实，我国已经意识到这方面的问题并逐步加以改进，比如从管理层面，各地方成立了水务局，对城市所有涉水行业进行统筹管理，改变了过去"多龙管水"、缺乏协调的格局。那么城市规划作为城市建设发展的指导蓝图，如何适应形势发展需要，在规划方案中体现城市水系统的整合优化，是规划工作者必须面对的新课题。

三、城市水系统规划

1. 目的和任务

由于城市涉及水的事务极其复杂，城市规划更应该从系统工程的视角，协调、整合相关的涉水规划。要协调整合好水问题，就需要全面统一的考虑，而不是孤立地解决某个涉水问题，应针对当前涉水事务问题的复杂性和多样性，提出建立城市水系统，进行城市水系统规划。

城市水系统规划是对一定时期内城市的水源、供水、用水、排水、水污染防治、防洪、水景观等多个子系统及其各项要素的统筹安排、综合布置和实施管理。规划的主要目的是协调各子系统和各项要素之间的关系，优化水资源的配置，促进水系统的良性循环和城乡健康持续的发展。规划的主要任务是做好水资源的供需平衡分析，制定水系统及其设施的建设、运行和管理方案。

2. 规划内容

城市水系统规划宜包含"水安全"、"水环境"、"水景观"、"水文化"、"水经济"和"水务管理"六个方面的内容，如图2-18所示。

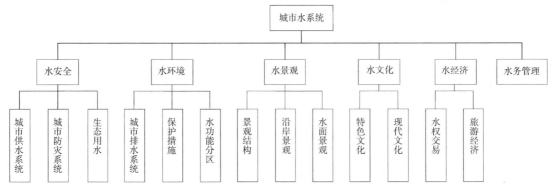

图2-18　城市水系统的组成

（1）水安全

城市水安全的内涵主要是指由于城市水资源短缺、水质污染以及洪涝干旱灾害造成的城市水安全问题，主要表现为城市的供水安全、水质安全和城市的防灾安全。水安全的外延还包括由于水多、水少、水脏而带来的社会性水安全问题，主要表现为粮食安全、经济安全、社会安全以及城市生态安全等问题。

水安全规划一是要从城市供水安全出发，合理选择水源、重视水源保护、给水管网设计，进而以开辟城市第二水源，减少城市水污染为目的，加强污水、雨水的利用；二是从保障城市防洪安全要求出发，提出城市防洪规划的要点及城市基础设施布局需注意的事项；三是从水资源承载力出发，城市需要确定合理规模，满足城市需水量不超出水资源供给量，保障城市水资源的可持续循环；四是以改善城市生态为目标，加强生态支持系统地表水系的组织与规划。

（2）水环境

水环境规划主要以改善城市生态环境尤其是水环境为目的，从城市的水功能分区、排水系统的改造和完善、城市水环境保护等方面入手，提出规划措施和实施建议。

（3）水景观

水体景观规划设计是景观设计的难点之一，但也往往是环境的视觉焦点。良好的水景观可以提高城市环境品位，给城市注入活力和生机。水景观规划既要尊重水体的自然属性，又要彰显它的文化内涵和水的形、声、色三要素。同时还要考虑景观水体的水源、水质、补水和循环模式等工程措施。

（4）水文化

水体会对人的感官产生刺激，人们对这种刺激产生感受和联想，而后通过各种文化载体所表现出来的作品和活动都可以称为水文化。水文化是人类长期以来从事与水有关的活动所产生的以水为载体的各种文化现象的集合，表现为水有关的各种传说、民谣、小说、诗歌等艺术形式。在城市规划中，将水文化与地方文化和民族文化相融合，可以极大地提升城市品位和城市特色，使城乡规划更具有生命力。

（5）水经济

在城市水系统规划中突出水的经济属性，通过水权交易、竞争机制、水价调整等经济手段，体现水资源的稀缺性。如强调水的经济价值与环境生态价值并重；直接效益、间接效益、直接费用、间接费用并重；开发、节约与利用并重；在水资源配置中政府和市场的作用并重；形成自然资源与环境资源和生态资源在使用上的优化配置机制；形成水资源价值评估体系；注重水资产的保值增值，形成良性循环体制；建立水资源价值核算体系。

（6）水务管理

城市水务管理可以在行政区划范围内对防洪、排涝、蓄水、供水、用水、节水、污水处理、水资源统筹等涉水事务进行统一管理和协调。内容涉及到城市水安全保障（防洪排涝）、水资源供给、水环境改善、水经济建设、水文化建设、水生态修复等各个方面。在城市水系统规划中有必要对水务管理的主体、范围、责任、措施等进行明确和落实。

第三章
供热系统规划

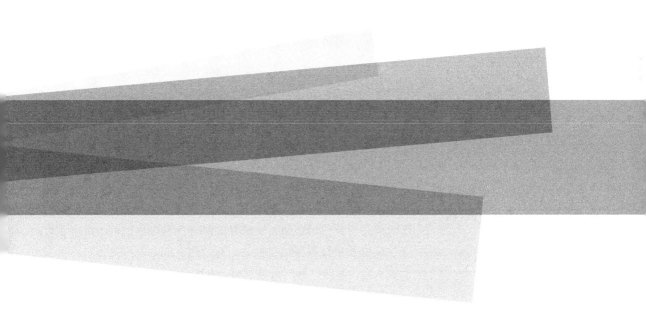

第一节　概述

一、供热系统的任务

供热系统是以热水或蒸汽作为热媒，向各类用户提供不同用途的热能（主要包括供暖、空调，生活热水供应和工业用热水、蒸汽）。供暖是把热源产生的热量通过热媒输送管道送到热用户的各种散热设备，为建筑物供给所需的热量，以保持一定的室内温度，创建适宜的生活条件或工作环境。生活用热水主要满足人们日常生活中沐浴、洗涤等用热需求。工业用热指的是生产工艺过程中用于加热、烘干、蒸煮、熔化或用于动力（如汽锤、汽泵等）的热力。

供热系统是城市重要的市政基础设施，同时也是城市能源供应体系的一个组成部分。

二、供热系统的组成

供热系统由热源、供热管网和用热用户组成。

热源是制取具有压力、温度等参数的蒸汽或热水的设备。

供热管网即热媒输送管网，是把热量从热源输送到热用户的管道系统及其附属设施。

热用户是指民用建筑室内的散热设备和热水供应系统，以及工业厂房的用热设备等。

三、供热系统的分类

供热系统有很多种不同的分类方法。按照热媒种类不同可以分为热水供热系统和蒸汽供热系统；按照热源的规模和供热系统布置的范围不同可分为区域供热、集中供热和分散供热三大类。

1. 区域供热

在只有一个热源，而用户要求的热媒参数和类型不同时（如工业园区），或是供热区域很大时，热源输出的热媒温度或压力通常高于所有用户要求的数值。这时在热媒进入室内系统前，必须设置改变热媒参数的设备即热交换站，经过热交换站进行热媒与压力调节后进入室内系统，称为区域供热，如图 3-1 所示。

区域供热一般供热范围较大，热源规模也较大，往往以城市热

图 3-1　区域供热示意图

电厂或大型区域性锅炉房作为热源，供热范围覆盖整个城市或城市某一片区。

2. 集中供热

一个热源直接对用户供热，中途不需要对热媒参数进行调节而进入室内系统的称为集中供热，如图 3-2 所示。

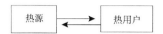

图 3-2　集中供热示意图

集中供热的供热范围一般比区域供热要小，热源规模也较小，供热范围覆盖某个居住小区或企事业单位，多采用小区锅炉房作为热源。

3. 分散供热

热源和用热设备都在同一建筑甚至同一房间内，如燃气壁挂锅炉、电热器、太阳能热水器等。

城市规划所关注的供热工程，一般多为区域或集中供热系统。

四、发展区域或集中供热的意义

区域供热或集中供热具有节约能源、减少污染、有利生产、方便生活的综合经济效益、环境效益和社会效益。

集中供热与分散供热相比较而言，其优越性主要集中表现在以下几个方面：

1. 有较好的集约效益

因为集中供热用的锅炉容量大，热效率高，可以达到 90% 左右，而分散供热的小型锅炉热效率只有 60% 或更低。因此城市集中供热代替分散供热更加节能。

2. 有良好的环境效益

城市污染主要来源于煤直接燃烧产生的二氧化碳和烟尘。集中供热能有效降低城市污染，改善城市的大气环境，改变原先的面状环境污染点逐步向局部点污染最终达到环保型的锅炉房建设标准发展。同时，还可以减少城市燃煤灰渣量和燃料运输量。

3. 有很好的社会效益

集中供热系统对于提高城市人民生活品质，节省城市发展建设用地，并对缓解城区冬季采暖用户的采暖供热管理的无序化的局面有着十分重要的意义。实行集中供热是一项惠及人民的事业，对提高人民群众的生活质量、构建社会主义和谐社会具有重大的现实意义和深远的历史意义。

五、分散供热设备

分散供热是小型化供热方式，也称作独立式供热系统。除传统的火炕、火墙、火炉外，还有燃气壁挂锅炉、电热膜、电暖气、太阳能热水器、双制式空调机组等等。

分散供热方式存在的原因是多方面的，例如用户所在地区的气候因素、燃料结构的变化以及物业管理、用户费用支出等等。所以，对于某些特殊的对象，有时采用分散供热方式也是合理的。比如处于采暖地区但采暖期不长、同时天然气资源丰富的城市可以采用燃气壁挂锅炉供暖并提供生活热水；采暖过渡地区（如长江流域）的城市可采用电暖风机、双制式空调机组等作为供暖热源。

六、供热工程规划

（一）城市供热工程总体规划内容与深度

1. 内容

（1）预测热负荷；

（2）选择供热热源和供热方式；

（3）确定热源的供热能力、数量、布局及相应的供热范围；

（4）布置供热工程的重要设施和供热干线管网。

2. 深度

（1）说明热负荷的资料来源和调查简况；热负荷的分类预测；各类热负荷所占比例并列出采暖期与非采暖期的最大、最小及平均热负荷；

（2）探讨夏季用热制冷的可能性和所需的负荷；

（3）现有热源状况，即热源的位置、占地面积、容量、运行情况及供热能力等；

（4）现有热源改、扩建的可能性，它包括有无扩建场地，供电、供水及运输条件等；

（5）拟规划热源的位置，用地面积，热源容量，供热能力及供热范围等；

（6）工业余热资源利用的可能性。如具备此条件，应阐述回收利用的方式；

（7）其他可利用能源的情况；

（8）初步确定供热管网的热媒形式及其参数；

（9）布置供热干线管网，干线从热源至供热小区的热力站或调峰锅炉房；

（10）初定热力站和调峰锅炉房的位置及相应的服务范围；

（11）拟定供热干线管网的敷设方式；

（12）生活用热（如热水供应系统）是否纳入城市集中供热系统，应根据当地的具体情况确定。

（二）城市供热工程分区规划内容与深度

1.内容

（1）估算分区热负荷；

（2）布置供热设施和供热干管；

（3）确定供热干管的管径。

2.深度

（1）说明城市分区各类热负荷的分布，通常以综合热指标的方式估算；

（2）采暖地区的民用建筑应说明住宅建筑与其他公共建筑的百分比；

（3）工业用热应按行业分类说明热负荷的特性及年运行时间；

（4）确定热源的确切位置；初定热力站、中途加压泵站、调峰锅炉房等主要供热设施的位置和占地面积；

（5）分区供热干管的平面布置；

（6）估算供热干管管径；

（7）确定供热干管的敷设方式；重点说明供热干管跨越市区主要街道、河流、铁路等交通要道拟采取的措施。

（三）供热工程详细规划内容与深度

1.内容

（1）计算规划范围内热负荷；

（2）布置供热设施和供热管网；

（3）计算供热管道的管径；

（4）估算规划范围内供热管网造价。

2.深度

（1）确定生产工艺用热（汽）量及其参数；考虑凝结水回收的可能性；

（2）采暖地区应概算每幢民用建筑的采暖热负荷；

（3）确定热力站、中途加压泵站、调峰锅炉房的确切位置和占地面积；

（4）采暖地区新建城市街区短期内无法纳入城市区域供热系统的，可先建临时锅炉房；临时锅炉房的位置须考虑今后与城市供热系统的衔接；

（5）概算规划区内所有供热管道的管径；

（6）确定供热管的敷设方式；地上敷设的供热管道应说明架空的高度，对周围景观的影响及采取的措施；地下敷设的供热管道要说明占用地下空间的位置；

（7）确定热源的容量，热媒性质及其参数。

第二节　热负荷估算

在城市供热系统规划中，应当合理运用热负荷的计算或估算方法，得出规划区热负荷的规模，为下一步选择热源和布局供热管网提供依据。

一、热负荷分类

1. 根据热负荷用途分类

分为供暖（包括制冷）、生活热水和生产用热、用汽。

2. 根据热负荷性质分类

分为民用热负荷和工业热负荷。

民用热负荷包括住宅和公共建筑采暖、通风及空气调节用热和生活热水。民用热负荷通常以热水为热媒，使用的热媒参数（温度、压力）一般较低。

工业热负荷包括生产工艺过程中的用热，或作为动力用于驱动机械设备的用汽。工业热用户常采用蒸汽为热媒，热媒的参数较高。工业热负荷还包括厂房采暖、通风、空调热负荷和生活热水负荷。

3. 根据用热时间规律分类

分为季节性热负荷和全年性热负荷。

采暖、通风和空气调节是季节性热负荷。季节性热负荷与室外温度、湿度、风向、风速和太阳辐射等气候条件有关，对热负荷的大小起决定作用的是室外温度，因为全年中室外温度变化很大，一般只在某些季节才需要供热。季节性热负荷在一天中变化不大。

生活热水和生产工艺用热用汽属于常年性热负荷。常年性热负荷的特点是：与气候条件关系不大，一年中用热变化不大，但全日中用热情况变化较大。

热水供应热负荷主要取决于使用的人数和生活习惯、生活水平、作息制度等因素。生产工艺热负荷取决于生产的性质、生产规模、生产工艺、用热设备的数量和生产作业的班次等因素。

二、热负荷计算方法

热负荷反映了供热系统的热用户在单位时间内所需的供热量。供热系统总热负荷应为供暖热负荷、通风热负荷、生活热水热负荷及生产工艺热负荷的总和，并可在分项预测基础上求取。目前，我国采暖地区城镇的民用集中供热系统中，供暖热负荷占到总供热负荷的 80% ~ 90%。

当某一建筑物的土建资料比较齐全时，供暖热负荷可根据设计参数计算，这样得到的结果比较准确。一般民用建筑的供暖热负荷基本计算公式为：

$$Q_n = Q_1 + Q_2 + Q_3 \quad （W） \tag{3-1}$$

式中：Q_n——供暖热负荷（W）；

Q_1——建筑物围护结构耗热量（W）；

Q_2——冷风渗透耗热量（W）；

Q_3——冷风侵入耗热量（W）。

Q_1 的计算公式为：

$$Q_1 = （1+X_g） \sum aKF （t_n - t_w）（1+X_{ch}+X_f）（W） \tag{3-2}$$

式中：K——围护结构传热系数 [W/（$m^2 \cdot$ ℃）]；

F——围护结构传热面积（m^2）；

t_n——采暖室内设计温度（℃），根据建筑物的用途按有关规范的规定选取；

t_w——采暖室外设计温度（℃）；

a——围护结构的温差修正系数，当围护结构邻接非采暖房间时，对室外温度所作的修正；

X_{ch}——朝向修正率，它考虑的是建筑物受太阳辐射的有利作用和房间的朝向所作的修正；

X_f——风力附加率；

X_g——高度附加率。

我国确定室外供暖计算温度的方法是采用历年平均每年不保证五天的日平均温度。部分城市的室外供暖计算温度等气象参数见表 3-1。

室内计算温度是指室内离地面 2.0m 以内的平均空气温度，它取决于建筑物的性质和用途。对于工业建筑物，确定室内计算温度应考虑劳动强度大小以及生产工艺提出的要求。对于民用建筑，确定室内计算温度应考虑房间用途、居民生活习惯等因素，详见表 3-2。

在工厂的非生产时间（节假日和下班后），供暖系统维持车间温度为 +5℃ 就可以保证润滑油和水不至冻结，这时的温度称为供暖值班温度。

部分城市室外气象参数　　　　　　　　　　　　表 3-1

城市	室外计算（干球）温度（℃）						室外风速（m/s）	
	供暖	冬季通风	夏季通风	冬季空调	夏季空调	夏季空调日平均	冬季	夏季
哈尔滨	-26	-20	26	-29	30.3	25	3.4	3.3
沈阳	-20	-13	28	-23	31.3	27	3.2	3.0
北京	-9	-5	30	-12	33.8	29	3.0	1.9
太原	-12	-7	28	-15	31.8	26	2.7	2.1
西安	-5	-1	31	-9	35.6	31	1.9	2.2
济南	-7	-1	31	-10	35.5	31	3.0	2.5
南京	-3	2	32	-6	35.2	32	2.5	2.3
上海	-2	3	32	-4	34.0	30	3.2	3.0
杭州	-1	4	33	-4	35.7	32	2.1	1.7
福州	5	10	33	4	35.3	30	2.5	2.7
武汉	-2	3	33	-5	35.2	32	2.8	2.6
桂林	2	8	32	0	33.9	30	3.3	1.6
广州	7	13	32	5	33.6	30	2.4	1.9
重庆	4	8	33	3	36.0	32	1.3	1.6
昆明	3	8	24	1	26.8	22	2.4	1.7

民用建筑供暖室内空气计算温度　　　　　　　　　　表 3-2

序号	房间名称	室内温度（℃）	序号	房间名称	室内温度（℃）	序号	房间名称	室内温度（℃）
一、居住建筑								
1	酒店卧室	20	4	起居室	18	7	厕所	15
2	起居室	20	5	厨房	10	8	浴室	25
3	卧室	20	6	走廊	16	9	盥洗室	18
二、医疗建筑								
1	病房（成人）	20	3	浴室	25	5	办公室	18
2	病房（儿童）	22	4	诊室	20	6	工作人员厕所	16
三、幼儿建筑								
1	儿童活动室	18	3	儿童盥洗室	18	5	医务室	20
2	儿童厕所	18	4	婴儿室	20			
四、学校								
1	教室	16	3	礼堂	16	5	图书馆	16
2	实验室	16	4	医务室	18			

续表

序号	房间名称	室内温度（℃）	序号	房间名称	室内温度（℃）	序号	房间名称	室内温度（℃）
五、影剧院								
1	观众厅	16	3	放映室	15	5	吸烟室	14
2	休息厅	16	4	舞台、化妆	18	6	售票大厅	12
六、商业建筑								
1	百货	15	3	杂货副食	12	5	米面	10
2	鱼肉	10	4	储藏室	5	6	百货	12
七、体育建筑								
1	比赛厅	16	3	练习厅	16	5	休息室	20
2	休息厅	16	4	更衣室	22	6	游泳馆	26
八、图书建筑								
1	书报资料室	16	3	目录厅	16	5	胶卷库	16
2	阅览室	18	4	出纳厅	16			
九、公共饮食建筑								
1	小吃餐厅	16	3	蔬菜	8	5	小冷库	2～4
2	储存：干货	12	4	厨房加工	16	6	洗碗间	26
十、洗澡、理发								
1	更衣	22	3	过厅	25	5	理发厅	18
2	淋浴、浴池	25	4	蒸汽浴	40			
十一、交通、通信建筑								
1	火车站候车厅	16	3	汽车站	16	5	技术用房	20
2	售票厅	16	4	广电演播室	20			
十二、其他								
1	公共建筑门厅	14	2	走廊	14	3	公共食堂	16

三、热负荷估算方法

显然，通过公式（3-2）计算供暖热负荷非常繁琐，而且只能用于建筑单体设计阶段。在城市规划中，一般采用热指标估算法确定热负荷。

在修建性详细规划阶段，已知规划区内各建筑物的建筑面积、建筑物用途及层数等基本情况时，常用单位建筑面积热指标法来确定热负荷。

1. 供暖热负荷

建筑物的供暖热负荷 Q_n（kW）可按下式进行概算：

$$Q_n = q_f \cdot F \cdot 10^{-3} \ (\text{kW}) \tag{3-3}$$

式中：F——建筑物的建筑面积（m^2）；

q_f——建筑物采暖面积热指标（W/m^2），它表示每平方米建筑面积的采暖负荷，参见表3-3。

当今建筑节能已越来越被重视，采暖热负荷预测应结合我国国情和当地实际情况，区分节能建筑和未节能建筑不同指标，当采用面积热指标法预测规划采暖热负荷时，面积热指标可结合城镇实际情况选用，见表3-3。

采暖热指标（q_f）推荐值（单位：W/m^2） 表3-3

建筑物类型	多层住宅	学校办公楼	医院	幼儿园	图书馆	旅馆	商店	单层住宅	食堂餐厅	影剧院
未节能	58~64	58~80	64~80	58~70	47~76	60~70	65~80	80~105	115~140	95~115
节能	40~45	50~70	55~70	40~45	40~50	50~60	55~70	60~80	100~130	80~105

注：1. 严寒地区或建筑外形复杂、建筑层数少者取上限，反之取下限。
2. 适用于我国东北、华北、西北地区不同类型的建筑采暖热指标推荐值。
3. 近期规划可按未节能的建筑选取采暖热指标。
4. 远期规划要考虑节能建筑的份额，对于已占一定比例的节能建筑部分，应选用节能建筑采暖热指标。

表3-3中的热指标值有一定的范围，确定热指标取值应当对当地已建的采暖建筑进行调研以确定合理的热指标值。如不具备上述条件，热指标取值可遵循以下原则：寒冷地区取较大值；建筑层数较少的取较大值；建筑外形复杂取较大值；建筑外形接近正方体取较小值。

2. 生活热水热负荷

生活热水热负荷可采用生活热水热指标法预测。生活热水平均热负荷公式为：

$$Q_{w \cdot g} = q_w F \cdot 10^{-3} \ (\text{kW}) \tag{3-4}$$

式中：$Q_{w \cdot g}$——生活热水平均热负荷（kW）；

q_w——生活热水热指标（W/m^2）；

F——总建筑面积（m^2）。

生活热水热指标应根据建筑物类型，采用实际统计资料确定或按表3-4推荐值，结合城镇实际情况，分别比较选取。

居住区采暖期生活热水日平均热指标推荐值（单位：W/m^2） 表3-4

用水设备情况	热指标
住宅无热水设备，只对公共建筑供热水时	2 ~ 3
全部住宅有沐浴设备，并供给生活热水时	5 ~ 15

3. 工业生产工艺热负荷

对规划的工厂，热负荷估算宜采用调查法，也可以根据相同类型企业的实际热负荷资料进行类比估算。生产热负荷的大小，主要是取决于生产工艺过程的性质、用热设备的形式以及工厂企业的工作制度。由于工厂企业生产工艺设备多种多样，工艺过程对用热要求的热介质种类和参数不同，因此生产热负荷最好由工艺设计人员提供。

在城市总体规划和控制性详细规划中，对热负荷的估算一般是粗线条的，常采用综合热指标概算的方法。对热负荷的分类，可以粗分为民用热负荷和生产热负荷两类，分别进行预测。在没有可能获取详细资料的情况下，民用热负荷的估算可以根据城市规划区各类用地比例构成，按照居住和公建的平均容积率推算供热总建筑面积，最后采用综合热指标并结合热化率指标估算得出民用热负荷。

第三节　热源

目前，大多数城市采用的城市集中供热热源主要是热电厂、锅炉房。此外，在有条件的情况下，也积极利用热泵、工业余热、地热能、城市垃圾焚烧等作为热源。

一、热电厂

1. 工作原理

热电厂是联合生产电能和热能的火电厂，它是在凝汽式电厂的基础上发展而来，如图 3-3 所示。在凝汽式电厂中，燃料燃烧产生的热能将锅炉内的水变成具有一定压力和温度的水蒸气，蒸汽经过管道输送至汽轮机膨胀做功，使汽轮机转子旋转并带动发电机产生电能。做过功的蒸汽由汽轮机尾部进入冷凝器，蒸汽放出气化潜热变成凝结水，气化潜热的热量被冷却水带走。凝汽式电厂的工作过程实际上就是一个能量转换过程，将不可避免地产生能量损失。凝汽式电厂的能量损失较大，假定用于发电的燃料发热量为 100%，一般凝汽式电厂的各种能量损失如表 3-5 所示：

热电厂能量损失表　　表 3-5

项目	损失程度	项目	损失程度
锅炉能量损失	10%~15%	发电机损失	1%
管道热损失	1%~2%	冷凝器热损失	40%~60%
汽轮机机械损失	1%~2%		

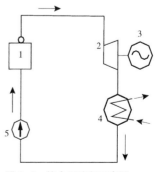

图 3-3　热电厂流程示意图
1—蒸汽锅炉；2—汽轮机；3—发电机；4—冷凝器；5—水泵

冷凝式电厂的总能量主要是损失在冷凝器部分。为了利用冷凝器中已损失的这部分能量，采用热电联产方式，可使热电厂的热效率大大高于冷凝式电厂。热电厂的形式主要有背压式和抽汽式两种供热机组。

排气压力大于大气压力的供热机组称之为背压式供热机组。背压式供热机组没有冷凝器，供用户的蒸汽压力即汽轮机尾部压力，通常为 0.4~1.3MPa 绝对大气压力。利用背压式汽轮机的排汽进行供热，热电厂的热能利用效率最高，但热、电负荷常互相制约。

从汽轮机中间抽汽供热的汽轮机称为抽汽式供热机组。抽汽式汽轮机后半部分可以有两级抽汽，一级抽汽口的抽汽压力较高，压力调节范围为 0.8~1.3MPa 绝对大气压，主要解决工业用汽；二级抽汽压力较低，压力调节范围为 0.12~0.25MPa 绝对大气压，主要解决供暖、通风等用热。热电厂的供热量是根据最大小时热负荷来确定，而供热能力是决定汽轮机供热机组的类型、台数的基本依据。

2. 厂址选择

热电厂选址时，一般应考虑以下原则：

（1）热电厂选址应尽量靠近热负荷中心。对于工业用户，为避免压降和温降过大，热水的输送距离一般为 4～5km；对于民用用户，输送距离可更长，但是过长将导致投资增大。

（2）要有连接铁路专用线的方便条件。由于大中型燃煤热电厂每年消耗几十万吨甚至更多的煤炭，为保证燃料供应，铁路运输更为有利。

（3）要有良好的供水条件。尤其对于抽汽式热电厂，供水条件对厂址选择往往具有决定性影响。

（4）有妥善解决排灰的条件。煤炭中的灰分含量随产地的不同在 10%～30% 之间。一般要有堆放 10～15 年排灰量的场地，并考虑煤灰的综合利用。

（5）有方便出线的条件。大型电厂一般都有多条输电线路和大口径的供热干管引出。因此要留出足够的出线走廊宽度。

（6）要有一定的防护距离。为减轻电厂对城市人口稠密区环境的影响。厂址离人口稠密区的距离应符合环保部门的有关规定和要求。同时厂区附近应留出卫生防护带。

（7）厂址应尽量占用荒地、次地，避开需要大量拆迁的地段。

（8）厂址应避开滑坡、溶洞、塌方、断裂带等不良地质地段。

3. 热电厂平面布置与用地面积

在热电厂的平面布置中，一般可分为主厂房、堆煤与输煤场地与设施、水处理与供水设施、环保设施、变配电设施、管理设施、生活设施及其他辅助设施等几部分。表 3-6 中提供几种小型热电厂的占地面积参考值。

小型热电厂占地参考值　　　　　　　　　　　　　表 3-6

规模（kW）	2×1500	2×3000	2×6000	2×12000
厂区占地面积（ha）	1~1.5	2~2.8	3.5~4.5	5.5~7

二、锅炉房

热电厂作为集中供热热源时，供热量大，投资大，管网建设费用高，对水源、运输条件和用地条件要求高，同时还需要统筹热电联产问题。相比之下，锅炉房作为热源显得较为灵活，适用面较广。因此便成为城市集中供热的主要热源之一，特别是小城镇和独立的工矿企业。

1. 锅炉分类

锅炉根据其制备热媒的种类不同，可分为蒸汽锅炉和热水锅炉。

蒸汽锅炉通过加热水产生高温高压蒸汽，向用户提供供热。热水锅炉不产生蒸汽，只提高进入锅炉水温，以高温水供应用户。蒸汽锅炉通过调压装置，可向用户提供参数不同的蒸汽，还可以通过换热装置向用户提供热水。因此，锅炉房可分为蒸汽锅炉房和热水锅炉房两类。

根据热用户使用热媒的方式不同，蒸汽锅炉可分两种主要形式：一种向系统的所有热用户供应蒸汽；另一种是在蒸汽锅炉房内同时制备蒸汽和热水热媒，以满足生产工艺、生活用热、采暖、通风等各种类型的用户的要求。

热水锅炉主要是满足生活用热水、采暖、通风的热用户；生产工艺中仅需加热的工艺也可以采用热水锅炉。

表 3-7 是蒸汽锅炉与热水锅炉的特性比较。

蒸汽锅炉与热水锅炉特性的比照表　　　　　　　　　　　表 3-7

项目	蒸汽锅炉	热水锅炉	项目	蒸汽锅炉	热水锅炉
直接生产热介质	蒸汽	热水	锅炉安全性	—	较好
可提供热介质	蒸汽或热水	热水	锅炉适用性	可用于供给生产工艺、采暖通风和生活热水等各类热用户	主要用于供应各类民用热负荷的采暖通风与生活热水热负荷
结构复杂程度	复杂	简单			
对锅炉用水要求	高	低			

除按热媒种类分类外，锅炉按照燃料可分为燃煤锅炉、燃气锅炉和燃油锅炉；按照压力可分为高压锅炉和常压锅炉；按照性质可分为民用锅炉和工业锅炉。

2. 锅炉房平面布置及用地面积

在锅炉房的平面布置中，一般包括主厂房、煤场、灰场和辅助用房等。中小型锅炉房的主机房与辅助用房可结合在一座建筑内，而在规模较大的区域锅炉房平面布置中，辅助用房如变电站、水处理站、机修间、车库、办公楼等一般分别布置，表3-8和表3-9列出了不同规模热水、蒸汽锅炉房的参考用地面积。

热水锅炉房参考用地面积　　　　　　　　表3-8

锅炉房总容量（MW）（Mkcal/h）	用地面积（hm²）	锅炉房总容量（MW）（Mkcal/h）	用地面积（hm²）
5.8~11.6（5~10）	0.3~0.5	58.1~116（50.1~100）	1.6~2.5
11~35（10.1~30）	0.6~1.0	116.1~232（100.1~200）	2.6~3.5
35.1~58（30.1~50）	1.1~1.5	232.1~350（200.1~300）	4~5

蒸汽锅炉房参考用地面积　　　　　　　　表3-9

锅炉房额定蒸汽出力（t/h）	锅炉房是否有汽—水换热站	用地面积（hm²）
10~20	无	0.25~0.45
	有	0.3~0.5
20~60	无	0.5~0.8
	有	0.6~1.0
60~100	无	0.8~1.2
	有	0.9~1.4

热水锅炉房的出力通常以产热量表示。规模小的锅炉房，供热量宜在5.8~30MW，供热半径1~2km范围。规模较大的热水锅炉房，供热量往往超过30MW，供热半径达3~5km。

3. 锅炉房的选址

锅炉房的选址应根据以下要求确定：

（1）靠近热负荷比较集中的地区；

（2）便于引出管道，并使室外管道的布置在技术和经济上合理；

（3）便于燃料的贮运和灰渣的排除；

（4）避免烟尘和有害气体对周围环境的影响；全年运行的锅炉

房宜位于居住区和主要环境保护区的全年盛行风向的下风侧；季节性运行的锅炉房宜位于该季节盛行风向的下风侧；

（5）地势较低，有利于凝结水的回收；

（6）有较好的朝向，并有利于自然通风和采光；

（7）充分利用地形，并考虑地质条件较好的地区。

4. 介质参数选择

热水热力网最佳设计供、回水温度，应结合具体工程条件，考虑热源、管网、用户内系统等方面的因素，进行技术经济比较确定。

当不具备确定最佳供回水温度的技术经济比较条件时，热水供回水温度可按以下原则确定：以热电厂为热源时，设计供水温度可取 $110°C \sim 150°C$，回水温度可为 $70°C \sim 80°C$；采用一级加热时，供水温度可采取较小值，采用二级加热（高峰加热器或调峰锅炉）时，供水温度可取大值。

锅炉房为热源，供热规模较小时，供回水温度可采用 $95/70°C$、$80/60°C$ 的水温；而供热规模较大时，经过技术经济比较可采用 $110/70°C$、$130/70°C$、$150/80°C$ 等高温水作为供热介质。区域锅炉房和热电厂联网运行时，应采用以热电厂为热源的热力网最佳供、回水温度。

二次热力网供回水温度，可根据一次热力网供、回水温度和卫生要求，及供热区内热用户的需要，并经过详细技术经济分析后确定。一般二次网供回水温度有如下几种参数：$95/70°C$、$85/65°C$、$80/60°C$、$65/50°C$ 等。

以热电厂为热源的城市热力网，在区域内空调用户集中且较多时，经过技术经济比较后亦可采用集中制冷、集中供冷的方式，此时，供热介质参数应根据制冷机组的技术要求确定。吸收式制冷机组要求的热介质有蒸汽和热水，从经济技术角度分析，以热水为介质的热源更适合于大型热电厂。以热水参数划分，吸收式制冷机有低温型（热水温度为 $80/95°C$）和中温型（热水温度为 $150/180°C$）。

5. 锅炉选择

锅炉选择宜选用容量和燃烧设备相同的锅炉，当选用不同容量和不同类型的锅炉时，其容量和类型不宜超过两种。锅炉房的锅炉台数不宜少于 2 台，但当选用单台能满足热负荷和检修需要时，可只设置 1 台。锅炉房的锅炉总台数，新建时为人工加煤的锅炉台数不宜超过 5 台；扩建和改建时机械加煤的锅炉台数不宜超过 7 台。

锅炉房设计应根据城市（地区）或工厂（单位）的总体规划进行，

做到远近结合，以近期为主，并宜留有扩建的余地。对扩建和改建的锅炉房，应合理利用原有建筑物、构筑物、设备和管线，并应与原有生产系统、设备布置、建筑物和构筑物相协调。

三、其他热源

1. 工业余热废热

工业生产过程中可能需要大量热量（如冶金企业），或产生大量热量（如化工企业）。多数耗能设备，如原动机、加热炉等，都只利用了热能中的一小部分。回收一部分本来废弃不用的工业余热废热进行集中供热，能节约一次能源，提高经济效益，减少污染。

（1）各种工艺设备排出的高温烟气。例如冶金炉、加热炉、工业窑炉、燃料气化装置等，都有大量高温烟气排出。通常将高温烟气引入余热锅炉，产生蒸汽后送往热网供热。余热锅炉型式有火管锅炉、自然循环和强制循环的水管锅炉。由于余热锅炉前的燃烧设备工况不甚稳定，烟气中含尘量大，因而，要求锅炉的金属材料对于热负荷或烟气温度的突然变化具有较好的适应性，并能耐含尘烟气的冲刷和腐蚀。余热利用的经济性，通常随烟气量的增大而提高。

（2）工艺设备的冷却水。一些钢铁企业利用焦化厂初冷循环水余热，进行较大范围的集中供热，取得了良好的效果。焦炉产生的荒煤气经列管式初冷器被水冷却，冷却水升温至 $50^{\circ}C \sim 55^{\circ}C$，用作热网循环水。例如鞍山、本溪等城市利用这种余热供热的建筑面积都已超过 120 万 m^2。

（3）炼铁高炉的冲渣水和泡渣水等工业余热，近年来也被利用于城市供热。高炉渣是炼铁过程的产物，可采用炉前水力冲渣或渣罐泡渣等方法处理。冲渣水或泡渣水吸热以后，可作循环水供热。

（4）蒸汽锻锤的废蒸汽是小型集中供热的一种热源，一般用以满足本厂及住宅区的生活用热。这种废蒸汽量的波动较大，必要时可采用蓄热器进行负荷调节。

我国工业领域余能利用空间很大，工业冷却水、工业废水、地热尾水中蕴含着大量热能，但因热值较低难以提取而几乎全部丢弃，吸收式热泵技术则能将废水中的 $7^{\circ}C$ 至 $50^{\circ}C$ 的低品位余热，转换成 $50^{\circ}C \sim 85^{\circ}C$ 的高品位热能加以利用。

2. 地热能

地热能是地球内部的天然热能，既是一次能源，又是可再生能源。地球的热量来源于长寿命的放射性同位素进行的热核反应。地球物质中放射性元素衰变产生的热量是地热的主要来源。它资源丰富，既可免费使用，又无需运输，对环境无任何污染。对于地热资源的温度划分也确定了不同的利用方式，见表3-10。

地热资源温度分级　　　　　　　　　表3-10

温度分级		温度 t (℃)	主要用途
高温		$t \geqslant 150$	发电、烘干
中温		$90 \leqslant t < 150$	工业利用、烘干、发电、制冷
低温	热水	$60 \leqslant t < 90$	采暖、工业利用
	温热水	$40 \leqslant t < 60$	医疗、洗浴、温室
	温水	$25 \leqslant t < 40$	农业灌溉、渔业养殖、土壤加热

地热利用主要由以下几种方式组成：

（1）地热采暖

将地热能直接用于采暖、供热和供热水，这种利用方式简单、经济性好，受到各国重视，特别是位于高寒地区的国家，其中冰岛开发利用得最好。该国早在1928年就在首都雷克雅未克建成了世界上第一个地热供热系统，目前这一供热系统已发展得非常完善，每小时可从地下抽取7740吨80℃的热水，供全市十几万居民使用。由于没有高耸的烟囱，冰岛首都已被誉为"世界上最清洁无烟的城市"。

我国利用地热供暖和供热水的发展也非常迅速，在有地热资源的地区，已经普遍利用地热供暖和供热水。

（2）地热温泉

由于地热水从很深的地下提取到地面，除温度较高外，常含有一些特殊的化学元素，从而使它具有一定的医疗效果。伴随温泉出现的特殊的地质、地貌条件，使温泉常常成为旅游胜地，吸引大批疗养者和旅游者。

（3）地源热泵

地源热泵则是利用水源热泵的一种形式，它利用水与地能（地下水、土壤或地表水）进行冷热交换作为水源热泵的冷热源，冬季把地能中的热量"取"出来，供给室内采暖，此时地能为"热源"；夏季把室内热量取出来，释放到地下水、土壤或地表水中，此时地能为"冷源"。地源热泵是改善城市大气环境、节约能源的一种有效途径，也是我国地热能利用的一个新的发展方向。

（4）地热的其他利用方式

在农业中，利用温度适宜的地热水灌溉农田，可使农作物早熟增产；利用地热水养鱼，在 28℃ 水温下可加速鱼的育肥，提高鱼的出产率；利用地热建造温室，育秧、种菜和养花；利用地热给沼气池加温，提高沼气的产量等；在工业中，利用地热给工厂供热，如用作干燥谷物和食品的热源，用作硅藻土生产、木材、造纸、制革、纺织、酿酒、制糖等生产过程的热源等。

3. 城市余热

城市余热是城市公共设施中所回收的热量，如城市垃圾处理场、污水处理厂、地下变电站及地下送电线路等所产生的余热。目前城市余热利用主要是城市垃圾焚烧用于发电或供热。

4. 太阳能供热

太阳能热利用历史悠久，开发也很普遍。太阳能热利用包括太阳能热水器、太阳能热发电、太阳能制冷与空调、太阳能干燥、太阳房、太阳灶等。其中太阳能采暖技术已较早列入建设部建筑节能技术政策范畴、建筑节能"十五"计划和 2020 年规划；太阳灶则主要用于解决在日照条件较好又缺乏燃料的边远地区如西藏、新疆、甘肃等地区的生活用能问题。

太阳能供暖方式可分为主动式和被动式两种方式。随着我国各类建筑节能设计标准的发布，被动式太阳能采暖即被动式太阳房系统已经被逐渐实施，被动式太阳房最基本的工作机理是所谓"温室效应"。被动式太阳房的外围护结构应具有较大的热阻，室内要有足够的重质材料，如砖石、混凝土，以保持房屋有良好的蓄热性能。

（1）被动式太阳能房

被动式太阳房可以分为以下几类：

①直接受益式

冬天阳光通过较大面积的南向玻璃窗，直接照射至室内的地面墙壁和家具上，使其吸收大部分热量，因而温度升高。所吸收的太阳能，一部分以辐射、对流方式在室内空间传递，一部分导入蓄热体内，然后逐渐释放出热量，使房间在晚上和阴天也能保持一定温度。

②集热蓄热墙式

这种太阳房主要是利用南向垂直集热蓄热墙吸收穿过玻璃采光面的阳光，通过热传递、辐射及对流，把热量送至室内。墙的外表面涂成黑色或某种深色，以便有效地吸收阳光。集热蓄热墙的形式有：实体式集热蓄热墙，花格式集热蓄热墙，水墙式集热蓄热墙，相变材料集热蓄热墙，快速集热墙等。

③附加阳光间式

阳光间附建在房屋南侧，其围护结构全部或部分由玻璃等透光材料构成。与房间之间的公共墙上开有门、窗等孔洞。阳光间得到阳光照射被加热，其内部温度始终高于室外环境温度。所以既可以在白天通过对流经由门、窗供给房间以太阳热能，又可在夜间作为缓冲区，减少房间热损失。

④屋顶池式

屋顶池式太阳房兼有冬季采暖和夏季降温两种功能，适合冬季不太寒冷，而夏季又较热的地区。用装满水的密封塑料袋作为储热体，置于屋顶顶棚之上，其上设置可水平推拉开闭的保温盖板。

（2）主动式太阳能供暖

主动式太阳能供暖可以分为太阳能空气加热供暖和太阳能热水供暖系统。主动式采暖在我国起步较晚，目前国内外技术应用较为成熟，最适宜于市场化运作的为太阳能热水供暖系统。太阳能采暖系统根据控制范围不同，可分为以下两种采暖方式。

①太阳能集中式采暖

太阳能集中采暖是采集太阳能源作为建筑物采暖热源，利用太阳能集热器将太阳能转换成热能，并通过储热设备储备热能供日夜采暖使用。太阳能采暖改变了传统采暖方式，是完全的绿色能源，环保、节能、高效。既满足了室内环境的舒适度，又解决了全年日常用生活热水。

②太阳能分户式采暖

太阳能分户采暖是指在不适合集中采暖的建筑上采用的分户太阳能供热采暖，一户一个系统，独立安装、独立使用、独立维护，并以家庭为单位自由决定采暖时间，同时解决全年日常生活用热水。

第四节 供热管网

供热管网是连接热源至热用户的室外供热管道及附件的总称，也称热力网。

供热管网的作用是保证可靠的供给各类用户具有正常压力、温度和足够数量的供热介质（蒸汽或热水），以满足用热需要。

一、管网分类

根据工作原理，热力网可分为区域式和统一式两种。区域式网络仅与一个热源相连，并只服务于这个热源所涉及的一定区域。统一式网络与所有热源相连，可以从任一热源得到供应，网络也允许所有的热源并列工作。对于有几个热源而且用户很多的大城市，常采用统一式网络。

根据输送介质的不同，供热管网可分为蒸汽管网和热水管网。

按平面布置形式不同，供热管网可分为枝状布置管网、环状布置管网、放射状布置管网、网格状四种。目前常采用的是枝状供热管网。

二、管网形制选择

从热源到热交换站（或制冷站）间的管网，称为一级热力管网，而从换热站（或制冷站）至用户间的管网，称为二级热力管网。一般来说，一级管网，往往采用闭式双管制或多管制的管网，而对于二级管网，则要根据用户的要求确定。

三、管网布置

布置供热管网时，首先要满足使用上的要求，其次是尽量缩短管线长度，尽可能节省投资和钢材消耗。

供热管网的布置应根据热源布局、热负荷分布和管线敷设的条件等情况，按照全面规划、远近结合的原则，做出分期建设的安排。

1. 布置要求

（1）管网布置应在城市总体规划的指导下，深入研究各功能分区的特点及对管网的要求。

（2）管网布置应能与市区发展速度和规模相协调，并在布置上考虑分期实施。

（3）管网布置应满足生产、生活、采暖、空调等不同热用户对热负荷的要求。

（4）管网布置要考虑热源的位置、热负荷分布、热负荷密度。

（5）管网布置要充分注意与地上、地下管道及构筑物、园林绿地的关系。

（6）管网布置要认真分析当地地形、水文、地质等条件。

2. 城市供热管网平面布置原则

（1）供热主干管应力求短直，靠近大用户和热负荷集中的地段，避免长距离穿越没有热负荷的地段。

（2）尽量避开主要交通干道和繁华街道。

（3）宜平行于道路中心线，通常敷设在道路的一边，或者是敷设在人行道下面。尽量少敷设横穿街道的引入管，尽可能使相邻的建筑物的供热管道相互连接。如果道路是有很厚的混凝土层的现代新式路网，则采用在街坊内敷设管线的方法。

（4）当供热管道穿越河流或大型渠道时，可随桥架设或单独设置管桥，也可采用虹吸管由河底（或渠道）通过。具体采用何种方式，应与城市规划等部门协商并根据市容要求、经济能力进行统一考虑后确定。

（5）热力管道和其他管线并行敷设或交叉时，为保证各种管道均能方便地敷设、运行和维修，热网和其他管线之间应有必要的距离。

（6）技术上应安全可靠，避开土质松软地区和地震断裂带、滑坡及地下水位高的地区。

3. 城市供热管网的竖向布置

（1）一般地沟管线敷设深度最好浅一些，以减少土方工程量。为避免地沟盖受汽车等动荷载的直接压力，地沟的埋深自地面到沟盖顶面不小于 0.5～1.0m；特殊情况下，如地下水位高或其他地下管线相交情况极其复杂时，允许采用较小的埋深，但不少于 0.3m。

（2）热力管道埋设在绿化地带时，其埋深应大于 0.3m。热力管道土建结构顶面至铁路轨基底间最小净距应大于 1.0m；与电车路基底为 0.75m；与公路路面基础为 0.7m；跨越有永久路面的公路时，热力管道应敷设在通行或半通行的地沟中。

（3）热力管道与其他地下设备交叉时，应在不同的水平面上互相通过。

（4）地上热力管道与街道或铁路交叉时，管道与地面之间应保留足够的距离；此距离应根据不同运输类型所需高度尺寸来确定：汽车运输时为 3.5m，电车时为 4.5m，火车时为 6.0m。

（5）热力管道地下敷设时，其沟底的标高应高于近 30 年来最高地下水位 0.2m，在没有准确地下水位资料时应高于已知最高地下水位 0.5m 以上；否则，地沟要进行防水处理。

（6）热力管道和电缆之间的最小净距为 0.5m。如电缆地带和土壤受热的附加温度在任何季节都不大于 10℃，而且热力管道有专门的保温层，则可减小此净距。

（7）热力管道横过河流时，目前广泛采用悬吊式人行桥梁和河底管沟方式。

城市热力管道的具体布置最小距离要求，见表 3-11。

城市热力管道与建筑物、构筑物和其他管线的最小距离　　　　　表 3-11

建筑物、构筑物或管线名称	与热力网管道最小水平净距（m）	与热力网管道最小垂直净距（m）
建筑基础与 $DN \leqslant 250$ 热力管沟	0.5	
建筑基础与 $DN \geqslant 300$ 的直埋敷设闭式热力管道	2.5	
建筑基础直埋敷设开式热力管道	3	
铁路钢轨	铁路外侧 3.0	轨底 1.2
电车钢轨	铁路外侧 2.0	轨底 1.0
铁路、公路路基边坡底脚或边沟的边缘	1	
通信、照明或 10kV 以下电力线路的电杆	1	
桥墩（高架桥、栈桥）边缘	2	
架空管道支架基础边缘	1.5	
35～66kV 高压输电线铁塔基础边缘	2	
110～220kV 高压输电线铁塔基础边缘	3	
通信电缆管线及通信电缆（直埋）	1	0.15
35kV 以下电力电缆和控制电缆	2	0.5
110kV 电力电缆和控制电缆	2	1
$P{<}150kPa$ 的燃气管道与热力管沟	1	0.15
P 为 150～300kPa 的燃气管道与热力管沟	1.5	0.15
$P{>}800kPa$ 的燃气管道与热力管沟	4	0.15
$P{<}300kPa$ 的燃气管道与直埋热力管道	1	0.15
$P{<}800kPa$ 的燃气管道与直埋热力管道	1.5	0.15
$P{>}800kPa$ 的燃气管道与直埋热力管道	2	0.15
给水管道	1.5	0.15
排水管道	1.5	0.15
地铁	5	0.8
电气铁路接触网电杆基础	3	
乔木、灌木（中心）	1.5	
铁路和电车钢轨	轨外侧 3.0 和 2.0	轨顶一般 5.5，铁路 6.55
公路路面边缘或边沟边缘	边缘外侧 0.5	
1～10kV 下的架空输电线路	导线最大风偏时 2.0	热力管道在下面交叉通过，导线最大垂度时 2.0
35～110kV 下的架空输电线路	导线最大风偏时 4.0	同上 4.0
220kV 下的架空输电线路	导线最大风偏时 5.0	同上 5.0
330kV 下的架空输电线路	导线最大风偏时 6.0	同上 6.0
500kV 下的架空输电线路	导线最大风偏时 6.5	同上 6.5

注：1. 当热力管道埋深大于建构物基础深度时，最小水平净距应按土壤内摩擦角计算确定。
　　2. 当热力管道与电缆平行敷设时，电缆处的土壤温度与月平均土壤自然温度比较，全年任何时候对于 10kV 电力电缆不高出 10℃、对 35～110kV 电缆不高出 5℃时，可减少表中所列距离。
　　3. 在不同深度并列敷设各种管道时，各管道间的水平净距不小于其深度差。
　　4. 热力管道检查室、"П"型补偿器壁龛与燃气管道最小水平净距亦应符合表中规定。
　　5. 条件不允许时，经有关单位同意，可减少表中规定的距离。

四、管道敷设方式

管网的敷设方式有架空敷设和地下敷设两类。

（一）架空敷设

架空敷设时将供热管道敷设在地面上的独立支架或带纵梁的桁架以及建筑物的墙壁上。具有不受地下水位的影响，运行时维修检查方便的优点。同时，只有支撑结构基础的土方工程，施工量较小。因此，它是一种比较经济的敷设方式。其缺点是占地面积较大、管道热损失大、在某些场合不美观。

1. 敷设条件

（1）多雨地区及地下水位较高，不能保证防水；或虽然可采用有效防水措施，但经济上不合理。

（2）地质为湿陷性大孔土壤或具有较强腐蚀性，而不适于地下敷设。

（3）街区或小区地形复杂，标高差较大，土石方工程量大或地下障碍物很多，且管道种类多。

（4）蒸汽管道工作压力超过 2MPa 和温度超过 350℃ 的热网不宜地下敷设。

2. 支架形式

（1）低支架敷设

在不妨碍交通及行人的地段敷设，不影响城市和厂区的美化，不影响工厂厂区扩建的地段和地区，保温结构应有足够的机械强度和有可靠的防护设施。为了避免地面水的侵袭，管道保温层外壳底部离地面的净高不宜小于 0.3m。

（2）中支架敷设

在不通行或非主要通行车辆地段、人行交通不频繁的地方敷设，且其净高要求为 2.5~4m。

（3）高支架敷设

跨越场外或厂区主要干道，跨越障碍物和车辆通行的地区，以及行人和小型车辆通行的地区。其净高要求为 4.5~6m。

（二）地下敷设

在城市中，满足如下热网管道地下敷设的条件时，就需要采用地下敷设。

1. 敷设条件

（1）热网管道在寒冷地区且间断运行，有可能出现冻结或散热损量大，难于保证介质参数要求时应采用地下敷设。

（2）需敷设在大型公共建筑或街区建筑，对环境有美观要求不允许地上敷设时应采用地下敷设。

（3）管道通过的地段，在总体规划中不允许热网管线采用地上敷设方式或地上敷设在经济上不合理时应采用地下敷设。

2. 敷设方式

地下敷设分为有沟敷设和无沟敷设。有沟敷设又分为通行地沟、半通行地沟和不通行地沟三种。地沟的作用就是保护管道不受外力和水的侵袭，保护管道的保温结构，并使管道能自由地热胀冷缩。

（1）通行地沟

在通行地沟中，要保证运行人员能经常对管道进行维护。因此，地沟的净高不应低于1.8m，通道宽度不应小于0.7m，沟内应有照明系统；同时还要设置自然通风或机械通风，以保证沟内温度不超过40℃。由于通行地沟造价比较高，一般不采用这种敷设方式。只有在重要干线、与公路、铁路交叉、不准断绝交通的繁华的路口、不允许开挖路面检修的地段、或管道数目较多时，才局部采用这种敷设方式。

（2）半通行地沟

半通过地沟的断面尺寸是依据运行工人能弯腰走路，能进行一般的维修工作的要求定出的。一般半通行地沟的净高为1.4m，通道宽度为0.5~0.7m。

由于工人工作条件差，一般很少采用半通行地沟。只是在城市中穿越街道时才适当的采用。

（3）不通行地沟

不通行地沟是有沟敷设中广泛采用的一种敷设方式。其断面尺寸根据沟内管道根数、管径等确定。

（4）无沟敷设

无沟敷设是将供热管道直接埋设在地下。由于保温结构与土壤直接接触，它同时起到保温和承重两个作用。因此，无沟敷设对于保温结构既要求有较低的导热系数和良好防水性能，又要有较高的耐压强度。采用无沟敷设能减少土方工程，还能节约建造地沟的材料和工时，所以它是最经济的一种敷设方式而被广泛采用。

五、管材

蒸汽管道一般采用普通无缝钢管，凝结水和热水管道一般采用螺纹钢管（螺旋缝电焊钢管、螺旋钢管）。管道拐弯采用煨制或冲压弯头，变径采用冲压大小头。阀门通常采用法兰式截止阀、单向阀。管道采用焊接及法兰连接。

与疏水器、排气阀、放水阀相连接的小直径管道，一般可采用黑铁管成品管件，丝扣或焊接连接。排气阀、放水阀为丝扣式截止阀。供热管道常用材料见表3-12。

供热管道常用管材　　　　　　　　　　　　表3-12

介质种类	介质工作参数		常用管材种类
	压力（MPa）	温度（℃）	
热水供应管道	≤ 1.6	≤ 200	水煤气管
饱和蒸汽、热水	≤ 1.0	≤ 150	低压流体输送用焊接钢管
	≤ 1.6	≤ 300	螺旋缝电焊钢管
	≤ 2.5	≤ 425	无缝钢管
过热蒸汽	≤ 2.5	250~425	
	≤ 4.0	300~450	

六、管径估算

在规划阶段，可不详细进行水力计算。对于民用采暖通风所常用的热水管道，可采用表3-13、表3-14和表3-15所给参数来估算管径。

不同供、回水温差条件下热水管径可按表3-13估算。

蒸汽管道管径的确定与该管段内的蒸汽平均压力相关，可按表3-14估算。

城市热水管网管径估算表　　　　　　　　　　表3-13

热负荷（MW）	供、回水温差（℃）									
	20		30		40（110～70）		60（130～70）		80（150～70）	
	流量（t/h）	管径（mm）	流量（t/h）	管径（mm）	流量（t/h）	管径（mm）	流量（t/h）	管径（mm）	流量（t/h）	管径（mm）
6.98	300	300	200	250	150	250	100	200	75	200
13.96	600	400	400	350	300	300	200	250	150	250
20.93	900	450	600	400	450	350	300	300	225	300
27.91	1200	600	800	450	600	400	400	350	300	300
34.89	1500	600	1000	500	750	450	500	400	375	350
41.87	1800	600	1200	600	900	450	600	400	450	350
48.85	2100	700	1400	600	1050	500	700	450	525	400
55.02	2400	700	1600	600	1200	600	800	450	600	400

饱和蒸汽管道管径估算表（单位：mm）　　　　　　　表 3—14

蒸汽压力（MPa） 蒸汽流量（t/h）	0.3	0.5	0.8	1.0	蒸汽压力（MPa） 蒸汽流量（t/h）	0.3	0.5	0.8	1.0
5	200	175	150	150	70	500	450	400	400
10	250	200	200	175	80	—	500	500	450
20	300	250	250	250	90	—	500	500	450
30	350	300	300	250	100	—	600	500	500
40	400	350	350	300	120	—	—	600	600
50	400	400	350	350	150	—	—	600	600
60	450	400	400	350	200	—	—	700	700

注：1. 过热蒸汽的管径也可按此表估算；
　　2. 流量或压力与表中不符时，可以用内插法求管径。

凝结水水温按 $100℃$ 以下考虑，其密度取值为 $1000kg/m^3$，其管径可按表 3-15 估算。

凝结水管径估算表　　　　　　　表 3—15

凝结水流量（t/h）	5	10	20	30	40	50	60	70	80	90	100	120	150
管径（mm）	70	80	100	125	150	150	175	175	200	200	200	250	250

七、管道补偿

热力管道在运行过程中，受带热体温度的影响会产生热变形。在受热膨胀时，热力管道伸长。当这种热伸长受到阻碍，在管道中就会产生很大的应力。在某种情况下，这些应力可能达到管道所不允许的危险数值，而使供热管道破坏。为防止管道因温度升高引起热伸长产生的应力而遭到破坏，就必须采取利用管道弯曲管段的弹性变形或在管道上设置补偿器。

热网中常用的补偿器分为自然和人工补偿器两种。

自然补偿是供热管道中的自然拐弯，分为 Z 形和 L 形；

人工补偿器有方形和套筒式补偿器两种。供热管道通常采用方形补偿器。

方形补偿器的优点是管道系统运行时，这种补偿器安全可靠，且平时不需要维修，缺点是占地面积较大。

制作方形补偿器时尽量用一根管子煨制而成，若使用 2~3 根管子煨制时，其接口（焊口）应设在垂直臂的中点。管子的材质应优于或相同于相应管道的管材材质；管子的壁厚，宜厚于相应管道的管材壁厚。

一般情况下，供热管道并非所有管段都需要安装方形补偿器。当供热管道中有自然拐弯(即有 Z 形、L 形自然补偿器)时，其弯头前、后的直管段又较短，可不设方形补偿器。

当供热管道中无自然拐弯时，应设方形补偿器；或者有自然拐弯，但其弯头前、后的直管段较长，也应在直管段上装设方形补偿器。方形补偿器应设在两固定支架之间直管段的中点，安装时水平放置，其坡度、坡向与相应管道相同。

为了减小热态下(运行时)补偿器的弯曲应力，提高其补偿能力，安装方形补偿器时应进行预拉伸或预撑。

支架由支撑结构和托持结构两部分组成。支撑结构通常为悬臂式或横梁式(角钢或槽钢)。托持结构称为支座(座)，支架分为：活动支架、导向支架和固定支架三种。

活动支架用于允许管道纵、横向位移的地方。且安装在方形补偿器两侧的第一个支架及其水平臂的中点、管道拐弯处(弯头)两侧的第一个支架。

固定支架用于承受管道由于温度变化所产生的推、拉应力，并不得发生任何方向位移的地方。固定支架安装在两补偿器之间、热源出口(靠近外墙)、用户入口(靠近外墙)等处。支架(支座)的安装间距如表 3-16 所示。

导向支架用于只允许管道纵向位移的地方。安装在补偿器与固定支架之间的直管段上。

八、管道保温

为了减少带热体的输送过程中的热损失，使其维持一定的参数(压力、温度)，以满足生产、生活和采暖的要求。热力管道及其附件均应包敷保温层。保温层同时还可使管道外表面温度不至于过高，以保证运行维修人员能安全工作。

常用保温材料有泡沫混凝土、膨胀珍珠岩、膨胀蛭石、矿渣棉、玻璃棉、岩棉等。

在供热管网施工建设时，对于供热管道及附件需采取相应的施工标准，最大限度减少管道热损失。供热管道保温标准有《城镇供热预制直埋蒸汽保温管技术条件》CJ/T 200—2004、《城镇供热预制直埋蒸汽保温管管路附件技术条件》CJ/T 246—2007、《供热管道保温结构散热损失测试与保温效果评定方法》CJ/T 140—2001。

管径（mm）	固定支架最大间距（m）	活动及导向支架最大间距（m）			
		保温		不保温	
		架空	地沟	架空	地沟
DN 15		1.5	1.5	3.5	3.5
DN 20		2.0	1.5	4.0	4.0
DN 25	30	2.5	2.0	4.5	4.5
DN 32	35	3.0	2.5	5.5	5.0
DN 40	45	3.5	2.5	6.0	5.5
DN 50	50	4.0	3.0	6.5	6.0
DN 65	55	5.0	3.5	8.5	6.5
DN 80	60	5.0	4.0	8.5	7.0
DN 100	65	6.5	4.5	11	7.5
DN 125	70	7.5	5.5	12	8.0
DN 150	80	7.5	5.5	12	8.0
DN 200	90	10	7.0	14	10
DN 250	100	12	8.0	16	11
DN 300	115	12	8.5	16	11
DN 350	130	12	8.5	16	11
DN 400	145	13	9.0	17	11.5

供热管道支架的最大间距　　　　表 3—16

九、热交换站

城市集中供热系统，由于用户较多，其对热媒参数的要求各不相同，各种用热设备的位置与距热源距离也各不相同，所以热源供给的热介质参数很难适应所有用户的要求。为了解决这一问题，往往在热源与用户之间，设置一些热转换装置，将热网提供的热能转换为适当的工况的热媒介质供应给用户，这就是热交换站（热力站）。

所谓换热站，是用来转换热介质种类，改变供热介质参数，分配、控制及计量供给热用户热量的设施。而热用户是指从供热系统获得热能的用热装置，它是集中供热系统中的末端装置。根据接入的一次热力管网的热媒种类，换热站内可相应采用汽—水式热交换器或水—水式热交换器。

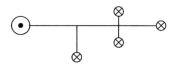

（a）热源与热用户

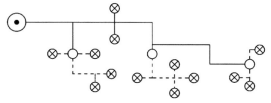

（b）热源、热力站、热用户

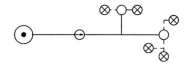

（c）中继泵站

图3-4 热力站和中继泵站示意图

一般从热源向外供热有两种基本方式：第一种方式为热量由热源经过热力管网直接连接进入热用户，如图3-4（a）所示；第二种为热媒由热源经过一级热力管网进入换热站，在换热站的换热设备内进行热量交换，经二级热力管网进入各个热用户，如图3-4（b）所示。

热力站与热用户的区别如下：热力站是为某一区域的建筑服务的，它有自己的二级网路。热力站可以是单独的建筑，也可以附设在某栋建筑物内。热用户是指某一单体建筑（或用热设备），它没有自己的二级网路。

热力站的数量与规模一般应通过技术经济比较确定，并考虑以下因素：供热半径宜为0.5~3km；热力站供热区域内的建筑高度差异不宜过大，以便选择同一种连接方式。常见热力站规模可参考表3-17。

常见热力站规模　　　　　　　　　　　　　　表3-17

序号	项目	1	2	3	4	5	6	7
1	供热面积（万m²）	5	8	12	15	20	30	40
2	热负荷（GJ/h）	13	20	30	38	50	75	100
3	热力站面积（m²）	350	400	450	500	600	820	1000

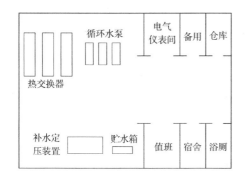

图 3-5 水—水式热力站平面布置示意图

当不具备技术经济条件时，热力站的数量和规模可按以下原则确定：

1. 新建的居住小区，以每个小区设一个热力站为宜。

2. 旧的居住小区，应充分利用小区原有的供暖热源（如锅炉房）和室外供热管网，以尽量减少热力站的数目。

3. 工业热力站，通常一个企业单位或几个邻近单位共用一个。

热力站的位置应尽量靠近供热区域的中心或热负荷的最集中区的中心，可以设在单独的建筑内，也可利用旧建筑的底层或地下室。如果给原有供热区供热，热力站应尽量利用原有的供热锅炉房，这样可以利用原有的管网系统，减少小区管网投资。

热力站的平面布置中，一般包括换热器间、泵房、仪表间、值班间和生活附属间。对于汽—水热力站，当有热水供应系统时，换热间面积较大，可布置双层。水—水式热力站一般布置在单层建筑中，如图 3-5 所示。

热力站地面一般为混凝土地面，墙面粉刷或油漆，要有照明及上下水设施。较大的热力站应考虑设备安装及检修的起吊装置，起重量小于 0.5t 时，设移动吊架或固定吊钩；起重量在 0.5~2t 时，设手动单轨吊车；起重量大于 2t 时，宜设手动桥式起重机。

房间净高度要满足起吊机工艺要求，一般应不小于 4m，热力站内应预留检修场地，设备间的通道不小于 0.8m，两层布置的热力站应考虑设备搬运和检修安装用孔。

十、中继泵站

在较大的集中供热系统中，有时因为热网距离较长，高度差较大，用户分散，仅靠设在热源内部的热网主循环泵不能满足输送要求，需要在热网主干线的供水（回水）管道上设置升压泵，凡是设在热源外部、热网主干线上的升压泵站统称为中继泵站。如图 3-4 (c) 所示。

中继泵站的设置，应经过仔细的经济技术比较后再确定。一般在以下几种情况下宜设置中继泵站：

1. 在较大的供热系统中，虽然仅在热源处设主循环泵也可满足输送的要求，但会导致主循环泵扬程过高。

2. 热网长度大，为满足远程用户要求需要而使整个供热系统运行压力超过近端热用户的承压能力时。

3. 供热区域内地形较复杂，为满足某些特殊用户的连接要求时。

4. 为降低供热系统静水压力线时。

5. 为满足其他特殊要求时。

附3 节能措施

节能就是应用技术上现实可靠、经济上可行合理、环境和社会都可以接受的方法，有效利用能源，提高用能设备或工艺的能量利用效率。

随着社会的不断进步与科学技术的不断发展，现在人们越来越关心我们赖以生存的地球，世界上大多数国家也充分认识到了环境对我们人类发展的重要性。各国都在采取积极有效的措施改善环境，减少污染。这其中最为重要也是最为紧迫的问题就是能源问题，要从根本上解决能源问题，除了寻找新的能源，节能是关键的也是目前最直接有效的重要措施。近些年来，人们在节能技术的研究和产品开发上都取得了巨大的成果。

节能包括生产和运输节能、建筑节能、照明节能、设备节能等，这里主要介绍与供热有关的节能措施。

一、建筑节能设计

自 1973 年发生世界性的石油危机以来的几十年间，建筑节能的含义经历了三个阶段：第一阶段，称为在建筑中节约能源，我国称为建筑节能；第二阶段，称为建筑中保持能源，意为在建筑中减少能源的散失；第三阶段，近年来普遍称为在建筑中提高能源利用率，意为不是消极意义上的节省，而是积极意义上的提高能源利用率。在我国，现在仍然通称为建筑节能，但含义应该是上述第三层意思，即在建筑中合理使用或有效利用能源，不断提高能源利用效率。

建筑节能，指在建筑材料生产、房屋建筑和构筑物施工及使用过程中，满足同等需要或达到相同目的的条件下，尽可能降低能耗。

国家和地方行业部门已颁布了相关的建筑节能设计规范，确保在建筑节能设计过程中，使建筑节能设计与理论研究得到实质性的运用。

目前建筑节能设计相关规范标准主要有：《绿色建筑评价标准》GB/T 50378—2006；《公共建筑节能设计标准》GB 50189—2005；《严寒和寒冷地区居住建筑节能设计标准》JGJ 26—2010；《夏热冬冷地区居住建筑节能设计标准》JGJ 134—2001；《夏热冬暖地区居住建筑节能设计标准》JGJ 75—2003 等。

建筑节能设计主要在建筑保温、隔热、防潮等方面，通过选用合理的窗墙比和建筑体形，门窗、屋面和墙体建筑围护构件的保温隔热设计，新型节能材料等等，可以取得良好的效果。

二、能效测评

能效标识是能源效率标识简称，是指表示用能产品能源消耗量、能源效率等级等性能指标的一种信息标识，属于产品符合性标志的范畴，能效标识可以是自愿性的，也可以是强制性的。

能效标识主要有三种类型：一是保证标识，主要是对符合某一指定标准要求的产品提供一种统一的、完全相同的标签，标签上没有具体的信息，这种标识通常针对能效水平排在前10%~20%的用能产品，它主要用来帮助消费者区分相似的产品，使能效高的产品更容易被认同，美国的能源之星就属于保证标识；二是比较标识，主要是通过不连续的性能等级体系或连续性的标尺，为消费者提供有关产品能耗、运行成本或其他重要特性等方面的信息，这些信息容易被消费者理解。根据表示的方法不同，比较标识可进一步分为能效等级标识和连续性比较标识两类；三是单一信息标识，这类标识只提供产品的技术性能数据，如产品的年度能耗量、运行费用或其他重要特性等具体数值，而没有反映出该类型产品所具有的能效水平，没有可比较的基础，不便于消费者进行同类别产品的比较和选择，采用单一信息标识的国家为数极少。

1. 能效标识的作用

能效标识是市场经济条件下政府实施节能管理、提高能源利用效率、规范耗能产品市场的一项重要而有效的措施，能源效率标识制度的实施，提高了终端用能设备能源效率，减缓了能源需求增长势头，减少了温室气体排放，取得了明显的经济和社会效益。综合国内外能效标识制度的实施经验，能效标识的作用主要有以下几个方面：

（1）为消费者的购买决策提供能效方面的信息以帮助其选择高效、适用的产品。日常使用的家用电器等用能产品的能源效率具有不可见的特性，消费者仅靠察看产品的外部形状等特征是很难了解其能效水平的。因此，能效标识的作用在于能够有效地消除这种能效信息不对称的现象，向消费者提供易于理解的产品能效信息，使消费者在做出购买决定的过程中，将能源效率和运行费用这两个因素以及环境影响特性考虑进去，可以比较不同类型、不同品牌用能产品的能效和费用情况，从而引导消费者购买高能效的产品。

(2) 鼓励生产商改善产品的能效性能。消费者购买高能效产品的热情带动了市场需求，刺激制造商及时调整用能产品的开发、生产和推广销售计划，减少低效产品的生产，并在技术可行、经济合理的前提下，开发新的、更高效的技术和产品，促进节能产品市场的良性竞争，使产品的能效水平得以持续提高，从而不断推动市场向高效节能市场转移。

(3) 为政府决策提供信息基础，并为国家带来节能与环保效益。从国家层面上讲，能效标识确立了产品的节能目标，在提高能效、节约能源的同时，节约了能源开发的基建投资，同时也减少了有害物质的排放，取得良好的环保效益；而能效标识对于政府达到能源和环境目标的策略也具有非常重要的作用，它为确定其他节能措施，如政府采购产品的能效要求以及建筑物用能规范等，提供了一个可靠的信息基础。

2. 能效测评体系

能效测评是指对建筑能源消耗量及其用能系统效率等性能指标进行计算、检测，并给出其所处水平的活动。能效测评过程按照建筑节能有关标准和技术要求，对建筑物的能效水平进行核查、计算，必要时进行检测，评定其相应等级的活动。建筑能效测评标识按照建筑能效测评结果，对建筑物能效水平，以信息标识的形式进行明示的活动。

3. 测评依据

建筑能效测评依据《民用建筑能效测评标识技术导则》实施，导则认真总结和吸收了发达国家建筑能效标识的成果和经验，以我国现行建筑节能设计标准为依据，结合我国建筑节能工作的现状和特点，在广泛征求意见的基础上，通过反复讨论、修改和完善。

4. 测评对象

建筑能效的测评标识以单栋建筑为对象，且包括与该建筑相联的管网和冷热源设备。居住建筑的用能设备主要是指采暖空调系统，公共建筑的用能设备主要是指采暖空调系统和照明两大类；设施一般是指与设备相配套的、为满足设备运行需要而设置的服务系统。在对相关文件资料、部品和构件性能检测报告审查以及现场抽查检验的基础上，结合建筑能耗计算分析及实测结果，综合进行测评。

5. 标识等级

建筑能效标识的适用对象是新建居住和公共建筑以及实施节能

改造后的既有建筑，以单栋建筑为测评对象。

建筑能效标识划分为五个等级，节能 50% ~ 65% 为一星，是节能达标建筑；节能 65% ~ 75% 为二星；节能 75% ~ 85% 为三星；节能 85% 以上为四星。若选择项（对高于国家现行建筑节能标准的用能系统和工艺技术加分的项目）所加分数超过 60 分（满分 100 分）则再加一星。

民用建筑能效的测评标识分为建筑能效理论值标识和建筑能效实测值标识两个阶段。民用建筑能效理论值标识在建筑物竣工验收合格之后进行，建筑能效理论值标识有效期为一年。建筑能效理论值标识后，应对建筑实际能效进行为期不少于 1 年的现场连续实测，根据实测结果对建筑能效理论值标识进行修正，给出建筑能效实测值标识结果，有效期为 5 年。

三、调峰锅炉房

目前热力网及热源存在热网输送能力有限、热电联产负荷达不到设计值、大型热源不能频繁调节的问题，解决这些问题可以考虑利用小型锅炉房作为调峰热源。

集中锅炉房调峰供暖系统的基本形式有：以一个热电厂作为主热源，一个或者几个锅炉房作为调峰热源；以几个大型锅炉房作为主热源，以一个或者几个锅炉房作为调峰热源。

在采暖初期和末期，只启运主热源，以热电厂单独运行，从而节约能源，充分发挥热电厂的作用；在采暖高峰期，当热电厂的供热量无法达到全网的供热量的时候，就启动调峰锅炉房，此时整个系统需要的总热量是由两个热源共同承担。这时仍应尽量发挥热电厂的作用，调峰锅炉房为辅，把热电厂提供的所有能量全部投入系统中，不足部分供热能力（采暖峰期热负荷峰值部分）由调峰锅炉房承担，如图 3-6 所示。

集中锅炉房调峰供暖系统的应用，使热电厂的能力在整个采暖期可以充分发挥，采取热电厂与调峰锅炉房联合运行的方式实现了资源的合理整合，能源利用率得到最大限度的发挥，使得热电厂及调峰锅炉房都能高效运行。

四、热电冷三联供

所谓热电冷联供，即在原有以热电厂为热源的集中供热系统基础上，增设吸收式制冷装置，在发电和供热的同时，利用供热汽轮机组的抽汽或背压排汽制冷，以满足空调等用冷负荷。热电冷三联

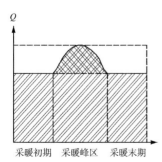

图 3-6　热电厂与调峰锅炉房联合运行示意图

供系统在供热和制冷时充分利用热电厂排放的低品位热量，实现了能量梯级利用，因而是一种高效的城市能源利用系统。

五、热泵技术

热泵是一种利用高位能使热量从低位热源流向高位热源的装置。现在我国主要利用的热泵技术，按低位热源分：水源（海水、污水、地下水、地表水等）热泵，地源（包括土壤、地下水）热泵，以及空气源热泵。

1. 空气源热泵

以空气作为"源体"，通过冷媒作用，进行能量转移。目前的产品主要是家用热泵空调器、商用单元式热泵空调机组和热泵冷热水机组。热泵空调器已占到家用空调器销量的 40% ~ 50%，年产量为 400 余万台。热泵冷热水机组自 20 世纪 90 年代初开始，在夏热冬冷地区得到了广泛应用，据不完全统计，该地区部分城市中央空调冷热源采用热泵冷热水机组的已占到 20% ~ 30%。

2. 水源热泵

以地下水作为冷热"源体"，在冬季利用热泵吸收其热量向建筑物供暖，在夏季热泵将吸收到的热量向其排放、实现对建筑物供冷。虽然目前空气能热泵机组在我国有着相当广泛的应用，但它存在着热泵供热量随着室外气温的降低而减少和结霜问题，而水源热泵克服了以上不足，而且运行可靠性又高，近年来国内应用有逐渐扩大的趋势。

3. 地源热泵

地源热泵是以大地为热源对建筑进行空调的技术，冬季通过热泵将大地中的低位热能提高对建筑供暖，同时蓄存冷量，以备夏用；夏季通过热泵将建筑物内的热量转移到地下对建筑进行降温，同时蓄存热量，以备冬用。由于其节能、环保、热稳定等特点，引起了世界各国的重视。欧美等发达国家地源热泵的利用已有几十年的历史，特别是供热方面已积累了大量设计、施工和运行方面的资料和数据。

4. 复合热泵

为了弥补单一热源热泵存在的局限性和充分利用低位能量，运用了各种复合热泵。如空气—空气热泵机组、空气—水热泵机组、水—水热泵机组、水—空气热泵机组、太阳—空气源热泵系统、空气回热热泵、太阳—水源热泵系统、热电水三联复合热泵、土壤—水源热泵系统等。

第四章
燃气供应系统规划

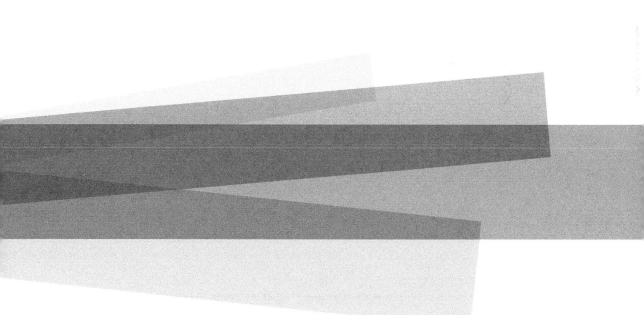

第一节 概述

燃气供应系统是供应城市居民生活、公共福利事业和部分生产企业使用燃气的工程设施。它既是城市建设的市政基础设施之一，又是城市能源体系的重要组成部分。

燃气是一种清洁、优质、使用方便的能源，所以在城市中得到广泛应用。与煤炭等其他燃料相比，燃气有如下优点：

1. 点火容易，燃烧迅速、稳定、使用方便。

2. 燃烧比较安全，能节约燃料，尤其是供应居民使用，节约燃料更为显著。居民用煤炉烧水、做饭，热能利用率较低只有15%～20%，而用燃气来代替直接烧煤，煤气灶的热效率能达到55%～60%。使用天然气炉灶的话，其热效率将更高。

3. 容易调节，有利于自动控制。无论是家庭生活还是工业生产工艺使用燃气，都可以根据加热的要求进行调节。同时，燃气的燃烧过程易于控制，按照使用要求，可以实行自动点火、自动灭火和自动控制加热温度等。

4. 燃气用于工业，能适应多种工艺需要，既能对物体进行大面积加热，也能进行局部高温加热。工业中使用燃气作为燃料还能提高某些产品的质量和产量（如玻璃制造）。

5. 用燃气代替燃煤可使城市空气质量及居住环境质量得到提高。同时也使城市垃圾中无机固体含量大大减少，有利于城市垃圾总量的减少，也为城市垃圾的处理减轻了负担。

从燃气的这些优点中可以看出，积极发展城市燃气供应，是节约能源，保护城市环境的有效途径，又是改善劳动条件，节约劳动力、减少城市运输量的有力措施。

但是，燃气易燃、易爆，部分可燃气体还带有毒性。为保证燃气的使用安全，需要特别控制燃气在空气中的浓度范围以及安全防护距离。

一、燃气类型

按燃气的来源，通常可以把燃气分为天然气、人工燃气、液化石油气和生物质气四大类。

1. 天然气

天然气是由低分子的碳氢化合物组成的混合物，其主要成分是甲烷（CH_4）。天然气的来源主要有四种：气田气（或称纯天然气）、石油伴生气、凝析气田气和煤层气（表4-1）。

（1）气田气

气田气是从气井直接开采出来的天然气，甲烷含量在90%以上，另外还含有少量的二氧化碳、硫化氢、氮和微量的氦、氖、氩等气体，其低发热值约为36MJ/Nm³。

（2）石油伴生气

伴随石油一起开采出来的低烃类气体称石油伴生气。石油伴生气的甲烷含量约为80%，乙烷、丙烷和丁烷等含量约为15%，低发热值约为45MJ/Nm³。

（3）凝析气田气

凝析气田气是含石油轻质馏分的燃气。凝析气田气除含有大量甲烷外，还含有2%～5%的戊烷及其他碳氢化合物，低发热值约为48MJ/Nm³。

（4）煤层气

煤层气俗称瓦斯，它是在成煤过程中生成、以吸附和游离状态赋存于煤层及周围岩石上的一种可燃气体。煤层气的主要成分是甲烷（通常占90%以上），还有少量的二氧化碳、氮、氢以及烃类化合物，其低发热值约为35MJ/Nm³。在煤层开采过程中，井巷中的煤层气与空气混合形成的气体称为矿井气。矿井气主要成分为甲烷（30%~55%），氮气（30%~55%），氧气及二氧化碳等，低发热值约为18MJ/Nm³。

天然气具有价格相对低廉、低发热值较高、清洁无污染等优点，是城市燃气供应的一种理想气源。

随着国家"西气东输"和"川气东送"等大型工程建设，部分地区城镇间天然气输气管网逐步展开，形成了以川渝气区环形输送管网、大型气田向周边放射型输送管网、"西气东输"长输管网为代表的供气格局，初步形成了连接东西、纵横南北的管输网络。我国的天然气管线已进入快速发展阶段，大大提高了资源配置能力。天然气资源缺乏且长输管线暂时不能通过的地区，也逐渐通过运输压缩天然气或液化天然气等方式来发展城镇燃气事业。因此，天然气已逐渐成为城市燃气供应的主要气源。

2. 人工燃气

人工燃气是指以固体、液体（包括煤炭、重油、轻油等）为原料经转化制得，且符合国家标准《人工煤气》GB/T 13612质量要求的可燃气体。根据制气原料和加工方式的不同，人工燃气主要有以下几种：

各类天然气类型对应的基准气、界限气参数　　　　　　　　　表 4-1

天然气类别	标准华白数	试验气	成分，%（体积）				燃烧特性			
			H_2	CH_4	N_2	C_3H_8	高热值 MJ/Nm³（kcal/Nm³）	相对密度 d	华白数 W	燃烧势 CP
10T	43.8（10451）	W：41.2（9832）～47.3（11291）；CP：31～34								
		基准气		86	14		34.2（8179）	0.6125	43.8（10451）	33
		黄焰界限气		86	13	7	38.9（9300）	0.6784	47.3（11291）	34
		回火界限气		86	14		34.2（8179）	0.6125	43.8（10451）	33
		脱火界限气		82	18		32.6（7798）	0.629	41.2（9832）	31
12T	53.5（12768）	W：48.1（11495）～57.8（13796）；CP：36～88								
		基准气		100			39.8（9510）	0.5548	53.5（12768）	40
		黄焰界限气		87		13	47.8（11416）	0.6848	57.8（13796）	41
		回火界限气	35	65			30.3（7247）	0.3849	48.9（11680）	88
		脱火界限气		92.5	7.5		36.8（8797）	0.5857	48.1（11495）	36
13T	56.5（13500）	W：54.3（12960）～58.8（14040）；CP：40～94								
		基准气		90		10	46（10976）	0.6548	56.5（13500）	41
		黄焰界限气		84		16	49.6（11856）	0.7148	58.7（14023）	41
		回火界限气	49	23		28	43.7（10447）	0.5969	56.6（13521）	94
		脱火界限气		98		2	41（9803）	0.5748	54.1（12930）	40

（1）工业用干馏煤气

利用焦炉、连续式直立炭化炉等对煤进行干馏所获得的煤气称为干馏煤气。用干馏方式生产煤气，每吨煤可产煤气 300～400m³。这类煤气中甲烷和氢的含量较高，低发热值约为 17MJ/Nm³。

（2）固体燃料气化煤气

加压气化煤气、水煤气、发生炉煤气等均属此类。

加压气化煤气是在 2.0～3.0MPa 的压力下，以煤为原料，采用纯氧和水蒸气为气化剂，获得的高压气化煤气。其主要成分为氢气和甲烷，低发热值约为 15MJ/Nm³。

水煤气和发生炉煤气主要成分为一氧化碳和氢气。水煤气的低发热值约为 10MJ/Nm³，发生炉煤气的低发热值为 6MJ/Nm³。

（3）高炉煤气

高炉煤气是钢铁企业炼铁时的副产气，其主要成分是一氧化碳和氮气，低发热值约为 4MJ/Nm³。高炉煤气可用作炼焦炉的加热煤气，以使更多的焦炉煤气供应城镇。高炉煤气也常用作锅炉的燃料或与焦炉煤气掺混用于工业气源。

上述几种煤制气发热值低、杂质多，因此已在城市燃气供应中逐渐被其他燃气所取代。目前煤制气主要作为替代气源在工业中使用。

（4）油制气

油制气是指利用重油（炼油厂提取汽油、煤油和柴油之后所剩的油品）制取城镇燃气。按制取方法不同，可分为重油蓄热热裂解气和重油蓄热催化裂解气两种。重油蓄热热裂解气以甲烷、乙烯和丙烯为主要成分，低发热值约为 41MJ/Nm³。每吨重油的产气量约为 500～550m³。重油蓄热催化裂解气中氢气含量最多，也含有甲烷和一氧化碳，低发热值约为 17MJ/m³。目前油制气主要作为城镇燃气的调度气源。

3. 液化石油气

液化石油气，简称液化气（LPG），是在开采和炼制石油过程中，作为副产品而获得的一部分碳氢化合物。液化石油气主要来自炼油厂的催化裂化装置，由炼油厂的油制气或天然气（包括油田伴生气）加压、降温、液化得到的一种无色、挥发性液体。液化石油气的主要成分是丙烷、丙烯、丁烷和丁烯，习惯上又称C3、C4，即只用烃的碳原子数来表示。液化石油气在通过高压和低温作用下即成为液态，便于储存和运输；常温常压下又还原成气态。目前在天然气管道未覆盖的区域，液化石油气往往是城镇主要气源。

4. 生物质气

生物质气是以生物质（主要成分为有机物质，如蛋白质、纤维素、脂肪、淀粉等）为原料，通过厌氧发酵、干馏或直接气化等方法产生的可燃气体。农村地区常常利用生物质气作为供气气源，包括沼气和秸秆制气等。沼气是利用人畜粪便、垃圾、杂草和落叶等有机物质在隔绝空气的条件下发酵，并在微生物的作用下产生的可燃气体，主要成分为甲烷。秸秆气是利用秸秆、稻壳、树枝、木屑等农业和林业的废弃物，通过干馏和气化的方式制取燃气。生物质气属于可再生资源。

生物质气中甲烷的含量约为60%，二氧化碳约为35%，还含有少量的氢、一氧化碳等气体。生物质气的低发热值约为21MJ/Nm³。

二、燃气的基本性质

1. 发热值

发热值也叫燃料发热量，是指单位质量（指固体或液体）或单位的体积（指气体）的燃料完全燃烧，燃烧产物冷却到燃烧前的温度（一般为环境温度）所释放出来的热量。燃料热值有高位热值与低位热值两种。高位热值是指燃料在完全燃烧时释放出来的全部热量，即在燃烧生成物中的水蒸气凝结成水时的发热量，也称毛热。低位热值是指燃料完全燃烧，其燃烧产物中的水蒸气以气态存在时的发热量，也称净热。一般用低发热值标注燃气的质量。各可燃气体的热值见表4-2。

各可燃气体的高低热值汇总表　　　　　　　　　　表4-2

名称	分子式	高热值		低热值	
		（MJ/Nm³）	（Kcal/Nm³）	（MJ/Nm³）	（Kcal/Nm³）
氢	H_2	12.74	3044	18.79	2576
一氧化碳	CO	12.64	3018	12.64	3018
甲烷	CH_4	39.82	9510	35.88	8578
乙烷	C_2H_6	70.3	16792	64.35	15371
丙烷	C_3H_8	101.2	24172	93.18	22256
正丁烷	$n-C_4H_{10}$	133.8	31957	123.56	29513
异丁烷	$i-C_4H_{10}$	132.96	31757	122.77	29324
戊烷	C_5H_{12}	169.26	40428	156.63	37418
乙烯	C_2H_4	63.4	5142	59.44	14197
丙烯	C_3H_6	93.61	22358	87.61	20925
丁烯	C_4H_8	125.76	30038	117.61	28092
戊烯	C_5H_{10}	159.1	38002	148.73	35525
苯	C_6H_6	162.15	38729	155.66	37180
乙炔	C_2H_2	58.48	13968	56.49	13493
硫化氢	H_2S	25.35	6054	23.37	5581

注：本表按标准工况[760mmHg，0℃]，干基，热值单位Kcal/Nm³，换算为[273.15K，0.1013MPa]，干基热值单位MJ/Nm³。

2. 爆炸极限

可燃气体和空气的混合物遇明火而引起爆炸的可燃气体浓度范围称为爆炸极限。这被称为爆炸下限（LEL）和爆炸上限（UEL）。也可称之为可燃下限（LFL）和可燃上限（UFL）。

只有合适比例下的燃料和氧气（或空气）混合物才能爆炸（燃烧）。当燃气浓度低于爆炸下限时，由于浓度太低而无法爆炸（燃烧）；而当燃气浓度高于爆炸上限时，由于空气（氧气）量太少而无法爆炸（燃烧）。爆炸下限显示了燃烧所需燃气的最低量，而爆炸上限显示了最高量。爆炸极限用燃气在空气中的体积百分数表示。

常见可燃气体爆炸极限见表 4-3。

常见可燃气体爆炸极限数据表　　　　　　　　　　　表 4-3

物质名称	分子式	爆炸浓度（V%）		毒性
		下限 LEL	上限 UEL	
甲烷	CH_4	5	15	
乙烷	C_2H_6	3	15.5	
丙烷	C_3H_8	2.1	9.5	
丙烯	C_3H_6	2	11.1	
丙烯氰	C_3H_3N	2.8	28	高毒
氨气	NH_3	16	25	低毒
硫化氢	H_2S	4.3	45.5	高毒
一氧化碳	CO	12.5	74.2	剧毒
氢气	H_2	4	75	

三、城市燃气质量要求

燃气一般都由多种气体混合组成，其中分为可燃成分和不可燃成分两部分。可燃成分包括各种碳氢化合物如甲烷（CH_4）、乙烷（C_2H_6）、丙烷（C_3H_8）、丙烯（C_3H_6）、氢气（H_2）、一氧化碳（CO）等；不可燃成分有二氧化碳（CO_2）、氮气（N_2）、氧气（O_2）等。各种燃气的分类代号、高热值、相对密度和额定供气压力见表 4-4。

城市燃气质量指标应符合下列要求：

1. 城镇燃气（应按基准气分类）的发热量和组分的波动应符合城镇燃气互换的要求。

2. 城镇燃气偏离基准气的波动范围宜按现行的国家标准《城市燃气分类》GB/T 13611 的规定采用，并应适当留有余地。

城市燃气的分类和特性   表 4—4

燃气种类	代号	高热值 (MJ/m³)	相对密度 (空气取 1)	额定供气压力 (Pa)	华白数 W (MJ/m³)		燃烧势 CP	
					标准	范围	标准	范围
人工煤气	5R	14.4	0.4040	1000	22.7	22.1 ~ 24.3	94	55 ~ 96
	6R	16.2	0.3558		27.1	25.2 ~ 29.0	108	63 ~ 110
	7R	18.4	0.3172		32.7	30.4 ~ 34.9	121	72 ~ 128
天然气	4T	16.3	0.8175	1000	18	16.7 ~ 19.3	25	22 ~ 57
	6T	29.4	1.2379		26.4	24.5 ~ 28.2	29	25 ~ 65
	10T	34.2	0.6125	2000	43.8	41.2 ~ 47.3	33	31 ~ 34
	12T	39.8	0.5548		53.5	48.1 ~ 57.8	40	36 ~ 88
	13T	46.0	0.6548		56.5	54.3 ~ 58.8	41	40 ~ 94
液化气	19Y	101.2	1.5546	2800	81.2	76.9 ~ 92.7	48	42 ~ 49
	20Y	109.4	1.6863		92.7	76.9 ~ 92.7	42	42 ~ 49
	22Y	133.8	2.0812		84.2	76.9 ~ 92.7	46	42 ~ 49

天然气质量指标   表 4—5

项目	一类	二类	三类	试验方法
高热值 (MJ/m³)		> 31.4		GB/T 11062
总硫 (以硫计) (mg/m³)	≤ 100	≤ 200	≤ 460	GB/T 11061
硫化氢 (mg/m³)	≤ 6	≤ 20	≤ 460	GB/T 11060.1
二氧化碳 (体积 %)		≤ 3.0		GB/T 13610
水露点 (℃)	天然气交接点的压力和温度条件下,天然气的水露点应比最低环境温度低 5℃			GB/T 17283

注 : 1. 气体体积的基准参比条件是 101.325kPa，20℃。
    2. 在天然气交接点的压力和温度条件下，天然气中应无游离水。无游离水是指天然气经机械分离设备分不出游离水。
    3. 天然气中不应有固态、液态或胶状物质。

天然气发热量、总硫和硫化氢含量、水露点指标应符合国家标准《天然气》GB 17820 的一类气或二类气的规定。天然气质量指标具体要求如表 4-5。

液化石油气质量指标应符合国家标准《油气田液化石油气》GB 9052.1 或《液化石油气》GB 11174 的规定。

人工煤气质量指标应符合现行国家标准《人工煤气》GB 13612 的规定。

液化石油气与空气的混合气为主气源时，液化石油气的体积分数应高于其爆炸上限的 2 倍，且混合气的露点温度应低于管道外壁温度 5℃。硫化氢含量不应大于 $20mg/m^3$。

3. 城市燃气应具有可以觉察到的臭味，否则燃气应加臭。燃气中加臭剂的最小量应符合下列要求：

（1）无毒燃气泄漏到空气中，达到爆炸下限的 20% 时，应能觉察到臭味；

（2）有毒燃气泄漏到空气中，达到对人体允许的有害浓度前，应能觉察到臭味；对于含一氧化碳有毒成分的燃气，空气中一氧化碳含量达 0.02%（体积百分数）时，应能觉察。

四、气源

城镇燃气的气源选择是考虑各种因素的综合结果。其中气源资源和城镇条件是选择气源时需要考虑的主要因素。依据我国能源资源分布不均，各地能源结构、品种、数量不一的特点，要发展燃气事业，应从本地区的资源条件出发，综合考虑当地的经济条件、气候条件、环保要求及燃气需用量等，探讨气源的可能性。可以提出两个或两个以上的方案，在进行技术经济比较后，选择最经济有效的气源形式。

目前，城市燃气供应系统多采用天然气和液化石油气作为城市发展主气源。天然气长距离输送、压缩及液化天然气和液化石油气储运技术的广泛应用，一些资源匮乏的地区，也可以通过利用液化天然气等来发展城镇燃气供应管道系统。

随着我国石化工业的发展，液化石油气已成为一些城镇和城镇郊区、独立居民小区及工矿企业的应用气源。以前，液化石油气大多采用瓶装供应。近年来，液化石油气强制气化供应方式也有广泛应用。液化石油气掺混一定比例的空气后，其性能接近天然气，因而，还可作为天然气管道供应前的过渡气源。我国一些城市还采用液化石油气作为城镇燃气供应系统的调峰气源。

为保证城镇燃气供应系统的可靠性，应结合城镇燃气输配系统中的调峰手段和储存设施等情况，适当考虑机动气源的制取或来源。当城镇有多种类型的气源联合运行时，还应考虑气源的协调工作和互换性。

城市燃气供应系统，应根据不同的气源条件，配套建设天然气门站及燃气储配站设施建设。城市气源经过燃气长输管道系统输送或压缩液化槽车运输进入城市燃气管道系统。天然气门站或燃气储备站就成为城市燃气系统的气源点，通过燃气调压设备调节。

五、我国天然气长输管线简介

目前，我国长距离天然气输气管道系统已开工建设并初具规模。西部地区的塔里木盆地、柴达木盆地、陕甘宁和四川盆地蕴藏着26万亿立方米的天然气资源和丰富的石油资源，约占全国陆上天然气资源的87%。特别是新疆塔里木盆地，天然气资源量达8万多亿立方米，占全国天然气资源总量的22%。塔里木北部的库车地区的天然气资源量有2万多亿立方米，是塔里木盆地中天然气资源最富集的地区，具有形成世界级大气区的开发潜力。

随着国家能源战略发展的需要，2000年2月国务院第一次会议批准启动"西气东输"工程。实施西气东输工程，有利于促进我国能源结构和产业结构调整，带动东部、中部、西部地区经济共同发展，改善管道沿线地区人民生活质量，有效治理大气污染。为西部大开发、将西部地区的资源优势变为经济优势创造了条件，对推动和加快新疆及西部地区的经济发展具有重大的战略意义。

"西气东输一期管线工程"是目前我国已建成的距离最长、口径最大的输气管道，西起塔里木盆地的轮南，东至上海。供气范围覆盖中原、华东、长江三角洲地区。东西横贯新疆、甘肃、宁夏、陕西、山西、河南、安徽、江苏、浙江和上海等10个省区市。干线全长约4000km，设计年输气量120亿 m^3，设计压力10.0MPa，管径1016mm。

"西气东输二线工程"西起新疆霍尔果斯口岸，南至广州，途经新疆、甘肃、宁夏、陕西、河南、湖北、江西、湖南、广东、广西等10个省区市，干线全长4895km，加上若干条支线，管道总长度（主干线和八条支干线）超过9102km。工程设计输气能力300亿 m^3/年。

"中缅油气管道工程"（国内段）是我国"十一五"期间规划建设的重大天然气管道项目。管线总长共计1550km，管线途经云南、贵州两省，按照要求全线计划在2013年6月底实现贯通。

"涩宁兰工程"是从青海省柴达木盆地的涩北气田到西宁、兰州的天然气长输管道工程，是国家实施西部大开发的重点工程。管线全长953km，管径660mm，年输气量为20亿 m^3。涩宁兰工程是世界目前海拔最高的长距离输气工程。

"陕京天然气管道工程"由陕京一线、二线和三线组成。其中，陕京一线1997年10月建成投产，管道总长1098km，由靖边首站至北京市石景山区，途经陕西、山西、河北、天津、北京三省两市，设计年供气能力为33亿 m^3；陕京二线于2005年7月正式供气，途经陕西、内蒙古、山西、河北，东达北京市大兴区采育镇，管线全线总长 935km，设计年输气量 120 亿 m³；陕京三线于 2011 年 1 月正式投产通气，西起榆林首站，东至北京市昌平区西沙屯末站，途经陕西、山西、河北、北京三省一市，管道全长 896km，设计年输气量 150 亿 m³。

六、燃气供应设施规划

（一）城市燃气工程总体规划内容与深度

1. 内容

（1）预测用气需求量；

（2）选择燃气气源和供气方式；

（3）确定气源的供气能力、数量、布局及相应的供气范围；

（4）布置燃气工程的重要设施和燃气干线管网。

2. 深度

（1）说明用气量的资料来源和调查简况，用气用户分类预测，各类用气用户所占比例；

（2）现有气源状况，即气源站的位置、占地面积、容量、运行情况及输气能力等；

（3）现有气源站改、扩建的可能性，它包括有无扩建场地，供电、供水及运输条件等；

（4）规划气源门站或储配站的位置，用地面积，储气容量，输气能力及输气范围等；

（5）其他可利用气源的情况；

（6）初步确定供气管网的输气压力及其参数；

（7）布置输气干线管网；

（8）拟定供气干线管网的敷设方式；

（9）生活采暖用气是否纳入城市燃气供应系统，应根据当地的气源条件和经济条件确定。

（二）城市燃气工程设施分区规划内容与深度

1. 内容

（1）估算用气量；

（2）布置输气设施和输气干管；

（3）确定输气干管的管径。

2. 深度

（1）说明城市分区各类用气量的分布；

（2）供气地区的民用建筑应说明住宅建筑与其他公共建筑的百

分比；

（3）工业用气按行业分类说明用气量的特性及年运行时间；

（4）确定气源的确切位置；初定门站、储配站、调压站等主要供气设施的位置和占地面积；

（5）输气干管的平面布置；

（6）估算燃气干管管径，重点说明输气干管跨越市区主要街道、河流、铁路等交通要道拟采取的措施。

（三）燃气工程详细规划内容与深度

1. 内容

（1）计算规划范围内用气量；

（2）布置供气设施和输气管网；

（3）计算输气管道的管径；

（4）估算规划范围内输气管网造价。

2. 深度

（1）确定生产工艺用气量及其参数；

（2）确定气源的确切位置，初定门站、储配站、调压站等主要供气设施的位置和占地面积；

（3）新建城市街区短期内无法纳入城市燃气供气系统的，可先建临时液化石油气储配站（换气站）；

（4）概算规划区内所有燃气管道的管径；

（5）确定燃气管道的敷设方式；地上敷设的输气管道应说明架空的高度，对周围景观的影响及采取有效措施，地下敷设的输气管道要说明占用地下空间的位置；

（6）确定气源的储量，气源性质及其参数。

第二节　用气量预测

一、用户类型和供气原则

1. 城镇燃气用户包括以下几种类型

（1）居民生活用户；

（2）商业用户；

（3）工业企业生产用户；

（4）暖通空调用户；

（5）燃气汽车用户。

2. 供气原则

（1）民用供气：优先满足城镇居民生活用气；尽量满足公建用气；

人工燃气一般不供应锅炉用气。

（2）工业用气供气：可考虑优先供应工艺上必须使用燃气，但用气量不大，自建燃气厂不经济的工业企业；用气量不大又位于重要地段，改用燃气能显著减轻大气污染的工业企业；可使产品产量及质量有很大提高的企业；作为缓冲用户的电厂。

二、用气量指标

居民生活用气量取决于居民用气量指标、气化百分率及城镇居民人口数。

用气量指标又称用气定额。用气定额是燃气输配系统的重要参数之一，它的高低将直接影响到城市供气规模的确定。

居民生活用气及公建用气指标见表 4-6 和表 4-7。

城市居民生活用气量指标 [MJ／人·a（1.0×10⁴kcal／人·a）]　　　　表 4-6

城市所属地区	有集中采暖的用户	无集中采暖的用户
东北地区	2303 ～ 2721（55 ～ 65）	1884 ～ 2303（45 ～ 55）
华东、中南地区		2093 ～ 2305（50 ～ 55）
北京	2721 ～ 3140（65 ～ 75）	2512 ～ 2931（60 ～ 70）
成都		2512 ～ 2931（60 ～ 70）

注：1. 本表指一户装有一个燃气表的居民用户在住宅内做饭和热水的用气量，不适用于瓶装液化石油气居民用户。
　　2. "采暖"系指非燃气采暖。
　　3. 燃气热值按低热值计算。

城市公共建筑用气量指标　　　　表 4-7

类别		单位		用气量指标	
商业建筑	有餐饮	kJ／（m²·天）	1.0×10⁴cal/m²·天	502	12
	无餐饮			335	8
宾馆	高级宾馆（有餐厅）	MJ／（床·年）	1.0×10⁴cal／床·年	29302	700
	中级宾馆（有餐厅）			16744	400
旅馆	有餐厅			8372	200
	无餐厅			3350	80
餐饮业		MJ／（座·年）	1.0×10⁴cal／座·年	7955 ～ 9211	190 ～ 220
燃气直燃机		MJ／（m²·年）	1.0×10⁴cal/m²·年	991	24
燃气锅炉		MJ／（吨·年）	1.0×10⁴cal／吨·年	25.1	1
职工食堂		1.0×10⁴kcal／公斤粮食		0.2 ～ 0.25	

续表

类别		单位	用气量指标
幼儿园、托儿所	全托	1.0×10^4 kcal/ 座位·年	40 ~ 50
	半托	1.0×10^4 kcal/ 人·年	15 ~ 25
医院		1.0×10^4 kcal/ 床位·年	65 ~ 85
旅馆（无餐厅）		1.0×10^4 kcal/ 座位·年	16 ~ 20
理发店		1.0×10^4 kcal/ 人·次	0.08 ~ 0.1
饮食业		1.0×10^4 kcal/ 座位·年	190 ~ 220

注：1. 职工食堂的用气量指标包括做副食和热水在内。
 2. 燃气热值按低热值计算。

影响用气量指标确定的因素主要有：用气设备齐备度；公共生活服务业是否发达；居民生活服务水平、生活习惯；地区的气候条件；燃气的价格；住宅内是否集中采暖和供热水。

通常可根据居民生活用户用气量实际统计资料，经过综合分析和计算得到的用气量指标。当缺乏用气量的实际统计资料时，可根据当地的实际燃料消耗量、生活习惯。燃气价格及气候条件等具体情况确定。

气化百分率是城市居民使用燃气的人数占城镇居民总人口数的百分数。由于有一部分房屋结构不符合安装燃气设备的条件或居民点远离城镇燃气管网，一个城镇的气化百分率很难达到100%。

三、用气量的预测

根据燃气的用气量指标可以估算出城市燃气用量。燃气的日用气量与小时用气量预测结果是确定燃气气源、输配设施和管网管径的主要依据。

1. 城市燃气总用量计算

（1）分项相加法

$$Q = Q_1 + Q_2 + Q_3 + Q_4 \quad （\text{Nm}^3） \tag{4-1}$$

式中：Q_1——居民生活用气量（Nm^3）；

Q_2——公共建筑用气量（Nm^3）；

Q_3——工业企业生产用气量（Nm^3）；

Q_4——未预见用气量（Nm^3）。

其中，Q_1、Q_2 应分别按表 4-6 和表 4-7 中提供的指标进行计算；工业企业用气量可与当地有关部门共同调查和协商后确定；

对一般城市可按民用气的 2/3 计算，未预见用气量按总用气量的 5% 计算。

目前，许多城市正积极推广利用天然气作为汽车燃料，城市使用天然气燃料的主要是出租车和公交车。一般每辆出租车每日加气量按 30Nm³ 计算，每辆公交车每日加气量按 50Nm³ 计算。城市燃气供应中如果有此用户，也应一并计入总量。

计算中如果有采暖和生活热水用户，在已知用气设备的额定流量和台数等资料时，集中设置的燃气锅炉房或直燃机的燃气计算流量，可按各用气设备的额定流量，在考虑了设备备用情况之后，叠加确定。当缺乏用气设备资料时，可按以下方法估算：

①采暖燃气小时计算流量：

$$Q_{h1}= (3.5 \times Q_f \times A) / (Q_R \times \eta) \quad (Nm^3/h) \qquad (4-2)$$

式中：Q_{h1}——采暖用户小时燃气计算流量（Nm^3/h）；

$\quad\quad Q_f$——采暖热指标（$W/(m^2 \cdot h)$），见第三章中表 3-3；

$\quad\quad A$——采暖建筑面积（m^2）；

$\quad\quad Q_R$——燃气低热值（kJ/m^3）；

$\quad\quad \eta$——供热设备热效率，应按设备厂提供的数据选用。

②小区生活热水燃气小时计算流量：

$$Q_{h2}= (3.6 \times Q_w) / (Q_R \times \eta) \quad (Nm^3/h) \qquad (4-3)$$

式中：Q_{h2}——生活热水用户小时燃气计算流量（Nm^3/h）；

$\quad\quad Q_w$——生活热水设计小时耗热量（W/h）；

$\quad\quad Q_R$——燃气低热值（kJ/m^3）；

$\quad\quad \eta$——供热设备热效率，应按设备厂提供的数据选用。

由于采暖负荷为季节性负荷，而生活热水供应为全年性负荷，在计算总用气量时，应按采暖期和非采暖期分别计算。

（2）比例估算法

在各类燃气负荷中，居民生活与公建用气量可以较准确地得出，在其他各类负荷情况不确定时，可通过预测未来居民生活与公建用气在总用气量中所占比例得出总的用气负荷。

$$Q=Q_s/p \qquad (4-4)$$

式中：Q——总用气量（Nm^3）；

$\quad\quad Q_s$——居民生活与公建用气量（Nm^3）；

$\quad\quad p$——居民生活与公建用气量占总用气量的比例（%）。

2. 城市燃气的计算月平均日用气量计算

$$Q = \frac{Q_a K_m}{365} + \frac{Q_a(1/p-1)}{365} \tag{4-5}$$

式中：Q——计算月平均日用气量（Nm^3）；

$\quad\quad Q_a$——居民生活年用气量（Nm^3）；

$\quad\quad p$——居民生活用气量占总用气量比例（%）；

$\quad\quad K_m$——月不均匀系数。

由计算月平均日用气量可以确定城市燃气的总供应规模。

3. 城市燃气的高峰小时用气量

$$Q' = \frac{Q}{24} k_d \cdot k_h \tag{4-6}$$

式中：Q'——燃气高峰小时最大用气量（m^3）；

$\quad\quad Q$——燃气计算月平均日用气量（m^3）；

$\quad\quad k_d$——日不均匀系数；

$\quad\quad k_h$——小时不均匀系数。

燃气高峰小时最大用气量用于计算城市燃气输配管网的管径。

在上述各计算公式中，月不均匀系数 K_m 可取 1.1~1.3，日不均匀系数 K_d 可取 1.05~1.2，小时不均匀系数 K_h 可取 2.2~3.2。

燃气最大负荷利用小时数 n 及相应 $K_m \cdot K_d \cdot K_h$ 参考值　　表 4-8

供气人数（万人）	0.1	0.2	0.3	0.5	1	2	3	4
n	1800	2000	2050	2100	2200	2300	2400	2500
$K_m \cdot K_d \cdot K_h$	4.867	4.38	4.273	4.171	3.982	3.809	3.65	3.504

第三节　燃气输配系统

一、组成

气源至燃气用户部分称为燃气输配系统，由燃气输配管道和相应的供气设施组成，图 4-1 所示的是以天然气为气源的燃气输配系统示意图。

二、门站（储配站）

城镇燃气门站、储配站和调压站是城镇燃气输配系统中的重要组成部分。城镇燃气门站一般具有接受气源来气并进行净化、加臭、

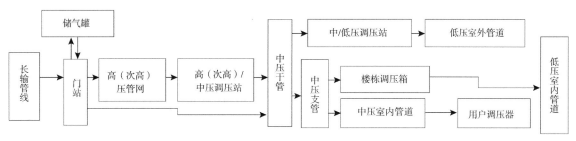

图 4-1 不同压力级制输配系统
组成示意图

贮存、控制供气压力、气量分配、计量和气质检测等功能。当接收长输管线来气并控制供气压力、计量，向城镇、居民点和工业区供应燃气时，称之为门站。当具有储存燃气功能并控制供气压力时，称之为储配站。两者在设计上有许多相似之处。调压站则具有调节燃气压力的功能，一般城镇燃气输配系统中不同压力级制的管网需通过调压站连接。

1. 门站

燃气门站是长距离输气干线或支线的终点站，城市、工业区管网的气源站。

在低峰时，由燃气高压干线来的天然气一部分经过一级调压进入高压球罐，另一部分经过二级调压进入城镇管网；在用气高峰时，高压球罐和经过一级调压后的高压干管来气汇合经过二级调压送入城镇。

2. 储配站

当城镇供气规模不是特别大时，燃气供应系统通常应建设相应的储气设施。城市中燃气储存方式主要是储罐储气和管道储气两种，因此低压管道（尤其是支管）在管径估算中应考虑此因素,留有余地；而集中储气的储罐则布置在储配站中。储配站的作用是在用气低峰时将多余的燃气储存起来，在高峰用气时通过储配站的压缩机将燃气从储罐中抽出送到中压管网中，保证正常供气。采用储罐储气的储配站，通常作为平衡小时不均匀性的调峰设施。对于用气量较大的城市，其储罐总体容积较大，且多为成组布置。

城镇燃气供应系统中设置储配站的数量及其位置的选择，需要根据供气规模，城镇的特点，通过技术经济比较确定。当城镇燃气供应系统中只设一个储配站时，该储配站应设在气源厂附近，称为集中设置。集中设置可以减少占地面积，节省储配站投资和运行费用，便于管理。当设置两个储配站时，一个设在气源厂，另一个设置在管网系统的末端，成为对置设置。根据需要，城镇燃气供应系统可能有几个储配站，除了一个储配站设在气源厂附近外，其余均分散设置在城镇其他合适的位置，称为分散设置。分散布置可以节省管网投资、增加系统的可靠性，但由于部分气体需要二次加压，需多消耗一些电能。

储配站通常是由储罐、压送机室、辅助区（变电室、配电室、控制室、水泵房、锅炉房）、消防水池、冷却水循环水池及生活区（值班室、办公室、宿舍、食堂、浴室等）组成。

储罐应设在站区年主导风向的下风向；两个储罐的间距不小于相邻最大罐的半径；储罐的周围应有环形消防车道；并要求有两个通向市区的大门。锅炉房、食堂和办公室等有火源的建筑物宜布置在站区的上风向或侧风向。站区布置要紧凑，同时各建筑物之间的间距应满足建筑设计防火规范的要求。

3. 门站和储配站站址选择

城镇门站和储配站站址应符合城市规划的要求；站址应具有适宜的地形、工程地质、供电、给排水和通信等条件；少占农田、节约用地并应注意与城市景观等协调；城镇燃气门站站址应结合长输管线位置确定；根据输配系统具体情况，储配站与门站可合建。

储配站内的储气罐与站内的建、构筑物的防火间距应按表4-9执行；

4. 门站和储配站平面布置

门站和储配站总平面布置如图4-2和图4-3所示，分为生产区（包括储罐区、调压计量区、加压区等）和辅助区。站内大致包括如下设施：

储气罐与站内的建、构筑物的防火间距（m）　　　　　　　　　表4-9

储气罐总容积（m³）	> 1000	1000 ~ 10000（含）	10000 ~ 50000（含）	50000 ~ 200000（含）	> 200000
明火或散发火花地点	20	25	30	35	40
调压间、压缩机间、计量间	10	12	15	20	25
控制室、配电间、车库等辅助建筑	12	15	20	25	30
机修间、燃气锅炉房	15	20	25	30	35
综合办公生活建筑	18	20	25	30	35
消防泵房、消防水池取水口	20				
站内道路（路边）	10	10	10	10	10
围墙	15	15	15	15	18

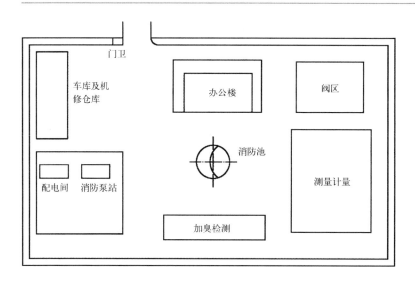

图 4-2 天然气门站平面布置示意图

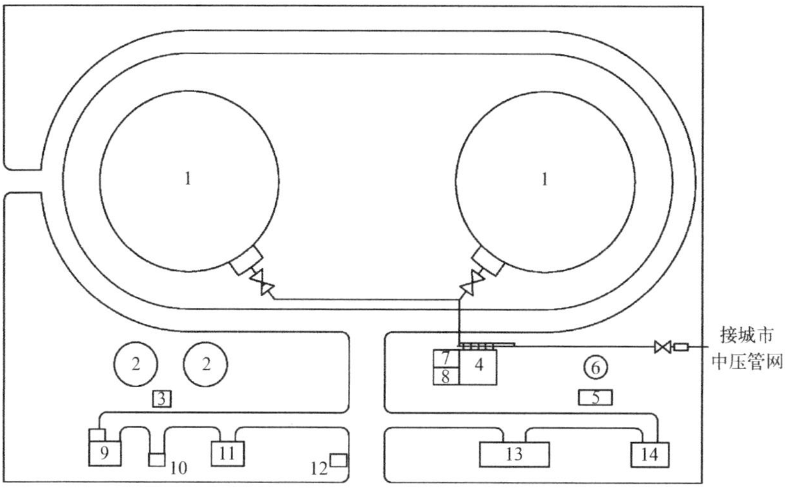

图 4-3 储配站平面布局示意图
1—低压储气罐；2—消防水池；3—消防水泵房；4—压缩机室；5—循环水池；6—循环泵房；7—配电室；8—控制室；9—锅炉房；10—食堂；11—办公室；12—门卫；13—维修车间；14—变电室

阀区、调压站（室）废液处理区、仪表维修间、消防池（房）办公（值班）室，有的还配有锅炉房、应急发电机房等，还应建有通信、办公和生活设施以及车库。

站内的各建构筑物之间以及站外建筑物的耐火等级不应低于《建筑设计防火规范》GB 50016 的有关规定。站内建筑物的耐火等级不应低于《建筑设计防火规范》GB 50016 中"二级"的规定。储配站生产区应设置环形消防车通道，消防车通道宽度不应小于 4m。门站和储配站内的消防设施设计应符合《建筑设计防火规范》GB 50016 的规定。

门站的占地面积一般为 4000 ~ 8000m^2。

三、压力分级

燃气管道与其他管道相比，有特别严格的要求，因为管道漏气可能导致火灾、爆炸、中毒等事故。燃气管道中的压力越高，管道接头脱开、管道本身出现裂缝的可能性就越大。管道内燃气压力不同时，对管材、安装质量、检验标准及运行管理等要求也不相同。

1. 压力分级

城市燃气输配管道的压力可分为 5 级，见表 4-10。

城镇燃气管网管道压力（表压）分级　　表 4-10

名称		压力（MPa）
高压燃气管道	A	$0.8 < P \leqslant 1.6$
	B	$0.4 < P \leqslant 0.8$
中压燃气管道	A	$0.2 < P \leqslant 0.4$
	B	$0.005 < P \leqslant 0.2$
低压燃气管道		$P \leqslant 0.005$

燃气输配系统各种压力级制的燃气管道之间应通过调压装置相连。当有可能超过最大允许工作压力时，应设置防止管道超压的安全保护设备。

2. 燃气管网采用不同压力级制的原因

燃气管网不仅应保证不间断地、可靠地给用户供气，保证系统运行管理安全，维修简便，而且应考虑在检修或发生故障时，关断某些部分管段而不致影响其他系统的工作。因此，在城镇燃气管网系统中，有选用不同压力级制的必要。具体讲有以下原因：

（1）经济性。大部分燃气由较高压力的管道输送，管道的管径可以选得小一些，管道单位长度的压力损失可以选得大一些，以节省管材。如由某一地区输送大量燃气到另一地区，则应采用较高的压力比较经济合理。有时对城市里的大型工业企业用户，可敷设压力较高的专用输气管线。当然管网内燃气的压力增高后，输送燃气所消耗的能量也随之增加。

（2）各类用户对燃气压力的不同需求。如居民用户和小型公共建筑用户需要低压燃气，而大多数工业企业则需要中压或次高压，甚至高压燃气。

（3）消防安全要求。在未改建的旧城区，建筑物比较密集，街道和人行道都比较狭窄，不宜敷设高压或中压 A 管道。此外，由于人口密度较大，从安全运行和方便管理的观点看，也不宜敷设高压或中压 A 管道，而只能敷设中压 B 和低压管道。同时大城市的燃气输配系统的建造、扩建和改建还需要有一个时间段，所以在老城区原有燃气管道的压力，大都比近期建造的管道的压力低。

四、管道系统

（一）燃气管网系统分类

1. 单级管网系统

（1）低压单级管网系统

低压气源以低压一级管网系统供给燃气的输配方式。根据低压气源（燃气厂或储配站）压力的大小和城镇的用气范围，低压供应方式有利用低压储气罐的压力进行供应和由低压压缩机供应两种。低压一级制管网系统的特点是：

①输配管网为单一的低压管网，系统简单，维护管理方便。

②无需压缩费用或只需少量的压缩费用。停电或压缩机故障，基本上不妨碍供气，供气可靠性好。

③对于供应区域大或供气量多的城镇，需敷设较大管径的管道而不经济。

低压单级管网系统如图 4-4 所示。

此系统只在原来煤制气时使用，目前天然气系统已没有该系统。

（2）中压单级管网系统

中压单级管网系统如图 4-5 所示，燃气自气源厂（或天然气长输管线）送入城镇燃气储配站（或天然气门站），经加压（或调压）送入中压输气干管，再由输气干管送入配气管网。最后经箱式调压器或用户调压器送至用户燃具。

该系统减少了管材，投资省。由于采用了箱式调压器或用户调压器供气，可保证所有用户灶具在额定压力下工作，从而提高了燃烧效率。但该系统安装水平要求高，供气安全性比低压单级管网差。

2. 中—低压两级制管网系统

中压燃气由中压管网输气，再通过区域调压器调至低压，由低压管道供给燃气用户。在系统中设置储配站以调节小时用气不均匀性。

中—低压两级制管网系统的特点是：因输气压力高于低压供气，输气能力较大，可用较小的管径输送较多数量的燃气，以减小管网的投资费用。只要合理设置中—低压调压器，就能维持比较稳定的供气压力。输配管网系统有中压和低压两种压力级别，而且设有调压器，因而维护管理复杂，运行费用较高。因此，中压供气及二级

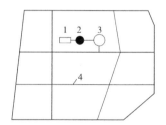

图 4-4　低压单级管网系统图

1—气源厂；2—低压储气罐；
3—稳压器；4—低压管网

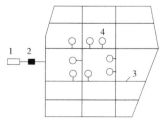

图 4-5　中压（A 或 B）单级管网系统图

1—气源厂；2—储配站；3—中压（A 或 B）输气管网；4—箱式调压器

制管网系统适用于供应区域较大、供气量也较大、采用低压供气方式不经济的中型城镇。

3.高—中—低压三级制管网系统

高（次高）压燃气从气源厂或城镇的天然气门站输出，由高压管网输气，经区域高—中压调压器调至中压，输入中压管网，再经区域中—低调压器调成低压，由低压管网供应燃气用户。

高—中—低压三级制管网系统的特点是：

（1）高（次高）压管道的输送能力较中压管道更大，所用管径更小，如果有高压气源，管网系统的投资和运行费用均较经济。

（2）因采用管道储气或高压储气罐，可保证在短期停电等事故时供应燃气。

（3）因三级制管网系统配置了多级管道和调压器，增加了系统运行维护的难度。如无高压气源，还需设置高压压缩机，压缩费用高。

因此，高—中—低压三级制管网系统适用于供应范围大，供气量也大，并需要较远距离输送燃气的场合。次高—中—低压三级管网系统如图4-6所示。

该系统高压管道一般布置在郊区人口稀少地区，供气比较安全可靠。但系统复杂，维护管理不便，在同一条道路上往往要敷设两条不同压力等级的管道。

4.多级管网系统

多级管网系统如图4-7所示。气源是天然气，城市的供气系统可采用地下储气库、高压储气罐站以及长输管线储气。

图4-7所示的城市管网系统的压力主要为四级，即低压（图中低压管网和给低压管网供气的调压站未画出）、中压B、中压A和高压B。各级管网分别组成环状。

图4-6 次高—中—低压三级管网系统（左）

1—长输管线；2—门站；3—次高压管网；4—次高-中压调压站；5—中压管网；6—中-低压调压站；7—低压管网

图4-7 多级管网系统（右）

1—长输管线；2—门站；3—调压计量站；4—储气站；5—调压站；6—高压环网；7—次高压环网；8—中压A环网；9—中压B环网；10—地下储气库

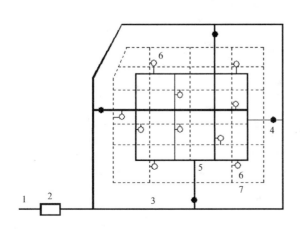

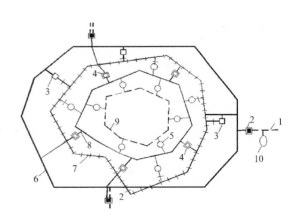

天然气由较高压力等级的管网经过调压站降压后进入较低压等级的管网。工业企业用户和大型公共建筑用户与中压 B 或中压 A 管网相连，居民用户和小型公共建筑用户则与低压管网相连。

因为气源来自多个方向，主要管道均连成环网，从运行管理来看，该系统既安全又灵活。平衡用户用气量的不均匀性可以由缓冲用户、地下储气库、高压储气罐以及长输管线储气协调解决。

（二）管网布置形式

1. 环状管网。管段连成封闭的环状，输送至任一管段的燃气可以由一条或多条管道供气。环状管网是城镇输配管网的基本形式，在同一环中，输气压力处于同一级制。

2. 枝状管网。以干管为主管，分配管呈树枝状由主管引出。在城镇燃气管网中一般不单独使用。

3. 环枝状管网。环状与枝状混合使用的一种管网形式。

（三）管网系统的选择

城镇燃气输配系统压力级制的选择，应根据燃气供应来源、用户的用气量及其分布、地形地貌、管材设备供应条件、施工和运行等因素，经过多方案比较，择优选取技术经济合理、安全可靠的方案。

无论是旧有的城市还是新建的城市，在选择燃气管网系统时，主要应考虑的因素有：

1. 气源情况：燃气的种类和性质、供气量和供气压力；燃气的净化程度和含混量；气源的发展或更换气源的规划情况；

2. 城市规模、远景规划情况、街区和道路的现状和规划以及用户的分布情况；

3. 原有的城市燃气供应设施情况；

4. 不同类型用户对燃气压力的要求；

5. 用气的工业企业的数量和特点；

6. 储气设备的类型；

7. 城市地理地形条件、城市地下管线和地下建筑物、构筑物的现状和改建、扩建规划。

设计城市燃气管网系统时，应全面综合考虑上述诸因素，进行技术经济比较，选用技术可行、工作可靠、经济合理的最佳方案。

五、管网布置

城镇燃气干管的布置，应根据用户用量及其分布，全面规划，宜按逐步形成环状管网供气进行设计。城镇燃气管道一般采用地下敷设，当遇到河流或厂区敷设等情况时，也可采用架空敷设。

地下燃气管道宜沿城镇道路敷设，一般敷设在人行便道或绿化带内。

（一）燃气管道布置时必须考虑下列基本情况

1. 管道中燃气的压力；

2. 街道地下其他管道的密集程度与布置情况；

3. 街道交通量和路面结构情况，以及运输干线的分布情况；

4. 所输送燃气的含湿量情况，必要的管道坡度、街道地形变化情况；

5. 与该管道相连接的用户数量及用气量情况，该管道是主要管道还是次要管道；

6. 线路上所遇到的障碍物情况；

7. 土壤性质、腐蚀性能和冰冻线深度；

8. 管道在施工、运行和发生故障时，对城镇交通和人民生活的影响。

在管道布置时，要决定燃气管道沿城镇街道的平面位置和纵断面位置。由于输配系统各级管网的输气压力不同，各自的功能也有区别，其设施和防火安全的要求也不同，故应按各自的特点布置。

（二）管道通过地区等级的划分

城镇燃气管道通过的地区，应按沿线建筑物的密集程度，划分为四个地区等级，并根据地区等级做出相应的管道设计。

一级地区：有 12 个或 12 个以下供人居住建筑物的任一地区分级单元。

二级地区：有 12 个以上，80 个以下供人居住建筑物的任一地区分级单元。

三级地区：有 80 个或 80 个以上供人居住建筑物的任一地区分级单元；或距人员聚集的室外场所 90m 内敷设管线的区域。

四级地区：地上 4 层或 4 层以上建筑物普遍且占多数的任一地区分级单元（不计地下室数）。

二、三、四级地区的边界可按如下规定调整：

1. 四级地区的边界线与最近地上 4 层或 4 层以上建筑物相距 200m。

2. 二、三级地区的边界线与该级地区最近建筑物相距 200m。

确定城镇燃气管道地区等级应为该地区的未来发展留有余地，宜按城市规划划分地区等级。

（三）布置原则

1. 应结合城市总体规划和有关专业规划进行；

2. 管网规划布线应按城市规划布局进行，贯彻远、近结合，以近期为主的方针。规划布线时，应提出分期建设的安排，以便于设计阶段开展工作；

3. 应尽量靠近用户，以保证用最短的线路长度，达到同样的供气效果；

4. 应减少穿、跨越河流、水域、铁路等工程，以减少投资；

5. 为确保供气可靠，一般各级管网应沿路布置；

6. 燃气管网应避免与高压电缆平行敷设。

（四）管网的平面布置

一般燃气长输管线为高压或次高压管道，而在城区内布置的燃气管网主要为次高压管网和中压管网。次高压管网的主要功能是输气；中压管网的功能则是输气并兼有向低压管网配气的作用。一般按以下原则布置：

1. 次高压燃气管道宜布置在城镇边缘，或城镇内有足够埋管安全距离的地带，并应连接成环网，以提高次高压管道供气的可靠性；

2. 中压管道应布置在城镇用气区便于与低压管网连接的规划道路上，但应尽量避免沿车辆来往频繁或闹市区的主要交通干线敷设，否则对管道施工和管理维修造成困难；

3. 中压管网应布置成环网，以提高其输气和配气的可靠性；

4. 次高压、中压管道的布置，应考虑对大型用户直接供气的可能性，并应使管道通过这些地区时尽量靠近这类用户，以利于缩短连接支管的长度；

5. 次高压、中压管道的布置应考虑调压站的布点位置，尽量使管道靠近各调压站，以缩短连接支管的长度；

6. 长输次高压管线不得与单个居民用户连接；

7. 由次高压、中压管道直接供气的大型用户，其支管末端必须考虑设置专用调压站；

8. 从气源厂连接次高压或中压管网的管道应尽量采用双线敷设；

9. 次高压、中压管道应尽量避免穿越铁路或河流等大型障碍物，以减少工程量和投资；

10. 次高压、中压管道是城镇输配系统的输气和配气主要干线，必须综合考虑近期建设与长期规划的关系，尽量减少建成后改线、增大管径或增设双线的工程量，延长已经敷设的管道的有效使用年限；

11. 当次高压、中压管网初期建设的实际条件只允许布置成半环形，甚至为枝状管时，应根据发展规划使之与规划环网相衔接，防止以后出现不合理的管网布局。

为了保证在施工和检修时互不影响，避免由于泄漏出的燃气影响相邻管道的正常运行甚至逸入建筑物内，地下燃气管道与建筑物、构筑物以及其他各种管道之间应保持必要的水平净距，见表4-11。

（五）管道的纵断面布置

确定管道的纵断面布置时，要考虑以下几点：

1. 管道的埋深

地下燃气管道埋设深度，宜在土壤冰冻线以下，管顶覆土厚度还应满足下列要求：

地下燃气管道与建筑物、构筑物或相邻管道之间的水平净距（m）　　表4-11

序号	项目		地下燃气管道				
			低压	中压		次高压	
				B	A	B	A
1	建筑物的	基础	0.7	1.0	1.5	—	—
		外墙面（出地面处）	—	—	—	4.5	6.5
2	给水管		0.5	0.5	0.5	1.0	1.5
3	污水、雨水排水管		1.0	1.2	1.2	1.5	2.0
4	电力电缆（含电车电缆）	直埋	0.5	0.5	0.5	1.0	1.5
		在导管内	1.0	1.0	1.0	1.0	1.5
5	通信电缆	直埋	0.5	0.5	0.5	1.0	1.5
		在导管内	1.0	1.0	1.0	1.0	1.5
6	其他燃气管道	$DN \leqslant 300mm$	0.4	0.4	0.4	0.4	0.4
		$DN > 300mm$	0.5	0.5	0.5	0.5	0.5
7	热力管	直埋	1.0	1.0	1.0	1.5	2.0
		在管沟内（至外壁）	1.0	1.5	1.5	2.0	4.0
8	电杆（塔）的基础	$\leqslant 35kV$	1.0	1.0	1.0	1.0	1.0
		$>35kV$	2.0	2.0	2.0	5.0	5.0
9	通信照明电杆（至电杆中心）		1.0	1.0	1.0	1.0	1.5
10	铁路路堤坡脚		5.0	5.0	5.0	5.0	5.0
11	有轨电车钢轨		2.0	2.0	2.0	2.0	2.0
12	街树（至树中心）		0.75	0.75	0.75	1.2	1.2

（1）埋设在车行道下时，不得小于 0.9m；

（2）埋设在非车行道（含人行道）下时，不得小于 0.6m；

（3）埋设在庭院（指绿化地及载货汽车不能进入之地）内时，不得小于 0.3m；

（4）埋设在水田下时，不得小于 0.8m。

当采取行之有效的防护措施后，上述规定均可适当降低。输送湿燃气的燃气管道，应埋设在土壤冰冻线以下。

2. 管道的坡度及排水器的设置

在输送湿燃气的管道中，不可避免有冷凝水或轻质油，为了排除出现的液体，需在管道低处设置排水器，各排水器的间距一般不大于 500m。管道应有不小于 0.003 的坡度，且坡向排水器。

3. 地下燃气管道不得从建筑物（包括临时建筑物）下面穿过；不得在堆积易燃、易爆材料和具有腐蚀性液体的场地下面穿越。并不能与其他管线或电缆同沟敷设。当需要同沟敷设时，必须采取防护措施。

4. 一般情况下，燃气管道不得穿越其他管道，如因特殊情况需要穿过其他大断面管道（污水干管、雨水干管、热力管沟等或联合地沟、隧道及其他各种用途沟槽）时，需征得有关方面同意，同时燃气管道必须安装在钢套管内。套管两端应采用柔性的防腐、防水材料密封。

5. 地下燃气管道与其他管道或构筑物之间的最小垂直间距见表 4-12。

如受地形限制无法满足表 4-11 和表 4-12 规定的净距时，经与有关部门协商，采取行之有效的防护措施后，均可适当缩小。但次高压燃气管道距建筑物外墙面不应小于 0.3m，中压管道距建筑物基础不应小于 0.5m 且距建筑物外墙面不应小于 1m，低压管道应不影响建（构）筑物和相邻管道基础的稳固性。次高压 A 燃气管道距建筑物外墙面 6.5m 时，管道壁厚不应小于 9.5mm。

地下燃气管道与构筑物或相邻管道之间的垂直净距离（m）　　　　表 4-12

序号	项目		地下燃气管道（当有套管时，以套管计）
1	给水管、排水管或其他燃气管道		0.15
2	热力管的管沟底（或顶）		0.15
3	电缆	直埋	0.50
		在导管内	0.15
4	铁路轨底		1.20
5	有轨电车轨底		1.00

（六）管道穿越铁路、河流等障碍物的方法

1. 燃气管道穿越铁路、高速公路、电车轨道和城镇交通干道

城镇燃气管道穿越铁路、高速公路、电车轨道和城镇交通干道一般采用地下穿越，而在矿区和工厂区，一般采用架空敷设。燃气管道宜垂直穿越铁路、高速公路、电车轨道和城镇主要干道。

燃气管道穿越高速公路、电车轨道和城镇交通干道时宜敷设在套管或地沟内。套管内径应比燃气管道外径大100mm以上，套管或地沟两端应密封，在重要地段的套管或地沟端部宜安装检漏管；套管端部距电车轨道不应小于2.0m；距道路边缘不应小于1.0m。

燃气管道穿越铁路时，套管宜采用钢管或钢筋混凝土管，套管内径应比燃气管道外径大100mm以上。套管两端与燃气管的间隙应采用柔性的防腐、防水材料密封，其一端应装设检漏管；铁路轨底至套管顶不应小于1.2m，套管端部距路堤坡脚外距离不应小于2.0m。穿越的管段不宜有对接焊缝；无法避免时，焊缝应采用双面焊或其他加强措施，须经物理方法检查，并采用特级加强防腐。穿越电气化铁路以及铁路编组枢纽一般采用架空敷设。

架空燃气管道与铁路、道路、其他管线交叉时的垂直净距不应小于表4-13的规定。

架空敷设时，管道支架应采用难燃或不燃材料制成，并在任何可能的荷载情况下，能保证管道的稳定与不受破坏。

2. 燃气管道穿越（跨）河流

燃气管道通过河流时，可以采取从水下穿越河底的形式或管桥

架空燃气管道与铁路、道路、其他管线交叉时的垂直净距 表4-13

建筑物和管线名称		最小垂直净距	
		燃气管道下	燃气管道上
铁轨轨面		6m	—
城市道路路面		5.5m	—
厂区道路路面		5m	—
人行道路路面		2.2m	—
架空电力线、电压	3kV 以下	—	1.5m
	3～10kV	—	3m
	35～66kV	—	4m
其他管道、管径	≤ 300mm	同管道管径，但不小于0.10m	同左
	> 300mm	0.3m	0.3m

跨越的形式。条件许可时，也可以借助道路桥梁跨越河流。

（1）燃气管道水下穿越河流

水下穿越的敷设方式有埋沟敷设、裸管敷设和顶管敷设。

埋沟敷设：设置专门的管沟通过河底，燃气管道敷设在管沟内。这种方式因管道不易损坏而被采用，如图4-8所示。

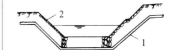

图4-8　燃气管道穿越河流埋沟敷设示意图

1—管道；2—河堤

裸管敷设：直接将燃气管道敷设在河床平面上的敷设方式。当河床挖沟不容易或不经济时，并且河床稳定，水流平稳，而燃气管道裸管敷设后不易被船锚破坏也不影响通行时，可以采用此种敷设方式。

顶管敷设：顶管敷设是采用顶管工艺不开挖沟槽而直接敷设管道的直接埋管敷设方式。它运用液压传动产生的强大推力，使管道克服土壤摩擦阻力顶进。这种穿越可以保证管线埋设于冲刷层以下。

燃气管道水下穿越河流时，燃气管道宜采用钢管，应尽可能从直线河段穿越，并与水流轴向垂直，从河床两岸缓坡而又未冲刷、河滩宽度最小的地方经过。

燃气管道从水下穿越时，一般宜采用双线敷设。每条管道的通过能力是设计流量的75%，但在环形管网可由另侧保证供气，或以枝状管道供气的工业用户在过河检修期间，可用其他燃料代替的情况下，允许采用单管敷设。

燃气管道至规划河底的覆土厚度，应根据水流冲刷条件确定，对不通航河流不应小于0.5m；对通航的河流不应小于1.0m，还应考虑疏浚和投锚深度；穿越或跨越重要河流的燃气管道，在河流两岸均应设置阀门。在埋设燃气管道位置的河流两岸上、下游应设立标志。

为防止水下穿越管道产生浮管现象，必须采用稳管措施。稳管形式有混凝土平衡重块、管外壁水泥灌注覆盖层、修筑抛石坝、管线下游打桩、复壁环形空间灌注水泥砂浆等方法。

（2）沿桥架设

在相关部门同意后，可以将燃气管道架设在已有的桥梁上。

利用道路桥梁跨越河流的燃气管道，其管道的输送压力不应大于0.4MPa。且必须采取必要的安全防护措施，如：应采用加厚的无缝钢管或焊接钢管，尽量减少焊缝，对焊缝进行100%无损探伤；跨越通航河流的燃气管道底标高，应符合通航净空的要求，管架外侧应设置护桩；燃气管道采用较高等级的防腐保护并应设置必要的补偿和减震措施；在确定管道位置时，应与随桥敷设的其他可燃的

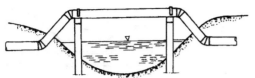

图4-9 燃气管道管桥跨越

管道保持一定间距;过河架空的燃气管道向下弯曲时,向下弯曲部分与水平管夹角宜采用45°形式。

(3)管桥敷设

当不允许沿桥架设,河流情况复杂而河道狭窄时,可以将燃气管道搁置在河床上自建的管桥上(如图4-9所示)。此时,燃气管道的支座(架)应采用不燃材料,并在任何可能的荷载情况下,能保证管道的稳定和不受破坏。

(七)高压燃气管道的布置

高压燃气管道的布置应符合下列要求:

1. 高压燃气管道不宜进入城市四级地区;不宜从县城、卫星城、镇或居民区中间通过。当受条件限制需要进入或通过上述地区时,应遵守下列规定:

(1)高压A地下燃气管道与建筑物外墙之间的水平净距不应小于30m(当管道材料钢级不低于标准规定的1.245,管壁厚度$\delta \geq 9.5$mm且对燃气管道采取行之有效的保护措施时,不应小于20m);

(2)高压B地下燃气管道与建筑物外墙之间的水平净距不应小于16m(当管道材料钢级不低于标准规定的1.245,管壁厚度$\delta \geq 9.5$mm且对燃气管道采取行之有效的保护措施时,不应小于10m);

(3)在高压燃气干管上,应设置分段阀门;管道分段阀门应采用遥控或自动控制。在高压燃气支管的起点处,也应设置阀门。燃气管道阀门的选用应符合有关国家现行标准。

2. 高压燃气管道不应通过军事设施、易燃易爆仓库、国家重点文物保护单位的安全保护区、飞机场、火车站、海(河)港码头。当受条件限制需要通过上述区域时,必须采取安全防护措施。

3. 高压燃气管道宜采用埋地方式敷设。当个别地段需要采用架空敷设时,必须采取安全防护措施。

4. 一级或二级地区地下燃气管道与建筑物之间的水平净距不应小于表4-14的规定。三级地区地下燃气管道与建筑物之间的水平净距不应小于表4-15的规定。

5. 高压地下燃气管道与构筑物或相邻管道之间的水平净距,不应小于表4-11次高压A的规定。但高压A和高压B地下燃气管道与铁路路堤坡脚的水平净距分别不应小于8m和6m;与有轨电车钢轨的水平净距分别不应小于4m和3m。当达不到此净距要求时,采取行之有效的防护措施后,净距可适当缩小。

6. 四级地区地下燃气管道输配压力不宜大于1.6MPa。

一级或二级地区地下燃气管道与建筑物之间的水平净距（m）　　　　　表 4—14

燃气管道公称直径 DN（mm）	地下燃气管道压力（MPa）		
	1.61	2.50	4.00
900<DN ≤ 1050	53	60	70
750<DN ≤ 900	40	47	57
600<DN ≤ 750	31	37	45
450<DN ≤ 600	24	28	35
300<DN ≤ 450	19	23	28
150<DN ≤ 300	14	18	22
DN ≤ 150	11	13	15

三级地区地下燃气管道与建筑物之间的水平净距（m）　　　　　表 4—15

燃气管道公称直径和壁厚 δ（mm）	地下燃气管道压力（MPa）		
	1.61	2.50	4.00
所有管径、δ<9.5	13.5	15.0	17.0
所有管径、9.5 ≤ δ<11.9	6.5	7.5	9.0
所有管径、δ ≥ 11.9	3.0	3.0	3.0

注：1. 管道材料钢级不低于现行的国家标准 GB/T 9711.1 或 GB/T 9711.2 规定的 L 245。

　　2. 表 4-14 和表 4-15 中水平净距是指管道外壁到建筑物出地面处外墙面的距离。建筑物是指供人使用的建筑物。当燃气管道压力与表中数不相同时，可采用直线方程内插法确定水平距离。

六、管材

城市燃气管网常用的主要管材有钢管（焊接钢管、无缝钢管）、铸铁管和聚乙烯塑料管（PE 管）。高压和中压 A 燃气管道应采用钢管；中压 B 和低压燃气管道宜采用钢管或铸铁管；中、低压地下燃气管道也可以采用聚乙烯管。

第四节　液化石油气

液化石油气（LPG）是在提炼原油时生产出来的，或从石油或天然气开采过程挥发出的气体。其主要成分是丙烷和丁烷的混合物，通常伴有少量的丙烯和丁烯。液化石油气在常温常压下是气体，在常温、6 个大气压的条件下液化，膨胀比约为 250 ∶ 1。因此液化后可以装入压力钢瓶，便于储存和运输。

液化石油气具有供气灵活、使用方便的特点，在城市发展燃气供应发展初期是城市的主要气源，目前仍被广泛使用。今后在天然气输气管网未覆盖的城市和广大的农村地区仍将是主供气源。

一、供应方式

液化石油气由铁路槽车、汽车槽车或槽船运送至城市的液化气储配站后，从储配站将液化石油气供应给用户的方式，有管道直接供应、气瓶供应和储罐集中管道共三种。如图 4-10 ～图 4-12 所示。

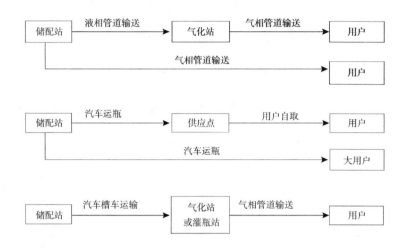

图 4-10　管道直接供应方式（上）

图 4-11　气瓶供应方式（中）

图 4-12　储罐集中管道供应方式（下）

1. 管道供应

通过管道将气化后的液化石油气供给用户使用，比较适用于居民住宅小区、高层建筑和小型工业用户。液化石油气管道供应系统由气化站和管道组成。气化站内设有储气罐、气化器和调压器等。液化石油气从储气罐连续进入气化器，气化后经降低压力，通过管道送至用户。气化后的液化石油气还可利用专用装置使之与空气或低发热量燃气掺混并通过管道供应用户。

2. 气瓶供应

将液化石油气灌入钢瓶后向用户供应。液化石油气储配站用专用灌装机具将液化石油气灌装到钢瓶里，经供应站或直接销售给用户。因此适用于分散的燃气用户。家庭用户使用的钢瓶容量有10kg、12kg、15kg 和 20kg 等；公共建筑和小型工业用户使用的钢瓶容量有 45kg、50kg 等。

一般家庭用户多采用单瓶供气或双瓶切换供气，公共建筑、商业和小型工业用户多采用瓶组供气。

3. 分配槽车供应

利用汽车槽车向用户供应液化石油气。这种槽车称为分配槽车，其结构与运输槽车大体相同，容量一般为 2 ～ 5t，车上装有灌装泵。分配槽车的供应对象主要是距离其他燃气来源较远的各类用户。用户自备小型固定储气罐（容量半吨至数吨）接收液化石油气。分配槽车也可作为流动的灌瓶站，向远离供气中心区的居住小区的用户钢瓶灌装液化石油气。

二、用气量计算

液化石油气主要供应居民炊事、烧热水用气。适当供应部分公共建筑和用气量不大、工艺上要求使用优质燃料的工业用户。

液化石油气的用气量指标确定如下：

1. 居民用气量指标可根据统计资料或参考相近城市的用气量指标经分析后确定。居民用气量指标在北方地区可取 13 ～ 15kg/（月·户），南方地区可取 15 ～ 20kg/（月·户）。

2. 商业用户用气量可根据当地商业用户现状和城市总体规划、城镇燃气专业规划指标确定。估算时，其用气量可取居民用气量的 20% ～ 30%。

3. 其他用户用气量可根据其他燃料的消耗量折算或参考同行业用气量指标确定。

用气量指标确定后，即可根据规划区的人口规模和气化率，计算出液化石油气的年用气量，并以此确定液化气储配站和供应站的规模。

三、液化气储配站

液化石油气储配站是接收、储存和灌装液化石油气的基地。它的主要任务是把从外部接收到的液化石油气存入储罐；将液化石油气灌入气瓶或槽车，发至各供气站或大型用户；回收空瓶，清理残液；对气瓶定期进行维修、试压等。

储配站的选址原则如下：

1. 储配站的布局应符合城市总体规划的要求，其站址应远离城市居住区、城镇、学校、影剧院、体育馆等人员集中的地区，以及军事设施、危险物品仓库、飞机场、火车站、码头和国家文物保护单位等。

2. 宜选择在所在地区的全年最小频率风向的上风侧，且应是地势平坦、开阔、不易积存液化石油气的地段。同时，应避开地震带、地基深陷、废弃矿井和其他不良地质地段。

3. 具有较好的水、电、道路等条件。采用铁路槽车运输时，尚

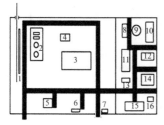

图4-13 大型储配站总平面布置图

1—铁路装卸线；2—储罐；3—灌瓶车间；4—压缩机、仪表控制室；5—油槽车库；6—汽车装卸台；7—门卫；8—变配电室、水泵房；9—消防水池；10—锅炉房；11—空压机、机修间；12—钢瓶修理间；13—休息室；14—办公楼、食堂；15—汽车库；16—传达室

应有较好的铁路接轨条件。

4. 站内储罐与站外的建、构筑物的防火间距应符合《城镇燃气设计规范》GB 50028 和《建筑设计防火规范》GB 50016 的有关规定。

根据液化石油气储配站生产工艺过程的需要，站内应设置下列建（构）筑物。

当液化石油气由铁路运输时，应设有铁路专用线，火车槽车卸车栈桥及卸车附属设备；站内应包括储罐、压缩机间、灌瓶间、汽车槽车装卸台、行政管理及生活用房、修理间（包括机修间、瓶修间）、车库（包括汽车槽车，运瓶汽车）、消防水池和消防水泵房以及其他辅助用房（包括变配电室，仪表间，空压机室和化验室），如图4-13所示。

储配站用地规模可参考表 4-16 值确定。

液化石油气储配站站区建设用地指标　　　　表4-16

建设规模	建设用地指标（m²/t）
一类	< 1.5
二类	1.5~3.0
三类	3.0~6.5

注：表中指标，建设规模大的取低限，反之取高限。

四、液化气供应站

液化气供应站是为供应气瓶，回收空瓶，方便用户换气。

瓶装液化石油气供应站按其气瓶总容积 V 分三级（表4-17），并应符合以下规定：

供应站不同等级下的气瓶总容积关系　　　　表4-17

名称	气瓶总容积（m³）
Ⅰ级	$6 < V \leqslant 20$
Ⅱ级	$1 < V \leqslant 6$
Ⅲ级	$V \leqslant 1$

注：气瓶总容积等于气瓶个数和单瓶几何容积的乘积。

1. Ⅰ、Ⅱ级瓶装供应站的瓶库宜采用敞开或半敞开式建筑。瓶库内的气瓶应分区存放，即分为实瓶区和空瓶区。

2. Ⅰ级瓶装供应站出入口一侧的围墙可设置高度不低于 2m 的非燃烧体实体围墙，其底部实体部分不应低于 0.6m，其余各侧应设置高度不低于 2m 的非燃烧材料实体围墙。

Ⅱ级瓶装供应站的四周宜设置非燃烧实体围墙，其底部实体部分高度不应低于0.6m。

3. Ⅱ级瓶装供应站的瓶库与站外建、构筑物的防火间距不应小于表4-18的规定。

瓶库与站外建、构筑物的防火间距（m）　　　　表4-18

项目　　　　　　气瓶总容积（m³）	Ⅰ级站		Ⅱ级站	
	10~20（含）	6~10（含）	3~6（含）	1~3（含）
明火、散发火花地点	35	30	25	20
民用建筑	15	10	8	6
重要公共建筑、一类高层民用建筑	25	20	15	12
道路（路边）　主要	10		8	
道路（路边）　次要	5		5	

4. Ⅰ级瓶装供应站的瓶库与修理间或生活、办公用房的间距不应小于10m。管理室可与瓶库空瓶区侧毗邻，但应采用无门窗洞口的防火墙隔开。

5. Ⅱ级瓶装供应站的瓶库与营业室组成。两者宜合建成一栋建筑，但应采用无门窗洞口的防火墙隔开。

液化石油气供应站的规模一般按年液化气供应能力来表示，有时候也按供应户数能力表示，见表4-19。

液化石油气供应站主要技术经济指标　　　　表4-19

供应规模（t/a）	供应户数	日供应量（t/d）	占地面积（hm²）	储罐总容积（m³）
1000	5000~5500	3	1.0	200
5000	25000~27000	13	1.4	800
10000	50000~55000	28	1.5	1600~2000

五、气化站

气化站的任务是将液态的液化气气化，之后通过气相管道输送至用户，适用于用户相对集中的场合。

气化站的工作过程如下：储罐内的液态液化石油气利用烃泵加压后送入气化器，在气化器内利用循环系统的热水，将其加热气化成气态液化石油气，再经调压、计量后送入管网向用户供气。采用加压或等压气化方式时，为防止气态液化石油气在供气管道内产生再液化，应在气化器出气管上或气化总管上设置调压器，将出站压力调节至较低压力，以保证正常供气。

气化站包括储罐（一般多设于地下）、蒸发器间、调压室间、值班室和办公室等。

由储配站供应液化石油气时，气化站的储罐设计总容量一般按年平均日用量的 3 ~ 5 倍耗用量计算。

气化站多采用卧式储罐，其单罐容积不大于 $10m^3$。当储罐容积大于 $10m^3$ 时，应考虑设置中间罐。气化站的储罐数不应少于 2 台。设于居民区内的气化站，周围应设非燃烧体的实体围墙；带有明火的气化装置应设在室内，并与储罐区、其他操作车间用防火墙隔离；站里应设消火栓及其他必要的消防措施。

气化站储罐与民用建筑、重要的公共建筑或道路之间的防火间距参见表 4-20。

气化站储罐与民用建筑、重要的公共建筑或道路
之间的防火间距（m）　　　　　　表 4-20

项目	储罐容积 m^3	
	< 10	10 ~ 30
民用建筑	12	18
道路	10	18
重要的公共建筑	25	25

第五节　生物质气

生物质气是利用农村废弃的秸秆（稻秆，麦秆，玉米秆，高粱秆等）、杂草、藤条等农林可燃植物作为主要原料，经过生物催化而产生的一种燃气。

一、沼气

沼气是有机物质（如人畜家禽粪便、秸秆、杂草等）在一定的水分、温度和厌氧条件下，通过种类繁多、数量巨大且功能不同的各类微生物的分解代谢，最终形成 CH_4 和 CO_2 等混合性气体。沼气的产生是一个复杂的生物化学过程。

发展沼气是科学利用生物质能的有效途径。我国农村沼气的推广应用开始于 20 世纪 70 年代，当时主要考虑解决农村地区严重的能源短缺问题。到了 20 世纪 80 年代中后期，改革给农村带来很大的变化，为满足广大农民对清洁、方便和低成本能源的需求，以燃料改进和能源开发为主要目标的农村沼气建设又逐步兴起。进入 21 世纪，随着生态家园富民计划的全面实施，沼气形成了技术先进、经济实用、效益明显、适用于不同区域的规范的建设标准。沼气池采用砖结构、混凝土现浇、预制板或玻璃钢，解决了漏水、漏气的问题，同时把畜禽粪便作为主要的发酵原料，采用新的池型，实现了自动进出料。

为了加强沼气技术的研发能力和试点示范，国家相关部门已经启动了农村沼气科技支撑项目，包括沼气科技研发基地建设项目、产业沼气工程平台建设项目、西北地区农村沼气科技创新与示范基地建设项目和东北地区农村沼气科技创新示范基地建设项目等。农村沼气上承养殖业，下启种植业，一头连着生产，一头连着生活，综合效益十分显著。既为农民提供优质生活用能，优化农村能源消费结构，又减少了常规能源消耗。在四川省，经过连续多年的大规模建设，经济条件和地理条件好的农户大多数已经用上了沼气池，把发展沼气建设与增加农民收入、改善农村面貌和农民生活环境、提高农民生活质量、改善农村生态环境等紧密结合，产生出显著的经济、社会、生态和政治效益。当前我国农村沼气发展正从解决农村能源和环境卫生的需求向在改变农业农村发展方式中发挥基础性作用转变，从农户沼气建设为主向户用沼气与大中型沼气工程建设并重转变，从分散建设管理向产业化和社会化服务转变。

在制取沼气时，要参照表 4-21 的基本条件。

用沼气作为农村的补充和部分替代燃料具有以下特殊优势：

制取沼气的基本条件　　　　　　　　　　　　　　　　　表 4-21

条件	具体要求
厌氧环境	严格的厌氧环境是沼气发酵的先决条件，厌氧程度一般用氧化还原电位来表示。高温沼气发酵适宜的氧化还原电位为 -560 ~ -600mV，中温和常温沼气发酵为 -300 ~ -350mV
酸碱度	适宜的酸碱度为中性偏碱，一般 pH 值为 6.8 ~ 7.5
温度	常温发酵为 10 ~ 26℃，中温发酵为 28 ~ 38℃，高温发酵 45 ~ 65℃
原料配比	农村沼气发酵原料碳氮比以（20 ~ 30）：1 为好，有机废水沼气发酵碳、氮、磷的比例以 10：4：0.8 为好
接种物	接种物添加量一般占总料液的 30% 左右，大中型沼气池发酵的接种物使用前应进行驯化、培养
浓度	农村湿发酵干物质浓度为 8% ~ 10%，高浓度发酵为 15% ~ 17%，干发酵为 20% ~ 22%；有机废水发酵 COD 含量在 2000mg/L 以上，不同的发酵装置有不同的浓度要求
搅拌	搅拌方式有机械搅拌、气搅拌、液体射流搅拌和泵搅拌等数种，搅拌可连续进行，也可间歇进行，具体情况具体分析

1. 原材料种类更加丰富，来源广泛；

2. 发展潜力巨大；

3. 具有循环利用的特点；

4. 规模可大可小。具体规模大小可参考表 4-22。

沼气规模工程的确定　　　　　　　　表 4-22

规模	单池容积（m³）	总池容积（m³）
小型	<50	<50
中型	50～500	50～1000
大型	>500	>1000

一个完整的大中型沼气发酵工程，无论其规模大小，都包括了如下的工艺流程：原料（废水）的收集、预处理、消化器（沼气池）、出料的后处理和沼气的净化与储存等，如图 4-14 所示。

沼气技术在农村的发展和运用，有如下意义：

1. 沼气不仅能解决农村能源问题，而且能增加有机肥料资源，提高质量和增加肥效，从而提高农作物产量，改良土壤；

2. 使用沼气，能大量节省秸秆、干草等有机物，以便用来生产牲畜饲料和作为造纸原料及手工业原材料；

3. 兴办沼气可以减少乱砍树木和乱铲草皮的现象，保护植被，使农业生产系统逐步向良性循环发展；

4. 兴办沼气，有利于净化环境和减少疾病的发生。这是因为在沼气池发酵处理过程中，人畜粪便中的病菌大量死亡，使环境卫生条件得到改善；

5. 用沼气煮饭照明，既节约家庭经济开支，又节约家务的劳作时间，降低劳动强度；

6. 使用沼肥，可提高农产品质量和品质，增加经济收入，降低农业污染，为无公害农产品生产奠定基础。

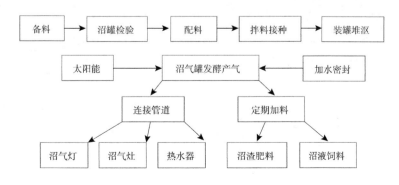

图 4-14　沼气工艺流程图

二、秸秆制气

秸秆燃气，是利用秸秆等生物质通过密闭缺氧，采用干馏热解法及热化学氧化法后产生的一种可燃气体，它是一种混合燃气，含有 CO、H_2、CH_4 等。制气原料还包括锯木、木柴，野草，松针树，牛羊畜粪，食用菌渣等。

秸秆制气在制气炉中完成。当原料投入炉膛内燃烧产生大量 CO 和 H_2 时，燃气自动导入分离系统执行脱焦油、脱烟尘，脱蒸汽的净化程序，从而产生优质燃气，通过管道输送到燃气灶使用。

农村居民使用秸秆燃气可以通过秸秆气化工程集中供气获得，或利用家用制气炉自己生产。秸秆气化工程，一般为国家，集体，个人三方投资共建，一个农户居住集中的村庄的气化工程大约需 50～80 万元。我国目前大约有 200 多个村级秸秆气化工程。

秸秆气化工程的使用，可以减少农业有机废弃物（秸秆等）的产生量，减少秸秆焚烧时对环境、交通等的影响，改善由于秸秆乱堆乱放对村容村貌的影响。既是对农业废弃物的一种资源化利用方式，也为农村能源供应提供了一种可能。

附4　可再生能源利用

可再生能源，是指风能、太阳能、水能、生物质能、地热能、海洋能等非化石能源。目前全球能源供应日益紧张，因此各国都加快了可再生能源的开发步伐，可再生能源利用取得了突飞猛进的发展，可再生能源已逐渐成为常规化石能源的一种替代能源。同时可再生能源属于清洁能源，可以减少对环境的影响，是未来能源利用的希望。

我国可再生能源产业也逐步发展并形成了一定的规模。目前新技术开发利用的可再生能源和核能量每年超过 5000 万吨标准煤，约相当于 2004 年全国一次能源总消费量的 3.1%。

可再生能源利用具有重要意义，可概括为如下几点：

1. 可代替或少用资源有限、不可再生的化石能源。

人类社会目前消费的能源，主要是煤炭、石油和天然气等化石能源。这些能源资源有限，不可再生，终究要枯竭。我们既要提高能源利用效率、大力节约能源，又要积极研究开发利用资源无限、可以再生的可再生能源。积极推广应用可再生能源，代替或少用一些煤炭、石油、天然气等一次化石能源，对减少化石能源的消费量和优化能源结构，具有重要意义。

2. 可减少耗用化石能源所产生的污染物的排放量，减轻大气污染，保护生态环境。

人类生存与发展离不开能源。能源是经济社会发展的基本物质基础，但化石能源的大量开发与利用，又是造成大气和其他类型环境污染与生态破坏的主要因素。可再生能源没有或很少有损害大气和生态环境的污染物的排放，是与人类赖以生存的生态环境协调的清洁能源，积极加以推广应用，可以减少 CO_2、SO_2、NO_x 以及颗粒物等污染物的排放量，对减轻大气污染和保护生态环境发挥很大的作用。

3. 可再生能源是边远偏僻的农村解决基本生活用能所急需的重要能源资源。

我国边远偏僻的广大农村，特别是西部地区的农村，至今仍有上万个行政村尚未通电，尚有近亿人口基本生活燃料短缺，严重影响了经济社会的发展、科技文化水平的提高和脱贫致富的步伐。生活用能是建筑能耗的重要组成部分，居农村建筑能耗的首位，推广应用新能源和可再生能源的潜力十分巨大。采用光伏发电和风力发电，可使至今尚未用上电的西部乡村，用上电灯，看上电视，听到广播。采用沼气、秸秆气化及太阳灶等，可使边远农村的缺能状况得到缓解，乱砍滥伐林木、破坏草原植被的现象得到遏制，广大农村的生态环境得到保护。

一、太阳能

太阳能是一个巨大、久远、无尽的能源。地球上的风能、水能、海洋能和生物质能等都是来源于太阳；即使是地球上的化石燃料（如煤、石油、天然气等）从根本上说也是远古以来贮存下来的太阳能，所以广义的太阳能所包括的范围非常大，狭义的太阳能则限于太阳辐射能的光热、光电和光化学的直接转换。

太阳能既是一次能源，又是可再生能源。它资源丰富，既可免费使用，又无需运输，对环境无任何污染。但太阳能也有两个主要缺点：一是能流密度低；二是其强度受各种因素（季节、地区、气候等）的影响不能维持常量。这两大缺点大大限制了太阳能的有效利用。

太阳能作为一种新能源，它与常规能源相比有三大特点：

1. 它是人类可以利用的最丰富的能源，足以供地球人类使用几十亿年；

2. 地球上无论何处都有太阳能，可以就地开发利用，不存在运输问题，尤其对交通不发达的农村、海岛和边远地区更有利用价值；

3. 太阳能是一种洁净的能源，在开发和利用时，不会发生废渣、废水、废气，也没有噪声，更不会影响生态平衡，不会造成污染与公害。

我国太阳辐射资源比较丰富，而太阳辐射资源受气候、地理等环境条件的影响，因此其分布具有明显的地域性，见表4-23。

我国太阳辐射资源分类分区　　　　　　　　　　表4-23

编号	分类	辐射强度	分布地区
I	资源丰富带	>6700MJ/（$m^2 \cdot$ 年）	青藏高原地区
II	资源较丰富带	5400 ～ 6700MJ/（$m^2 \cdot$ 年）	西北、华北地区
III	资源一般带	4200 ～ 5400MJ/（$m^2 \cdot$ 年）	东北、华中、华南、华东地区
IV	资源贫乏带	<4200MJ/（$m^2 \cdot$ 年）	四川盆地

人类对太阳能的利用有着悠久的历史。我国早在两千多年前的战国时期就知道利用铜制凹面镜聚焦太阳光来点火；利用太阳能来干燥农副产品。发展到现代，太阳能的利用已日益广泛，它包括太阳能的光热利用，太阳能的光电利用和太阳能的光化学利用等。太阳能热利用详见第三章。

太阳能热发电即把太阳辐射热转换成电能的发电技术。它包括两大类：一类是利用太阳热能直接发电，如半导体或金属材料的温差发电、真空器件中的热电子和热离子发电以及碱金属热发电转换和磁流体发电等，这类发电的特点是发电装置本体没有活动部件，但此类发电量小，有的方法尚处于原理性试验阶段。另一类是将太阳热能通过热机带动发电机发电，其基本组成与常规发电设备类似，只不过其热能是从太阳能转换来。

通过光电器件将太阳光直接转换成电能，即"太阳光发电"。光发电目前已经发展成两种类型：一种是光生伏达电池，俗称太阳能电池；另一种是正在探索中的光化学电池。太阳能电池虽然叫做电池，它本身并不能储存能量，只是将太阳能转换成电能以供使用。优点主要有安全、清洁，不必长距离输送；缺点主要是间歇性，能量密度低，初投资大。

太阳能电池的工作原理是将某些半导体材料的光伏效应放大化。能产生光伏效应的半导体材料有许多，比如单晶硅、多晶硅、非晶硅、砷化镓、硒铟铜等，它们的发电原理基本相同。

二、水能

水能是自然界广泛存在的一次能源。它可以通过水电厂方便地转换为优质的二次能源电能。所以通常所说的"水电"既是被广泛利用的常规能源，又是可再生能源。而且水力发电对环境无污染，因此水能是众多能源中永不枯竭的优质能源。

我国水能资源丰富，但资源分布不均匀，以西南地区最多，仅川、云、贵三省就占全国的50.7%。由于用电负荷主要集中在东部沿海地区，这种水能资源分布和电力负荷分布的不均衡，客观上限制了我国水能资源的开发利用。

水能利用主要是水力发电，此外我国在东汉时就有正式记载的水车，当时的水车已有轮轴槽板等基本装置。发展到了唐宋时期，水车在轮轴应用方面有很大的进步，能利用水力为动力，连筒可以使低水高送，不仅功效更大，同时节约了人力。到了元明时代，一架水车不仅有一组齿轮，有的多至三组。一般大的水车可灌溉农田六七百亩，小的可灌溉一二百亩。水车可利用丰水季节自然水流助推转动；枯水季节有围堰分流聚水，通过堰间水渠，河水自流助推转动。

三、风能

风就是水平运动的空气，空气产生运动，主要是由于地球上各纬度所接受的太阳辐射强度不同而形成的。

在赤道和低纬度地区，太阳高度角大，日照时间长，太阳辐射强度强，地面和大气接受的热量多、温度较高；在高纬度地区太阳高度角小，日照时间短，地面和大气接受的热量小，温度低。这种高纬度与低纬度之间的温度差异，形成了南北之间的气压梯度，使空气作水平运动。

地球在自转，使空气水平运动发生偏向的力，称为地转偏向力。所以地球大气运动除受气压梯度力外，还要受地转偏向力的影响。大气真实运动是这两个力综合影响的结果。

地球上风能资源十分丰富，据世界能源理事会估计，在地球 $1.07 \times 10^8 \text{km}^2$ 的陆地面积中，有27%的地区年平均风速高于5m/s（距地面10m处）。

我国是季风盛行的国家，风能资源量大面广。风能资源较好的地区是东部沿海及一些岛屿，内陆沿东北、内蒙古、甘肃至新疆一带，风能资源也较为丰富，平均风能密度 $150 \sim 300W/m^2$。

风能是一种潜力很大的新能源。其实风很早就被人们利用，主要是通过风车来抽水、磨面、风帆助航。现在，人们主要利用风来发电。据估计，地球上可用来发电的风力资源约有 100 亿 kW。目前全世界每年燃烧煤所获得的能量只有风力在 1 年内所提供能量的三分之一。因此，国内外都很重视利用风力来发电。

风是没有公害的能源之一，而且它取之不尽，用之不竭。对于缺少河流、缺乏燃料和交通不便的沿海岛屿、草原牧区、山区和高原地带，因地制宜的利用风力发电，非常适合。

四、地热

地球的内部是一个高温高压的世界，是一个巨大的"热库"，蕴藏着无比巨大的热能。地球通过火山爆发、间歇喷泉和温泉等等途径，源源不断地把它内部的热能通过传导、对流和辐射的方式传到地面上来。

地球每一层次的温度状况是很不相同的。地温随深度增加而不断升高，越深越热。这种温度的变化，以"地热增温率"来表示，也叫做"地温梯度"。各地的地热增温率，差别是很大的，平均地热增温率为每加深 100m，温度升高 $8^{\circ}C$。

按照地热增温率的差别，我们把陆地上的不同地区划分为"正常地热区"和"异常地热区"。地热增温率接近 $3^{\circ}C$ 的地区，称为"正常地热区"。远超过 $3^{\circ}C$ 的地区，称为"异常地热区"。在正常地热区，较高温度的热水或蒸汽埋藏在地壳的较深处。在异常地热区，由于地热增温率较大，较高温度的热水或蒸汽埋藏在地壳的较浅部位，有的甚至露出地表。那些天然出露的地下热水或蒸汽叫做温泉。温泉是在当前技术水平下最容易利用的一种地热资源。在异常地热区，除温泉外，人们也较易通过钻井等人工方法把地下热水或蒸汽引导到地面上来加以利用。地热可用于供热、发电等，可参见第三章和第五章相关内容。

五、生物质能

生物质能是太阳能以化学能形式贮存在生物中的一种能量形式，一种以生物质为载体的能量，它直接或间接地来源于植物的光合作用，在各种可再生能源中，生物质能是独特的，它是贮存的太阳能，更是唯一可再生的碳源，可转化成常规的固态、液态和气态燃料。

就能源当量而言，生物质是仅次于煤炭、石油、天然气的第四大能源，在整个能源系统占有重要地位。生物质能一直是人类赖以生存的重要能源之一。在世界能源消耗中，生物质能占总能耗的14%，但在发展中国家占40%以上。

尽管我国生物质能源的开发利用处于刚起步阶段，生物质能源在整个能源结构中所占的比重还很小。但是，生物能源的发展潜力不可估量。目前，全国农村每年有7亿吨秸秆，可转化为1亿吨的酒精。我国南方地区有3亿多亩沼泽地，可以种植油料作物，发展生物柴油产业；有15亿亩盐碱地，可以种植抗盐碱植物。加上禽畜粪便、森林加工剩余物等，我国现有可供开发用于生物能源的生物质资源至少达到4.5亿吨标准煤，约相当于我国2000年全部一次能源消费的40%。此外，我国还有约20亿亩宜农、宜林荒山荒地可用于发展能源农业和能源林业。

世界上生物质资源数量庞大，种类繁多。它包括所有的陆生、水生植物，人类和动物的排泄物以及工业有机废物等。通常将生物质资源分为以下几大类：

1. 农作物类。主要包括产生淀粉的甘薯、玉米等，产生糖类的甘蔗、甜菜、果实等。

2. 林作物类。主要包括白杨、枞树等树木类及苜蓿、象草、芦苇等草木类。

3. 水生藻类。主要包括海洋生的马尾藻、巨藻、海带等，淡水生的布袋草、浮萍、小球藻等。

4. 光合成微生物类。主要包括硫细菌非硫细菌等。

5. 其他类。主要包括农产品的废弃物如稻秸、谷壳等；城市垃圾、林业废弃物、畜业废弃物等。

对生物质能的利用和转换有直接燃烧、生物转换和化学转换法。

当前利用生物质能的主要问题是能量利用率很低，使用上也很不合理。千百年来农村一直是使用农作物的秸秆作燃料；山区、林区则直接燃用木材，造成资源的巨大浪费。生物转换和化学转换目前转化效率低，生产成本高，也制约了生物质能大规模的有效利用。但由于生物质能的潜力巨大，在现代高科技的支撑下，生物质能必将对解决发展中国家的农村能源问题起到重要作用。

生物质能有以下优点：

1. 提供低硫燃料；

2. 提供廉价能源（某些条件下）；

3. 将有机物转化成燃料可减少环境公害（例如垃圾燃料）；与

其他非传统性能源相比较，技术上的难题较少。

生物质能也有以下缺点：

1. 植物仅能将极少量的太阳能转化成有机物；

2. 单位土地面积的有机物能量偏低；

3. 缺乏适合栽种植物的土地；

4. 有机物的水分偏多（50%～95%）。

目前，生物质能利用包括沼气、秸秆制气和城市垃圾焚烧等。

城市垃圾是一种废弃物，但它也可以作为一种新能源。生活垃圾的主要成分是有机物，垃圾焚烧发电（供热）是指使用特殊的垃圾焚烧设备，以城市工业和生活垃圾为燃料，在对垃圾进行焚烧处理的同时，利用其产生的能量发电（供热）的一种新型方式。由于这种处理方式具有环境与经济双重效益，已被发达国家广泛采用。

我国对垃圾的处理目前基本上仍采用露天堆放和填埋法，而在垃圾焚烧技术的研究、开发和应用方面起步较晚。相比之下，我国垃圾焚烧设备的设计、生产和应用的水平和规模与发达国家的差距还很大。

六、海洋能

海洋是一个巨大的能源宝库，海洋能源是取之不尽、用之不竭的可再生能源。

海洋能源通常指海洋中所蕴藏的可再生的自然能源，主要为潮汐能、波浪能、海流能（潮流能）、海水温差能和海水盐差能。更广义的海洋能源还包括海洋上空的风能、海洋表面的太阳能以及海洋生物质能等。

1. 潮汐能

海洋的潮汐中蕴藏着巨大的能量。在涨潮的过程中，汹涌而来的海水具有很大的动能，而随着海水水位的升高，就把海水的巨大动能转化为势能，在落潮的过程中，海水奔腾而去，水位逐渐降低，势能又转化为动能。潮汐能利用的主要方式是发电，潮汐发电与水力发电的原理相似。

2. 波浪能

波浪能是指海洋表面波浪所具有的动能和势能。波浪的能量与波高的平方、波浪的运动周期以及迎波面的宽度成正比。波浪能是海洋能源中能量最不稳定的一种能源。

波浪发电是波浪能利用的主要方式，此外，波浪能还可以用于抽水、供热、海水淡化以及制氢等。

3. 温差能

温差能是指海洋表层海水和深层海水之间水温之差的热能。

海洋的表面把太阳的辐射能的大部分转化成为热水并储存在海洋的上层。另一方面，接近冰点的海水大面积地从不到 1000m 的深度由极地缓慢流向赤道。

温差发电的基本原理就是借助一种工作介质，使表层海水中的热能向深层冷水中转移，从而做功发电。除了发电之外，海洋温差能利用装置还可以获得淡水并可以与深海采矿系统中的扬矿系统相结合。因此，温差能装置可以建立海上独立生存空间并作为海上发电厂、海水淡化厂或海洋采矿、海洋牧场的支持系统。

4. 盐差能

盐差能是指海水和淡水之间或两种含盐浓度不同的海水之间的化学电位差能。主要存在于河海交接处。同时，淡水丰富地区的盐湖和地下盐矿也可以利用盐差能。盐差能是海洋能中能量密度最大的一种可再生能源。

盐差能的利用主要是发电。其基本方式是将不同盐浓度的海水之间的化学电位差能转换成水的势能，再利用水轮机发电，主要有渗透压式、蒸汽压式等，其中渗透压式方案最受重视。

5. 海流能

海流能是指海水流动的动能，主要是指海底水道和海峡中较为稳定的流动以及由于潮汐导致的有规律的海水流动。海流能的能量与流速的平方和流量成正比。

海流能的利用方式主要是发电，其原理和风力发电相似，任何一个风力发电装置都可以改造成为海流发电装置。但由于其的密度约为空气的 1000 倍，且装置必须放于水下。故海流发电存在一系列的关键技术问题，包括安装维护、电力输送、防腐、海洋环境中的载荷与安全性能等。

第五章
电力系统规划

第一节　概述

电能是城市能源体系的主要组成部分。与其他能源相比，电能易于转化，输配简单迅速，使用灵活、方便，清洁、高效，便于调节、测量和自动控制。因此，电能被广泛应用于城市生产、生活的各个领域，是科学技术发展、国民经济飞跃的主要动力。保证可靠、安全、经济、高质量的供电，对城市生产与居民生活都有很大的作用。在现代城市的能源消耗中，电能所占比例通常达到 50% 以上，在部分城市中这一比例甚至可达到 80%。

一、电力系统的构成

电力系统由各种不同类型的发电厂、输配电网及电力用户组成，如图 5-1 所示。它们分别承担着电能的生产、输送、分配及使用的任务。

在目前的电力系统中，主要的发电厂为以煤、石油和天然气作为燃料的火力发电厂、利用水力发电的水力发电厂和利用核能发电的原子能发电厂。此外，利用风能、太阳能、地下热能和潮汐能的可再生能源发电也在不断发展与研究中，有的已具有一定的使用规模。

输电网络的作用是将各个发电厂通过高压（如 220kV、330kV、500kV 甚至 750kV）输电线路相互连接，使所有同步发电机之间并列运行，并同时将发电厂发出的电能送到各个负荷中心。由于每条线路输送功率大小以及传输距离不同，在同一个输电网络中可能需要采用几种不同等级的电压，这就要求在输电网络中采用各种不同容量的升、降压变电所。电能传输的方式分为交流输电和直流输电两种形式。

电力用户主要包括工业、农业、交通运输等国民经济各个部门以及市政和人民生活用电等社会的方方面面。随着对用电量和供电

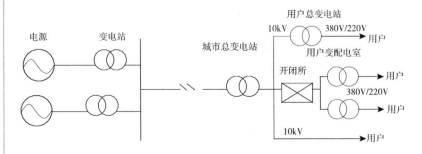

图 5-1　电力系统示意图

质量的要求不断提高，电力系统规模日益扩大，跨区域的大型电力系统应运而生，其优点有：

1. 发电量不受地方负荷的限制，可以增大单台机组容量，充分利用地方自然资源，提高发电效率，降低电能成本。

2. 充分利用各类发电厂的特点，合理地分配负荷，使系统能保持在最经济的条件下运行。

3. 在减少备用机组的情况下，能充分保证对用户供电的可靠性。

因此，城市电力系统一般只是区域电力网的一个组成部分，或者可以认为各城市电力系统是区域电力网的一个个"用户"，而区域电力系统的变电站是城市电力系统的电源。

二、电力网额定电压等级

电力网的额定电压等级是根据国民经济发展的需要、技术经济的合理性以及电气设备的制造水平等因素，经全面分析论证，由国家统一制定和颁布的。我国公布的标准额定电压见表 5-1。

我国交流电力网和电气设备的额定电压　　　　表 5-1

	电力网和用电设备额定电压	发电机额定电压	电力变压器额定电压	
			一次绕组	二次绕组
低压（V）	380 / 220 660 / 380	400 690	380 / 220 660 / 380	400 / 230 690 / 400
高压（kV）	10 35 110 220 330 500 750	10.5 — — — — — —	10 及 10.5 35 110 220 330 500 750	10.5 及 11 38.5 121 242 363 550 —

注：表中斜线"/"左边数字为三相电路的线电压，右边数字为相电压。

通常电气设备的额定电压等级与电网额定电压等级相一致。根据电气设备在系统中的作用和位置，电气设备的额定电压简述如下。

1. 用电设备的额定电压

用电设备的额定电压是设备最经济合理的工作电压，它应与电网的额定电压一致。实际上，由于电网中有电压损失，致使各点实际电压偏离额定值。为了保证用电设备的良好运行，相关规范对各级电网电压的偏差均有严格规定。一般用电设备应在比电网电压允许偏差更宽的情况下正常工作。

2. 发电机的额定电压

由于用电设备的允许电压偏差一般为 ±5%，而沿线路的电压损失正常工作条件下不允许大于 10%，这就要求线路始端电压为额定电压的 105%，以使其末端电压不低于额定电压的 95%，发电机接在线路始端，因此，发电机的额定电压一般比同级电网额定电压高出 5%。

3. 电力变压器的额定电压

变压器的额定电压分为一次和二次。对于一次额定电压，当变压器接于电网末端时，性质上等同于电网上的一个负荷（如用户降压变电所的变压器），故其额定电压与电网一致；当变压器接于发电机引出端时（如发电厂升压变压器），则其额定电压应与发电机额定电压相同，即比同级电网额定电压高出 5%。对于二次额定电压，是指变压器的空载电压，考虑到变压器带负载时的自身电压损失（通常在额定工作情况下约为 5%），变压器二次侧额定电压应比电网额定电压高 5%；当二次侧输电距离较长时，还应考虑到线路电压损失（约 5%），此时，变压器二次侧额定电压应比电网额定电压高 10%。

三、供电质量指标

供电质量对工业和公用事业用户的安全生产、经济效益和人民生活有着很大的影响。供电质量恶化会引起用电设备的效率和功率因数降低，损耗增加，寿命缩短，产品品质下降，电子和自动化设备失灵等。通常，决定用户供电质量的指标为电压、频率和可靠性。

1. 电压

理想的供电电压应该是幅值恒为额定值的三相对称正弦电压。由于供电系统存在阻抗、用电负荷的变化和用电负荷的性质（如冲击性负荷、非线性负荷）等因素的影响，实际供电电压无论是在幅值上、波形上还是三相对称性上都可能与理想电压之间存在着偏差。

（1）电压偏差

电压偏差是指电网实际电压与额定电压之差。实际电压偏高或偏低对用电设备的良好运行都会产生影响。我国对用电单位的供电额定电压及容许偏差规定为：

35kV 及以上供电电压：电压正、负偏差绝对值之和为 10%；

10kV 及以下三相供电电压：±7%；

220V 单相供电电压：+7%，-10%。

（2）电压波动和闪变

电网电压幅值的连续快速变化称为电压波动。由电压波动引起的灯光闪烁对人眼脑产生的刺激效应称为电压闪变。如电弧炉等大容量冲击性负荷运行时，剧烈变化的负荷电流将引起送电线路压降的变化，从而导致连接该设备的电网母线上发生电压波动。电压波动不仅引起灯光闪烁，还会使电动机转速脉动、电子仪器工作失常等。

（3）高次谐波

电网电压波形发生非正弦畸变时，电压中出现高次谐波。高次谐波的产生，除电力系统自身背景谐波外，在用户方面主要由大功率变流设备、电弧炉等非线性用电设备所引起。高次谐波的存在将导致供电系统能耗增大、电气设备尤其是静电电容器过流及绝缘老化加快，并会干扰自动化装置和通信设施的正常工作。

（4）三相不对称

三相电压不对称指三个相电压在幅值和相位关系上存在偏差。三相不对称主要由系统运行参数不对称、三相用电负荷不对称等因素引起。供电系统的不对称运行，对用电设备及供配电系统都有危害，低压系统的不对称运行还会导致中性点偏移，从而危及人身和设备安全。

2. 频率

这里所说的频率是交变电流在单位时间内完成周期性变化的次数，也叫做电流的频率。一个交流电力系统只能有一个频率。我国规定的电力系统标称频率（俗称工频）为 50Hz。国际上标称频率有 50Hz 和 60Hz 两种。

当电能供需不平衡时，系统频率便会偏离其标称值。频率偏差不仅影响用电设备的工作状态、产品的产量和质量，更重要的是会影响到电力系统的稳定运行。

大多数国家规定频率偏差在（±0.1 ～ ±0.3）Hz 之间。在我国，300 万 kW 以上的电力系统频率偏差规定为 ±0.2Hz；而 300 万 kW 以下的小容量电力系统，其频率偏差规定为 ±0.5Hz。

3. 可靠性

供电可靠性是指供电系统持续供电的能力，是考核供电系统供电质量的重要指标，反映了电力工业对国民经济电能需求的满足程度，已经成为衡量一个国家经济发达程度的标准之一；供电可靠性可以用供电可靠率来定量描述。供电可靠率是在统计期间（一般为 1 年）内，供电部门对用户有效供电时间总小时数与统计期间小时数的比值。即：

$$供电可靠率 = \left\{ 1 - \cfrac{用户平均停电时间}{统计期间时间} \right\} \times 100 \qquad (5\text{-}1)$$

我国规定的城市供电可靠率是 99.96%，即用户年平均停电时间不超过 3.5 小时。目前我国供电可靠率在一般城市地区达到了 3 个 9（即 99.9%）以上，用户年平均停电时间不超过 9 小时；重要城市中心地区达到了 4 个 9（即 99.99%）以上，用户年平均停电时间不超过 53 分钟。

四、电力工程规划

电力工程规划的基本目标是为各电力用户的生产活动和人民生活提供一个安全、可靠、合理、优质的电力供应。近年来，工业生产工艺和设备与日俱新，自动化水平日益提高，商业用电和人民生活用电更是日益丰富，这些都对电力系统提出了更高的要求，也使得电力系统更加复杂。尽管不同用户的供电系统会因具体情况不同而异，但是电力系统规划中的基本要素是相同的，主要包括：电力负荷及其计算；供电电压的选择与调整；电源（包括备用电源和应急电源）的选择；配电系统（包括变电所和配电网）的设计；供电系统的电能节约与电能质量控制等。掌握上述要素，再考虑到不同用户的具体情况加以灵活运用，则可以对电力系统的构建做出合理规划。

1. 电力工程规划的主要任务

结合城市和区域电力资源状况，合理确定规划期内的城市用电量，用电负荷，进行城市电源规划；确定城市输、配电设施的规模、容量以及电压等级；科学布局变电所（站）等变配电设施和输配电网络；制定各类供电设施和电力线路的保护措施。

2. 电力工程规划应遵循的原则

编制城市电力工程规划应符合城市规划和地区电力系统规划总体要求，城市电力规划编制阶段和期限的划分，应与城市规划相一致，近、远期规划相结合，正确处理近期建设和远期发展的关系；电力工程规划应充分考虑规划新建的电力设施运行噪声、电磁干扰及废水、废气、废渣三废排放对周围环境的干扰和影响，并应按国家环境保护方面的法律、法规有关规定，提出切实可行的防治措施；规划新建的电力设施应切实贯彻安全第一的方针，满足防火、防爆、防洪、抗震等安全设防要求；电力工程规划应从城市全局出发，充分考虑社会、经济、环境的综合效益。

在城市总体规划阶段，电力工程规划应以规划人口、用地布局、社会经济发展为依据，结合所在地区电力部门制订的电力发展行业规划及其重大电力设施工程项目近期建设的进度安排，由城市规划、电力两部门通过协商，密切合作进行城市总体规划中电力规划的编制。

在编制城市电力工程规划的过程中，还应与道路交通规划、绿化规划以及城市供水、排水、供热、燃气、信息等市政工程规划相协调，统筹安排，妥善处理相互间影响和矛盾。

3. 电力工程规划所需资料

城市电力规划的编制，应在调查研究、收集分析有关基础资料的基础上进行。规划编制的阶段不同，调研、收集的基础资料重点也有差异。

（1）城市总体规划阶段中的电力系统规划（以下简称城市电力总体规划阶段）需调研、收集以下资料：

①地区动力资源分布、储量、开采程度资料；

②城市综合资料包括：区域经济、城市人口、土地面积、国内生产总值、产业结构及国民经济各产业或各行业产值、产量及大型工业企业产值、产量的近5年或10年的历史及规划综合资料；

③城市电源、电网资料，包括：地区电力系统地理接线图，城市供电电源种类、装机容量及发电厂位置，城网供电电压等级、电网结构、各级电压变电所容量、数量、位置及用地，高压架空线路路径、走廊宽度等现状资料及城市电力部门制订的城市电力网行业规划资料；

④城市用电负荷资料，包括：近5年或10年的全市及市区（市中心区）最大供电负荷、年总用电量、用电构成、电力弹性系数、城市年最大综合利用小时数、按行业用电分类或产业用电分类的各类负荷年用电量、城乡居民生活用电量等历史、现状资料；

⑤其他资料，包括：城市水文、地质、气象、自然地理资料和城市地形图，总体规划图及城市分区土地利用图等。

（2）城市详细规划阶段中的电力系统规划（以下简称城市电力详细规划阶段）需调研、收集以下资料：

①城市各类建筑单位建筑面积负荷指标的现状资料，或地方采用的现行标准或经验数据；

②详细规划范围内的人口、土地面积、各类建筑用地面积，容积率（或建筑面积）及大型工业企业或公共建筑群的用地面积，容积率（或建筑面积）现状及规划资料；

③工业企业生产规模、主要产品产量、产值等现状及规划资料；

④详细规划区道路网、各类设施分布的现状及规划资料；详细规划图等。

4. 电力工程规划的工作内容

在编制城市电力工程规划时，通常是按照城市供电负荷预测—确定城市电力工程规划目标—城市供电电源规划—城市供电网络与变电设施规划—分区供电、高压配电网络与变电设施规划—详细规划范围内配电线路与变配电设施规划的顺序及层级开展进行的。

在编制城市电力总体规划阶段通常首先进行城市电力总体规划纲要的制定，城市电力总体规划纲要的内容包括：预测城市规划目标年的用电负荷水平；确定城市电源、电网布局方案和规划原则；绘制市域和市区（或市中心区）电力总体规划布局示意图；编写城市总体规划纲要中的电力专项规划要点。

在城市电力总体规划纲要的基础上，城市电力总体规划的内容及成果要求包括：

（1）预测市域和市区（或市中心区）规划用电负荷；

（2）确定城市供电电源类型和布局；

（3）确定城网供电电压等级和层次；

（4）确定城网中的主网布局及其变电所容量、数量；

（5）确定 35kV 及以上高压送、配电线路走向及其防护范围；

（6）提出城市规划区内的重大电力设施近期建设项目及进度安排；

（7）绘制市域和市区（或市中心区）电力总体规划图，编写电力总体规划说明书。

大、中城市在城市电力总体规划的基础上，结合城市分区规划的编制可相应制定电力分区规划，内容及成果要求包括：

（1）预测分区规划用电负荷；

（2）落实分区规划中供电电源的容量、数量及位置、用地；

（3）布置分区规划内高压配电网或高、中压配电网；

（4）确定分区规划高、中压电力线路的路径，敷设方式及高压线走廊（或地下电缆通道）宽度；

（5）绘制电力分区规划图，编写电力分区规划说明书。

在电力分区规划或电力总体规划的基础上，编制城市详细规划阶段中的电力规划，其编制内容及成果要求包括：

（1）确定详细规划区中各类建筑的规划用电指标，并进行负荷预测；

（2）确定详细规划区供电电源的容量、数量及其位置、用地；

（3）布置详细规划区内中压配电网或中、高压配电网，确定其变电所、开关站的容量、数量、结构型式及位置、用地；

（4）绘制电力控制性详细规划图，编写电力控制性详细规划说明书。

在城市开发区、近期建设地区，与城市修建性详细规划配套编制电力修建性详细规划，其内容及成果要求包括：

（1）估算详细规划区用电负荷；

（2）确定详细规划区供电电源点的数量、容量及位置、用地面积（或建筑面积）；

（3）布置详细规划区的中、低压配电网及其开关站、10kV 公用配电所的容量、数量、结构型式及位置、用地面积（或建筑面积）；

（4）确定详细规划区的中、低压配电线路的路径、敷设方式及线路导线截面；

（5）投资估算；

（6）绘制电力修建性详细规划图，编写电力修建性详细规划说明书。

第二节　电力负荷计算

一、城市用电分类

按城市全社会用电分类，城市用电负荷分为下列八类：农、林、牧、副、渔、水利业用电，工业用电，地质普查和勘探业用电，建筑业用电，交通运输、邮电通信业用电，商业、公共饮食、物资供销和金融业用电，其他事业用电，城乡居民生活用电。也可分为以下四类：第一产业用电，第二产业用电，第三产业用电，城乡居民生活用电。城市建设用地用电负荷分类见表 5-2。

二、电力负荷预测

合理的电力负荷的预测是做好电力工程规划的先决条件，它为确定整个供电系统的规模和设备的选择提供基本依据。

（一）基本概念

1. 设备安装容量

设备安装容量 P_N（亦称设备功率）是指连续工作的用电设备铭牌上的标称功率 P_E。但是，用电设备往往因工作性质不同而具有不同的运行工作制，这时，从供电安全和经济性两方面来考虑，应按

城市建设用地用电负荷分类　　　　　　表 5-2

大类	小类	适应范围
居住用地用电	一类居住	以低层住宅为主的用地用电
	二类居住	以多、中、高层住宅为主的用地用电
	三类居住	住宅与工业用地有混合交叉的用地用电
公共设施用地用电	行政办公	行政、党派和团体等机构办公的用地用电
	金融贸易	金融、保险、贸易、咨询、信息和商社等机构的用地用电
	商业、服务业	百货商店、超级市场、饮食、旅馆、招待所、商贸市场等的用地用电
	文化娱乐	文化娱乐设施的用地用电
	体育	体育场馆和体育训练基地等的用地用电
	医疗卫生	医疗、保健、卫生、防疫和急救等设施的用地用电
	教育科研设施	高等学校、中等专业学校、科学研究和勘测设计机构等设施的用地用电
	其他	不包括以上设施的其他设施的用地用电
工业用地用电	一类工业	对居住和公共设施等的环境基本无干扰和污染的工业用地用电
	二类工业	对居住和公共设施等的环境有一定干扰和污染的工业用地用电
	三类工业	对居住和公共设施等的环境有严重干扰和污染的工业用地用电
仓储用地用电		仓储业的仓库房、堆场、加工车间及其附属设施等用地用电
对外交通用地用电	铁路	铁路站场等用地用电
	港口	海港和河港的陆地部分,包括码头作业区、辅助生产区及客运站用地用电
	机场	民用及军民合用机场的飞行区(不含净空区)、航站区和服务区等用地用电
市政公用设施用地用电		供水、供电、燃气、供热、公共交通、邮电通信及排水等设施用地用电
其他事业用地用电		除以上各大类用地之外的用地用电

设备铭牌功率予以折算。用电设备工作制分为:连续运行工作制(如通风机、压缩机、各种泵类、各种电炉、照明等);短时运行工作制;断续周期工作制。

2. 负荷与负荷曲线

电力负荷是指单台用电设备或一组用电设备从电源取用的电功率,包括有功功率、无功功率和视在功率。在生产过程中,由于生产过程的变化或用电设备使用上的随机性,实际负荷都是随着时间而变化的。电力负荷随时间变化的曲线称为负荷曲线。

有功功率是保持用电设备正常运行所需的电功率,也就是将电能转换为其他形式能量(机械能、光能、热能)的电功率,称为有功功率,通常用 P 表示,单位是 W,kW;

　　无功功率比较抽象，它是用于电路内电场与磁场，并用来在电气设备中建立和维持磁场的电功率。凡是有电磁线圈的电气设备，要建立磁场，就要消耗无功功率，通常用 Q 表示，单位是 var，kvar；

　　视在功率可表示为：有功功率和无功功率的几何之和（即平方和的均方根），它用来表示电气设备的容量，通常用 S 表示，单位为 VA，kVA。

　　在交流电路中，电压与电流之间的相位差（Φ）的余弦叫做功率因数，用符号 $\cos\Phi$ 表示，在数值上，功率因数是有功功率和视在功率的比值，即 $\cos\Phi=P/S$。功率因数的大小与电路的负荷性质有关，如白炽灯泡、电阻炉等电阻负荷的功率因数为 1，具有电感性负载的电路功率因数都小于 1。功率因数是电力系统的一个重要的技术数据，是衡量电气设备效率高低的一个系数。功率因数低，说明电路用于交变磁场转换的无功功率大，从而降低了设备的利用率，增加了线路供电损失。

　　根据负荷曲线绘制的时间长度，负荷曲线可有工作时（8 小时）负荷曲线、日负荷曲线、周负荷曲线、月负荷曲线和年负荷曲线，其中日负荷曲线和年负荷曲线最为常用。日负荷曲线表示在一天中一定时间间隔 Δt 内的平均负荷随时间的变化情况，年负荷曲线表示全年负荷变动与负荷持续时间关系的曲线，如图 5-2 所示。

　　通常，年负荷曲线是由不同季节典型日负荷曲线推算而来的。在我国，求计算负荷的日负荷曲线时间间隔 Δt 取为 30min。通过对负荷曲线的分析，可以掌握负荷变化的规律，并从中获得一些对电力工程规划有指导意义的重要数据。

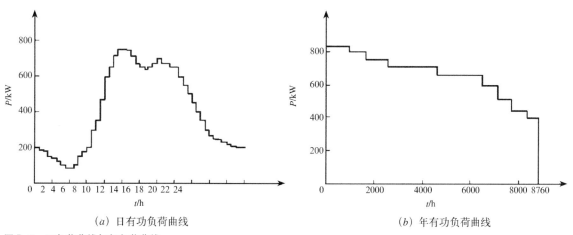

（a）日有功负荷曲线　　　　　　　　　　（b）年有功负荷曲线

图 5-2　日负荷曲线与年负荷曲线

3. 平均负荷、最大负荷、有效负荷与计算负荷

平均负荷 P_{av}：是指电力负荷在一段时间内的平均值。

最大负荷 P_{max}：是指一年中典型日负荷曲线（全年至少出现 3 次的最大负荷工作班内的负荷曲线）中的最大负荷，即 30min 内消耗电能最大时的平均负荷，记作 P_{max} 或 P_{30}。

电力用户的实际负荷并不等于用户中所有用电设备额定功率之和，这是因为并非所有设备都同时投入工作；并非所有设备都工作于额定状态；并非所有设备的功率因数都相同；同时还应考虑用电设备的效率与配电设备的功率损耗。

因此，在电力负荷预测工作中，必须首先找出这些用电设备的等效负荷。在电力系统设计中，将等效负荷称为计算负荷 P_c。

计算负荷是电力系统结构设计、供电线路截面选择、变压器数量和容量选择、电气设备额定参数选择等的依据，合理地确定用户各级供电系统的计算负荷非常重要。计算负荷过高，将增加供电设备的容量，浪费有色金属，增加建设投资。但若计算负荷过低，供电系统的线路及电气设备由于承担不了实际负荷电流而过热，影响供电系统的正常可靠运行，同时对工业生产、商贸活动和居民生活造成不良影响。

4. 负荷系数与需要系数

负荷系数是指平均负荷与最大负荷之比，它反映了负荷的平稳程度。

需要系数是用电设备实际所需要的功率与额定负载时所需的功率的比值。需要系数反映了计算负荷与设备安装容量之间的关系。

需要系数是一个至关重要的数据，直接影响到负荷的计算结果，关系到变压器容量的选择，需要系数的选择不同，变压器容量可能相差一个等级，甚至更大。而需要系数的确定又是极为繁琐，通常可以通过现行的各种设计手册查询得到。

5. 年最大负荷利用小时数 T_{max}

年最大负荷利用小时数 T_{max} 是一个假想的时间，在此时间内，电力负荷按年最大负荷持续运行所消耗的电能，恰好等于该电力负荷全年消耗的电能。如图 5-3 所示，年最大负荷 P_{max} 延伸到 T_{max} 的横线与两坐标轴所包围的矩形面积，恰好等于年负荷曲线与两坐标轴所包围的面积，即全年实际消耗的电能（W）。通常城市的年最大负荷利用小时数在 1500～5000 小时之间。

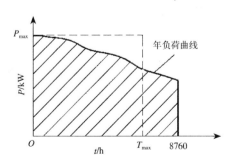

图5-3　年负荷曲线和年最大负荷利用小时数

（二）负荷预测方法

电力负荷预测有两种途径，一种是从用电量预测入手，

然后由用电量转化为市内各分区的负荷预测；另一种是从计算市内各分区现有的负荷密度入手进行预测。两种方法可以互相校核。电力负荷预测的方法有很多，在规划中通常采用以下几种：

1. 负荷密度法

根据规划区内不同功能用地面积及相应的电力负荷密度或年耗电量密度，预测规划期电力负荷或耗电量的方法。电力负荷密度是电力负荷除以用地面积，年耗电量密度为年耗电量除以用地面积。规划区按用地分类可分居住用地、公共服务设施用地、工业用地等等。工业地区又可分为重工业用地、轻工业用地和轻重工业混合用地。农业用地又可分为自流灌溉用地和机灌用地。城镇用地又可分为商业用地、文化科教用地、政府机关用地、旅游用地、居民住宅用地和各类混合功能用地。

在社会经济及城镇化发展的不同阶段，各类用地具有不同的电力负荷特点、用电方式和负荷密度。城镇和工业用地用电负荷密度较高，农业和畜牧业用地用电负荷密度较低。随着经济的发展、社会的进步和人民生活水平的提高，商业用地用电负荷密度和居民住宅用地用电负荷密度有较大的增长。研究分析规划区内各类用地电力负荷历史统计资料，根据各类用地今后的发展程度，可以预测出规划期内各类用地相应的负荷密度，从而预测规划期内的电力负荷及电力需求总量。

规划单位建设用地用电负荷指标及各类建筑物的用电负荷指标分别见表5-3、表5-4。

2. 人均指标法

人均指标法是指运用综合统计指标，以不同社会经济与城市化阶段人均耗电量为依据，考虑人口预测规模，从而预测电力负荷在规划期内的发展情况。表5-5、表5-6分别表示规划人均综合用电量指标及规划人均居民生活用电量指标。

3. 弹性系数法

电力弹性系数是反映电力消费增长率与国民经济增长率之间比例关系的量，表达式为：电力弹性系数＝年平均电能消费量增长率／

规划单位建设用地用电负荷指标 　　　　表5-3

城市建设用地用电类别	单位建设用地负荷指标（kW/hm²）	城市建设用地用电类别	单位建设用地负荷指标（kW/hm²）
居住用地用电	100 ~ 400	工业用地用电	200 ~ 800
公共设施用地用电	300 ~ 1200		

各类建筑物的用电负荷指标 表5-4

建筑类别		负荷密度（W/m²）			需要系数	备注
		低档	中档	高档		
住宅	1类：别墅	60	70	80	0.35 ~ 0.50	家庭全电气化
	2类：高级	50	60	70		家庭基本电气化
	3类：普通	30	40	50		家庭有主要家电
公共设施	行政办公	50	65	80	0.70 ~ 0.80	办公楼、一般写字楼
	商业金融服务	70	100	130	0.80 ~ 0.90	金融、商业、旅馆
	文化娱乐	50	70	100	0.60 ~ 0.70	
	体育	30	50	80		
	医疗卫生	50	65	80		
	科教	45	65	80		
	文物古迹	20	30	40		
	其他	10	20	30		宗教活动、社会福利
工业企业	一类工业	30	40	50	0.30 ~ 0.40	高科技企业
	二类工业	40	50	60	0.30 ~ 0.45	一般工业企业
	三类工业	50	60	70	0.35 ~ 0.50	中型与重型工业企业
仓储	普通仓储	5	8	10		
	危险品仓储	5	8	12		
	堆场	1.5	2	2.5		
道路广场	道路	0.01	0.015	0.02		
	广场	0.05	0.10	0.15		
	停车场	0.03	0.05	0.08		

规划人均综合用电量指标（不含市辖市、县） 表5-5

指标分级	城市用电水平分类	人均综合用电量（kWh/（人·a））	
		现状	规划
I	用电水平较高城市	3500 ~ 2501	8000 ~ 6001
II	用电水平中上城市	2500 ~ 1501	6000 ~ 4001
III	用电水平中等城市	1500 ~ 701	4000 ~ 2501
IV	用电水平较低城市	700 ~ 250	2500 ~ 1000

规划人均居民生活用电量指标（不含市辖市、县） 表5-6

指标分级	城市用电水平分类	人均综合用电量（kWh/（人·a））	
		现状	规划
I	用电水平较高城市	400 ~ 201	2500 ~ 1501
II	用电水平中上城市	20 ~ 101	1500 ~ 801
III	用电水平中等城市	100 ~ 51	800 ~ 401
IV	用电水平较低城市	50 ~ 20	400 ~ 250

年平均国民经济增长率。由于电力弹性系数主要是反映电能消费与国民经济发展的统计规律，所以弹性系数法只适合在国民经济及电力负荷发展较为稳定的范围内进行使用。我国改革开放后的 30 年，GDP 年均增长为 9.4%，而全社会用电量年均增长率平均值则大于 GDP 年均增长率；在"十二五"期间，GDP 年均增长约为 7%，全社会用电量年均增长约为 8.8%。

4. 单耗法

根据生产单位产品的产量或产值所需的耗电量和规划期生产的产品产量或产值来预测电力负荷需求总量的方法。一般分为产量单耗法和产值单耗法两种预测方法。尽管科学理论及生产技术的发展非常迅速，然而在一定时期内，一些产品的生产技术和工艺，不会发生大的变化，相对保持稳定，因而生产单位产品的产量或产值所需用电量具有相对的稳定性。相对稳定的产品耗电量乘以规划期所生产的产品产量或产值，就可以预测出该产品在规划期内对电力的总需求量。

许多国家普遍应用单耗法对工业部门电力负荷需求进行预测，特别是产量单耗法被广泛采用。单耗法预测耗电量的准确性取决于所采用的产品产量（产值）单耗及规划期内对该行业产品产量（产值）预测的准确性。如对产品产量的预测能够较为准确，选用产量单耗法往往比采用产值单耗法更为可靠。选用单耗法对行业耗电进行预测时，需要对规划期内该行业中各类产品生产的技术工艺等条件进行深入调查和研究。在生产工艺和技术没有发生大的变化情况下，可以根据产量（产值）单耗的历史统计资料，考虑工艺水平和技术条件的一定变化，对单耗值进行适当的修正。当生产工艺未来可能发生较大变化时，要根据新的生产技术条件和工艺水平对单耗进行调整。

除上述电力负荷预测方法外，还有人工神经网络、灰色预测的数学模型预测方法，通常多用在电力系统专业负荷预测中。

在城市电力系统规划中与用地规模相关的负荷密度法和与人口规模相关的人均指标法较为常用，其他方法可用来对电力负荷预测结果进行校验和修正。

第三节　电源

电源是提供电能的装置。电源因可以将其他形式的能转换成电能，所以把这种提供电能的装置叫做电源。本书中所讲的电源是城市供电电源，城市供电电源又可分为发电厂和接受市域外电力系统电能的电源变电站两类，本节主要介绍水力发电、火力发电、原子能发电等常见发电厂及新能源发电的一些相关情况。

一、水力发电

水力发电是利用河流、湖泊等位于高处具有位能的水流至低处，将其中所含的位能转换成水轮机的动能，再以水轮机为原动力，推动发电机产生电能。水力发电在某种意义上讲是将水的位能转变成机械能，再转变成电能的过程。1882年，美国威斯康星州首先应用水力发电。到如今，水力发电设施已在电力系统中占有相当重要的位置，从一些国家乡间所用几十瓦的微小型小水电，到装机容量达到2250万千瓦的全世界最大的水力发电站三峡水电站，它们都为人类的生产生活源源不断提供着清洁高效的电力能源。

1. 水力发电的优缺点

水力发电的优势主要体现在水力发电使用的是可再生能源，对环境冲击较小，除可提供廉价电力外，还有控制洪水泛滥、提供灌溉用水、改善河流航运，有关工程同时改善该地区的交通、电力供应和带动经济发展等优点，特别是可借水力发电工程发展旅游业及水产养殖。

在具备多种优势的同时，水力发电还存在一些缺点，比如：

（1）受地形上的限制，必须建造在河流、湖泊等有高水位落差的地方；

（2）建设周期长，建造费用高；建成后不易增加容量；

（3）因设于天然河川或湖沼地带易受风雨灾害影响，电力输出易受天气的影响；

（4）生态影响：大坝以下水流侵蚀加剧，河流的变化及对动植物的影响等；

（5）需筑坝移民等，基础建设投资大；

（6）下游肥沃的冲积土因冲刷而减少。

2. 水力发电的分类

（1）按照水源的性质，水力发电可分为：常规水电站，即利用天然河流、湖泊等水源发电；抽水蓄能电站，利用电网负荷低谷时多余的电力，将低处下水库的水抽到高处上水库存蓄，待电网负荷高峰时放水发电，尾水收集于下水库。

（2）按水电站的开发水头手段，水力发电可分为：坝式水电站、引水式水电站和混合式水电站三种基本类型。

（3）按水电站利用水头的大小，水力发电可分为：高水头（70m

以上）、中水头（15～70m）和低水头（低于15m）水电站。

（4）按水电站装机容量的大小，水力发电可分为：大型、中型和小型水电站：一般装机容量5000kW以下的为小水电站，5000kW～10万kW为中型水电站，10万kW及以上为大型水电站，或称巨型水电站。

3. 我国水力发电的发展历程

中国是世界上水能资源较丰富的国家之一。中国大陆第一座水电站为建于云南省螳螂川上的石龙坝水电站，始建于1910年7月，1912年发电，当时装机480kW，以后又分期改建、扩建，最终达6000kW。1949年中华人民共和国成立前，全国建成和部分建成水电站共42座，共装机36万kW，全年发电量12亿kWh。1950年以后水电建设有了较大发展，大、中、小型水电站并举，建设了一批大型骨干水电站。其中最有代表性的为黄河三门峡水电站、长江葛洲坝水电站和长江三峡水电站。在一些河流上建设了一大批大型水电站，如黄河龙羊峡水电站、李家峡水电站、刘家峡水电站、青铜峡水电站；还有一些中型水电站串联为梯级，如辽宁浑江三个梯级共45.55万kW，云南以礼河四个梯级共32.15万kW，福建古田溪四个梯级共25.9万kW等。此外在一些中小河流和溪沟上修建了一大批小型水电站。2010年8月25日，云南省有史以来单项投资最大的工程项目——华能小湾水电站四号机组（装机70万kW）正式投产发电，成为中国水电装机突破2亿kW标志性机组，我国水力发电总装机容量由此跃居世界第一。

4. 三峡水电站

三峡水电站，又称三峡工程、三峡大坝。位于中国重庆市到湖北省宜昌市之间的长江干流上。大坝位于宜昌市上游不远处的三斗坪，三峡水电站和下游的葛洲坝水电站构成梯级电站。它是世界上规模最大的水电站，也是中国有史以来建设最大型的工程项目。三峡水电站的功能有十多种，包括航运、发电、防洪等等。三峡水电站1992年获得全国人民代表大会批准建设，1994年正式动工兴建，2003年开始蓄水发电，于2009年全部完工。三峡水电站大坝高程185m，蓄水高程175m，水库长600多公里，总投资954.6亿元人民币，三峡电站初期的规划是26台70万kW的机组，也就是装机容量为1820万kW，年发电量847亿度。后又在右岸大坝"白石尖"山体内建设地下电站，建6台70万kW的水轮发电机，加上三峡电站自身的两台5万kW的电源电站，总装机容量达到了2250万kW，年发电量约1000亿度，是大亚湾核电站的5倍，是葛洲坝水电站的

10 倍，约占全国年发电总量的 3%。随着三峡电站最后一台水电机组于 2012 年 7 月 4 日投产运行，三峡水电站成为全世界最大的水力发电站和清洁能源生产基地。

三峡工程主要有三大效益，即防洪、发电和航运。其中防洪被认为是三峡工程最核心的效益。有文字记载以来，长江上游河段及其多条支流频繁发生洪水，每次特大洪水时，宜昌以下的长江河段（荆江）都要采取分洪措施，淹没乡村和农田，以保障武汉的安全。在三峡工程建成后，其巨大库容所提供的调蓄能力将能使下游荆江地区抵御百年一遇的特大洪水，也有助于洞庭湖的治理和荆江堤防的全面修补。

三峡工程的经济效益主要体现在发电。它是中国西电东送工程中线的巨型电源点，非常靠近华东、华南等电力负荷中心，所发的电力将主要送往华中电网的湖北省、河南省、湖南省、江西省、重庆市，华东电网的上海市、江苏省、浙江省、安徽省以及广东省的南方电网。三峡的上网电价按照各受电省份的电厂平均上网电价确定，在扣除相应的电网输电费用后，约为 0.25 元 /kWh。由于三峡电站是水电机组，它的成本主要是折旧和贷款的财务费用，因此利润非常高。

在航运方面，自古以来，长江三峡段下行湍急，船只向上游航行的难度很大，并且宜昌至重庆之间仅可通行 3000 吨级的船舶，所以三峡的水运一直以单向为主。三峡工程建成后，该段长江将成为湖泊，水势平缓，万吨轮可从上海通达重庆，航道单向年通过能力可由建成前的约 1000 万吨提高到 5000 万吨，运输成本可降低 60%，而且通过水库的放水，还可改善长江中下游地区在枯水季节的航运条件。

5. 我国水能资源及开发利用现状

水能是自然界广泛存在的一次能源。它可以通过水电厂方便地转换为优质的二次能源电能。所以通常所说的"水电"既是被广泛利用的常规能源，又是可再生能源。而且水力发电对环境无污染，因此水能是众多能源中永不枯竭的优质能源。水能资源最显著的特点是可再生、无污染。开发水能对江河的综合治理和综合利用具有积极作用，对促进国民经济发展，改善能源消费结构，缓解由于消耗煤炭、石油资源所带来的环境污染有重要意义，因此世界各国都把开发水能放在能源发展战略的优先地位。

我国土地辽阔，河流众多，径流丰沛，落差巨大，蕴藏着丰富的水能资源。据统计，我国大陆水力资源理论蕴藏量在 1 万 kW 及以上的河流共 3886 条，水力资源理论蕴藏量年电量为 60829 亿

kWh，平均功率为 69440 万 kW；技术可开发装机容量 54164 万 kW，年发电量 24740 亿 kWh；经济可开发装机容量 40180 万 kW，年发电量 17534 亿 kWh。按技术可开发量计算，至今仅开发利用 20%。

全国水能蕴藏量，划分为十个流域（片）统计，见表 5-7。

全国各流域水能蕴藏量　　　　　　　　　表 5-7

流域	理论出力（万 kW）	年发电量（亿 kWh）
长江	26801.77	23478.4
黄河	4054.8	3552
珠江	3348.37	2933.2
海河	294.4	257.9
淮河	144.96	127
东北诸河	1530.6	1340.8
东南沿海诸河	2066.78	1810.5
西南国际诸河	9690.15	8488.6
雅鲁藏布江及西藏其他河流	15974.33	13993.5
北方内陆及新疆诸河	3698.55	3239.9

我国水能资源丰富，但资源分布不均匀。从河流看，我国水电资源主要集中在长江、黄河的中上游，雅鲁藏布江的中下游，珠江、澜沧江、怒江和黑龙江上游，这 7 条江河可开发的大、中型水电资源都在 1000 万 kW 以上，总量约占全国大、中型水电资源量的 90%。全国大中型水电 100 万 kW 以上的河流共 18 条，水电资源约为 4.26 亿 kW，约占全国大、中型资源量的 97%。按行政区划分，我国水电主要集中在经济发展相对滞后的西部地区。西南、西北 11 个省、市、自治区，包括云、川、藏、黔、桂、渝、陕、甘、宁、青、新，水电资源约为 4.07 亿 kW，占全国水电资源量的 78%，其中云、川、藏三省区共 2.9473 亿 kW，占 57%。而经济相对发达、人口相对集中的东部沿海 11 省、市，包括辽、京、津、冀、鲁、苏、浙、沪、穗、闽、琼，仅占 6%。为满足东部经济发展和加快西部开发的需要，加大西部水电开发力度和加快"西电东送"步伐已经进行了国家层面的部署。

二、火力发电

火力发电：利用煤、石油、天然气等固体、液体、气体燃料燃烧时产生的热能，通过发电动力装置转换成电能的一种发电方式。

在所有发电方式中，火力发电是历史最久的，也是最重要的一种。

最早的火力发电是 1875 年在巴黎北火车站的火电厂实现的。随着发电机、汽轮机制造技术的完善，输变电技术的改进，特别是电力系统的出现以及社会电气化对电能的需求，20 世纪 30 年代以后，火力发电进入大发展的时期。1950 年代中期火力发电机组的容量由 200MW 级提高到 300 ～ 600MW 级，到 1973 年，最大的火电机组达 1300MW。大机组、大电厂使火力发电的热效率大为提高，每千瓦的建设投资和发电成本也不断降低。到 1980 年代后期，容量为 4400MW 的日本鹿儿岛火电厂成为世界最大火电厂。但机组过大又带来可靠性、可用率的降低，因而到 20 世纪 90 年代后，火力发电单机容量稳定在 300 ～ 700MW。

在我国，火力发电也经历了从无到有，从小到大的快速发展之路。截至 2005 年 8 月，装机容量达到 344382MW。随着电力供应的逐步宽松以及国家对节能降耗的重视，我国开始加大力度调整火力发电行业的结构，加快"上大关小"步伐，逐步关停 4000 万 kW 小火电，体现资源优化配置，大力推进西电东送，合理布局，东部与中西部地区协调发展。

火力发电的主要优点包括：燃料容易获取，热机效率高，调峰较易实现，建设成本低，容易与冶金、化工、水泥等高能耗工业形成共生产业链，可尽量靠近电力负荷中心，建设周期较短。主要缺点有：化石能源储量有限不可再生，温室气体排放，燃烧中生成的硫、氮氧化物会造成酸雨等不利的环境影响，煤炭燃烧后形成的灰渣的后续处理问题等。

火力发电按作用可分为：单纯供电的火力发电厂和既发电又供热的，可热电联产的热电厂两类。按原动机分，主要有汽轮机发电、燃气轮机发电、柴油机发电（其他内燃机发电容量很小）；按所用燃料可分为：燃煤发电、燃油发电、燃气（天然气）发电、垃圾焚烧发电、沼气发电以及利用工业锅炉余热发电等。

至 2010 年，我国全国发电装机容量在 9.5 亿 kW 左右，其中火电约占 72%，水电约占 22%，其他清洁能源约占 6%。目前火力发电仍然是最主要的发电形式。

火电厂选址要点如下：

1. 电厂尽量靠近负荷中心，特别是热电联产火电厂，使热负荷和电负荷的距离经济合理，以便缩短热管道的距离。正常输送蒸汽的距离为 0.5 ～ 1.5km，一般不超过 3.5 ～ 4km。输送水距离一般为 4 ～ 5km，特殊情况可到 10 ～ 12km。

2. 燃煤电厂的燃料消耗量很大，中型电厂的年耗煤量有的在 50 万吨以上，大型电厂每天约耗煤在万吨以上，因此，厂址应尽可能接近燃料产地，靠近煤源，以便减少燃料运输成本，减少铁路运输负担。同时，由于减少电厂贮煤量，相应地也减少了厂区用地面积。因此，建立坑口电站较为经济。坑口电站就是在煤的产地建设大型电站，就地发电，变运送煤炭为输出电力。建设坑口电站主要有如下好处：

①减少电煤运输，空出运力运送其他物资，更有利于发展经济建设的需要；

②节省运输电煤过程中消耗的能源，同时也避免煤炭运输过程中的煤炭损耗，经济效果明显；

③建设煤炭矿区坑口电站，有利于发展矿区的经济建设；

④避免每年冬供暖和夏送凉用电高峰季节，由于电煤需要与运力不足的矛盾，导致电力不足而拉闸限电。这有利于保障经济建设和人民群众生活的正常需要。

⑤变运煤为输电，可减少排放有害气体及电厂煤渣对城市环境的污染，有利于城市建设的发展和人民群众生活。

3. 电厂铁路专用线选线要尽量减少对国家干线通过能力的影响，接轨方向最好是重车方向为顺向，以减少机车摘钩作业，并应避免切割国家正线。专用线设计应尽量减少厂内股道，缩短线路长度，简化厂内作业系统。

4. 电厂生产用水量大，包括汽轮机凝汽用水，发电机和油的冷却用水，除灰用水等。大型电厂首先应考虑靠近水源，直流供水。

5. 燃煤发电厂应有足够的贮灰场，贮灰场的容量要能容纳电厂 10 年的贮灰量。分期建设的灰场的容量一般要能容纳 3 年的出灰量。厂址选择时，同时要考虑灰渣综合利用场地。

6. 厂址选择应充分考虑出线条件，留有适当的出线走廊宽度，高压线路下不能有任何建筑物。

7. 电厂运行中有飞灰，燃油电厂排出含硫酸气，厂址选择时要有一定的防护距离。

8. 适宜的工程地质条件。

一般情况下，火电厂与城市的距离都比较远，但有两种情况应充分考虑选址及影响：

一是热电厂。热电厂是在发电的同时，还利用汽轮机的抽汽或排汽为用户供热的火电厂。通常热电厂应尽量靠近热负荷中心，而热负荷中心往往又是人口密集区的城镇中心，其用水、征地、拆迁、环保要求等均大大高于同容量火电厂，同时还应考虑热力管网的建设成本和运行费用。

二是依托大型火电厂形成的城镇。我国城镇的组成中，有一种是依托能源建立起来的城镇类型，其中依托煤炭、火电厂及相关产业链形成的城镇较有代表性。在这类城镇中，火电厂的建设和发展通常主导着城镇的发展和未来，它既是城镇发展的动力，也对城镇建设，特别是城市环境产生影响。这种城镇在选址时应位于常年主导风的上风侧，并与厂区有一定的防护距离。

三、核能发电

核能发电是利用铀燃料进行核裂变连锁反应所产生的大量热能，将水加热成高温高压蒸汽以驱动汽轮发电机组发电的一种发电方式。核能发电与火力发电极其相似，只是以核反应堆及蒸汽发生器来代替火力发电的锅炉，以核裂变能代替矿物燃料的化学能。核反应所放出的热量较燃烧化石燃料所放出的能量要高很多（相差约百万倍），而所需要的燃料体积与火力电厂相比少很多。

1954 年，在苏联建成世界上第一座装机容量为 5MW 的核电站后，英、美等国也相继建成各种类型的核电站。到 1960 年，有 5 个国家建成 20 座核电站，装机容量 1279MW。由于核浓缩技术的发展，到 1966 年，核能发电的成本已低于火力发电的成本。核能发电真正迈入实用阶段。1978 年全世界 22 个国家和地区正在运行的 30MW 以上的核电站反应堆已达 200 多座，总装机容量已达 107776MW。20 世纪 80 年代因化石能源短缺日益突出，核能发电的进展更快。到 1991 年，全世界近 30 个国家和地区建成的核电机组为 423 套，总容量为 3.275 亿 kW，其发电量占全世界总发电量的约 16%。

我国的核能发电事业起步较晚，主要经历了核电起步阶段和积极发展阶段。

起步阶段：我国大陆核电从 20 世纪 70 年代初开始起步。1984 年第一座自主设计和建造的核电站——秦山核电站破土动工，至 1991 年 12 月 15 日并网成功。期间，还分别建成了秦山二期核电站、秦山三期核电站、广东大亚湾核电站、广东岭澳一期核电站和江苏田湾一期核电站等。

积极发展阶段：进入新世纪，我国核电迈入批量化、规模化的积极发展阶段。截至 2010 年 10 月，国家已核准 34 台核电机组，总装机容量达 3692 万 kW，其中已开工在建机组 26 台，装机容量为 2881 万 kW，在建规模居世界第一。

核能发电的优点如下：

1. 污染低。核能发电的方式是利用核反应堆中核裂变所释放出的热能进行发电。核能发电不会排放巨量的污染物质到大气中，不会造成空气污染。尤其是同火电站相比，核能发电不会产生地球温室效应的"罪魁祸首"——二氧化碳。核电站设置有层层屏障，基本上不排放污染环境的物质，就是放射性污染也比烧煤电站少得多。

2. 从燃料资源上而言，地球有充足供应。地球上的核燃料有铀、钍氘、锂、硼等等，全球铀的储量约为 417 万吨。地球上可供开发的核燃料资源、可提供的能量是矿石燃料的十多万倍。

3. 运输方便、成本低。核燃料能量密度比起化石燃料高上几百万倍，故核能电厂所使用的燃料体积小，运输与储存都很方便。例如，核电厂每年要用掉 80 吨的核燃料，只要 2 个标准货柜车就可以运载；如果换成燃煤，需要 515 万吨，每天要用 20 吨的大卡车运705 车才能保证燃料供给。

4. 核能发电的成本中，燃料费用所占的比例较低，核能发电的成本不易受到国际经济形势影响，故发电成本相比其他发电方法相对稳定。但核电站的建设成本较高，总体技术要求高。

我们在利用核能优点的同时，核能发电的弊端也是显而易见的，最让人恐惧的就是核辐射污染。虽然核能发电的技术已经非常成熟，但包括核泄漏和核废料处理对环境生命产生致命伤害的核辐射污染时常遭到部分环保人士的反对。核能发电的缺点有：

1. 核废料处理复杂。使用过的核燃料，虽然所占体积不大，但因具有放射性，因此必须慎重处理。一旦处理不当，就很可能对环境生命产生致命的影响。核废料放出的射线通过物质时，发生电离和激发作用，对生物体会引起辐射损伤。核废料的放射性不能用一般的物理、化学和生物方法消除，只能靠放射性核素自身的衰变而减少。

2. 热污染。核能发电热效率较低，因而比一般化石燃料电厂排放更多废热到环境中，故核能电厂的热污染较严重。

3. 核能发电存在一定风险。核裂变必须由人通过一定装置进行控制。一旦失去控制，裂变能不仅不能用于发电，还会酿成灾害。全球已经发生了数起核泄漏事故（如切尔诺贝利核电站和福岛核电站等等），对生态及民众造成了巨大伤害。有些环保人士就认为，和其他可再生能源相比，核能只能算是清洁能源并不是一种安全的能源。

四、新能源发电

1. 太阳能光伏发电

太阳能发电是先将太阳能转化为热能，再将热能转化成电能，它有两种转化方式。一种是将太阳热能直接转化成电能，如半导体或金属材料的温差发电，真空器件中的热电子和热电离子发电，碱金属热电转换，以及磁流体发电等。另一种方式是将太阳热能通过热机（如汽轮机）带动发电机发电，与常规热力发电类似，只不过是其热能不是来自燃料，而是来自太阳能。

我国从 20 世纪 80 年代起就开始推广 100 ～ 500W 的农牧民户用太阳能发电设备。后来实施光明工程，解决边远地区无电的 2300 万人民的生活用电问题。从 2001 年起，已安装 50 万套以上 100 ～ 500W 的用户太阳能发电设备，在边远地区和海岛上建立了县级、乡级、村级、学校用 1kW、10kW 至 100kW 大大小小的独立太阳能发电站将近 1000 座，累计总容量已达 50MW。截至 2010 年底，我国光伏发电装机规模达到 60 万 kW，新增太阳能光伏并网容量为 21.16 万 kW，累计并网容量为 24 万 kW。除了太阳能光伏发电站外，太阳能路灯、太阳能灯塔、高速公路太阳能监控系统、太阳能信号灯、太阳能景观灯等也在我们的生活中被广泛使用。

我国青藏高原海拔高，云量少，空气稀薄，大气透明度好，接受的太阳辐射多；日照时间长，太阳能资源丰富，西藏全区年辐射总量在 6000 ～ 8000MJ/m² 之间，太阳辐射总量仅次于撒哈拉大沙漠，居世界第二位，开发利用潜力巨大，特别适合发展太阳能。在青藏高原广袤严寒、地形多样、居住分散和常规能源缺乏的现实条件下，太阳能光伏发电具有独特的优势和重要作用，在解决通信、广播、电视电源和无电人口用电等方面尤为突出。

2. 风力发电

风力发电的原理，是利用风力带动风车叶片旋转，再通过增速机将旋转的速度提升，来促使发电机发电。依据目前的风车技术，大约在 3m/s 的微风速度，便可以开始发电。

我国风能资源丰富，可开发利用的风能储量约 10 亿 kW，其中，陆地上风能储量约 2.53 亿 kW，海上可开发和利用的风能储量约 7.5 亿 kW。风是没有公害的能源之一，而且它取之不尽，用之不竭。对于缺水、缺燃料和交通不便的沿海岛屿、草原牧区、山区和高原地带，因地制宜地利用风力发电则非常适合。

新疆达坂城 2 号风电场位于我国新疆达坂城地区，是我国开发最早、装机容量最大的风电场。这里是新疆南北部的气流通道，常年盛行东南风和西北风，年平均风速约每秒 8.2m，可安装风力发电机的面积在 1000km² 以上，年风能蕴藏量 250 亿 kWh，可装机容量为 2000MW。该地区地形平坦辽阔，便于运输和安装风机。同时在新疆主电网覆盖区域内，作为并网大型风电场是非常合适的，是我国最有潜力的大型风电场场址之一。

3. 潮汐发电

潮汐发电与普通水力发电原理类似，通过出水库，在涨潮时将海水储存在水库内，以势能的形式保存，然后，在落潮时放出海水，利用高、低潮位之间的落差，推动水轮机旋转，带动发电机发电。

1913 年德国在北海海岸建立了第一座潮汐发电站。1957 年我国在山东建成了第一座潮汐发电站。1978 年 8 月 1 日山东乳山县白沙口潮汐电站开始发电，年发电量 230 万 kWh。1980 年 8 月 4 日我国第一座〝单库双向〞式潮汐电站——江厦潮汐试验电站正式发电，装机容量为 3000kW，年平均发电 1070 万 kWh，其规模仅次于法国朗斯潮汐电站，是当时世界第二大潮汐发电站。

4. 地热发电

地热发电是利用地下热水和蒸汽为动力源的一种新型发电技术。其基本原理与火力发电类似，也是根据能量转换原理，首先把地热能转换为机械能，再把机械能转换为电能。

我国地热资源多为低温地热，主要分布在西藏、四川、华北、松辽和苏北。有利于发电的高温地热资源，主要分布在滇、藏、川西和台湾。据估计，喜马拉雅山地带高温地热有 255 处 5800MW。迄今运行的地热电站有 5 处共 27.78MW，中国尚有大量高低温地热，尤其是西部地热亟待开发。

我国最著名的地热发电在西藏羊八井地热电厂，它是我国目前最大的地热试验基地，也是当今世界唯一利用中温浅层热储资源进行工业性发电的电厂。截至 2007 年，羊八井地热电厂装机容量达到了 24180kW，年发电量达到 1.097 亿 kWh，累计发电量 18.4 亿 kWh。同时，羊八井地热电厂还是藏中电网的骨干电源之一，年发电量在拉萨电网中占 45%。

5. 垃圾焚烧发电

垃圾焚烧发电属于可再生能源发电当中的生物质发电，利用垃圾焚烧产生的热能，通过热能产生高压水蒸气，再由水蒸气推动发电机继而发电的一种发电方式。

我国垃圾焚烧发电起步较晚，但近年来发展迅速，特别是 2002 年以来，国家和有关部门陆续出台和实施了市政公用事业的开放政策、特许经营政策、投资体制改革政策、鼓励非公经济政策等一系列相关的改革政策，加快了市政公用行业的改革开放和市场化经济的发展。1988 年我国第一座垃圾焚烧厂——深圳市市政环卫综合处理厂建成投产。垃圾焚烧发电的主要目的是进行垃圾的无害化处理，同时并网发电，作为电力系统的补充电源。

第四节　电力网规划

一、用电负荷等级

由于生产性质或使用场合的不同，不同用户或同一用户内的不同设备对供电可靠性的要求是不同的。可靠性即根据用电负荷的性质和突然中断其供电在政治或经济上造成损失或影响的程度，对用电设备提出的不允许中断供电的要求。供电电源首先应满足用电负荷的特定要求。

按照用电负荷对供电可靠性的要求，即中断供电对人身生命、生产安全造成的危害及对社会经济影响的程度，用电负荷分为下列三级：

一级负荷（关键负荷）——突然停电将关乎人身生命安全，或在经济上造成重大损失，或在政治上造成重大不良影响者。如重要交通和通信枢纽用电负荷、重点企业中的重大设备和连续生产线、政治和外事活动中心等。

二级负荷（重要负荷）——突然停电将在经济上造成较大损失，或在政治上造成不良影响者。如突然停电将造成主要设备损坏或大量产品报废或大量减产的工厂用电负荷，交通和通信枢纽用电负荷，大量人员集中的公共场所等。

三级负荷（一般负荷）——不属于一级和二级负者。

二、电力网络等级

电压等级对城网的标称电压，应符合国家电压标准。我国电力线路电压等级有：750kV、500kV、330kV、220kV、110kV、66kV、35kV、10kV、380V/220V 等。通常城市一次送电电压为 750kV、500kV、330kV、220kV；二次送电电压为 110kV、35kV；中压配电电压为 10kV；低压配电电压为 380V/220V（统称为 0.4kV）。

城市电网应简化电压等级、减少变压层次，优化网络结构。大、中城市的城市电网电压等级宜为 4 ~ 5 级、四个变压层次；小城市宜为 3 ~ 4 级、三个变压层次。现有非标准电压，应限制发展，合理利用，根据设备使用寿命与发展需要分期分批进行改造。

城市电网中的最高一级电压，应根据城市电网远期的规划负荷量和城市电网与地区电力系统的连接方式确定。

三、送电网

1. 一次送电网

一次送电网是系统电力网的组成部分，又是城网的电源，应有充足的容量。城网电源点应尽量接近负荷中心，一般设在市区边缘。在大城网或特大城网中，如符合以下条件并经技术经济比较后，可采用高压深入供电方式：

（1）地区负荷密集、容量很大，供电可靠性要求高；

（2）变电所结线比较简单，占地面积较小；

（3）进出线路可用电缆或多回并架的杆塔；

（4）通信干扰及环境保护符合要求。

高压深入市区变电所的一次电压，一般采用 220kV 或 110kV。

一次送电网网架的结构方式，应根据系统电力网的要求和电源点的分布情况确定，一般宜采用环式（单环、双环或联络线等）。

2. 二次送电网

二次送电网应能接受电源点的全部容量，并能满足供应二次变电所的全部负荷。当市区负荷密度不断增长时，增加变电所数量可以缩小供电片区面积，降低线损，但须增加变电投资；如扩建现有变电所容量，将增加配电网的投资。

规划中确定的二次送电网结构，应与当地城建部门共同协商，布置新变电所的地理位置和进出线路走廊，并纳入城市总体规划中，预留相应的位置，以保证城市建设发展的需要。

现有城网当供电容量严重不足或者旧设备需要全面进行改造时，可采取电网升压措施。电网升压改造是扩大供电能力的有效措施之一，但应结合远景规划，注意做好以下工作：

（1）研究现有城网供电设施，全部进行升压改造的技术经济合理性；

（2）制订升压改造中应有的有关技术标准，升压后应保证电网的供电可靠性；

（3）在升压过渡期间，应有妥善可靠的技术组织措施。

四、配电网

高压配电网架应与二次送电网密切配合，可以互馈容量。配电网架的规划设计与二次送电网相似，但应有更大的适应性。高压配电网架宜按远期规划一次建成，一般应在 20 年内保持不变。当负荷密度增加到一定程度时，可插入新的变电所，使网架结构基本不变。

高压配电网中每一主干线路和配电变压器，都应有比较明显的供电范围，不宜交错重叠。

高压配电网架的结线方式，可采用放射式。大城网和特大城网采用环式，必要时可增设开闭所。低压配电网一般采用放射式，负荷密集地区的线路宜采用环式，有条件时可采用格网式。

配电网应不断加强网络结构，尽量提高供电可靠性，以适应扩大用户连续用电的需要，逐步减少重要用户建设双电源和专线供电线路。必须由双电源供电的用户，进线开关之间应有可靠的连锁装置。

城市道路照明线路是配电网的一个组成，修建性详细规划中应包括低压配电网络和路灯照明的总体安排和设计指导。

五、变配电设施

1. 变电所

用户变电所是用户供电系统的主要组成部分，它向用户分配电能并进行控制，其组成结构如图 5-4 所示。

城市规划区变电站的设计应尽量节约用地面积，采用占地较少的户外型或半户外型布置。市中心区的变电所应考虑采用占空间更小的全户内型，并考虑与其他建筑物混合建设；必要时也可考虑建设地下变电所。

为简化城网结构，变电所高压侧应尽量采用断路器较少或不用断路器的结构，如线跳变压器组或桥结线。

在一个城网中，同一级电压的主变压器单台容量不宜超过三种；在同一变电所中，同一级电压的主变压器宜采用相同规格。主变压器各级电压绕组的接线组别必须保证与电网相位一致。表 5-8 ～表

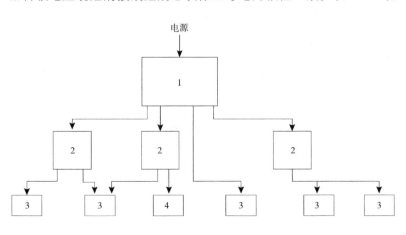

图 5-4　用户供电系统结构框图
1—总降压变电所；2—开闭所；
3—10kV 变电所；4—用电设备

5-10 分别介绍了城市变电所结构型式及不同电压等级变电所规划用地面积控制指标。

城市变电所结构型式分类　　　　表 5-8

大类	结构型式	小类	结构型式
1	户外式	1 2	全户外式 半户外式
2	户内式	3 4	常规户内式 小型户内式
3	地下式	5 6	全地下式 半地下式
4	移动式	7 8	箱体式 成套式

220 ～ 500kV 变电所规划用地面积控制指标　　　　表 5-9

序号	变压等级（kV） 一次电压 / 二次电压	主变压器容量 [MVA/ 台（组）]	变电所结构型式	用地面积（m²）
1	500/220	750/2	户外式	90000 ～ 110000
2	330/220 及 330/110	90 ～ 240/2	户外式	45000 ～ 55000
3	330/110 及 330/10	90 ～ 240/2	户外式	40000 ～ 47000
4	220/110（66,35）及 220/10	90 ～ 180/2 ～ 3	户外式	12000 ～ 30000
5	220/110（66,35）	90 ～ 180/2 ～ 3	户外式	8000 ～ 20000
6	220/110（66,35）	90 ～ 180/2 ～ 3	半户外式	5000 ～ 8000
7	220/110（66,35）	90 ～ 180/2 ～ 3	户外式	2000 ～ 4500

35 ～ 110kV 变电所规划用地面积控制指标　　　　表 5-10

序号	变压等级（kV） 一次电压 / 二次电压	主变压器容量 [MVA/ 台（组）]	变电所结构型式及用地面积（m²）		
			全户外式 用地面积	半户外式 用地面积	户内式 用地面积
1	110（66）/10	20 ～ 63/2 ～ 3	3500 ～ 5500	1500 ～ 3000	800 ～ 1500
2	35/10	5.6 ～ 31.5/2 ～ 3	2000 ～ 3500	1000 ～ 2000	500 ～ 1000

　　变电所（站）分类按电压等级可分为超高压、高压、中压变电站和低压变电所（站）。电压在 1kV 以下的称为低压；电压为 1 ～ 10kV 的称为中压；电压高于 10kV 低于 330kV 的称为高压；电压在 330kV 以上的称为超高压。还可根据变电站围护结构分为土建

变电站和箱式变电站。箱式变电站又称户外成套变电站，也有称做组合式变电站，它是发展于20世纪60年代至70年代欧美等西方发达国家推出的一种户外成套变电所的新型变电设备。

变电站的设置地点应综合考虑以下因素：

（1）应接近负荷中心，配电距离越短，电力损失和电压降越小，施工费、资材费越省。

（2）供电距离短、供电容易。

（3）周围环境好。不应设置在灰尘多的地方、高温潮湿的地方、振动大的机器旁边、设备周围盐害严重或有可能遭到潮水淹及的地方。但在不可避免时，应采用适当措施。另外不能设置在可燃性、腐蚀性气体可能发生和滞留的地方。

（4）设备进出容易。在设备的更新、增加、修理时，车辆应容易出入。

（5）容易扩建。考虑到将来负荷设备的增加、能力的提高，设置场所应留有扩建的可能性。

（6）应尽量避免设置在地基较差的地方，不能避免时，需要改良地基或打桩施工。另外，变电站设置的位置应对其邻接地无影响，对将来的发展没有影响。

（7）变电站不应设在爆炸危险场所以内，不宜与有火灾危险场所毗连，否则应注意防爆和防火。

2. 配电所

市区配电所应配合城市改造和新区规划同时建设，作为市政建设的配套工程。市区配电所一般为户内型，一般为两台，进线两回。315kVA及以下的变压器宜采用变压器一台，户外安装。在主要街道，路边绿地及建筑物有条件时，应采用电缆进出线的格式配电所。

配电所的建设对其周围环境也有如下要求：

（1）配电所为独立建筑物时，不宜设在地势低洼和可能积水的场所。高层建筑地下层配变电所的位置，宜选择在通风、散热条件较好的场所。配变电所位于高层建筑（或其他地下建筑）的地下室时，不宜设在最底层。当地下仅有一层时，应采用适当抬高该所地面等防水措施。并应避免洪水或积水从其他渠道淹渍配变电所的可能性。

（2）装有可燃性油浸变压器的变配电所，不应设在耐火等级为三、四级的建筑中。无特殊防火要求的多层建筑中，装有可燃性油的电气设备的配电所，可设置在首层靠阴部位，但不应设在人员密集场所的上方、下方、贴邻或疏散出口的两旁。

（3）配电所地址的选择要节约用地，不占或少占耕地及经济效益高的土地，对于大型商业建筑通常不占用首层（黄金层）；与城乡规划相协调，便于架空和电缆线路的引入和引出；交通运输方便；周围环境宜无明显污秽；具有适宜的地质、地形和地貌条件，例如避开断层、滑坡、塌陷区、溶洞地带、山区风口和有危岩或易发生泥石流的场所。

（4）配电所的电缆沟、隧道或电缆夹层应设有防排水设施。设在地下室的变电室，应装设通风设备。

（5）单层专用室内变电所应与其他建筑物有一定的防火距离，窗户不要朝阳，以免阳光暴晒影响变压器散热。

通常 10kV 变配电所的面积不超过 $100m^2$，当采用箱式变电站时，面积可小于 $50m^2$。由配电所引出的 0.4kV 线路供电半径在市区不宜大于 300m，近郊地区不宜大于 500m。当不能满足时应采取保证客户端电压质量的技术措施。

3. 开闭所

开闭所是将高压电力分别向周围的几个用电单位供电的电力设施，位于电力系统中变电站的下一级。其特征是电源进线侧和出线侧的电压相同。当然，区域变电站也具有开闭所的功能。

开闭所也指用于接受电力并分配电力的供配电设施，高压电网中称为开关站。中压电网中的开闭所一般用于 10kV 电力的接受与分配。开闭所接线一般采用"两进多出"（常用 4~6 回路出线），只是根据不同的要求，进出线可以设置断路器、负荷开关等。

开闭所按照接线方式的不同可分为终端开关站和环网开关站。环网开关站主要是解决线路的分段和用户接入问题，站间存在功率交换。终端开关站主要是提高变电站中压出线间隔的利用率，扩大配送线路数量和解决出线走廊所受限制，提高用户的可靠性程度，终端开关站不存在功率交换。

城市电力规划中在下述情况下宜建设开闭所：

（1）高压变电站中压馈线开关柜数量不足；

（2）变电站出线走廊受限；

（3）为减少相同路径的电缆条数；

（4）为大型住宅区的若干个拟建配电室供电。

开闭所宜建于主要道路的路口附近、负荷中心或两座变电站之间，以便加强电网联络，开闭所应有两回及以上的进线电源，其电源应取自变电站的不同母线或不同高压变电站，以提高供电可靠性。

开闭所按照配电网中所处地位分为一级开闭所和二级开闭所。一级开闭所一般建设在 A、B 类区域，用于线路主干网，原则上开闭所采用双电源进线，两路分别取自不同变电站或同一变电站不同母线。现场条件不具备时，至少保证一路采用独立电源，另一路采用开闭所间联络线。一级开闭所进线采用2路独立电源时，所带装接总容量控制在12000kVA以内；采用1路独立电源时，装接总容量控制在8000kVA以内。高压出线回路数宜采用8～12路，出线条数根据负荷密度确定；二级开闭所用于小区或支线以及末端客户，起到带居民负荷和小型企业以及线路末端负荷的作用。一般采用双电源进线，一路取自变电站，另一路可取自公用配电线路；二级开闭所所带装接容量不宜超过8000kVA，高压出线回路数宜采用8～10路。所内设置配电变压器2～4台，单台容量不应超过800kVA。

六、电力线路

（一）高压电力线路规划

在城市电力系统规划中确定高压线路走向，必须从整体出发，综合安排，既要节省线路投资，保护居民和建筑物、构筑物的安全，又要和城市规划布局协调，与其他建设不发生冲突和干扰。高压线路规划一般应遵循以下原则：

1. 线路的走向应尽量短捷，减少线路电能损失，降低工程造价。

2. 保证线路与居民、建筑物、各种工程构筑物之间的安全距离，按照国家规定的规范，留出合理的高压走廊地带。尤其接近电台、飞机场的线路，更应严格按照规定，以免发生通信干扰、飞机撞线等事故。

3. 高压线路不宜穿过城市的中心地区和人口密集的地区。并考虑到城市的远景发展，避免线路占用工业备用地或居住备用地。

4. 高压线路穿过城市时，须考虑对其他管线工程的影响，尤其是对通信线路的干扰，并应尽量减少与河流、铁路、公路以及其他管线工程的交叉。

5. 高压线路必须经过有建筑物的地区时，应尽可能选择不拆迁或少拆迁房屋的路线。并尽量少拆迁建筑质量较好的房屋，减少拆迁费用。

6. 高压线路应尽量避免在有高大乔木成群的树林地带通过，保证线路安全，减少砍伐树木，保护绿化植被和生态环境。

7. 高压走廊不应设在易被洪水淹没的地方，或地质构造不稳定（活动断层、滑坡等）的地方。在河边敷设线路时，应考虑河水冲刷的影响。

8.高压线路尽量远离空气污浊的地方，以免影响线路的绝缘性，发生短路事故，避免接近有爆炸危险的建筑物、仓库区。

9.尽量减少高压线路转弯次数，采用适合线路的经济档距（即电杆之间的距离），使线路比较经济。

高压输电线路一般采用钢芯铝绞线。它是由铝线和钢线绞合而成的，内部是钢芯，外部是用铝线通过绞合方式缠绕在钢芯周围；钢芯主要起增加强度的作用，铝绞线主要起传送电能的作用。

钢芯铝绞线结构简单、架设与维护方便、线路造价低、传输容量大，又利于跨越江河和山谷等特殊地理条件的敷设，具有良好的导电性能和足够的机械强度，抗拉强度大，塔杆距离可放大等特点。因此广泛应用于各种电压等级的架空输配电线路中。

（二）电力线路敷设

1.送电线路敷设

城市规划区架空送电线路可采用双回线或与高压配电线同杆架设。35kV 线路一般采用钢筋混凝土杆，110kV 线路可采用钢管型杆塔或窄基铁塔以减少走廊占地面积。

市区架空送电线路杆塔应适当增加高度，缩小档距，以提高导线对地距离。杆塔结构的造型、色调应尽量与环境协调配合。对路边植树的街道，杆塔设计应与园林部门协商，提高导线对地高度与修剪树枝协调考虑，保证导线与树木能有足够的安全距离。城网的架空送电线路导线截面除按电气、机械条件校核外，一个城网应力求统一，每个电压等级可选用两种规格。

市区架空线路应根据需要与可能积极采用同强度的轻型器材、防污绝缘子、瓷横担、合成绝缘子以及铝合金导线等。

2.配电线路敷设

市区内的高、低压配电线路应同杆架设，并尽可能做到接自同一电源。同一地区的中、低压配电线路的导线相位排列应统一规定。市区中、低压配电线路主干线的导线截面不宜超过两种。市区架空中、低压配电线路可逐步选用容量大、体积小的新设备，如柱上负荷开关、柱上真空开关、柱上 SF6 开关、柱上重合闸断路器及各种新型熔断器等。

大型建筑物和繁华街道两侧的接户线，可采用沿建筑物在次要道路的外墙安装架空电缆及特制的分接头盒分户接入。

3.电力电缆敷设

城市规划区送电线路和高压配电线路有下列情况的地段可采用电缆线路：

（1）架空线路走廊在技术上难以解决时；

（2）狭窄街道、繁华市区高层建筑地区及市容环境有特殊要求时；

（3）重点风景旅游地区的某些地段；

（4）对架空线严重腐蚀的特殊地段。

低压配电线路有下列情况的地段可采用电缆线路：

（1）负荷密度较高的市中心区；

（2）建筑面积较大的新建居民楼群、高层住宅区；

（3）不宜通过架空线的主要街道或重要地区；

（4）其他经技术经济比较，采用电缆线路比较合适时。

对于不适于低压架空线路通过、而地下障碍较多、入地又很困难的地段，可采用具有防辐射性能的架空塑料绝缘电缆。

城市规划区电缆线路路径应与城市其他地下管线统一安排。通道的宽度、深度应考虑远期发展的要求。路径选择应考虑安全、可行、维护便利及节省投资等条件。沿街道的电缆道人孔及通风口等的设置应与环境相协调。

电缆敷设方式应根据电压等级、最终数量、施工条件及初期投资等因素确定，可按不同情况采取以下敷设方式：

（1）直埋敷设：适用于市区人行道、公园绿地及公共建筑的边缘地带，是最简便的敷设方式，应优先采用。

（2）沟槽敷设：适用于电线较多，不能直接埋入地下且无机动负载的通道，如人行道、变电所内、工厂企业厂区内以及河边等处所。

（3）排管敷设：适用于不能直接埋入地下且有机动负载的通道，如市区道路及穿越小型建筑等。

（4）隧道敷设：适用于变电所出线多及重要市区街道电缆条数多或多种电压等级电线平行的地段。隧道应在变电所选址及建设时统一考虑，并争取与市内其他公用事业部门共同建设使用。

（5）架空及桥梁构架安装，尽量利用已建的架空线杆塔、桥梁的结构体等架设电缆。

（6）水下敷设安装方式须根据具体工程特殊设计。

电缆的常用敷设方式如图 5-5 ～图 5-7 所示。

（三）电力线路安全保护

1. 电力电缆线路安全保护

地下电缆安全保护区为距电缆线路两侧各 0.75m 的两平行线内所形成的区域。

海底电缆保护区，沿海宽阔海域为距海底电缆管道两侧各

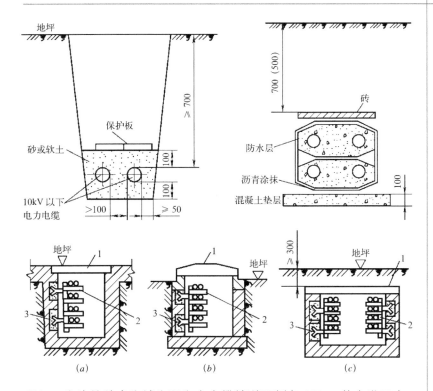

图 5-5　电缆直接埋地（左）
图 5-6　电缆敷设在混凝土管中
（右）

图 5-7　电缆沟
1—盖板；2—电缆支架；
3—沟道

500m，海湾等狭窄海域为距海底电缆管道两侧各 100m；若在港区内，则为距线路两侧各 50m 所形成的两平行线内的区域。

江河电缆保护区一般不小于距线路两侧各 100m 所形成的两平行线内的水域；中、小河流一般不小于距线路两侧各 50m 所形成的两平行线内的水域。

2. 架空电力线缆安全保护

架空电力线路保护区为电力导线边线向外侧延伸所形成的两平行线内的区域，也称之为电力线走廊。高压架空电力线路走廊通常简称为高压走廊，它是 35kV 及以上高压架空输电线路架设的专用通道，以安全防护为主要目的。

高压走廊区域内不得堆放谷物、草料、垃圾、矿渣、易燃物、易爆物及其他影响安全供电的物品；不得烧窑、烧荒；不得兴建建筑物、构筑物；不得种植竹子，但经当地电力主管部门同意，可以保留或种植自然生长最终高度与导线之间符合安全距离的树木。

高压走廊宽度的确定应综合考虑所在城市的气象条件、导线最大风偏、边导线与建筑物之间安全距离、导线最大弧垂、导线排列方式以及杆塔形式、杆塔档距等因素，通过技术经济比较后确定。不同电压的架空线路需要保证不同的高压走廊宽度，市区 35 ~ 500kV 高压架空电力线路规划走廊宽度见表 5-11。

市区 35—500kV 高压架空电力线路规划走廊宽度　　　　　表 5—11
（单杆单回水平排列或单杆多回垂直排列）

线路电压等级（kV）	高压线走廊宽度（m）	线路电压等级（kV）	高压线走廊宽度（m）
500	60 ~ 75	66、110	15 ~ 25
330	35 ~ 45	35	12 ~ 20
220	30 ~ 40		

由于厂矿、城镇等人口密集地区因建筑物土地使用价值等各种因素的不同要求，架空电力线路保护区分为一般地区和人口密集地区两种保护区，并有线路对不同地表物的净空距离等安全保护要求。

表 5-12、表 5-13、表 5-14、表 5-15 列出了电力线路敷设中安全保护的部分具体设置要求。

1 ~ 330kV 架空电力线路导线与建筑物之间的垂直距离　　　　　表 5—12
（在导线最大计算弧垂情况下）

线路电压（kV）	1 ~ 10	35	66 ~ 110	220	330
垂直距离（m）	3.0	4.0	5.0	6.0	7.0

架空电力线路边导线与建筑物之间安全距离　　　　　表 5—13
（在最大计算风偏情况下）

线路电压（kV）	< 1	1 ~ 10	35	66 ~ 110	220	330
水平距离（m）	1.0	1.5	3.0	4.0	5.0	6.0

架空电力线路导线与地面间最小垂直距离（m）　　　　　表 5—14
（在最大计算导线弧垂情况下）

线路经过地区	线路电压（kV）				
	< 1	1 ~ 10	35 ~ 110	220	330
居民区	6.0	6.5	7.5	8.5	14.0
非居民区	5.0	5.0	6.0	6.5	7.5
交通困难地区	4.0	4.5	5.0	5.5	6.5

架空电力线路导线与街道行道树之间最小垂直距离　　　　　表 5—15
（考虑树木自然生长高度）

线路电压（kV）	< 1	1 ~ 10	35 ~ 110	220	330
最小垂直距离（m）	1.0	1.5	3.0	3.5	4.5

附5 能源体系规划

随着生产力的提高和社会经济的不断进步，第一产业、第二产业及第三产业在国民经济中的比重必然会发生根本性的变化，城镇化就是这个变化过程的必然阶段。现代的城市应具备有文化、科技、体育、商贸、教育、信息、交通、医疗卫生等一系列公共设施，应有水、电、热、气的集中供应，同时，这也将导致城镇人均能源消费量大幅度的提高，单位面积的能耗密度增加。城市能源需求总量的提高，必然会对能源的生产、输送、消费及新能源的开发使用提出新的要求。因此，能源体系规划对我国城镇未来的能源发展具有一定的指导意义。

如果在城镇化过程中缺乏对能源体系规划的认知，或者无视开展能源体系规划的意义，简单认为城镇化只是农民从农村搬到城里来，只是农民转化成居民的身份变化，将会对城镇发展带来非常严重的后果。假设农民搬进城市还延续炊事取暖烧煤烧柴的生活方式，这无疑将大大加剧城市环境污染的压力；如果城镇化的发展还是对现在城市能源利用低效率、低水平的旧模式的延续、扩大，将对能源的需求提出更高的要求，必将难以保障能源供应。因此，在城镇化的过程中，深入开展能源体系规划同样非常重要。

能源体系规划和城市规划政策相关，与城市总体规划以及其他各层级规划相互协调对应。建立能源体系和城市规划、城市设计指引、建筑技术和节能环保及城市基础设施建设都有着密切的联系。通过城市规划承载能源体系规划的研究成果，使之在理论研究和规划设计创新方面真正成为城市可持续发展的坚强支撑。

目前，在现行的城市规划编制体系中与能源相关的规划内容仅限于市政基础设施规划的相关章节，只包括电力、供热、燃气三个方面，按照规划用地及人口等相关指标对能源需求进行预测，从而分别确定城市中电力、供热、燃气的分类需求总量。这种预测方法较为简单，虽能大体反映各类能源的需求情况，但所研究的内容并不全面。没有涉及煤炭、石油及可再生能源等；缺乏城市产业发展、生态与环境保护、资源与能源条件及新能源开发利用等因素对能源需求的影响；节能的相关政策和措施难以体现。产生这个结果的原因，主要在于目前的规划编制中，注意力主要集中在能源的供应系统（供电系统、供热系统、燃气供应系统），而煤炭、石油的能源供给在城市中没有管线系统。

能源体系的建立必须要依据现状能源在城市中的不同生产及消费特点决定。根据能源方面的特点，一般可以将城市分为以下几类：

1. 能源消费型城市，如北京、上海，城市经济较为发达，对能源问题相对重视，能源利用效率相对高，各类能源（电力、煤炭、石油、天然气等）的比例相对比较均衡。

2. 能源生产型城市，如太原、重庆，能源资源压力不大，富集的能源使资源利用率相对较低。而高耗能的同时又加剧了城市的环境污染。

3. 高效用能型城市，如大连、宁波，这类城市与其他城市相比经济高度发达，并已成为周边地区重要的炼油基地和电力基地，二次能源较为富集。但由于自身一次能源匮乏，主要依靠外供，所以对能源资源更为珍惜，能源的利用率普遍较高。

4. 用能保守型城市，这类城市的经济发展水平与其他城市相比相对滞后，能源利用率相对较低。煤炭类能源在消费结构中仍占有比较高的比例；在产业方面，高耗能产业的比重仍较大；城市居民人均收入也相对较少。这类城市大部分集中在内陆区域。

进行能源体系编制工作中首先要建立与其相关的能源指标体系。指标可以具体反映系统中涉及的各元素或现象背后的数量概念以及具体数值，能源数据指标如实、全面反映了城市能源体系的现状和特点，诊断出现状问题，进而提出解决方案或方向，城市能源体系的指标应体现出现状问题，同时反映出问题的产生原因并对解决方法提出指导完善。

在能源体系规划的指标框架中，能源需求预测应分别从以下几个方面进行考虑：

1. 用地与人口

虽然通过用地规模和人口数量无法完成能源需求预测，但在城市发展中，用地规模及人口仍然被用来作为衡量城市发展的重要基础指标，根据用地规模及人口对能源需求的预测已大致能反映出城市对能源总量需求的情况。

2. 城市产业类型

不同地域不同资源禀赋的城市，其产业类型也大不相同。产业是城市经济发展的主导，产业类型及发展方向也必然会影响城市对能源的需求。对于由第二产业作为主导的城市，其能源需求和能源结构必将与由第三产业作为主导产业的城市有很大不同。即使同以第二产业为主导的城市，其第二产业中类型的不同也会对城市的能源提出不同的需求。

3. 生态及环境保护

在许多城市，随着经济的高速发展，往往伴随着生态及环境保护的问题日益突出。由于资金等问题，经济的初始发展阶段一般都采用品位较低，污染较大的一次能源；而随着资金的积累，产业的升级，居民对生活品质及生态环境质量的重视，在一定时期能源结构也会发生变化，一次能源在总能源需求中所占的百分比会有所下降，二次能源所占比例会有较大提升。这样在满足城市总体能源需求的同时，又在一定程度上解决了由于能源消费而带来的城市环境问题。

4. 能源政策及新能源开发利用

近年来，能源政策和新能源的开发利用对于城市总体能源需求的影响也越来越大。能源政策的引导对能源结构的调整有着重要意义；新能源在总体能源中所占的比重也不断提高。其中新能源汽车就是一个典型的例子。在传统概念中，普通汽、柴油是机动车的唯一燃料，但化石燃料资源不可再生，储量日渐减少，新能源的开发已被提上日程，如今生物柴油、甲醇汽油、乙醇汽油等已大范围应用，混合动力车和纯电动车也已开始进入市场。由此可见新能源的开发利用必将改变未来能源需求的格局。

在实际工作中，我们构建指标体系，进行能源需求预测的工作都是为了社会经济发展中对能源终端消费服务而开展的，城镇能源的终端消费按使用类型分主要包括：工业能源消费、基础设施能源消费及居民生活能源消费；按供给类型分主要包括：电力能源消费、热力能源消费、煤炭、燃气及石油等矿物能源消费。在能源体系规划中应着重从能源供给的角度探讨能源的终端消费，以建立完整的能源供需链条。

在城镇能源消费中，电、热、煤炭、石油及燃气所占比重并不是固定的，其所占份额受社会经济发展水平，区域能源战略政策调整、自身能源禀赋及生态环境保护要求等的影响而发生变化。电力是高效清洁的二次能源，在能源消费环节是使用条件最低、最普遍的能源形式。随着居民生活水平的提高，电力及燃气在居民生活的炊事、取暖等方面逐步替代原先煤炭所占有的份额；随着石油资源的快速消耗和汽车产业的高速崛起，天然气动力汽车及以电动汽车为代表的新能源汽车越来越受到重视；由于城镇发展前期矿物质能源的无计划无节制的粗放使用和对环境保护的漠视，致使生态问题日益严重，城镇环境问题的解决刻不容缓，这也推动了电力这种清洁能源的广泛使用。综上所述，可见电力能源将成为未来城市发展中最为重要的能源消费形式。与此同时，也应关注多种能源形式的协调发展，各取所长，互为补充，共同为城镇发展创造良好的能源消费环境。

上述内容阐述了城市能源体系指标框架包含的主要方面，对于不同的城市类型其主要侧重点也不相同。在城市能源体系规划工作中，针对某一具体城市，包含能源的种类与各类能源在能源消费中所占的比例也会不同甚至差异巨大。特别是对于小城镇，包括农村、偏远的聚居区及旅游点，某一种能源可能成为当地最重要的能源来源，甚至可能是唯一适用的能源类型，如青藏高原的太阳能，陕西南部的小水电，安西地区的风能，内蒙古准格尔的煤炭等。正因如此，在一般情况下非常规的能源选择在特殊条件下也可显示出其合理性。

第六章
信息基础设施规划

第一节　概述

一、信息

"信息社会"、"信息经济"、"信息技术"、"信息化"、"信息网络"、"信息高速公路"等一系列如今大家耳熟的词汇告诉我们，信息时代已经到来。我们的生活与信息紧密相连。信息网络成为新的财富，信息的传播成为新的社会动力，信息和知识成为新的权力源。信息网络对城市社会结构和社会变迁都有重要的意义，带来了城市社会和经济发展的全新格局。信息在我们生活中扮演着认知、管理、控制、交流、娱乐等多重角色，信息在社会的发展中充当着社会发展的神经。社会方方面面、各种层级的信息通过信息技术的不断发展所搭建起的"信息高速公路"推动着整个社会的前进。

信息化已经成为当今世界经济发展的一大趋势，信息技术的飞速发展以及信息网络的普及应用，已经成为经济生活中不可忽视的重要因素。鉴于此，各国纷纷制订了本国的信息化战略。信息化趋势带动了世界电信业的发展，同时电信业的发展也极大地促进了国家信息化战略的实施以及国民经济信息化的进程。

信息基础设施是信息化的载体，通常国家信息基础设施（NII）包含三个层面：基础层面、应用层面和支撑层面（环境），电信网络基础设施是国家信息基础设施的核心与基础。

基础层面：它是一个无缝隙的高速信息电信网络，具有高速宽带智能可靠的特点，它以公用电信网为主体（这是由于其规模容量、技术先进性、具有普遍服务和公用的特性所决定的），是全国各部门专业应用信息系统的电信平台，并与世界未来的 GII 接轨。

应用层面：它是建立在基础平台上，面向社会各行业信息应用而组建的各种应用信息系统、各种专网、服务系统和各类公用、专用数据库。例如：经济信息网、金字系列工程、各种专网等等。这些系统必须具有统一的电信协议与标准接口，其结构可以由高性能的计算机、服务器、工作站、数据库、远程终端设备组成，也可以组成各自局域网或通过互联协议结合成广域网及城域网。

环境层面（或称支撑层面）：它是保证组建信息基础设施能够实现的条件和环境。例如：政策法规、管理机制、资金、技术标准以及各种从事信息产业的不同层次的管理技术人员等。

电信网络平台是国家信息化进程中的核心内容，也是信息网络基础架构的基础，为各种信息化应用系统提供网络基础平台。信息化进程中的各个领域、各个层次都要求以电信网络作为基础设施。无论是区域信息化、领域信息化、城市信息化还是电子商务、政务信息化、企业信息化等等都必须以电信网络为依托。可见电信网络在国家信息化中是重要的不可或缺的组成部分，是国家信息化的基石。在电信技术的推动下，电信网络进行了先进的技术改造，电信业务应用也越来越丰富，为国家信息化的发展提供了良好的信息基础设施，信息资源也得到广泛开发。电信网络的发展需要电信技术的不断发展来推动和改造，而电信网络是信息网络基础设施的重要组成部分，因此信息网络基础设施的发展也需要电信技术的不断发展来推动和改造。

二、信息的发展历程

这里所说的信息发展主要是指信息技术的发展。

人类历史上第一次信息技术革命是语言的使用。发生在距今约 35000 ~ 50000 年前。语言的使用是从猿进化到人的重要标志。类人猿是一种类似于人类的猿类，经过千百万年的劳动过程，演变、进化、发展成为现代人，与此同时语言也随着劳动产生。祖国各地存在着许多语言。如：海南话与闽南话有类似，在北宋时期，福建一部分人移民到海南，经过几十代人后，福建话逐渐演变成不同语言体系，闽南话、海南话、客家话等。

第二次信息技术革命是文字的创造。大约在公元前 3500 年出现了文字的创造，这是信息第一次打破时间、空间的限制，如陶器上的符号：原始社会母系氏族繁荣时期（河姆渡和半坡原始居民）；甲骨文：记载商朝的社会生产状况和阶级关系，文字可考的历史从商朝开始；金文（也叫铜器铭文）：商周一些青铜器，常铸刻在钟或鼎上，又叫"钟鼎文"。

第三次信息技术的革命是印刷的发明。大约在公元 1040 年，我国开始使用活字印刷技术（欧洲 1451 年开始使用印刷技术）。汉朝以前使用竹木简或帛做书写材料，直到东汉（公元 105 年）蔡伦改进造纸术，这种纸叫"蔡侯纸"。从后唐到后周，封建政府雕版刊印了儒家经书，这是我国官府大规模印书的开始。北宋平民毕昇发明活字印刷，比欧洲早 400 年。

第四次信息革命是电报、电话、广播和电视的发明和普及应用。19 世纪中叶以后，随着电报、电话的发明，电磁波的发现，人类通信领域产生了根本性的变革，实现了金属导线上的电脉冲来传递信息以及通过电磁波来进行无线通信。1837 年美国人莫尔斯研制了世

界上第一台有线电报机。电报机利用电磁感应原理（有电流通过，电磁体有磁性，无电流通过，电磁体无磁性），使电磁体上连着的笔发生转动，从而在纸带上画出点、线符号。这些符号的适当组合（称为莫尔斯电码），可以表示全部字母，于是文字就可以经电线传送出去了。1844 年 5 月 24 日，他在国会大厦联邦最高法院议会厅作了"用导线传递消息"的公开表演，接通电报机，用一连串点、划构成的莫尔斯码发出了人类历史上第一份电报："上帝创造了何等的奇迹！"实现了长途电报通信，该份电报从美国国会大厦传送到了 40 英里外的巴尔的摩城。

1864 年英国著名物理学家麦克斯韦发表了论文《电与磁》，预言了电磁波的存在，说明了电磁波与光具有相同的性质，都是以光速传播的。

1875 年，苏格兰人亚历山大·贝尔发明了世界上第一台电话机，1878 年在相距 300km 的波士顿和纽约之间进行了首次长途电话实验获得成功。

电磁波的发现产生了巨大影响，实现了信息的无线电传播，其他的无线电技术也如雨后春笋般涌现：1920 年美国无线电专家康拉德在匹兹堡建立了世界上第一家商业无线电广播电台，从此广播事业在世界各地蓬勃发展，收音机成为人们了解时事新闻的方便途径。1933 年，法国人克拉维尔建立了英法之间的第一条商用微波无线电线路，推动了无线电技术的进一步发展。

1876 年 3 月 10 日，美国人贝尔用自制电话同他的助手通了话。

1895 年俄国人波波夫和意大利人马可尼分别成功地进行了无线电通信实验。

1894 年电影问世。1925 年英国首次播映电视。

静电复印机、磁性录音机、雷达、激光器都是信息技术史上的重要发明。

第五次信息技术革命始于 20 世纪 60 年代，其标志是电子计算机的普及应用及计算机与现代通信技术的有机结合。

随着电子技术的高速发展，生产、科研需要解决的计算工具也大大得到改进，1946 年由美国宾夕法尼亚大学研制的第一台电子计算机诞生了。随后相继出现了第一代电子计算机、第二代晶体管电子计算机、第三代集成电路计算机、第四代大规模集成电路计算机，至今正在研究第五代智能化计算机。

自信息产生以来，人类社会对信息传递的技术探索追求就从未停止过，从《水浒传》中梁山泊总探头领神行太保戴宗的"日行千里"，到影视剧中"六百里加急"的信息快递，从"鸡毛信"的传送，到上海滩第一声电话铃的响起，我国信息技术的发展也经历了漫长的岁月。

现今，由于社会的发展的需求，为了解决资源共享，单一的计算机逐渐发展成计算机网络，实现了计算机之间的数据通信、数据共享。通过信息技术的一次次更新与跨越，信息的传递逐步实现了高效、高速、准确、便捷的发展目标，并仍在不断发展完善。

三、信息规划的内容和任务

在城市规划中，城市信息工程规划主要由电信通信、广播电视、邮政通信等三项规划的编制内容组成。主要技术内容包括：信息工程规划编制基本要求、电信用户预测、电信局所规划、无线通信设施规划、广播电视规划、通信线路敷设与通信管道规划、邮政通信规划等。

城市信息工程规划主要任务是，结合城市通信现状和发展趋势，确定规划期内城市通信的发展目标，预测通信需求；合理确定邮政、电信、广播、电视等各种通信设施的规模、容量；科学布局各类通信设施和通信线路；制定通信设施综合利用对策与措施，以及通信设施的保护措施。根据通信发展，城市信息规划应突出电信网、计算机网和广播电视网三网合一的信息通信网综合规划。

信息工程专项规划主要包括：预测通信需求量、用户普及率和装机容量；确定近、远期电信局所、移动通信局所、邮政局所、广播电视局所等设施的选址、规模；确定电信局所交换区界，接入网机房（光交接点）位置及服务范围；确定有线电视分中心、管理站及接入网机房（光交接点）位置及服务范围；确定地下通信管道的布局，主干路由和主要配线路由以及管孔数量；工程量统计；近、远期实施建议等。

城市信息工程系统规划工作的主体程序分前后两个阶段，前阶段为确定城市通信系统规划目标，后阶段又分成邮政、电信、广播电视等三部分主体程序。

（1）城市信息工程系统规划的前阶段主体程序为：城市邮政、电信需求量预测——确定城市通信系统规划目标。

（2）城市信息工程系统规划的后阶段电信系统规划工作程序为：城市电信设施与网络规划—分区电信设施与线路规划—详细规划范围内电信设施与线路规划；邮政系统规划工作程序为：城市邮政设施规划—分区邮政设施规划—详细规划范围内邮政设施规划；广播电视系统规划工作程序为：城市广播、电视台站与线路规划—分区广播、电视线路规划—详细规划范围内广播电视线路规划。具体来说：

在城市总体规划阶段的城市信息工程规划编制内容应包括以下方面：

1. 通信系统现状及存在问题分析；

2. 通信需求预测；

3. 电信、广播电视、邮政等规划及优化；

4. 涉及的城市收信区、发信区规划，微波通道规划及保护；

5. 近期建设规划。

在城市详细规划阶段的信息工程规划编制内容应包括以下方面：

1. 规划范围及规划范围外相关的通信现状分析；

2. 规划范围通信需求预测；

3. 规划范围内的通信设施布置及用地细化与落实；

4. 规划范围通信管道的路由选择与管孔计算及确定；

5. 相关投资估算。

第二节 电信系统规划

城市电信系统是城市信息系统最主要的组成部分和重要的信息载体平台。城市电信系统可按以下方面进行分类：

1. 按业务范围电信系统可分为电话系统和电传系统。

2. 按电信系统的局制分类，电信系统可分为单局制和多局制。单局制适用于业务量少、用户少的小城镇。多局制适用于服务量大、业务量大的城市或中继站。电信通信网可分为：市话通信网、长途通信网、农用话网。长途通信网的结构形式又可分为直达式、汇接式和混接式三种。

3. 按系统分类，电信系统可分为通信系统和通信网。通信系统是指由完成通信全过程的各相关功能实体有机组合而成的体系。通信系统一般由发端、信道和收端几大部分组成。通信网指将众多的通信系统按一定的拓扑结构和组织结构组成一个完整体系。通信网由用户终端设备、交换设备、传输线路组成。

一、城市电信系统规划工作程序

1. 城市电信设施与网络规划：在城市现状电信设施与网络研究的基础上，根据城市通信系统规划目标、城市规划总体布局，进行城市电信设施与电信网络规划。确定各类电话局等设施布局后，及时反馈给城市规划部门，落实这些设施的用地布局，并适当调整城市规划布局。

2. 分区电信设施与线路规划：先根据分区规划布局，城市电信服务标准，估算分区电信需求量。然后根据城市电信设施与网络规划和分区规划布局，进行分区电信设施与线路规划。确定电话局所等设施后，反馈给城市规划部门，落实这些设施的用地布局。

3. 详细规划范围内电信设施与线路规划：根据详细规划布局、电信服务标准，计算该范围的电信需求量。再根据分区电信线路规划、详细规划布局，布置该范围内的电信设施与线路，并反馈于城市规划设计人员，共同确定电信设施布置。

二、城市电话需求量预测

总体规划为宏观规划，对应宏观预测方法；详细规划为中观和微观规划，对应微观预测。

电话需求量的预测是电话网、局所建设和设备容量规划的基础。电话需求量由电话用户、电话设备容量组成，电话行业的电话业务预测包括了用户和话务预测。电话需求量的预测，在总体规划阶段以宏观预测为主，宜采用时间序列法、相关分析法、增长率法、分类普及率法等方法预测，详细规划阶段以微观预测为主，可采用小区预测、按单位建筑面积测算等不同的指标法预测。一般常用的预测方法有以下几种：

1. 简易相关预测法

国民经济的发展（尤其是国内生产总值的增长）必然要求电话有更高的增长，才能与之相适应。而后者往往是前者的 1.5 倍左右。因此，如果能求出在规划期内国内生产总值的平均增长速度 k，则电话用户预测数学模式可以近似用下式表示：

$$Y_t = y_0 \ (1+ak)^t \qquad (6\text{-}1)$$

式中：Y_t——规划期内某预测年 t 的用户数；

y_0——现状（起始年）的用户数；

a——电话增长量与国内生产总值增长之系数，一般取 1.5；

t——规划期内所需预测的年限数；

k——规划期内国内生产总值平均增长速度。

2. 国际上推荐的预测公式

国际上的经验表明，一个国家的电话机普及率与该国平均的国民生产总值有关，人均国民生产总值越高，则电话普及率也越高，国际上运用回归分析法对世界上不少国家和地区的情况分析研究推荐如下公式：

$$y = 1.675 \cdot x^{1.4156} \cdot 10^{-4} \qquad (6\text{-}2)$$

式中：y——话机普及率（部／百人）；

x——人均国民生产总值（美元）。

3. 根据我国规定的发展目标进行预测

交换装机容量取值按目前所需电话容量预测 10 ～ 20 年后远期发展总容量的 1.2 ～ 1.5 倍。

以上三种方法曾是一段时期内电话需求量预测的主要方法，随着社会进步和电信技术的发展，上述方法已不能广泛适宜电话需求的发展和规划实践的需要。目前，在城市电信系统规划的城市电话需求量预测工作中主要采用单项指标套算法。

4. 单项指标套算法

（1）总体规划阶段：总体规划阶段可用指标进行套算：每户住宅按 1 部电话计算；非住宅电话占总住宅电话的 1/3；电信局设备装机率规划近期为 50%，中期为 80%，远期为 85%；端局最终电话达 4 ～ 6 万门，电话站最终电话容量 1 ～ 2 万门；也可依据城市人口预测结果，结合城市的规模、性质、作用和地位、经济、社会发展水平、平均家庭生活水平及其收入增长规律、第三产业和新部门增长发展规律进行普及率预测，预测指标可参照表 6-1 选取；亦可采用分类用地指标，结合规划用地性质和城市经济水平等实际情况及同类分析比较进行预测，预测指标可参照表 6-2 选取。进行城市电话需求量预测应选择两种以上方法预测，相互校验。

（2）详细规划阶段主要参考单位建筑面积分类用户指标来套算需求量，同时还应考虑公用电话等未预见量的电话需求。单位建筑面积分类用户指标可参照表 6-3 选取。

5. 移动电话需求量及普及率预测

（1）用移动电话占市话的百分比来预测，一般而言，移动电话与市话之间存在一定的比率。我国城市移动电话可按下式预测：

城市电话普及率远期预测指标（单位：线／百人）　　　　　　表 6—1

城市规模分级	特大城市和大城市		中等城市			小城市		
	一级	二级	一级	二级	三级	一级	二级	三级
远期	75 ～ 80	70 ～ 76	68 ～ 73	65 ～ 70	58 ～ 65	63 ～ 68	60 ～ 65	53 ～ 60

注：表中城市规模分级，一级为经济发达地区城市；二级为经济发展一般地区城市；三级为经济欠发达地区城市。

城市电话主线分类用地预测指标（单位：线／hm²）　　　　　　表6-2

城市用地性质	特大城市、大城市	中等城市	小城市
居住用地（R）	80～280	60～180	40～140
商业服务业设施用地（B）	100～300	80～200	60～160
公共管理与公共服务用地（A）	30～280	20～180	15～140
工业用地（M）	30～100	15～80	10～60
物流仓储用地（W）	10～15	8～12	8～12
道路与交通设施用地（S）	20～60	15～50	10～40
公用设施用地（U）	20～160	15～140	10～120

按单位建筑面积测算城市电话需求分类用户指标（单位：线／m²）　　　表6-3

	*写字楼办公楼	商店	商场	旅馆	*宾馆	医院	工业厂房	住宅楼房	别墅、高级住宅	中学	小学
特大城市、大城市	1/25～35	1～1.5/店户	1/60～100	1/30～40	1/25～30	1/100～140	1/100～180	1～1.2/户	1.2～2/200～300	5～10线/校	3～6线/校
中等城市	1/30～40	1～1.2/店户	1/70～120	1/40～60	1/30～40	1/120～150	1/120～200	1～1.1/户	较高级住宅1～1.2/160～200	4～8线/校	3～4线/校
小城市	1/35～45	1～1.1/店户	1/80～150	1/50～70	1/35～45	1/130～160	1/150～250	0.9～1.1/户		3～5线/校	2～3线/校

注：* 建筑大体量、高档次办公楼宾馆楼按单位小交换机预测。

移动电话用户数＝公用电话实装数×（0.7～1.0）。

（2）弹性系数预测法：移动电话发展与经济发展关系极为密切。根据二者的关系，移动电话数量按以下公式计算：

$$y_t = y_0 \cdot (1+ak)^t \qquad (6-3)$$

式中：y_t——规划期内某预测年 t 的用户数；

y_0——现状（起始年）的用户数；

a——电话增长量与国内生产总值增长之系数，一般取1.5；

t——规划期内所需预测的年限数；

k——规划期内国内生产总值平均增长速度。

（3）移动电话普及率法：由于经济活动能力、贸易、交通及市政公用设施等方面的不同，我国城乡移动电话普及率应根据自身的水平和条件，借鉴国内外同等水平城市的情况进行预测，预测指标参照表6-4选取。

移动电话普及率预测指标（单位：线／百人）　　　　　　　　表 6-4

城市规模分级	特大城市和大城市		中等城市			小城市		
	一	二	一	二	三	一	二	三
远期	90～115	80～110	80～105	75～100	70～90	75～95	70～90	65～90

注：表中城市规模分级，一级为经济发达地区城市；二级为经济发展一般地区城市；三级为经济欠发达地区城市。

三、城市电信局所规划

我国通信行业实行体制改革以来，多家运营商竞争经营，有力促进了通信事业的发展，但在局所规划建设上也存在诸多问题，主要是只作短期规划并各自为政，设点多、规模小、用地和网络资源及建设资金浪费，既与局所规划大容量，少局数的发展趋向背道而驰；又给城市规划及管理造成许多困难。电信局所的设置应根据城市发展目标、社会需求、电信网及电信技术发展统筹规划，并应在满足多家经营要求的同时，实现资源共享。

1. 电信局所设置

电信局所按功能划分包括长途电信局和本地电信局，长途电信局包括国际长途电信枢纽局和省、地长途电信枢纽局，本地电信局主要包括电信汇接局和电信端局。

长途电信枢纽局的设置应符合以下规定：

（1）区域通信中心城市的国际和国内长途电信局应单独设置；

（2）其他本地网大中城市国内长途电信局可与市话局合设；

（3）市内有多个长途局时，不同长途局之间应有一定距离并应分布于城市的不同方向。

电信局所规划建设除应结合通信技术发展，遵循大容量少局所的原则外，同时应符合以下基本要求：

（1）在多业务节点基础上，综合考虑现有局所的机房，传输位置，电话网、数据网和移动网的统一，以及三网融合与信息通信综合规划；

（2）有利新网结构的演变和网络技术进步及通信设备与技术发展；

（3）符合国家有关技术体制和本地网规划的规定；

（4）考虑接入网技术发展对交换局所布局的影响；

（5）确保全网网络安全可靠。

本地网中心城市远期电信交换局设置应依据城市电信网发展规划，并应符合表6-5局所规划容量分配的规定。

本地网中小城市远期电信交换局设置应依据电信网发展规划，并应符合表6-6局所规划容量分配的规定。

本地网中心城市远期规划交换局设置要求　　　表6-5

远期交换局总容量（万门）	每个交换系统容量（万门）	单个交换局含交换系统数（个）	允许最大单局容量（万门）	最大单局容量占远期交换局总容量的比例（%）
>100	10	2~3	≥20	≤15
50~100	10	2	20	≤20
≤50	5~10		15	≤35

本地网中小城市电信交换局设置要求　　　表6-6

远期交换机总容量（万门）	规划交换局容量（万门）	全市设置交换局数（个）	最大单局容量占远期交换局总容量的比例（%）
>40	10	4~5	≤30
20~40	10	3~4	≤35
≤20	5~10	2	≤60

2. 电信局所选址及用地

城市电信局所规划选址应符合以下要求：

（1）环境安全、服务方便、技术合理和经济实用；

（2）接近计算的线路网中心；

（3）选择地形平坦、地质良好适宜建设用地的地段，避开因地质、防灾、环保及地下矿藏或古迹遗址保护等因素，不可建设用地的地段；

（4）距离通信干扰源（包括高压电站、高压输电线铁塔、交流电气化铁道、广播电视雷达、无线电发射台及磁悬浮列车输变电系统等）的安全距离应符合国家相关规范要求。

城市电信局所远期规划预留用地，应依据局所的不同分类与规模按表6-7规定，结合当地实际情况比较分析选择确定。

在规划实践中，由于电信局所有限，但管理范围较大，故而通常将电信局覆盖的范围划分为不同的区块。分区时应遵循以下原则：

（1）按不同时期发展要求进行配制，把城市作为整体进行划分，

城市电信局所预留用地　　　表6-7

局所规模（门）	≤2000	3000~6000	10000	30000	50000~60000	80000~100000	150000~200000
预留用地面积（m²）	1000以下	1000~2000	2500~3000	3000~4500	4500~6000	6500~8000	8000~10000

注：1. 表中局所用地面积同时考虑其兼营业点的用地；
　　2. 表中所列规模之间的局所预留用地，可综合比较酌情预留；
　　3. 表中6000门以下的局所通常指模块局。

并且近、远期相协调。

（2）分区要照顾到自然地形、铁路、地貌、人工设施等因素，同时分析各分区用户间的话务量情况，通话关系密切的地区尽量划在同一区内，以减少局间中继线和中继设备的数量。

（3）根据人口规模及预测的话务量。

（4）划区时，尽可能避免大拆大移，尽可能保留使用原有设备。

（5）当分区块人口较少时，交换机容量可小些；反之大些，但要有预留容量。一般每个交换局容量 10～20 万门，服务面积 10～20km^2。

（6）如现有交换网到远期交换网过渡期需设置临时电信局所的，宜在公共建筑中统筹安排，以便在远期交换网中能继续使用，避免造成重复建设的浪费。

通信机楼建筑和用地面积指标及通信模块局及用户接入设备间的建筑面积见表 6-8、表 6-9。

通信机楼建筑和用地面积指标（m^2）　　　表 6-8

通信机楼	交换设备终局容量（门）	建筑面积	用地面积
通信枢纽中心			15000
综合通信母局			4000
通信端局	20000 以下	6000	1000
	20000～40000	8000	2300
	40000～60000	9000	3000
	80000 以上	11000	5000

通信模块局及用户接入设备间的建筑面积（m^2）　　　表 6-9

通信站房	设备终容量（门）	面积（m^2）
通信模块局	2000 以下	50
	2001～4000	70
	4001～8000	100
	10000 以上	按端局设置
通信用户接入设备间	500～1000	20
	1001～2000	40
	2001～4000	60
	4001～8000	90
	8001～10000	150
	10000 以上	按端局设置

四、移动通信基站设置

随着移动通信的快速发展，移动通信基站越来越多的出现在人们的视线中。城市移动通信基站在城市分布点多、面广，移动通信基站的设置除涉及电磁环境保护的电磁辐射安全防护等方面外，还对城市历史街区保护和城市景观及市容市貌产生影响，与城市规划及规划管理关系密切。因此，移动通信基站的设置必须纳入城市总体规划，并且其作为有较大影响的建设项目必须符合《城乡规划法》和城市规划的要求。

移动通信基站的选址和建设除应符合相关现行国家标准规范要求外，还强调需要尽可能避开居住小区、学校等人员集中场所，特别是幼儿园、小学、医院等较弱人群聚集场所。若必须在上述场所附近设置基站，应严格按照有关规定进行电磁辐射环境影响综合评价，特别是可能有多个辐射源的叠加辐射强度的综合测评；一般情况下基站离住宅应按大于 40m 控制。

五、线路敷设及管道规划

1. 通信线路敷设

通信线路作为信息传输的物质载体在城市建设和发展中必不可少，通信线路路由综合规划是通信管道路由综合规划的基础，不同通信线路规划路由的选择应与近期与远期规划相一致，有效避免重复建设，合理利用空间资源。城市通信线路应以本地网通信传输线路和长途通信网传输线路为主，同时也包括广播有线电视网线路和其他各种信息网线路。

通信线路敷设应当以管道为主、杆路架设为辅。建成区不宜新建杆路架设通信线路。城市通信线路与有线电视线路及其他信息线路，包括光缆线路与电缆线路均宜地下敷设。城市中心区的通信架空配线，应当结合旧城改造逐步改为地下埋设。在城郊地区及乡村可采用线路架空敷设的方式。

城市通信线路路由选择应符合以下规定：

①近期建设与远期规划相一致；

②线路路由尽量短捷、平直；

③主干线路路由走向尽量和配线线路的走向一致；并选择用户密度大的地区通过，多局制的用户主干线路应与局间中继线路的路由一并考虑；

④重要主干线路和中继线路，宜采用迂回路由，构成环形网络；

⑤线路路由应符合与其他地上或地下管线以及建筑物间最小间

隔距离的要求；

⑥除因地形或敷设条件限制，必须合沟或合杆外，通信线路应与电力线路分侧敷设。

通信杆路架设应当符合下列要求：

①通信杆路架设的杆间距离，应当根据用户下线需要、地形情况、线路载荷、气象条件和发展改建要求等因素确定。一般情况下，市郊杆距可为 35 ～ 40m，乡村杆距可为 40 ～ 50m。

②架空线路设备应当根据有关的技术规定进行可靠的保护，以免遭受雷击、高压、强电流的电气危害和机械损伤。

③架空杆路与其他设施最小水平净距应当符合表 6-10 规定。

杆路与其他设施最小水平净距（m） 表 6-10

名称	最小水平净距	备注
消火栓	1.0	指消火栓与电杆间的距离
地下管线	0.5 ～ 1.0	包括通信管、线与电杆间的距离
火车轨道	地面杆高的 1 ～ 2 倍	
人行道边石	0.5	
市区树木	1.25	
房屋建筑	2.0	裸线线条到房屋建筑的水平距离
郊区树木	2.0	

2. 通信管道规划

城市通信管道功能是提供通信线路敷设的载体，本地通信网线路是城市主要通信线路，城市通信管道网规划应以本地通信线路网结构为主要依据，对管道路由和管孔容量提出要求。

城市通信管道容量应为用户馈线、局间中继线、各种其他线路及备用线路对管孔需要量的总和。局前管道规划可依据规划局所规模、相关局所布局、用户分布及路网结构等，选择确定出局管道方向与路由数。

城市通信管道路由的选择应符合以下规定：

（1）用户集中，有重要通信线路且路径短捷；

（2）灵活、安全，有利用户发展；

（3）考虑用地、路网及工程管线综合等因素；

（4）尽量结合和利用原有管道；

（5）尽量不沿交换区边界、铁路与河流布置；

（6）避开以下道路或地段：

①规划未定道路；

②有严重土壤腐蚀的地段；

③有滑坡、地下水位甚高等地质条件不利的地段；

④重型车辆通行和交通频繁的地段；

⑤须穿越河流、桥梁、主要铁路和公路以及重要设施的地段。

通常各级道路及街道通信管线敷设管孔数见表6-11。

各级道路及街道通信管线敷设管孔数　　　　表6-11

道路等级	道路宽度（m）	通信管外径（mm）	通信管孔数
主干道	40～80	110	24～40
		60	8～20
次干道	20～40	110	12～24
		60	4～12
支路	15～20	110	6～20
		60	2～10
小区道路及街道		110	4～12
		60	2～6
桥梁、隧道		110	2～8
四路出局通信管道路段		110	50～60
		60	20～24
通信机楼出局路段		110	24～40
		60	12～20
通信用户设备间出口路段		110	8～16
		60	2～6
交换局出入管道		110	16～60
基站出入管道		110	1～6

城市通信直埋电缆最小允许埋深应符合表6-12的规定。

城市通信直埋电缆的最小允许埋深（m）　　　　表6-12

敷设位置与场合	最小允许埋深	备注
城区	0.7	一般土壤情况
城郊	0.7	
有岩石时有冰冻层时	0.5 应在冰冻层下敷设	

城市通信管道的最小允许埋深应符合表 6-13 的要求。

城市通信管道的最小允许埋深（m） 表 6—13

管道类型	管顶至路面的最小间距		
	人行道和绿化地带	车行道	铁路
混凝土管	0.5	0.7	1.5
塑料管	0.5	0.7	1.5
钢 管	0.2	0.4	1.2

城市通信管道敷设应有一定的倾斜度，以利渗入管内的地下水流向人孔，管道坡度可为 3‰ ~ 4‰，不得小于 2.5‰。城市通信管道与其他市政管线及建筑物的最小净距应符合《城市工程管线综合规划规范》GB 50289—98 的相关要求。

第三节 邮政系统规划

邮政是由国家管理或直接经营寄递各类邮件（信件或物品）的通信部门，具有通政通商通民的特点。邮政在古代是邮驿，为中国古代官府设置驿站，利用马、车、船等传递官方文书和军情，可上溯到三千年前，是世界上最早的邮政雏形。英国于 19 世纪前期在主要城市设置邮政机构，采用邮票形式作为邮资（寄递费用）已付的凭证，为大众寄递各种邮件，是现代邮政的开始。1896 年 3 月 20 日清光绪皇帝正式批准开办大清邮政官局，中国近代邮政也由此诞生。随着社会经济的不断进步，邮政的主要业务也发生了转变，由最初的寄递信件和包裹、办理汇兑、发行报刊、收发电报等，逐步拓展为以储蓄（邮政储蓄卡、通存通兑）、速递（邮政特快专递、邮政礼仪）、函件（邮资信件、企业拜年卡、中邮专送广告、户外广告）、包件（快递包裹、邮购、物流配送）、集邮（票品销售、邮品开发制作）为主，兼有彩扩、超市、电子汇兑、代理保险、代办电信、音像、报刊零售、报刊发行等多任务的公共服务行业。邮政的发展是社会发展的窗口，也是社会中信息传递的重要载体之一。

一、城市邮政系统规划工作程序

1. 城市邮政设施规划：在城市现状邮政设施研究的基础上，根据城市信息系统规划目标和城市规划总体布局，进行城市邮政设施规划。确定城市邮政局所、邮政通信枢纽等邮政设施布局后，及时反馈给城市规划部门，落实这些设施的用地布局。

2. 分区邮政设施规划：根据分区规划布局、城市邮政服务标准，估算分区邮政需求量。由此，再根据城市邮政设施规划和分区规划布局进行分区邮政设施规划。初步确定邮政局所等设施布局后，反馈给城市规划部门，落实这些设施的用地布局。

3. 详细规划范围内邮政设施规划：根据详细规划布局、邮政服务标准，计算该范围的邮政需求量。并依据分区邮政设施规划，布置详细规划范围内邮政设施。初步确定邮政设施布置后，及时与城市规划设计人员共同落实这些设施的具体布置。

二、城市邮政需求量预测

城市邮政设施的种类、规模、数量主要依据通信总量及邮政年业务收入来确定。因此，城市邮政需求量主要用邮政年业务收入或通信总量来表示。预测通信总量（万元）和年邮政业务收入（万元），可采用发展态势延伸法、单因子相关系数法、综合因子相关系数法等预测方法。下面对发展态势延伸法、单因子相关系数法进行说明。

1. 发展态势延伸预测法

这种方法是采集城市历年来邮政业务收入或通信总量统计数据，分析历年的增长态势，排除突发性、偶然性因素，考虑未来发展的可能性，选择规划期内的邮政增长态势系数，根据规划期限，延伸预测规划期的邮政年业务收入、通信总量。

2. 单因子相关系数预测法

这种方法是在对历年的邮政业务收入或通信总量增长及与之有关的经济、社会等主要相关因子的相互关系分析的基础上，寻找出其中对邮政年业务收入或通信总量增长关系最为密切的单项经济或社会因子，并测出该因子与邮政需求量增长的相关系数。

随着社会的发展，上述方法已很难适应当前邮政事业的发展，因此，在规划实践中基本不专门进行邮政需求的预测，而是更多的依据城市规划人口密度及邮政设施的服务半径来规划确定邮政设施的布局。

三、城市邮政局所规划

城市规划中的邮政通信规划应包括邮政通信枢纽局（邮件处理中心），同时包括邮件储存转运中心等单功能邮件处理中心和邮政支局规划。邮件处理中心具有分拣、封发、经转和发运功能，而邮件储存转运中心为仅具有单项功能的邮件处理中心。城市邮政局（所）

的分类应按国家邮政总局的业务设置要求分为邮件处理中心、邮政支局与邮政所三类。城市总体规划中邮政通信规划主要涉及邮件处理中心和邮政支局二类邮政主要设施，城市详细规划阶段的邮政通信规划还应涉及邮政所邮政设施。

1. 邮政局所规划的主要内容

（1）确定近、远期城市邮政局所数量、规模；

（2）划分邮政局所的等级和各级邮政局所的数量；

（3）确定各级邮政局所的面积标准；

（4）进行各级邮政局所的布局。

2. 邮政局所设置数量

邮政局所设置要便于群众用邮，要根据人口的密集程度和地理条件所确定的不同的服务人口数、服务半径、业务收入三项基本要素来确定。同时，在学校、厂矿、住宅小区等人口密集的地方，可增加邮政局所的设置数量。我国邮政主管部门制定的城市邮政服务网点设置的参考标准见表 6-14。

邮政局所服务半径和服务人口   表 6-14

类别	每邮政局所服务半径（km）	或每邮政局所服务人口（人）
大城市市区	1 ~ 1.5	30000 ~ 50000
中等城市市区	1.5 ~ 2	15000 ~ 30000
小城市市区	2 以上	20000 左右

按此参考标准，一个城市的市区、近郊、远郊区人口密度不同，应取不同的服务半径然后计算应设局所数。

3. 邮政局所选址原则

（1）邮件处理中心应符合《邮件处理中心工程设计规范》YZ/T 0078—2002 的有关技术要求，即为：

①应选在若干交通运输方式比较方便的地方，并应靠近邮件的主要交通运输中心；

②有方便大吨位汽车进出接收、发运邮件的邮运通道；

③符合城市建设规划要求。

（2）邮政支局所选址要点

①支局所应设在闹市区、居民集聚区、文化游览区、公共活动场所，大型工矿企业，大专院校所在地；车站、机场、港口以及宾馆内也应设邮电业务设施；

②支局所应交通便利，运输邮件车辆易于出入；

③支局所应有较平坦地形，地质条件良好；

④符合城市规划要求。

城市邮政支局规划用地面积应结合当地实际情况，按表 6-15 规定分析比较选定。

邮政支局规划用地面积　　　　　　　　　　表 6-15

支局类别	用地面积（m²）
邮政支局	2000 ~ 4500
邮政营业支局	1700 ~ 3300

第四节　广播电视系统规划

广播电视是通过无线电波或通过导线向广大地区传送音响、图像节目的传播媒介，统称为广播。只播送声音的，称为声音广播；播送图像和声音的，称为电视广播。狭义上讲，广播是利用无线电波和导线，只用声音传播内容的。广义上讲，广播包括我们平常认为的单有声音的广播及声音与图像并存的电视。

广播电视的产生是人类社会发展，科技进步的结果。它使人类信息传播的广度和深度得到了空前的扩展。无线电广播发明于 1906 年。世界上第一座正式电台是 1920 年 11 月开始播音的美国匹兹堡 KDKA 电台。中国的无线电广播始于 1923 年，1940 年 12 月 30 日延安新华广播电台正式播出，标志着新中国人民广播的诞生。电视发明于 20 世纪 20 年代。1936 年英国广播公司建立了第一座电视台，正式播出节目。我国第一座电视台是 1958 年 5 月 1 日试播的北京电视台，同年 9 月正式播出，1978 年改称为中央电视台。

城市的信息化之路同样离不开广播电视的快速发展。广播电视具有明显的信息化基本功能，即生产和传递信息的功能、导向社会资源优化配置的功能、经营信息的功能等。同时声音广播还兼具应急状态信息通达的重要作用，例如汶川地震后的相当时间内，各种信息的主要发布方式就是通过广播实现的。

城市规划中的城市广播电视规划应包括广播电视无线覆盖设施规划和有线广播电视规划两部分。城市广播电视无线覆盖设施规划应包括相应的发射台、监测台和地面站规划，并应遵循以下规划原则：

1. 符合《城乡规划法》和城市总体规划的原则；

2. 符合全国总体的广播电视覆盖规划和全国无线电频率规划的原则；

3. 与城市现代化建设水平相适应的原则。

城市有线广播电视规划应包括信号源接收、播发、网络传输、网络分配及其基础设施规划。有线广播电视信号源台站、信号中继基站和线路设施规划应遵循以下原则：

1. 符合《广播电视保护条例》的相关规定和安全第一，预防为主的原则；

2. 符合城市总体规划的原则；

3. 与其他工程管线规划相协调的原则；

4. 充分考虑社会、经济、环保等综合效益的原则。

一、城市广播、电视系统规划工作程序

城市广播、电视台站与线路规划：根据城市通信系统规划目标、城市规划总体布局、广播电视通信特性，进行城市广播、电视台站规划和有线广播、有线电视线路规划。无线电广播、电视台站的电讯信号、城市空间景观等因素与城市规划总体布局关系尤为密切。初步确定广播、电视台站布局后，应及时与城市规划部门共同确定广播、电视台站的布局和具体位置。协调处理与城市规划用地布局的关系。

二、有线电视用户预测

城市有线电视网络用户预测采用人口数为预测基础时，可按 2.8 ～ 3.5 人为一个用户计算；标准信号端口数应以户均两端测算，并以人均一端为上限。住宅有线电视用户的指标可按表 6-16 进行预测；城市有线电视网络用户采用单位建筑面积指标预测时，可按表 6-17 并结合当地实际情况及同类分析比较选用不同用地性质的预测技术指标。

住宅有线电视用户的建筑物最终需求（终端）　　　　表 6-16

住宅分类	普通住宅	高级住宅	别墅
有线电视终端需求	2	3	5

建筑面积测算信号端口指标　　　　表 6-17

用地性质	标准信号端口预测指标（端 /m^2）
居住建筑	1/100
公共建筑	1/200

三、广播电视的发展趋势

我国下一代广播电视网 NGB（Next Generation Broadcasting Network），是以有线电视网数字化整体转换和移动多媒体广播电视（CMMB）的成果为基础，以自主创新的"高性能宽带信息网"核心技术为支撑，构建适合我国国情的、"三网融合"的、有线无线相结合的、全程全网的下一代广播电视网络。NGB 建设完成后，将成为以"三网融合"为基本特征的新一代国家信息基础设施。

NGB 的核心传输带宽将超过每秒 1 千兆比特、保证每户接入带宽超过每秒 40 兆比特，可以提供高清晰度电视、数字视音频节目、高速数据接入和话音等"三网融合"的"一站式"服务，使电视机成为最基本、最便捷的信息终端，使宽带互动数字信息消费如同水、电、暖、气等基础性消费一样遍及千家万户。同时 NGB 还具有可信的服务保障和可控、可管的网络运行属性，其综合技术性能指标达到或超过国际先进水平，能够满足未来 20 年每个家庭"出门就上高速路"的信息服务总体需求。

NGB 的业务从内容来分，大体可以分为五类：业务类、信息类、娱乐类、应用类、消息类。从另外一个角度，还可以从业务的背景来说，例如从业务的属地性，也就是地域的性质来说，业务可以分为本地的业务和异地的业务。从业务类型来看，还可以用坐标来分割，分成纵坐标和横坐标两类，横坐标里包括：信息类、应用类、消息类，纵坐标里面有：基本的广播类、双向互动类。还有一个角度，从技术属性来看，分为双向互动类、跨越互动类、同样互动类。未来的广播电视系统将成为一个全新的，多任务，多方向的全开放式系统。

第五节 其他信息系统

一、互联网

互联网，即广域网、局域网及单机按照一定的通信协议组成的国际计算机网络。互联网是指将两台计算机或者是两台以上的计算机终端、客户端、服务端通过计算机信息技术的手段互相联系起来的结果，人们可以与远在千里之外的朋友相互发送邮件、共同完成一项工作、共同娱乐。从技术的角度对互联网定义：

1. 通过全球唯一的网络逻辑地址在网络媒介基础之上逻辑地链接在一起。这个地址是建立在"互联网协议"（IP）或今后其他协议基础之上的。

2. 可以通过"传输控制协议"和"互联网协议"（TCP/IP），或者今后其他接替的协议或兼容的协议来进行通信。

3. 让公共用户或者私人用户享受现代计算机信息技术带来的高水平、全方位的服务，这种服务是建立在上述通信及相关的基础设施之上的。

这个定义至少揭示了三个方面的内容：首先，互联网是全球性的；其次，互联网上的每一台主机都需要有"地址"；最后，这些主机必须按照共同的规则（协议）连接在一起。

互联网是全球性的。这就意味着我们目前使用的这个网络是属于全人类的。互联网的结构是按照"包交换"的方式连接的分布式网络。因此，在技术的层面上，互联网绝对不存在中央控制的问题。也就是说，不可能存在某一个国家或者某一个利益集团通过某种技术手段来控制互联网的问题。反过来，也无法把互联网封闭在一个国家之内，除非建立的不是互联网。然而，这样一个全球性的网络，必须需要用某种方式来确定联入其中的每一台主机。在互联网上绝对不能出现类似两个人同名的现象。

同样，这个全球性的网络也需要有一个机构来制定所有主机都必须遵守的交往规则（协议），否则就不可能建立起全球所有不同的电脑、不同的操作系统都能够通用的互联网。下一代 TCP/IP 协议将对网络上的信息等级进行分类，以加快传输速度（比如，优先传送浏览信息，而不是电子邮件信息），就是这种机构提供的服务的例证。

事实上，目前的互联网还远远不是我们经常说到的"信息高速公路"。这不仅因为目前互联网的传输速度不够，更重要的是互联网还没有定型，还一直在发展、变化。因此，任何对互联网的技术定义也只能是当下的、现时的。与此同时，在越来越多的人加入到互联网中、越来越多地使用互联网的过程中，也会不断地从社会、文化的角度对互联网的意义、价值和本质提出新的理解。

我国网民规模继续呈现持续快速发展的趋势。越来越多的居民认识到互联网的便捷作用，随着网民规模与结构特征上网设备成本的下降和居民收入水平的提高，互联网正逐步走进千家万户。目前全球互联网普及率最高的国家是冰岛，已经有 85.4% 的居民是网民。中国的邻国韩国、日本的普及率分别为 71.2% 和 68.4%。与我国经济发展历程有相似性的俄罗斯互联网普及率则是 20.8%。一方面，我国互联网与互联网发达国家还存在较大的发展差距，我国整体经济水平、居民文化水平再上一个台阶，才能够更快地促进互联网的发展；另一方面，这种互联网普及状况说明，我国的互联网处在发展的上升阶段，发展潜力较大。

享受宽带接入服务的网民越多，互联网接入情况就越好。根据2012 年 1 月 16 日中国互联网络信息中心在京发布的《第 29 次中国互联网络发展状况统计报告》显示，截至 2011 年 12 月底，我国网民规模突破 5 亿，达到 5.13 亿，全年新增网民 5580 万。互联网普及率较上年底提升 4 个百分点，达到 38.3%。随着智能手机的推广普及，手机上网正在成为可能取代计算机上网终端的重要力量，手机上网以其特有的便捷性，在我国发展迅速。手机上网的发展，使得网民的上网选择更加丰富，手机上网情况的变化也从一个侧面反映了信息技术的发展。

二、视频安防监控系统

视频安防监控系统 video surveillance & control system（VSCS）是利用视频技术探测、监视设防区域并实时显示、记录现场图像的电子系统或网络。视频安防监控系统主要用于工业、交通、商业、金融、医疗卫生、军事及安全保卫等领域，是现代化管理、监测、控制的重要手段之一。它能实时、形象、真实的反映监控的对象，能够及时获取大量丰富的信息，有效提高管理效率和自动化水平。

一般的视频安防监控系统由前端、传输、控制、图像处理和显示四个部分组成，前端部分包括一台或多台摄像机以及与之配套的镜头、云台、防护罩、解码驱动器等，摄像机的作用是把系统所监视的目标的光、声信号变成电信号，送入系统中的传输分配部分进行传送，其核心是电视摄像机。摄像机的种类很多，不同的系统可以根据不同的使用目的选择不同的摄像机及镜头。摄像机通常安装在可水平和垂直回转的摄像机云台上。

传输分配部分的主要作用是将摄像机输出的视频和音频信号馈送到中心机房或监控室。传输分配部分一般有馈线（同轴电缆）、视频分配器、视频电缆补偿器、视频放大器等设备。

控制部分的作用是在监控室通过有关设备对摄像机、云台和传输分配部分的设备进行远程控制。其功能主要是实现对摄像机的电源、旋转广角变焦的控制和实现对云台远程的驱动。

图像处理和显示部分实现对传输回来的图像综合的切换、记录、重放、加工、复制和利用监视器进行图像重现。

监控电视系统的组成部分和工作流程如图 6-1 所示。

图6-1 视频安防监控系统的组成

视频安防监控系统类型基本上可以分为两种，一种是本地独立工作，不支持网络传输、远程网络监控的监控系统。这种视频安防监控系统通常适用于内部应用，监控端和被监控端都需要固定好地点，早期的视频安防监控系统普遍是这种类型。另一种既可本地独立工作，也可联网协同工作，特点是支持远程网络监控，只要有密码有联网计算机，随时随地可以进行安防监控。

三、入侵报警系统

入侵报警系统 intruder alarm system（IAS）是利用传感器技术和电子信息技术探测并指示非法进入或试图非法进入设防区域（包括主观判断面临被劫持或遭抢劫或其他危急情况时，故意触发紧急报警装置）的行为、处理报警信息、发出报警信息的电子系统或网络。

入侵报警系统通常由前端设备（包括探测器和紧急报警装置）、传输设备、处理/控制/管理设备和显示/记录设备部分构成。前端探测部分由各种探测器组成，是入侵报警系统的触觉部分，相当于人的眼睛、鼻子、耳朵、皮肤等，感知现场的温度、湿度、气味、能量等各种物理量的变化，并将其按照一定的规律转换成适于传输的电信号。操作控制部分主要是报警控制器。监控中心负责接收、处理各子系统发来的报警信息、状态信息等，并将处理后的报警信息、监控指令分别发往报警接收中心和相关子系统。

四、公共信息显示系统

公共信息显示系统（MPIDS）就是将视频图片、字幕、天气预报、时钟等多媒体信息，在指定的时间、指定的地点（指定的设备/显示屏），按照事先编辑制作好的画面表现形式，准确、高效的通过TCP/IP网络平台进行播放的多媒体信息管理系统。多媒体公共信息显示系统是由以下六部分构成：①多媒体信息管理中心服务器 Server；②多媒体公共信息发布显示播控软件；③多媒体终端播放机；④多媒体终端显示屏（LED、LCD、PDP、TV）；⑤多媒体公共信息显示管理工作站（PC机）；⑥多媒体信息发布网络平台。增加型多媒体公共信息显示系统除上述六部分外，还包括：电视直播录播接入模块、视频会议直播模块、远程教学培训模块、视频实时监控接入模块等。

城市中一般在下列场所应设置公共显示装置：

1. 体育馆（场）应设置计时记分装置；

2. 民用航空港、中等以上城市火车站、大城市的港口码头、长途汽车客运站，应设置班次动态显示牌；

3. 大型商业、金融营业厅，宜设置商品、金融信息显示牌；

4. 中型以上火车站、大型汽车客运站、客运码头、民用航空港、广播电视信号大楼，以及其他有统一计时要求的工程，宜设置时钟系统。对旅游宾馆宜设世界时钟系统。

以上场所设置的公共显示装置平时按其不同的使用需求工作，特殊情况时可作为紧急信息提示显示装置使用。

五、出入口控制系统

出入口控制系统是安全技术防范领域的重要组成部分，是现代信息科技发展的产物，是数字化社会的必然需求，是人们对社会公共安全与日常管理的双重需要。是发展最快的新技术应用之一。

出入口控制系统 access control system（ACS）是利用自定义符识别或模式识别技术，对出入口目标进行识别，并控制出入口执行机构启闭的电子系统或网络。

出入口控制系统主要由识读部分、传输部分、管理／控制部分和执行部分以及相应的系统软件组成。

出入口控制系统有多种构建模式。按其硬件构成模式划分，可分为一体型和分体型；按其管理／控制方式划分，可分为独立控制型、联网控制型和数据载体传输控制型。

附6 智慧城市

智慧城市是新一代信息技术支撑、知识社会创新环境下的城市形态，智慧城市通过物联网、云计算等新一代信息技术以及计算机、社交网络、Fab Lab、Living Lab、综合集成法等工具和方法的应用，实现全面透彻的感知、宽带广泛互联、智能融合的应用以及以用户创新、开放创新、大众创新、协同创新为特征的可持续创新。伴随着网络的崛起、移动技术的融合发展以及创新的民主化进程，知识社会环境下的智慧城市是继数字城市之后信息化城市发展的高级形态。

数字城市是通过信息通信技术，将原有信息数字化，通过统一或分散的平台进行管理。而智慧城市是在数字城市的基础上，结合物联网传感技术、智能分析技术以及云计算能力，将原有数字化信

息集中化、智能化，实现感、传、知、用功能，达到整个城市的智能化，促进城市内生发展的动力。

2008 年 11 月，在纽约召开的外国关系理事会上，IBM 提出了"智慧的地球"这一理念，进而引发了智慧城市建设的热潮。而欧盟则于 2006 年发起了欧洲 Living Lab 组织，它采用新的工具和方法、先进的信息和通信技术来调动方方面面的"集体的智慧和创造力"，为解决社会问题提供机会，并发起了欧洲智慧城市网络。

2010 年，IBM 正式提出了"智慧的城市"愿景，希望为世界和中国的城市发展贡献自己的力量。IBM 经过研究认为，城市由关系到城市主要功能的不同类型的网络、基础设施和环境的六个核心系统组成：组织（人）、业务/政务、交通、通信、水和能源。这些系统不是零散的，而是以一种协作的方式相互衔接。而城市本身，则是由这些系统所组成的宏观系统。

21 世纪的"智慧城市"，能够充分运用信息和通信技术手段感测、分析、整合城市运行核心系统的各项关键信息，从而对于包括民生、环保、公共安全、城市服务、工商业活动在内的各种需求做出智能的响应，为人类创造更美好的城市生活。

"思想、灵魂、智能、互动"是智慧城市的新概念。智慧城市需要有独特的思想意识，结合当地情况与生活接轨；智慧城市需要设计出来自己城市的灵魂；智慧城市相关配套建设都需要符合智能化方向；智慧城市最大的特点就是能与生活互动，人人都有感受和受益。

我国提出智慧城市建设的城市总数达到了 154 个，投资规模预计超过 1.1 万亿元。在"十二五"规划或政府报告中提出建设智慧城市的地级以上城市共有 41 个，其中副省级城市 10 个，直辖市中北京、上海、天津均提出了智慧城市建设。

目前智慧城市开展部分建设项目如下：

1. 智慧公共服务。建设智慧公共服务和城市管理系统。通过加强就业、医疗、文化、安居等专业性应用系统建设，通过提升城市建设和管理的规范化、精准化和智能化水平，有效促进城市公共资源在全市范围共享，积极推动城市人流、物流、信息流、资金流的协调高效运行，在提升城市运行效率和公共服务水平的同时，推动城市发展转型升级。

2. 智慧社会管理。完善面向公众的公共服务平台建设。建设市民呼叫服务中心，拓展服务形式和覆盖面，实现自动语音、传真、电子邮件和人工服务等多种咨询服务方式，逐步开展生产、生活、政策和法律法规等多方面咨询服务。开展司法行政法律帮扶平台、职工维权帮扶平台等专业性公共服务平台建设，着力构建覆盖全面、及时有效、群众满意的服务载体。进一步推进社会保障卡（市民卡）工程建设，整合通用就诊卡、医保卡、农保卡、公交卡、健康档案等功能，逐步实现多领域跨行业的"一卡通"智慧便民服务。

3. 加快推进面向企业的公共服务平台建设。继续完善政府门户网站群、网上审批、信息公开等公共服务平台建设，推进"网上一站式"行政审批及其他公共行政服务，增强信息公开水平，提高网上服务能力；深化企业服务平台建设，加快实施劳动保障业务网上申报办理，逐步推进税务、工商、海关、环保、银行、法院等公共服务事项网上办理；推进中小企业公共服务平台建设，按照"政府扶持、市场化运作、企业受益"的原则，完善服务职能，创新服务手段，为企业提供个性化的定制服务，提高中小企业在产品研发、生产、销售、物流等多个环节的工作效率。

4. 智慧安居服务。开展智慧社区安居的调研试点工作，在部分居民小区为先行试点区域，充分考虑公共区、商务区、居住区的不同需求，融合应用物联网、互联网、移动通信等各种信息技术，发展社区政务、智慧家居系统、智慧楼宇管理、智慧社区服务、社区远程监控、安全管理、智慧商务办公等智慧应用系统，使居民生活"智能化发展"。加快智慧社区安居标准方面的探索推进工作，为今后新建楼宇和社区实行智能化管理打好基础。

5. 智慧教育文化服务。积极推进智慧教育文化体系建设。建设完善教育城域网和校园网工程，推动智慧教育事业发展，重点建设教育综合信息网、网络学校、数字化课件、教学资源库、虚拟图书馆、教学综合管理系统、远程教育系统等资源共享数据库及共享应用平台系统。继续推进再教育工程，提供多渠道的教育培训就业服务，建设学习型社会。积极推进先进网络文化的发展，加快新闻出版、广播影视、电子娱乐等行业信息化步伐，加强信息资源整合，完善公共文化信息服务体系。构建旅游公共信息服务平台，提供更加便捷的旅游服务，提升旅游文化品牌。

6. 智慧服务应用。组织实施部分智慧服务业试点项目，通过示范带动，推进传统服务企业经营、管理和服务模式创新，加快向现代智慧服务产业转型。①智慧物流：配合综合物流园区信息化建设，推广射频识别（RFID）、多维条码、卫星定位、货物跟踪、电子商务等信息技术在物流行业中的应用，加快基于物联网的物流信息平台及第四方物流信息平台建设，整合物流资源，实现物流政务服务和物流商务服务的一体化，推动信息化、标准化、智能化的物流企业和物流产业发展。②智慧贸易：支持企业通过自建网站或第三方电子商务平台，开展网上询价、网上采购、网上营销，网上支付等电子商务活动。积极推动商贸服务业、旅游会展业、中介服务业等现代服务业领域运用电子商务手段，创新服务方式，提高服务层次。结合实体市场的建立，积极推进网上电子商务平台建设，鼓励发展以电子商务平台为聚合点的行业性公共信息服务平台，培育发展电子商务企业，重点发展集产品展示、信息发布、交易、支付于一体的综合电子商务企业或行业电子商务网站。③建设智慧服务业示范推广基地。积极通过信息化深入应用，改造传统服务业经营、管理和服务模式，加快向智能化现代服务业转型。结合服务业发展现状，加快推进现代金融、服务外包、高端商务、现代商贸等现代服务业发展。

7. 智慧健康保障体系建设。建立卫生服务网络和城市社区卫生服务体系，构建区域化卫生信息管理为核心的信息平台，促进各医疗卫生单位信息系统之间的沟通和交互。以医院管理和电子病历为重点，建立居民电子健康档案；以实现医院服务网络化为重点，推进远程挂号、电子收费、数字远程医疗服务、图文体检诊断系统等智慧医疗系统建设，提升医疗和健康服务水平。

8. 智慧交通。建设"数字交通"基础工程，通过监控、监测、交通流量分布优化等技术，完善公安、城管、公路等监控体系和信息网络系统，建立以交通诱导、应急指挥、智能出行、出租车和公交车管理等系统为重点的、统一的智能化城市交通综合管理和服务系统建设，实现交通信息的充分共享、公路交通状况的实时监控及动态管理,全面提升监控力度和智能化管理水平,确保交通运输安全、畅通。

9. 构建面向新农村建设的公共服务信息平台。推进"数字乡村"基础建设，建立涉及农业咨询、政策咨询、农保服务等面向新农村的公共信息服务平台，协助农业、农民、农村共同发展。以农村综合信息服务站为载体，积极整合现有的各类信息资源，形成多方位、多层次的农村信息收集、传递、分析、发布体系，为广大农民提供劳动就业、技术咨询、远程教育、气象发布、社会保障、医疗卫生、村务公开等综合信息服务。

10. 推进智慧安全防控系统建设。充分利用信息技术，完善和深化"平安城市"工程，深化对社会治安监控动态视频系统的智能化建设和数据的挖掘利用，整合公安监控和社会监控资源，建立基层社会治安综合治理管理信息平台；积极推进市级应急指挥系统、突发公共事件预警信息发布系统、自然灾害和防汛指挥系统、安全生产重点领域防控体系等智慧安防系统建设；完善公共安全应急处置机制，实现多个部门协同应对的综合指挥调度，提高对各类事故、灾害、疫情、案件和突发事件的防范和应急处理能力。

11. 建设信息综合管理平台建设。提升政府综合管理信息化水平；完善和深化"金土"、"金关"、"金财"、"金税"等金字政务管理化信息工程，提高政府对土地、海关、财政、税收等专项管理水平；强化工商、税务、质监等重点信息管理系统建设和整合，推进经济管理综合平台建设，提高经济管理和服务水平；加强对食品、药品、医疗器械、保健品、化妆品的电子化监管，建设动态的信用评价体系，实施数字化食品药品放心工程。

第七章
环卫设施规划

第一节　概述

城乡环境卫生体系，是为有效治理城乡生活废弃物，为人民群众创造清洁、优美的生活和工作环境而进行的有关生活废弃物的清扫、保洁、收集、运输、处理、处置、综合利用和社会管理等活动的总称。

环境卫生是公共卫生的重要组成部分。国际上通常把防治传染病、促进国民健康和加强环境污染治理作为公共卫生的重要内容。因此，从一定意义上讲，搞好环境卫生就是通过防治环境公害，减少和杜绝环境污染和疾病传播，从根本上提高公共卫生突发事件的防范能力和应急能力，确保公共卫生安全，创建清洁、舒适、优美、安全的生态环境和社会环境，切实保障广大人民群众的身心健康。

建立环境卫生体系是为了谋求良好的、卫生的公共环境状态所实施的一种过程管理，是通过行政的、法律的、经济的、科技的以及宣传教育和社会监督等手段来实现良好的公共环境卫生状态。建立环境卫生体系对于坚持以人为本，树立和落实科学发展观，实现人与自然和谐发展，提高城市和乡村的现代文明程度，构建社会主义和谐社会，实现全面建成小康社会的宏伟目标，具有十分重大的意义。

中国城乡环境卫生体系建设起步较晚，发展很快。特别是改革开放以来，我国城乡环境卫生体系迅速发展，环境卫生体系逐步建立完善，推动了经济的健康发展和社会的全面进步。

一、环卫设施规划的任务

环卫设施规划的任务是根据城市发展目标和城市布局，确定城市环境卫生配置标准和垃圾集运、处理方式；合理确定环境卫生设施的类型、数量、规模和布局；制定环境卫生设施的隔离与防护措施；提出垃圾回收利用对策与措施。

二、环卫设施规划的深度要求

1. 总体规划阶段

（1）测算城市固体废弃物产量，分析其组成和发展趋势，提出污染控制目标；

（2）确定城市固体废弃物的收运方案；选择城市固体废弃物处理和处置方法；

（3）布局各类环境卫生设施，确定服务范围、设置规模、设置标准、运作方式、用地标准等；

（4）进行可能的技术经济方案比较。

2. 详细规划阶段

（1）估算规划范围内固体废弃物产量；

（2）提出规划区的环境卫生控制要求；

（3）确定垃圾收运方式；

（4）布局废物箱、垃圾箱、垃圾收集点、垃圾转运点、公厕、环卫管理机构等，确定其位置、服务半径、用地、防护隔离措施等。

三、环卫设施规划主要内容

1. 环卫设施规划目标

（1）规划原则

减量化、无害化、资源化的"3R"原则。

（2）规划目标

以科学性、实用性为基础制定环卫发展的具体要求和量化指标，使规划区环卫设施布局合理、方便使用，达到市容整洁、环境优美、基础设施完善，促进城市社会、经济、环境的可持续发展。

（3）相关指标

①全面推广生活垃圾袋装化和分类收集，分类收集率达到100%；

②垃圾收运作业机械化、半机械化程度达95%；

③道路机械化清扫率达70%以上；

④规划公厕均以一二类标准建设，其中一类公厕达40%；

⑤垃圾清运率、无害化处理率均达到100%；

⑥医疗等特种垃圾严禁混入生活垃圾，应单独密闭收集、运输，单独集中处理处置，处置率达100%。

2. 生活垃圾产量预测

城市生活垃圾的产生量随社会经济的发展、物质生活水平的提高、能源结构的变化以及城市人口的增加而增加，准确预测城市生活垃圾的产生量，对制定相应的处理处置政策至关重要。估算城市生活垃圾产生量的通用公式为：

$$Y_n = y_n \cdot P_n \times 10^{-3} \times 365 \tag{7-1}$$

式中：Y_n——第 n 年城市生活垃圾产生量，吨／年；

y_n——第 n 年城市生活垃圾的日人均产出量，kg/（人·日）；

P_n——第 n 年城市人口数。

从式中可以看出，影响城市生活垃圾产生量的主要因素是城市垃圾产生量和城市人口数。其中，城市垃圾产率受多种因素的影响，包括收入水平、能源结构、消费习惯等。

3. 环卫作业规划

（1）垃圾收运

规划从源头到最终垃圾处理场的收运体系。垃圾产生点—垃圾收集点—垃圾转运站—垃圾处理场。

（2）垃圾处理

垃圾最终处理场位置、方式、处理能力、使用年限，如果期限满了后续处理位置等。

4. 环境卫生设施规划

（1）环境卫生公共设施规划

①公共厕所

公共厕所设置总量：设置标准每平方公里 3 ~ 5 座。

②生活垃圾收集点

生活垃圾收集点的服务半径一般不应超过 70m。

③废物箱

道路两侧的废物箱设置间距为：商业、金融业街道为 50m；主干路、次干路为 100m；有辅道的快速路、支路为 200m；有人行道的快速路为 400m。

④环卫休息所

按照 0.8 ~ 1.2 万人 / 处标准，设置环卫休息所，每处用地 150 ~ 200m^2，环卫休息所内应设沐浴、工具存放、休息等设施。

⑤环卫人员

建议按照 1.5 人 / 千人标准配备环卫人员。

（2）环境卫生工程设施规划

①生活垃圾转运站

规划区规划期末垃圾日转运量，依据各型转运站的转运能力及服务范围，确定需设置的垃圾转运站类型及其数量，并在总平面图上合理布置点位。

②生活垃圾处理场

依据城市的经济承受能力及处理要求，合理选择适宜的处理方式，并确定垃圾处理厂位置，处理规模，使用年限。

（3）其他环境卫生设施

①车辆清洗站

城市入口区附近应设置车辆冲洗站，每处用地 1000 ~ 3000m^2。

规划区内车辆冲洗站宜结合加油站、维修站设置，洗涤废水须经沉淀和除油处理方可排入市政污水管道。

②环卫停车场

按照 2.5 辆／万人的标准确定城市环卫车辆数量，停车场用地按每辆大型车辆用地面积 $150 \sim 250m^2$ 计算，根据城市用地规模合理设置环卫停车场数量及位置。同时，环境卫生车辆停车场应设置在环境卫生车辆的服务范围内并避开人口稠密和交通繁忙区域，停车场内应设置车辆维修保养站。

5. 农村环卫规划要点

（1）生活垃圾处置

建立"村收集、镇转运"的农村垃圾收集系统，打通生活垃圾纳入城市统一处理系统的运输路线，实现城乡垃圾处理设施资源共享。

有条件的地区积极开展农村有机垃圾不出村的工作，将易腐有机垃圾就地堆肥还田，或与粪便混合厌氧发酵制沼气，在实现资源利用的同时，减少垃圾外运处置的成本。

建立村级的收集系统，落实专人负责垃圾收集及相关保洁工作，可采用三轮车等适用的收集工具。

生活垃圾收集作业实行容器收集，有条件地区亦可实行分类收集。

（2）粪便处置

城市污水管网覆盖的部分农村地区可以考虑采用粪便直接排入污水管网。

无污水管网的农村地区，应充分利用粪便资源，单独或与垃圾混合厌氧无害化处理后农用，也可考虑与农村沼气池的应用相结合。

（3）环卫公共设施

村域内合理设置垃圾房、废物箱和公共厕所等环卫公共设施。环卫公共设施设专人保洁和管理，并保持环卫公共设施、设备基本无损坏。村民委员会办公所在地应至少设置 1 座公厕。公共厕所设置等级不低于三类公共厕所的标准。

第二节 垃圾分类与产量预测

城市垃圾可大致分为生活垃圾、工业固体废物、建筑垃圾（渣土）和危险废物。下面分类介绍其特征及产量预测方法。

一、生活垃圾

生活垃圾是指在日常生活中或者为日常生活提供服务的活动中，产生的固体废物以及法律行政法规规定视为生活垃圾的固体废物。

根据目前我国环卫部门的工作范围，城市生活垃圾包括：居民生活垃圾、园林废物、机关单位排放的办公垃圾、街道清扫废物、公共场所（如公园、车站、机场、码头等）产生的废物等。在实际收集到的城市生活垃圾中，还可能包括有部分小型企业产生的工业固体废物和少量危险废物（如废打火机、废油漆、废电池、废日光灯管等），由于后者具有潜在危害，需要在相应的法规及管理工作中逐步制定和采取有效措施对其进行分类收集和处理处置（表7-1）。

城市生活垃圾分类　　　　　　　　　表7-1

分类	可回收垃圾	厨余垃圾	有害垃圾	其他垃圾
范围	纸类、金属、玻璃、塑料等	剩菜剩饭、骨头、菜根菜叶等	废电池、废日光灯管、废水银温度计、过期药品等	砖瓦、陶瓷、渣土、卫生间废纸等
危害	浪费资源、污染环境	污染空气、失去有机肥料	对环境和人类危害巨大	对水资源、空气和环境产生污染
处理	回收利用	生物堆肥处理	特殊安全处理	卫生填埋

1. 生活垃圾产量

近年来，我国城市生活垃圾增长速度很快，年增长率约2.33%，少数大城市如北京已达15%～20%。据统计，我国城市生活垃圾生产率平均为1.16kg/天·人，部分大城市和南方城市的产量接近发达国家水平。"九五"期间，全国垃圾产生量为1.4亿吨。2004年全国垃圾清运量已超过1.5亿吨，比1993年增加了70%，而无害化处理率仅提高了30个百分点。目前我国城市生活垃圾无害化处理率为63%，主要方法是卫生填埋，其次是高温堆肥，焚烧则不到1%。虽然处理率比较高，但大部分是简单填埋，符合卫生填埋标准和无害化处理的不到10%。随着近些年来生活垃圾热值的提高以及一些大城市建设用地日趋紧张，没有地方兴建垃圾填埋场，因此，垃圾焚烧在我国将会成为垃圾无害化处理的一个主要措施。

2. 产量预测

目前，环卫设施规划中经常采用的生活垃圾产量预测方式主要有人均指标法和增长率法。

（1）人均指标法

据统计，目前我国城市人均生活垃圾产量为 0.6 ~ 1.2kg 左右。这个值变化幅度较大，主要受城市具体条件影响。比如市政公用设备齐备的大城市产生量低，而中小城市产量高；南方地区的产生量比北方地区的低。比较世界发达国家城市生活垃圾的产生量情况，我国城市生活垃圾的规划人均指标一般为 0.9 ~ 1.4kg。用人均指标乘以规划的人口数则可得到城市生活垃圾总量。

（2）增长率法

根据基准年数据和年增长率预测规划年的城市生活垃圾总量，

$$W_t = W_0 (1 + i)^t \qquad (7-2)$$

式中：W_t——规划年城市生活垃圾产量；

W_0——基准年城市生活垃圾产量；

i——年增长率；

t——预测年限。

该种方法要求根据历史数据和城市发展的可能性，确定合理的增长率。它综合了人口增长、建成区的扩展、经济发展状况和燃气化进程等有关因素，但忽略了突变因素。

二、工业固体废物

1. 工业固体废物的分类

工业固体废物是指在工业、交通等生产过程中产生的固体废物。工业固体废物按行业主要包括以下几类。

（1）冶金工业固体废物：冶金工业固体废物主要包括各种金属冶炼或加工过程中所产生的废渣，如高炉炼铁产生的高炉渣、平炉（转炉／电炉）炼钢产生的钢渣、铜镍铅锌等有色金属冶炼过程产生的有色金属渣、铁合金渣及提炼氧化铝时产生的赤泥等。

（2）能源工业固体废物：能源工业固体废物主要包括燃煤电厂产生的粉煤灰、炉渣、烟道灰以及采煤及洗煤过程中产生的煤矸石等。

（3）石油化学工业固体废物：石油化学工业固体废物主要包括石油及加工工业产生的油泥、焦油页岩渣、废催化剂、废有机溶剂等，化学工业生产过程中产生的硫铁矿渣、酸（碱）渣、盐泥、釜底泥、精（蒸）馏残渣以及医药和农药生产过程中产生的医药废物、废药品、废农药等。

（4）矿业固体废物：矿业固体废物主要包括采矿废石和尾矿，废石是指各种金属、非金属矿山开采过程中从主矿上剥离下来的各种围岩，尾矿是指在选矿过程中提取精矿以后剩余的尾渣。

（5）轻工业固体废物：轻工业固体废物主要包括食品工业、造纸印刷工业、纺织印染工业、皮革工业等工业加工过程中产生的污泥、废酸、废碱以及其他废物。

（6）其他工业固体废物：主要包括机加工过程产生的金属碎屑、电镀污泥、建筑废料以及其他工业加工过程产生的废渣等。

2. 工业固体废物产生量预测

工业固体废物的产生量与城市的产业性质或产品的产生结构、生产管理水平等有关系。其预测方法主要有单位产品法和万元产值法。

（1）单位产品法

根据各行业的统计数据，得出每单位原料或产品的废物产生量。规划时，若明确了工业性质和计划产量，则可预测出产生的工业固体废物。

（2）万元产值法

根据规划的工业产值乘以每万元的工业固体废物产生系数，则得废物产生量。参照我国部分城市规划指标，一般选用 0.04～0.1 吨/万元的指标。当然最好先根据历年数据进行推算。

3. 工业固废减量

高消耗是造成工业严重污染的一个主要原因，也是制约工业生产效益提高的一个重要因素。在工业生产的过程中，原料和能源的使用过量都会产生过量的废物，它们以各种形态排放到环境中，积累到一定程度就会造成环境污染。对废物进行末端治理需要额外增加投入，提高了企业的生产成本。如果通过改变生产工艺，使原料中的所有组分都能够转化为所需要的产品，就不会有废物产生。所以人们开始考虑从最小化成本的角度去减少废物的产生，在发展工业生产的同时，削减有害物质的排放，降低人类健康和环境的风险，减少生产工艺过程中的原料和能源消耗，降低生产成本，使得经济与环境相协调，经济效益和环境效益相统一。即从生产工艺的角度去改变原料、能源、技术、管理成本等投入，以清洁的生产方式改变产出，从而达到废物减量的目的。

三、危险废物

联合国环境规划署（UNEP）在 1985 年 12 月举行的危险废物环境管理专家工作组会议上，对危险废物做出了如下的定义："危险废物是指除放射性以外的那些废物（固体、污泥、液体和用容器装的气体），由于它们的化学反应性、毒性、易爆性、腐蚀性或其他特性引起或可能引起对人类健康或环境的危害。不管它是单独的或与其他废物混在一起，不管是产生的、被处置的或正在运输中的，在法律上都称为危险废物。"

世界卫生组织定义危险废物是一种生活垃圾和放射性废物之外的，由于数量、物理化学性质或传染性，当未进行适当的处理、存放、运输或处置时，会对人类健康或环境造成重大危害的废物。

经济合作与发展组织定义危险废物是指除放射性废物之外，一种会引起对人和环境产生重大危害，这种危害可能来自一次事故或不适当的运输、处置，而被认为是危险的、在某一国家或通过该国境内时被该国法律认定为危险的废物。

美国环保部门对危险废物做出如下的定义："危险废物是固体废物，由于不适当的处理、贮存、运输、处置或其他管理方面，它能引起或明显地影响各种疾病和死亡，或对人体健康或环境造成显著的威胁。"

《中华人民共和国固体废物污染环境防治法》中规定："危险废物是指列入国家危险废物名录或者根据国家规定的危险废物鉴别标准和鉴别方法认定的具有危险特性的废物。"危险废物是含有一种或一种以上具有急性毒性、易燃性、反应性、腐蚀性、放射性、浸出毒性和传染性特性的有害物质或其中的各组分相互作用后会产生上述有害物质的废弃物。

危险废物种类繁多、来源复杂，如医院诊所产生的带有病菌病毒的医疗垃圾、化工制药业排出的含有毒元素的有机无机废渣、有色金属冶炼厂排出的含有大量重金属元素的废渣、工业废物处置作业中产生的残余物等。

危险废物虽然一般只占固体废物总量的 10% 左右，但由于危险废物特殊的危害特性，它和一般的城市生活垃圾及工业固体废物无论在管理方法还是在处理处置上都有较大的差异，大部分国家都对其制定了特殊的鉴别标准、管理方法和处理处置规范。危险废物的主要特征并不在于它们的相态，而是在于它们的危险特性，即毒性、易燃性、易爆性、腐蚀性、反应性、浸出毒性和感染性。所以危险废物可以包括固态、油状、液体废物及具有外包装的气体等。

1. 我国危险废物的基本特征

（1）数量的相对集中和广泛的分布

我国危险废物的产生具有数量的相对集中和广泛分布特点。首先，从产生源来看，以 2000 年的数据分析，年产生量在 3 万吨以上的企业（产生源）有 134 家，占产生源总量的 0.06%，却产生了占总量近 60% 的危险废物。而危险废物产生量小于 1 万吨的产生源却达 2 万余家。从行业分布来看，危险废物来自几乎国民经济的所有 99 个行业，但其中 20 个行业产生的危险废物产生量占总产生量的 93%，其中化学原料及化学品制造业产生的危险废物产生量占产生总量的 40%。从地区分布来看，除西藏、青海因各种原因未申报外，其余省、市、自治区均产生危险废物，但辽宁省等 12 个省、市、自治区的危险废物产生量已占到危险废物总产生量的 85%。从危险废物种类来看，危险废物名录中的 47 类废物在我国均有产生，而其中碱溶液或固态碱等 5 种废物的产生量已占到危险废物总产生量的 57.75%。

（2）综合利用水平低

根据申报登记，我国危险废物的综合利用率为 44.03%，处置率为 13.51%，而处于一种不稳定状态的暂时贮存的比率为 26.97%，直接排放于环境中的危险废物比率高达 15.39%。也就是说，每年有 400 万吨以上的危险废物直接排放（搁置）于环境中，有 690 万吨以上的危险废物被贮存于临时设施内。

（3）处理处置水平低

截至 2009 年，我国危险废物许可证中批准的危险废物处理能力不足 2000 万吨每年，这表明我国技术水平比较低。我国专业性处置设施和企业附属的危险废物处置设施也屈指可数。大部分得到处置的危险废物只是在较低水平下得到处置，如没有防渗设施的填埋和没有尾气处理的焚烧，极易产生二次污染。

（4）危险废物与生活垃圾、一般工业固体废物混合在一起

在许多企业，危险废物往往同一般工业固体废物甚至生活垃圾混合在一起排出，如许多工厂将废药品、试剂、废油漆等混入煤灰、炉渣或垃圾。在城市生活垃圾中，也混有大量危险废物，如废电池、废日光灯管、废油漆罐、废杀虫剂、医疗临床废物等。我国年销售约 10 亿只电池，这些电池废弃后一般都进入城市生活垃圾。

2. 危险废物处置要求

我国危险废物管理的阶段性目标是：到 2015 年，所有城市的危险废物基本实现环境无害化处理处置。因此，各地纷纷根据国家的有关要求，进行危险废物集中处置场的建设，截至 2004 年底，一些城市已先后建立了几座比较规范的危险废物集中处置场，如杭州、天津、福州、深圳、沈阳等。

危险废物处置基本指标主要有：

（1）危险废物集中处置场最佳规模与服务范围

根据当地危险废物的调查数据，并结合当地经济确定处置规模。一般情况，处置场的规模均应一次性规划，视发展情况分期实施。服务范围是处置场所在地的整个城市。

（2）危险废物集中处置率

集中处置率主要是根据当地危险废物种类、数量来确定。

（3）危险废物安全处置率

安全处置率原则上必须做到 100%。

（4）危险废物集中处置场工艺指标

各种处理与处置工艺指标必须符合国家相关标准。如《危险废物安全填埋污染控制标准》、《危险废物焚烧污染控制标准》等。

四、建筑垃圾

建筑垃圾是指建构筑物（所有类型的建筑物和市政基础设施）在新建、改建、扩建和拆毁活动中产生的废弃物。根据产生源不同，建筑垃圾可分为施工建筑垃圾和拆毁建筑垃圾。施工建筑垃圾是指居民住宅、商业建筑和其他市政基础设施在新建、改建和扩建活动中产生的废弃物，而拆毁建筑垃圾是指建筑物和其他市政基础设施在拆毁活动中产生的废弃物。更广义的建筑垃圾还包括因地震、飓风、洪水等自然灾害或如战争等人为造成的灾难毁坏建筑物而产生的废弃物料。

1. 建筑垃圾的特点

建筑垃圾与其他固体废物相似，具有鲜明的时间性、空间性和持久危害性。

（1）时间性

任何建筑物都有一定的使用年限，随着时间的推移，所有建筑物最终都会变成建筑垃圾。另一方面，所谓"垃圾"仅仅相对于当时的科技水平和经济条件而言，随着时间的推移和科学技术的进步，除少量有毒有害成分外，所有的建筑垃圾都可能转化为有用资源。例如，废混凝土块可作为生产再生混凝土的骨料；废屋面沥青料可回收用于沥青道路的铺筑；废竹木可作为燃料回收能量。

（2）空间性

从空间角度看，某一种建筑垃圾不能作为建筑材料直接利用，但可以作为生产其他建筑材料的原料而被利用。例如，废木料可用于生产黏土—木料—水泥复合材料的原料，生产出一种具有质量轻、导热系数小等优点的绝热黏土—木料—水泥混凝土材料。又如，沥青屋面废料可回收作为热拌沥青路面的材料。

（3）持久危害性

建筑垃圾主要为渣土、碎石块、废砂浆、砖瓦碎块、混凝土块、沥青块、废塑料、废金属料、废竹木等的混合物，如不做任何处理直接运往建筑垃圾堆场堆放，堆放场的建筑垃圾一般需要经过数十年才可趋于稳定。在此期间，废砂浆和混凝土块中含有的大量水合硅酸钙和氢氧化钙使渗滤水呈强碱性，废石膏中含有的大量硫酸根离子在厌氧条件下会转化为硫化氢，废纸板和废木材在厌氧条件下可溶出木质素和单宁酸并分解生成挥发性有机酸，废金属料可使渗滤水中含有大量的重金属离子，从而污染周边的地下水、地表水、土壤和空气，受污染的地域还可扩大至存放地之外的其他地方。而且，即使建筑垃圾已达到稳定化程度，堆放场不再有有害气体释放，渗滤水不再污染环境，大量的无机物仍然会停留在堆放处，占用大量土地，并继续导致持久的环境问题。

2. 建筑垃圾对环境的影响

建筑垃圾具有数量大、组成成分种类多、性质复杂等特点，建筑垃圾污染环境的途径多、污染形式复杂。建筑垃圾可直接或间接污染环境，一旦建筑垃圾造成环境污染或潜在的污染变为现实，消除这些污染往往需要比较复杂的技术和大量的资金投入，耗费较大的代价进行治理，并且很难使被污染破坏的环境完全复原。建筑垃圾对环境的危害主要表现在以下几个方面：

（1）侵占土地

目前我国绝大部分建筑垃圾未经处理而直接运往郊外堆放。据估计，每堆积 10000 吨建筑垃圾约需占用 $0.067hm^2$ 土地。我国许多城市的城市近郊处常常是建筑垃圾的堆放场所，建筑垃圾的堆放占用了大量的生产用地，从而进一步加剧了我国人多地少的矛盾。随着我国经济的发展、城市建设规模的扩大以及人们居住条件的提高，建筑垃圾的产生量会越来越大，如不及时有效处理和利用，建筑垃圾侵占土地的问题会变得更加严重。

（2）污染水体

建筑垃圾在堆放场经雨水渗透、浸淋后，由于废砂浆和混凝土块中含有的大量水合硅酸钙和氢氧化钙、废石膏中含有的大量硫酸根离子、废金属料中含有的大量重金属离子溶出，同时废纸板和废木材自身发生厌氧降解产生木质素和单宁酸并分解生成有机酸，堆放场建筑垃圾产生的渗滤水一般为强碱性并且含有大量的重金属离子、硫化氢以及一定量的有机物，如不加控制让其流入江河、湖泊或渗入地下，就会导致地表和地下水的污染。水体被污染后会直接影响和危害水生生物的生存和水资源的利用。

（3）污染大气

建筑垃圾废石膏中含有大量硫酸根离子，硫酸根离子在厌氧条件下会转化为具有臭鸡蛋味的硫化氢，废纸板和废木材在厌氧条件下可溶出木质素和单宁酸并分解生成挥发性有机酸，这些有害气体排放到空气中就会污染大气。

（4）污染土壤

建筑垃圾及其渗滤水所含的有害物质对土壤会产生污染，其对土壤的污染包括改变土壤的物理结构和化学性质，影响植物营养吸收和生长；影响土壤中微生物的活动，破坏土壤内部的生态平衡；有害物质在土壤中发生积累，致使土壤中有害物质超标，妨碍植物生长，严重时甚至导致植物死亡；有害物质还会通过植物吸收，转移到果实体内，通过食物链影响人体健康和饲喂的动物；此外，建筑垃圾携带的病菌还会传播疾病，对环境形成生物污染等。

（5）影响市容和环境卫生

城市建筑垃圾占用空间大，堆放杂乱无章，与城市整体形象极不协调，工程建设过程中未能及时转移的建筑垃圾往往成为城市的卫生死角。混有生活垃圾的城市建筑垃圾如不能进行适当的处理，一旦遇雨天，脏水污物四溢，恶臭难闻，并且往往成为细菌的滋生地。

3. 建筑垃圾产生量与预测

由于土地开挖垃圾、道路开挖垃圾和建材生产垃圾一般可全部（再生）利用，建筑垃圾一般指旧建筑物拆除垃圾和建筑施工垃圾。据统计，在世界多数国家，旧建筑物拆除垃圾和建筑施工垃圾之和一般占固体废物总量的20%～30%，其中建筑施工垃圾的量不及旧建筑物拆除垃圾的一半。目前，我国建筑垃圾的数量已占到城市垃圾总量的30%～40%，其中建筑施工垃圾占城市垃圾总重量的5%～10%，每年产生的建筑垃圾达4000万吨，绝大部分建筑垃圾未经处理而直接运往郊外堆放或简易填埋。

建筑垃圾产量预测方法主要有以下几种：

（1）按建筑面积计算

通常，对于砖混结构的住宅，按建筑面积计算，每进行1000m²建筑物的施工，平均生成的废渣量在30m³左右。

（2）按施工材料购买量计算

在建筑工程的各项费用中，材料费所占的比例最大，约占工程总造价的70%左右。在实际施工中，据测算，材料实际耗用量比理论计划用量多出2%～5%，这表明，建筑材料的实际有效利用率仅达95%～98%，余下的部分大多成了建筑废渣。垃圾数量与建筑物建造中所购买材料总量密切相关，因此，用占所购买材料总量的比例反映垃圾量大小更准确。表7-2也列出了建筑施工垃圾各主要组成部分占其材料购买量的比例。调查表明，各类材料未转化到工程上而变为垃圾废料的数量为材料购买量的5%～10%。

建筑施工垃圾各主要组成部分占其材料购买量的比例（单位：%）　　　　　　表7-2

垃圾组成	占其材料购买量的比例	垃圾组成	占其材料购买量的比例
碎砖（碎砌块）	3～12	屋面材料	3～8
砂浆	5～10	钢材	2～8
混凝土	1～4	木材	5～10
桩头	5～15		

（3）按人口计算

按城市人口中平均每人每年产生100kg建筑工地垃圾的较低估计值计算，则我国约6亿城市人口，年建筑工地垃圾约6000万吨，与上述按建筑面积估算所得数据很接近。

（4）建筑装潢垃圾的产量分析

上海市1997年建筑垃圾的统计量为1270万吨，是根据建筑物建设单位向上海市渣土管理处申报的图纸进行统计的，主要包括开挖、拆房、桩孔泥浆等垃圾，而建筑装潢垃圾基本上尚未统计进去。根据上海地区每户居民住房装修收取200～300元建筑垃圾费，可以估计每户装修至少约产生两车建筑垃圾。以每车2吨计算，又假定每年有十分之一的住户（共约40万户）装修房屋，则居民住房装修垃圾就有约160万吨，再加上其他单位的建筑装潢垃圾，上海市1997年的建筑垃圾总量约为1500万吨，建筑装潢垃圾量约为建筑施工垃圾总量的10%，因此，建筑装潢垃圾的管理与处置同样不容忽视。

（5）旧建筑物拆除垃圾的产量分析

单位建筑物拆除时所产生的建筑垃圾的产量也与建筑物的结构密切相关，通常拆除每平方米所产生的建筑垃圾达0.5～1m³甚至更多。日本在住宅区完工的报告书（1999 年）中，从一栋 7 层 49 户的框架结构建筑物住宅楼的预算书中，选出其重量区分的材料统计，该统计精确到连一块开关板的重量都计算在内的程度。以计算所用材料及建造时产生的副产物为前提，开挖土、模板之类则排除在外。设定拆除时，残留桩、水泥、石灰等按 5% 耗散，通过计算表明每平方米拆出 1.86 吨的建筑垃圾。20 世纪 60 年代我国一家住宅建筑公司在拆除工程的统计中表明，每平方米住宅产生 1.35 吨建筑垃圾。

4. 建筑垃圾管理的经济政策

国外目前在用经济手段管理建筑垃圾时普遍采用以下几项主要政策，其中部分已在我国开始实施。

（1）"排污收费"政策

"排污收费"是根据固体废物的特点，征收总量排污费和超标排污费。固体废物产生者除了需承担正常的排污费外，如超标排放废物，还需额外负担超标排污费。

（2）"生产者责任制"政策

"生产者责任制"是指产品的生产者（或销售者）对其产品被消费后所产生的废弃物的管理负有责任。例如对包装废物，规定生产者首先必须对其商品所用包装的数量和质量进行限制，尽量减少包装材料的用量；其次，生产者必须对包装材料进行回收和再利用。建筑施工垃圾中废包装材料占 25% ~ 30%，由此可见，如果严格实行"生产者责任制"，建筑垃圾尤其是建筑施工垃圾的产量可以大大减少。

（3）"税收、信贷优惠"政策

"税收、信贷优惠"政策就是通过税收的减免、信贷的优惠，鼓励和支持从事建筑垃圾管理和资源化的企业，促进环保产业长期稳定的发展。建筑垃圾资源化是无利或微利的经济活动，政府要建立政策支持鼓励体系。一方面，对从事垃圾资源化的投资和产业活动免除一切税项，以增强垃圾资源化企业的自我生存能力；另一方面，政府对从事垃圾资源化投资经营活动的企业给予贷款贴息的优惠。

（4）"建筑垃圾填埋收费"政策

"建筑垃圾填埋收费"是指对进入建筑垃圾最终处置的建筑垃圾进行再次收费，其目的在于鼓励建筑垃圾的回收利用，提高建筑垃圾的综合利用率，以减少建筑垃圾的最终处置量，同时也是为了解决填埋土地短缺的问题。

第三节　生活垃圾的收运与处理

城市生活垃圾包括居民生活垃圾、商业垃圾、建筑垃圾、粪便以及污水处理厂的污泥等。城市固体废物收运是城市垃圾处理系统中相当重要的一个环节，其耗资最大，操作过程也最复杂。据统计，垃圾收运费用占整个处理系统费用的60%～80%。城市固体废物收运的原则是：首先应满足环境卫生要求，其次应考虑在达到各项卫生目标的同时，费用最低，并有助于降低后续处理阶段的费用。

城市固体废物收运通常包括三个阶段。第一阶段是从垃圾发生源到垃圾桶的过程，即搬运与贮存（简称运贮）。第二阶段是垃圾的清除（简称清运），通常指垃圾的近距离运输。一般用清运车辆沿一定路线收集清除容器或其他贮存设施中的垃圾，并运至垃圾中转站，有时也可就近直接送至垃圾处理厂或处置场。第三阶段为转运，特指垃圾的远途运输，即在中转站将垃圾转载至大容量运输工具上，运往远处的处理处置场。后两个阶段需应用最优化技术，将垃圾源分配到不同处置场，以使成本降到最低。

一、城市固体废物的收集方式

城市固体废物收集是废物收运系统的重要组成部分，它的组织和实施对城市固体废物的收运系统具有极大影响。如果收集工作开展不力，后续的一系列工作将受到非常大的阻碍。

现行的城市固体废物收集方式主要分为混合收集和分类收集两种类型，其中混合收集应用广泛。

混合收集指收集未经任何处理的原生固体废物的收集方式，它的优点是比较简单易行，收集费用低，但是在混合收集过程中，各种废物相互混杂、粘结，降低了废物中有用物质的纯度和再利用价值，同时增加了处理的难度，提高了处理费用。

分类收集是指按废物组分收集的方法，这种方法可以提高回收物料的纯度和数量，减少需处理的垃圾量，因而有利于废物的进一步处理和再利用，并能够较大幅度地降低废物的运输及处理费用。分类收集优点很多，它是降低废物处理成本、简化处理工艺、实现综合治理的前提。

混合收集和分类收集方式都需要通过不同的收集方法来实现。选择何种收集方法并制定何种制度，一般应考虑下列因素：废物的产生方式、废物的种类、公共卫生设施和设备的完善程度、地方条件和建筑性质、卫生要求程度、处理处置方式等。

一些发达国家，为了实现废物资源化，积极提倡城市固体废物的分类收集，在废电器、废玻璃、废纸、废塑料的分类收集和回收利用上有很成功的经验，并且获得了较好的经济效益。发展中国家城市固体废物中有用物质含量偏低，加之城市居民生活水平不高，居民一般将废纸、玻璃瓶、纤维物等可再利用的物质在住宅内分类存放，集中出售给收购站，使有用废物再利用开展得比较好。

我国过去在城市废物的回收利用上有着良好的传统，曾得到各国的好评。分类收集给废品回收利用奠定了基础。全国从上到下有比较完整的回收系统，各城市都设有若干废品回收门市部，统归废品回收公司管理。城市居民在日常生活中，随时把废纸、废金属和玻璃瓶等各类有用物质分类存放，集中出售给废品门市部。经过分类收集后，抛弃在排放点的城市固体废物中，可再利用物质的含量相当低。为适应废物处理和综合利用的需要，尽量降低分选费用，提高回收的各类有用成分的纯度，我国已把城市固体废物的分类收集作为近阶段城市垃圾收运的技术政策，一些城市已开始尝试在实行有用物质分类存放、回收和利用的基础上，进一步研究和推行有效的分类收集方法。

二、城市固体废物的搬运

在城市固体废物收集运输前，垃圾的制造者必须将各自所产生的城市垃圾进行短距离搬运和暂时贮存，这是整个垃圾收运管理系统的第一步。从改善垃圾收运管理系统的整体效益考虑，对垃圾搬运和贮存进行科学的管理，不仅有利于居民健康，还能改善城市环境卫生及城市容貌，也为后续阶段操作打下良好的基础。

1. 居民住宅区垃圾搬运。低层居民住宅区垃圾一般有两种搬运方式：①由居民自行负责将产生的垃圾搬运至公共贮存容器、垃圾集装点或垃圾收集车内。②由收集工人负责从家门口或后院搬运垃圾至集装点或收集车。

2. 商业区与企业单位垃圾搬运。商业区与单位垃圾一般由产生者自行负责搬运，环境卫生管理部门进行监督管理。当委托环卫部门收运时，各垃圾产生单位使用的搬运容器应与环卫部门的收运车辆相配套，搬运地点和时间也应和环卫部门协商而定。

表 7-3 所示为不同种类垃圾的收集方法。

不同种类垃圾收集方法 表 7-3

种类	收集方法	种类	收集方法
家庭、单位、行人产生的垃圾	容器收集	水面漂浮垃圾	打捞收集
抛弃在路面的垃圾	清扫收集	建筑垃圾、粗大垃圾、危险垃圾	整体收纳或车辆收集
低层建筑居民区产生的垃圾	小型收集车收集或容器收集	家庭厨房垃圾和可裂解垃圾	粉碎后污水系统收集或容器收集
中高层建筑产生的垃圾	容器收集		

这些废物收集方法是根据城市固体废物的产生方式和种类制定的。它们既可以单独使用，又可以串联或并联使用，有的收集方法需与特定的清运和处理方法配套使用。

三、城市固体废物的贮存容器

由于城市固体废物产生量的不均性及随意性，以及对环境部门收集清除的适应性，需要配备城市垃圾贮存容器。垃圾产生者或收集者应根据垃圾的数量、特性及环卫主管部门的要求，确定贮存方式，选择合适的垃圾贮存容器，规划容器的放置地点和数量。贮存方式大致可分为家庭贮存、街道贮存、单位贮存和公共贮存。

1. 类型

废物贮存容器是盛装分类城市垃圾的专用器具。由于受经济条件和生活习惯等各方面条件的制约，各国使用的城市垃圾贮存容器类型繁多，形状不一，容器材质也有很大区别。国外许多城市都制定了当地容器类型的标准化和使用要求。按用途分类，废物贮存容器主要包括垃圾桶（箱、袋）和废物箱两种类型。按容积划分，垃圾桶（箱）可分为大、中、小三种类型。容积大于 $1.1m^3$ 的垃圾桶（箱）称为大型垃圾容器；容积为 $0.1 \sim 1.1m^3$ 的垃圾桶（箱）称为中型垃圾容器；容积小于 $0.1m^3$ 的垃圾桶（箱）称为小型垃圾容器。按材质区分，垃圾桶（箱）分为钢制、塑制两种类型。这两种材质各有优缺点。塑制垃圾桶（箱）重量轻、比较经济但不耐热，而且使用寿命短。在塑制垃圾桶（箱）上一般都印有不准倒热灰的标记。与塑制容器相比，钢制容器重量较重，不耐腐蚀，但有不怕热的优点。为了防腐，钢制容器内部都进行镀锌、装衬里或涂防腐漆等防腐处理。居民区的垃圾桶一年四季都是很脏污的，夏季尤为严重，所以为了减少垃圾桶脏污和清洗工作等，现已广泛提倡使用塑料袋和纸袋。对于使用者来说，一次性使用的垃圾袋比较理想，卫生清洁，搬运轻便。收集过往行人丢弃废物的容器称为废物箱或果皮箱。这种收集容器一般设置在马路旁、公园、广场、车站等公共场所。我国各城市配备的果皮箱容积较大，一般是采用落地式果皮箱。其材质有铁皮、陶瓷、玻璃钢和钢板等。工业发达国家配备废物箱形式多样，容积比较小。为方便行人或候车人抛弃废物，废物箱悬挂高度一般与行人高度相适应。在公共车站等公共场所配备废物箱一般是落地式的。废物箱有金属冲压成型，也有塑料压制成型的。

2. 一般要求

废物贮存对容器的基本要求是：容积适度，满足日常收集附近用户垃圾的需要，不要超过 1 ~ 3 日的贮留期，以防止垃圾滋生蚊蝇、散发臭味；密封性好，应易于保洁、便于倒空，内部应光滑易于冲刷，不残留粘附物质；垃圾中经常会含有一些腐蚀性的物质，因此垃圾桶应该耐腐；很多情况下贮存容器都设在公共场合，故而垃圾桶材料应不易燃烧。此外，容器还应操作方便、坚固耐用、外形美观、造价便宜、便于机械化清运。

住宅区贮存家庭垃圾的垃圾箱或大型容器应设置在固定位置，该处既应靠近住宅，方便居民，又要靠近马路，便于分类收集和机械化装车。同时要注意设置隐蔽，不妨碍交通路线和影响市容观瞻。

3. 分类贮存

分类贮存是指根据对城市垃圾回收利用或处理工艺的要求，由垃圾产生者自行将垃圾分为不同种类进行贮存，即就地分类贮存。城市垃圾的分类贮存与收集很复杂，在国外有不同的分类方式。

（1）分两类贮存：按可燃垃圾（主要是纸类）和不可燃垃圾分开贮存。其中塑料通常作为不可燃垃圾，有时也作为可燃垃圾贮存。

（2）分三类贮存：按塑料除外的可燃物，塑料，玻璃、陶瓷、金属等不燃物三类分开贮存。

（3）分四类贮存：按塑料除外的可燃物，金属、玻璃，塑料，陶瓷及其他不燃物四类分开贮存。金属和玻璃作为有用物质分别加以回收利用。

（4）分五类贮存：在上述四类外，再挑出含重金属的干电池、日光灯管、水银温度计等危险废物作为第五类单独贮存收集。

除了上述分类贮存中所提到的各种垃圾以外，对于集贸市场废物和医院垃圾等特种垃圾，通常都不进行分类，前者可直接送到堆肥厂进行堆肥化处理，后者则必须送焚烧炉焚化。

4. 规划中需设置的垃圾收集容器设施

（1）废物箱

废物箱设置应满足行人生活垃圾的分类收集要求，行人生活垃圾分类收集方式应与分类处理方式相适应。

布置方式：在道路两侧以及各类交通客运设施、公共设施、广场、社会停车场等的出入口附近应设置废物箱。

（2）生活垃圾收集点

生活垃圾收集点应满足日常生活和日常工作中产生的生活垃圾的分类收集要求，生活垃圾分类收集方式应与分类处理方式相适应。

生活垃圾收集点位置应固定，既要方便居民使用、不影响城市卫生和景观环境，又要便于分类投放和分类清运。

生活垃圾收集点的服务半径不宜超过70m，生活垃圾收集点可放置垃圾容器或建造垃圾容器间；市场、交通客运枢纽及其他产生生活垃圾量较大的设施附近，应单独设置生活垃圾收集点。

四、垃圾的运输及中转

垃圾运输阶段的操作，不仅是指对各产生源贮存的垃圾集中和集装，还包括收集清运车辆至终点往返运输过程和在终点的卸料等全过程。因此这一阶段是收运管理系统中最复杂的，耗资也最大。清运效率和费用的高低主要取决于下列因素：①清运操作方式；②收集清运车辆数量、装卸量及机械化装卸程度；③清运次数、时间及劳动定员；④清运路线。

垃圾转运站是为了减少垃圾清运过程的运输费用而在垃圾产地（或集中地点）至处理场之间所设的垃圾中转站。在此，将各收集点清运来的垃圾集中，换装到大型的或其他运费较低的运载车辆中继续运往处理场。密闭式垃圾压缩站是近年来出现的一种转运站形式，垃圾经密闭压缩后可以大大降低运输量，同时减少对环境的污染。

垃圾转运站的选址应符合城市总体规划和城市环境卫生行业规划的要求，宜选在靠近服务区域的中心或垃圾产量最多的地方，转运站应处于交通方便的位置，在具有铁路及水运便利条件的地方，当运输距离较远时，宜设置铁路及水路运输垃圾转运站，也可在城市建成区以外设置二次转运站并可跨区域设置。垃圾转运站不宜设置在交通量较大的立交桥或平交路口；不宜设置在大型商场、影剧院出入口等繁华地段，若必须选址于此类地段时，应对转运站进出通道的结构与形式进行优化或完善；不宜设置在邻近学校、餐饮店等群众日常生活聚集场所。

转运站的设计日转运垃圾能力，可按其规模划分为大、中、小型三大类，或Ⅰ、Ⅱ、Ⅲ、Ⅳ、Ⅴ五小类。小型垃圾转运站按每 $0.7 \sim 1.0 km^2$ 设置一座；服务区域面积 $10 \sim 15 km^2$ 或运输距离超过 20km，需设大中型转运站。新建的不同规模转运站的用地指标应符合表 7-4 的规定。图 7-1 所示为垃圾转运站平面图。

转运站主要用地指标   表 7-4

类型		设计转运量（t/d）	用地面积（m²）	与相邻建筑间隔（m）	绿化隔离带宽度（m）
大型	Ⅰ类	1000 ~ 3000	≤ 20000	≥ 50	≥ 20
	Ⅱ类	450 ~ 1000	15000 ~ 20000	≥ 30	≥ 15
中型	Ⅲ类	150 ~ 450	4000 ~ 15000	≥ 15	≥ 8
小型	Ⅳ类	50 ~ 150	1000 ~ 4000	≥ 10	≥ 5
	Ⅴ类	≤ 50	≤ 1000	≥ 8	≥ 3

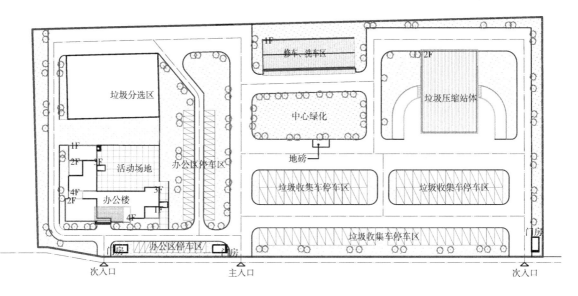

图 7-1 垃圾转运站平面图

五、垃圾处理

1. 垃圾的处置原则

我国 20 世纪 80 年代中期提出"资源化"、"无害化"、"减量化"为控制固体废物污染的技术政策，也是我国固体废物处置的基本原则。

"资源化"是采取工艺措施从固体废物中回收利用有用的物质和能源。故也将固体废物称为是"再生资源"或"二次资源"。固体废物资源化的主要形式有物质回收、物质转换和能量转换。资源化是固体废物的主要归宿。

"减量化"是指通过适宜的手段减少固体废物的数量和体积，以减轻对环境和人类的影响。这一任务的实现，需要对固体废物进行处理利用并且减少固体废物的产生。

"无害化"是将固体废物通过工程处理，达到不影响人类健康、不污染周围环境的目的。焚烧、填埋、堆肥和粪便的厌氧发酵都是无害化的手段。

2. 垃圾的处置方式

（1）堆肥

从固体废物中回收资源和能源，减少最终处置的废物量，从而减轻其对环境污染的负荷，已成为当今世界所共同关注的课题。固体废物的生物处理技术恰好适应了这一时代需求。这是因为在几乎所有生物处理过程中均伴随着能源和物质的再生与回用。固体废物中含有各种有害的污染物，有机物是其中的一种主要污染物。这一点对于城市生活垃圾来说尤其如此。生物处理就是以固体废物中的可降解有机物为对象，通过生物的好氧或厌氧作用，使之转化为稳定产物、能源和其他有用物质的一种处理技术。

固体废物的生物处理方法有多种，例如堆肥化、厌氧消化、纤维素水解、有机废物生物制氢技术等。其中，堆肥化作为大规模处理固体废物的常用方法得到了广泛的应用，并已经取得较成熟的经验。厌氧消化也是一种古老的生物处理技术，早期主要用于粪便和污泥的稳定化处理以及分散式沼气池，近年来随着对固体废物资源化的重视，在城市生活垃圾的处理和农业废弃物的处理方面也得到开发和应用。其他的生物处理技术虽然不能解决大规模固体废物减量化的问题，但是作为从废物中回收高附加值生物制品的重要手段，也得到了较多的研究。

（2）焚烧

现代垃圾焚烧技术的历史可以追溯到 19 世纪的英国和美国，最早的固体废物焚烧装置是 1874 年和 1885 年分别建于英国和美国的间歇式固定床垃圾焚烧炉。随后，德国（1896）、法国（1898）、瑞士（1904）也相继建成。20 世纪初，欧美一些工业发达国家开始建造较大规模的连续式垃圾焚烧炉。初期的垃圾焚烧炉结构上和砖瓦窑体基本一样，之后逐渐改良为机械炉排焚烧炉。随着废物性质的日趋复杂，同时又考虑到对环境的影响，空气污染控制系统也引入焚烧系统，以确保焚烧过程中产生的烟气的净化，防止对环境产生二次污染，因此引入了填料塔和文丘里除尘器除去污染气体或固体颗粒。伴随着能源和原材料的危机，废热和副产品的回收技术逐渐引入焚烧体系，如带气体预热的焚烧系统、废物预浓缩的焚烧系统和带有废物预热和副产品回收的有机物焚烧系统等。

垃圾焚烧处理有以下优点：

垃圾焚烧处理后，垃圾中的病原体被彻底消灭；经过焚烧，垃圾中的可燃成分被高温分解后一般可减容80%～90%，减容效果好，可节约大量填埋场占地，经分选后的垃圾焚烧效果更好；垃圾被作为能源利用，垃圾焚烧所产生的高温烟气，其热能被转变为蒸汽，用来供热及发电，还可回收铁磁性金属等资源，可以充分实现垃圾处理的资源化；垃圾焚烧厂占地面积小；焚烧处理可全天候操作，不易受天气影响。

但是垃圾焚烧处理也有以下缺点：

投资大，占用资金周期长；焚烧对垃圾的热值有一定要求，一般不能低于5000kJ/kg，限制了它的应用范围；焚烧过程中产生的"二恶英"污染问题，必须有很大的资金投入才能进行有效处理。

（3）填埋

城市生活垃圾填埋处理是世界上通用的和处理量最大的技术之一（见表7-5）。世界各国通行的做法基本上是将垃圾运往有控和无控消纳场填埋。实践表明，无控消纳场会带来严重的污染，因此现已向有控消纳场方向发展。垃圾填埋与堆肥、焚烧、热解相比，不但费用低廉，而且处理量大，工艺简单，操作方便，且填埋场服役期满后，可在表层填上沃土并种植绿色植物，10年之后可使土地复原。

世界发达国家城市生活垃圾处理方法对比（%） 表7-5

国名	填埋法	堆肥	焚烧	热解
美国	90	—	9	1
日本	32	3	63	2
韩国	72	3	25	—
法国	60	15	25	—
荷兰	50	20	30	—
比利时	62	9	29	—
瑞士	15	15	70	—
丹麦	32	2	66	—
奥地利	65	11	24	—
瑞典	75	2	23	—
澳大利亚	65	11	24	—

城市垃圾填埋处理法有四大缺点：即占有土地量大；造成二次污染；运输成本高；浪费可回收利用资源。因此，现在不少国家已逐渐改变传统做法，填埋法正在向焚烧法发展并有下降成为辅助手段的趋势。根据近几年的初步统计，各国城市垃圾的各种处理方法的比例正在发生变化：填埋法已下降到 50% 以下，焚烧法约占 36% 以上，堆肥约占 9%，热解约 2%，综合回收利用占 5%。

尽管城市垃圾填埋处理有诸多弊端，但目前此种终端处置方法仍是唯一行之有效的方法。城市垃圾即使进行了回收有用组分，经堆肥、焚烧或热解处理，其剩下的无用组分或焚烧残渣仍需进行填埋处置。

六、垃圾填埋场

1. 垃圾填埋场的选址原则

（1）应符合环境保护的要求；

（2）应充分利用天然地形，以增大填埋库区容量，使用年限应达到相关要求；

（3）交通方便，运距合理；

（4）征地费用较低，施工较方便；

（5）人口密度较低、土地利用价值较低；

（6）位于夏季主导风下风向，具体环境保护距离应根据环境影响评价报告结论确定；

（7）远离水源，尽量设在地下水流向的下游地区；

（8）满足相关的标准和规范对场址的要求。

2. 垃圾填埋场选址步骤

（1）场址初选

根据区域总体规划、区域地形和工程与水文地质、实地踏勘确定 3 个或 3 个以上的候选场址。

（2）场址推荐

对候选场址进行初勘，并通过对场地的地形、地貌、工程与水文地质、植被、水文、气象、供电、给排水、交通运输、覆盖土源和人口分布等对比分析，并征求当地政府和民众意见，推荐 2 个或 2 个以上的预选场址。

（3）场址确定

对预选场址进行技术、经济、社会和环境的综合比较，推荐拟定场址，对拟定场址进行地形图测量、详细勘察和初步工艺方案设计，完成环境影响评价报告、选址报告或可行性研究报告，通过审查确定场址。

3. 垃圾填埋场的主体设施

垃圾填埋场的主体设施布置内容应包括：计量设施，基础处理与防渗系统，地表水及地下水导排系统，场区道路，垃圾坝，渗沥液导流系统，渗沥液处理系统，填埋气体导排及处理系统，封场工程及监测设施等。

由于垃圾渗滤液对地下水环境危害非常大，填埋库区应设置防渗系统。防渗系统应铺设渗沥液收集系统，并宜设置疏通设施。渗沥液收集系统及处理系统应包括导流层、盲沟、集液井（池）、调节池、泵房、污水处理设施等。

填埋场必须设置有效的填埋气体导排设施，填埋气体（主要成分为甲烷）严禁自然聚集、迁移等，防止引起火灾和爆炸。填埋场不具备填埋气体利用条件时，应主动导出并采用火炬法集中燃烧处理。未达到安全稳定的旧填埋场应设置有效的填埋气体导排和处理设施。

第四节 城市保洁

一、道路保洁

为了维护城市道路和公共场所清洁，需要进行清扫和环境卫生保持工作。环境卫生工程系统规划应对保洁范围、保洁标准、清洁路线和时间、清扫方式等提出要求，指导环卫工作的开展。城市道路的清扫方式应以机械化清扫为主，向真空吸收发展。

城市道路保洁的范围应为车行道、人行道、车行隧道、人行过街地下通道、地铁站、高架路、人行过街天桥、立交桥及其他设施等。城市道路保洁等级划分、路面废弃物控制指标和保洁质量要求见表7-6。

路面冲洗和洒水时需要专门的洒水车和马路冲洗车辆，由设在道路两侧的供水器供水。供水器可利用消火栓或另设环境卫生专用供水器。供水器间隔根据道路宽度和专用车辆吨位确定，参见表7-7。

二、城市水面保洁

城市内部河、湖水面或近江、近海水面通常是城市重要的景观，具有较强的观赏或娱乐功能，所以对城市水面保洁也是环卫工作的内容。水面保洁的工作量视水面漂浮物密度和水面重要程度而定，

城市道路保洁等级划分、路面废弃物控制指标和保洁质量要求　　　表7-6

保洁等级	道路保洁等级划分条件	路面废弃物控制指标						道路保洁质量要求
		果皮（片/1000m²）	纸屑（片/1000m²）	烟蒂（个/1000m²）	痰迹（片/1000m²）	污水（m²/1000m²）	其他（处/1000m²）	
一级	(1) 商业网点集中，道路旁商业店铺占道路长度不小于70%的繁华闹市地段；(2) 主要旅游点和进出机场、车站、港口的主干路及其所在地路段；(3) 大型文化娱乐、展览等主要公共场所所在路段；(4) 平均人流量为100人次/min以上和公共交通线路较多的路段；(5) 主要领导机关、外事机构所在地	≤4	≤4	≤4	≤4	无	无	(1) 对人流量大的繁华路段，应全天巡回保洁，路面应见本色；(2) 大城市、特大城市的路面冲洗，每日应不少于1次，其他城市，每周可冲洗3～5次；(3) 气温30℃以上时，大城市、特大城市平均每天洒水应不少于3次，其他城市可按实际情况决定
二级	(1) 城市主、次干路及附近路段；(2) 商业网点较集中、占道路长度60%～70%的路段；(3) 公共文化娱乐活动场所所在路段；(4) 平均人流量为50～100人次/min的路段；(5) 有固定公共交通线路的路段	≤6	≤6	≤8	≤8	≤0.5	≤2	(1) 主要路段应巡回保洁，路面基本见本色；(2) 大城市、特大城市的路面冲洗，每周应不少于3次，其他城市每周应不少于1次；(3) 气温30℃以上时，大城市、特大城市平均每天洒水应不少于2次，其他城市可按实际情况决定
三级	(1) 商业网点较少的路段；(2) 居民区和单位相间的路段；(3) 城郊结合部的主要交通路段；(4) 人流量、车流量一般的路段	≤8	≤10	≤10	≤10	≤1.5	≤6	(1) 应定时保洁，各地可按实际情况决定路面是否需要冲洗；(2) 气温在30℃以上时，大城市、特大城市每天洒水应不少于1次，其他城市可根据实际情况决定
四级	(1) 城郊结合部的支路；(2) 居住区街巷道路；(3) 人流量、车流量较少的路段	≤10	≤12	≤15	≤15	≤2.0	≤8	(1) 每天应清扫1～2次；(2) 部分路段应实行定时保洁

道路保洁供水器间隔距离　　　表7-7

道路级别	道路宽度（m）	供水器间隔（m）	道路级别	道路宽度（m）	供水器间隔（m）
快速干道	40～70	600～700	商业文化大街	20～40	700～1000
主干道	30～60	700～1000	支路	16～30	1200～1500

　　　重要的观赏娱乐水面往往要一天打捞多次，才能保持水面清洁。打捞方式一般人工与机械并重。较宽水面上可采用机械清扫船，较窄水面则采用人工打捞船。同时应有与水上垃圾收运船只配套的陆上垃圾车，用于转运水上垃圾。水域面积较大或河网密集城市，应设水上环卫工作点。

三、车辆清洗站

机动车辆进入市区或者市区行驶时，必须保持外形完好、整洁。凡车身有污迹、有明显浮土，车底、车轮附有大量泥沙，影响市区环境卫生和市容观瞻的，必须对其清洗。通常在车辆进城的城区与郊区接壤处建设进城车辆清洗站。其选址要考虑道路和车流量情况，既能保证清洗车辆，又不至于影响交通。当城市进城道路较多时，应考虑分别设置。清洗站规模与用地面积根据每小时车流量与清洗速度确定。清洗站内设自动清洗装置，洗涤水经沉淀、除油处理后，就近排入城市污水管网。

四、公共厕所

公共厕所是城市公共建筑的一部分，公厕数量多少、布局是否合理市民会有非常直观的感受，其建造标准的高低直接反映了城市的现代化程度和环境卫生面貌。城市环境卫生工程系统规划应对公共厕所的布局、建设、管理提出要求，按照全面规划、合理布局、美化环境、方便使用、整洁卫生，有利于排运的原则统筹规划。

城市中下列地段应设置公共厕所：广场和主要交通干道两侧；车站、码头、展览馆等公共建筑附近；风景名胜区、公园、市场、大型停车场、体育场附近及其他公共场所；新建住宅区及老居民区。公厕设置标准见表 7-8。

公共厕所设置标准　　　　　　　　　　　　　　　　　　　表 7-8

城市用地类别	设置密度（座/km²）	设置间距（m）	建筑面积（m²/座）	独立式公共厕所用地面积（m²/座）
居住用地	3 ~ 5	500 ~ 800	30 ~ 60	60 ~ 100
公共设施用地	4 ~ 11	300 ~ 500	50 ~ 120	80 ~ 170
工业用地仓储用地	1 ~ 2	800 ~ 1000	30	60

五、其他环卫设施

凡在城市或某一区域内负责环境卫生的行政管理和环境卫生专业业务管理的组织称为环境卫生机构。环境卫生基层机构一般是指按街道设置的环境卫生机构。

环境卫生基层机构为完成其承担的管理和业务职责需要的各种场所称为环境卫生基层机构的工作场所。

城市规划必须考虑环卫机构和工作场所的用地要求。

1. 环境卫生基层机构的用地

环境卫生基层机构的用地面积和建筑面积按管辖范围和居住人口确定，用地指标按表 7-9 确定。

环境卫生基层机构用地指标　　　　　　　　　　　表 7-9

基层机构设置(个/万人)	万人指标（m²/万人）		
	用地规模	建筑面积	修理工棚面积
1/1 ~ 5	310 ~ 470	160 ~ 204	120 ~ 170

注："万人指标"中的"万人"系指居住地区的人口数量。

环境卫生基层机构应设有相应的生活设施。

2. 环境卫生车辆停车场、修造厂

市、区、镇环境卫生管理机构应根据需要建立环境卫生汽车停车场、修造厂。环境卫生汽车停车场和修造厂的规模由服务范围和停放车辆数量等因素确定。环境卫生汽车停车场用地可按每辆大型车辆用地面积不少于 200m² 计算。环境卫生的车辆、机具、船舶等修造厂的用地，根据生产规模确定。

3. 环境卫生清扫、保洁人员作息场所

环卫人员与保洁区域面积有直接关系，规划中多按照千人指标估算环卫人员数量。一般采用 1.5 人/千人的指标来计算规划需配备环卫人员数量。

在露天、流动作业的环境卫生清扫、保洁人员工作区域内，必须设置工人作息场所，以供工人休息、更衣、淋浴和停放小型车辆、工具等。作息场所的面积和设置数量以作业区域的大小和环境卫生工人的数量计算。计算指标按表 7-10 规定。

环境卫生清扫、保洁工人作息场所设置指标　　　　表 7-10

作息场所设置数 （个/万人）	环境卫生清扫、保洁工人平均占有建筑面积（m²/人）	每处空地面积 （m²）
1/0.8 ~ 1.2	3 ~ 4	20 ~ 30

注：表"万人指标"中的"万人"，系指居住地区的人口数量。

4. 水上环境卫生工作场所

水上环境卫生工作场所按生产、管理需要设置，应有水上岸线和陆上用地。水上专业运输应按港道或行政区域设船队，船队规模根据废弃物运输量等因素确定，每队使用岸线为 200 ~ 250m，陆上用地面积为 1200 ~ 1500m²，且内设生产和生活用房。

水上环境卫生管理机构应按航道分段设管理站。环境卫生水上管理站每处应有趸船桥等。使用岸线每处为 150 ~ 180m，陆上用地面积不少于 1200m²。

5. 环境卫生车辆通道要求

城市环卫车辆一般包括垃圾清运车、扫地车、洒水车等。规划中环卫车辆配置指标一般为 2.5 辆 / 万人。

要保证城市固体废物的清运的机械化，规划时必须保证环卫车辆便捷通达各项环境卫生设施，并满足作业需要。通往环境卫生设施的通道应满足下列要求：

（1）新建小区和旧城区改建应满足 5t 载重车通行；

（2）旧城区至少应满足 2t 载重车通行；

（3）生活垃圾转运站的通道应满足 8 ～ 15t 载重车通行。

各种环境卫生设施作业车辆吨位范围如表 7-11 所示。

各种环境卫生设施作业车辆吨位表　　表 7-11

设施名称	新建小区（t）	旧城区（t）	设施名称	新建小区（t）	旧城区（t）
垃圾容器设置点 垃圾管道	2 ～ 5 2 ～ 5	≥ 2 ≥ 2	垃圾转运站	8 ～ 15	≥ 5

通往环境卫生设施的通道的宽度不小于 4m。环境卫生车辆通往工作点倒车距离不大于 20m，作业点必须调头时，应有足够回车场地，至少保证有 12m × 12m 的空地面积。

附 7　环境卫生城市

国家卫生城市是由全国爱国卫生运动委员会办公室考核组验收评选出的卫生优秀城市。截至 2009 年 12 月，全国爱卫会已经命名 118 个国家卫生城市，约占全国城市总数的 1/6。此外，全国还命名了 28 个国家卫生区，377 个国家卫生县（镇）。

国家卫生城市其条件要求：申报城市必须是省级卫生城市，同时具备以下 5 个基本条件，才能申报国家卫生城市：城市生活垃圾无害化处理率 ≥ 80%；城市生活污水处理率 ≥ 30%；建成区绿化覆盖率 ≥ 30%，人均绿地面积 ≥ 5m²；大气总悬浮微粒年日平均值（TSP）：北方城市 ≤ 0.350mg/m³，南方城市 ≤ 0.250mg/m³；城市"除四害"有三项达到全国爱卫会规定的标准。

以下是全国爱卫会 2010 年 3 号文中关于国家卫生城市标准的附件。

本标准适用城市是除直辖市以外的城市，范围以建成区为主。

1. 爱国卫生组织管理

（1）市政府认真贯彻落实《国务院关于加强爱国卫生工作的决定》、《中共中央国务院关于深化医药卫生体制改革的意见》，把爱国卫生工作纳入各级政府的议事日程，列入社会经济发展规划。主要领导高度重视，率先垂范、真抓实干，各部门、各单位和广大群众积极参与爱国卫生运动和创建国家卫生城市活动。

（2）各级爱卫会组织健全，在爱国卫生工作和创建国家卫生城市活动中发挥组织协调作用。爱卫会成员单位分工明确，各司其职，责任落实。

（3）市、区爱卫会办事机构具备与所承担的工作任务相适应的编制、人员、经费和工作条件，街道办事处、社区（居委会）等基层单位有兼职爱国卫生工作人员。

（4）爱国卫生工作每年有计划、有部署、有总结，并纳入政府目标管理。组织开展多种形式、内容丰富的爱国卫生活动。

（5）有本市爱国卫生工作的管理法规或规范性文件。

（6）设立群众卫生问题投诉平台，畅通群众投诉渠道，认真办理群众投诉。群众反映问题解决或答复率≥90%，群众对全市卫生状况满意率≥90%。

2. 健康教育

（1）全市各级健康教育机构和网络健全，人员、经费落实；机构能够承担起业务技术指导中心的职责，社区、医院、学校等健康教育网络能够发挥作用。

（2）中、小学校按照教育部《中小学健康教育指导纲要》要求开设健康教育课，注重培养学生养成良好的卫生行为，学生健康知识知晓率≥80%；中专、中等职业学校及高等院校开展多种形式的健康教育活动；14岁以下儿童蛔虫感染率≤3%。

（3）各级医院、社区卫生服务中心（站）采取多种形式、有针对性地向病人及其亲属开展健康教育，住院病人相关卫生知识知晓率≥80%。

（4）街道、社区以《中国公民健康素养—基本知识与技能》为主要内容，开展多种形式的健康教育活动；居民健康基本知识知晓率≥80%、健康生活方式与行为形成率≥70%、基本技能掌握率≥70%。

（5）各行业结合本单位特点开展有关职业病防治、疾病预防、卫生保健、控制吸烟等方面健康教育活动，职工相关卫生知识知晓率≥80%。

（6）市、区各新闻媒体设有健康教育栏目，能紧密结合卫生防病工作和广大群众普遍关心的卫生热点问题，开展多种形式的卫生知识宣传和健康教育，对创建国家卫生城市活动进行正确的舆论引导。

（7）机场、车站、港口、广场等大型公共场所设立的电子屏幕和公益广告，有健康教育内容。

（8）认真履行世界卫生组织《烟草控制框架公约》，城市建成区无烟草广告。

3.市容环境卫生

（1）认真执行国家有关市容环境卫生管理法规，各级市容环境卫生管理机构健全，职责明确，管理规范，经费落实。

（2）各级政府把城市市容环境卫生事业纳入国民经济和社会发展计划；市容环境卫生管理部门根据城市总体规划，结合当地发展需要，编制市容环境卫生专业规划，报同级人民政府批准后实施。

（3）市容环境卫生达到《城市容貌标准》要求。城市主次干道和街巷路面平整，下水道无垃圾堵塞现象；主要街道两侧建筑物整洁美观，无乱张贴、乱涂写、乱设摊点现象，广告、牌匾设置规范，居民楼房阳台屋顶无乱堆放和乱挂衣物等现象；沿街单位〝门前三包〞等责任制度落实，车辆停放整齐；废物箱等垃圾收集容器配置齐全，无乱扔乱吐现象；城区无卫生死角，街巷路面普遍硬化，无残垣断壁、乱搭建、垃圾渣土暴露和违章饲养畜禽现象；城市亮化、美化，照明设施完好，路灯亮化率≥95%。

（4）建成区清扫保洁制度落实，生活垃圾日产日清，定时定点收运；主要街道保洁时间不低于12小时，一般街道保洁时间不低于8小时，城市道路机械化清扫（含高压冲水）≥20%，垃圾、粪便收集运输全面密闭化。

（5）生活垃圾、粪便无害化处理场建设、管理和污染防治符合国家有关法律、法规及标准要求。省会城市和东部地区城市生活垃圾及粪便无害化处理率≥90%，其他城市生活垃圾及粪便无害化处理率≥80%。

（6）生活垃圾中转站、公共厕所等环卫设施符合《城镇环境卫生设施设置标准》要求，布局合理，数量充足，管理规范。其中，公共厕所的建设和管理符合《城市公共厕所卫生标准》、《城市公共厕所规范与设计》要求，城市主次干路、行人交通量大的道路沿线、公共汽车首末站、汽车客运站、火车站、机场、码头、旅游景点所

设置的公厕不低于二类标准。环卫设施标志标示规范，符合《环境卫生图形符号标准》的要求。

（7）各类市场要科学规划、规范管理。农副产品市场管理规范，商品划行归市，摊位摆放整齐，无占道经营，从业人员个人卫生良好；有卫生管理和保洁人员，环卫设施齐全，给、排水设施完善，公厕、垃圾站建设符合卫生要求；设有专门的卫生管理部门和蔬菜农药现场检测机构，适时开展监管和检测工作；经营食品的摊位严格执行《食品安全法》和《集贸市场食品卫生管理规范》的有关规定，亮证经营；严格控制活禽的销售，有活禽销售的市场设立相对独立的区域，污物（水）处置和消毒设施完善，实行隔离屠宰，保持环境清洁卫生。全市无违禁野生动物销售。临时便民市场、疏导点设置要有短期计划，并采取有效措施，防止对周边市容环境卫生、交通秩序和人民群众的正常生活秩序造成影响。达到《标准化菜市场设置与服务管理规范》要求的农副产品市场≥70%。

（8）建筑工地管理符合《建筑工地现场环境与卫生标准》要求，施工场地设置的隔离护栏规范，临街施工工地围墙高度不低于2m，市政设施、道路挖掘施工工地围墙高度不低于1.8m；施工现场清洁，物料堆放整齐；建筑垃圾管理规范，设置车辆冲洗设施，全面实施密闭运输，无偷倒乱倒现象；职工食堂、宿舍符合卫生要求，厕所、洗浴间保持清洁。待建的工地管理到位，无乱倒垃圾和乱搭乱建现象。

（9）城市绿地系统规划编制完成，绿线管制制度得到落实。建成区绿化覆盖率≥36%，绿地率≥31%，人均公共绿地面积≥8.5m²。

（10）城市河道、湖泊等水面清洁，无飘浮垃圾；岸坡整洁，无垃圾杂物。

4. 环境保护

（1）近三年城市市域内未发生重大、特大环境污染和生态破坏事故，上一年无重大违反环保法律法规的案件；制定环境突发事件应急预案并进行演练。

（2）全年空气API指数≤100的天数≥全年天数的70%（或达到国家环境空气质量标准二级）。采用自动监测的城市，全年优良（API指数≤100）的天数≥全年天数的70%；采用手工监测的城市，年均值要达到国家环境空气质量二级标准。

（3）集中式饮用水源地水质达标。处于全市域范围内，并向市区内供水的集中式饮用水水源地水质达到《地表水环境质量标准》

和《地下水质量标准》Ⅲ类标准。全市辖区内未发生重大以上集中式饮用水水源地污染事故等。严格执行各项国家集中式饮用水水源地管理有关法律、法规、规划、标准、监测规范（《水污染防治法》《饮用水水源保护区污染防治管理规定》、《地表水环境质量标准》、《地下水质量标准》）等要求。

（4）市辖区内市控以上断面水质达到相应水体环境功能的要求，其他水体无黑臭现象。

（5）区域环境噪声平均值 ≤ 60 分贝。

（6）省会城市和东部地区城市生活污水集中处理率 ≥ 85%，其他城市生活污水集中处理率 ≥ 80%。

5. 公共场所、生活饮用水卫生

（1）卫生监督机构建设达到规定要求，设备、编制、经费满足工作需要，依法开展各项卫生监督管理工作。

（2）认真贯彻执行《公共场所卫生管理条例》，工作有计划，落实计划有依据。卫生监督、监测和技术指导规范，资料齐全。

（3）各类公共场所卫生许可手续齐全有效，卫生管理制度健全，设有专（兼）职卫生管理人员；从业人员持有有效的健康证明和卫生知识培训合格证，符合《中华人民共和国食品安全法实施条例》的相关要求，从业人员操作符合卫生要求；经营场所室内外环境整洁，公共用品的清洗、消毒措施落实，卫生设施（清洗、消毒、保洁、通风、照明和排水等）和各项卫生指标达到国家有关标准要求。

（4）市政供水、自备供水管理规范，自身检测和卫生监督、监测资料齐全，有水污染突发公共卫生事件应急预案。市政及自备供水出厂水、管网末梢水的水质符合《生活饮用水卫生标准》。

（5）二次供水单位的水质管理有专（兼）职管理人员和管理制度，定期清洗、消毒（不得少于 2 次 / 年），每次有常规检测指标的卫生监测报告，各项水质指标符合《生活饮用水卫生标准》的要求。供水设施符合《二次供水设施卫生规范》的要求，资料齐全规范。

6. 食品安全

（1）政府重视食品安全工作，建立健全食品安全全程监管工作机制和部门协调配合机制，提供相应保障，将其列入政府重点工作内容和城市社会经济发展规划。

（2）辖区内各相关部门认真贯彻国家有关食品安全法律、法规，食品安全监督管理部门有食品安全监督管理的工作计划和总结，各项监督、监测工作落实；制定重大食物安全事故应急预案和工作规

范,食品安全事故及时报告处置,连续三年无重大食品安全事故发生,有关资料齐全。

(3) 食品生产经营者（包括小作坊、小摊点等）均纳入监管范围,取得有效证照。生产经营活动符合有关法律、法规及标准规定,有健全的食品安全管理制度；生产经营场所布局和工艺流程合理,各种卫生设施齐全；内外环境卫生整洁,无交叉污染；食品采购、储存、销售符合要求。

(4) 食品从业人员每年进行一次健康体检和培训,能够掌握相关岗位卫生安全知识和操作规程。

(5) 餐饮业、集体食堂实施食品卫生量化分级管理≥95%；凉菜制作和蛋糕裱花场所,要设置专间和二次更衣间；有满足销售量的消毒设施和餐具保洁柜,消毒及保洁工作规范。

(6) 食品生产者按规定使用食品添加剂,无违法添加现象；食品添加剂的标签、说明符合要求。

(7) 食品经营者贮存、销售散装食品符合要求。

(8) 政府相关部门对流动食品摊贩实行统一管理,规定区域、限定品种,并有相关文件。

(9) 城市实现生猪、牛、羊、禽类定点屠宰,无注水肉和病畜肉上市,定点屠宰点（厂）符合卫生及动物防疫要求,有严格的检疫程序,工作规范,档案资料齐全。

7. 传染病防治

(1) 认真贯彻《中华人民共和国传染病防治法》,疾病预防控制机构建设达到规定要求。

(2) 医疗机构设有负责传染病管理的专门部门和人员,有健全的控制院内感染制度、疫情登记和报告制度,门诊日志齐全。二级以上综合医院设立感染性疾病科,其他医院设立传染病预检分诊点。

(3) 党委、政府高度重视传染病防控工作,各项防控措施得到有效落实,近两年没有因防控措施不力导致甲、乙类传染病暴发流行。重大疾病控制按期完成国家规划要求。

(4) 全市县级以上医疗机构和中心乡镇卫生院实行传染病及突发公共卫生事件网络直报,疫情报告及时,处理规范。医疗机构法定传染病漏报率<2%。

(5) 国家免疫规划项目的预防接种实行免费；接种单位条件符合国家规定要求；预防接种规范,安全注射率100%；有流动人口免疫规划管理办法,居住期限3个月以上流动人口儿童建卡、建证率达到95%；托幼机构、学校按照《疫苗流通和预防接种管理条例》

规定开展入托、入学儿童预防接种证查验工作；儿童国家免疫规划疫苗全程接种率达到95%。

（6）临床用血100%来自无偿献血，其中自愿无偿献血≥90%。无有偿献血。

（7）医疗卫生机构产生的医疗废物应当统一由医疗废物集中处置单位处置，医源性污水的处理排放符合国家有关要求。

（8）市政府将打击非法行医、非法采供血和规范医疗机构执业行为工作纳入政府工作考核目标。辖区内医疗机构审批和日常监管资料齐全。非法行医、非法采供血和非法医疗广告得到有效治理，医疗服务市场秩序良好。

8. 病媒生物防治

各级爱卫会要加大对病媒生物预防控制的工作力度，协调各成员单位、社会各界、居民委员会、村民委员会并发动群众，按照《病媒生物预防控制管理规定》的要求，切实做好病媒生物的预防控制工作。通过综合防治，鼠、蚊、蝇、蟑螂等病媒生物要得到有效控制，有三项达到国家规定的标准，另一项不得超过国家标准的三倍。

9. 社区和单位卫生

（1）社区和单位有卫生管理组织和卫生管理制度，积极组织广大居民和职工搞好环境卫生和绿化美化，定期开展健康教育和卫生评比竞赛活动。工作有计划、有总结，档案资料齐全。

（2）社区和单位卫生状况良好，道路平坦，环卫设施完善，垃圾日产日清，公共厕所符合卫生要求，无违章建筑。饲养宠物和鸟类能严格遵守有关规定，进行免疫接种，粪便不污染环境。各种车辆停放整齐。80%以上社区的环境得到了有效的整治。

（3）市场、饮食摊点等商业服务设施设置合理，管理规范，无占道经营现象。

（4）按照属地管理原则，单位卫生工作纳入社区统一管理。

（5）社区卫生服务机构健全，房屋设置、人员资质符合规范要求，为社区居民提供安全、有效、方便、经济的公共卫生和基本医疗服务。

10. 城中村及城乡结合部卫生

（1）有卫生保洁人员和制度。

（2）合理设置健康教育设施，卫生与健康知识宣传材料进村入户，村民卫生知识知晓率≥70%。

（3）环卫设施齐全、布局合理，垃圾密闭收集运输，日产日清，清运率100%。有污水排放设施。公厕数量达标，符合卫生要求。

（4）村容整洁，路面硬化平整，村内无非法小广告，无乱搭乱建、乱堆乱摆、乱停乱放、乱贴乱画、乱扔乱倒现象。90% 以上城中村的环境得到了有效的整治。

（5）鼠、蚊、蝇、蟑螂等病媒生物防制措施落实，无违规饲养畜禽。

（6）农副产品市场、环境保护和"五小"行业管理符合有关规定。

（7）城乡结合部整洁有序，无乱排污水、乱倒垃圾、乱堆物料、乱搭乱建等现象。

（8）所辖镇建成不少于 1 个省级以上卫生镇或建成不少于 1 个省级爱卫会认定达到省级以上卫生镇标准的镇。

第八章
环境保护规划

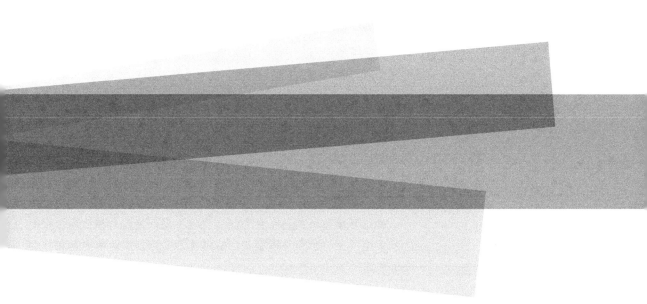

第一节 环境概述

一、人类环境与生态环境

环境和主体是逻辑上并存的一对概念。主体是由人按照自己想法圈定的,那么在主体周围,与主体的生存、发展息息相关,与主体互相作用、互相影响之客体的总和就是环境。

人类环境就是存在于地球人类周围客观世界的总和,是对人类诞生、生存和发展有直接或间接影响的客观事物。这些客观事物按其形态可归纳为物质和非物质两类。人类环境的物质因素又可分为两种,一种是自然界存在的事物,它们不受人类影响,或在人类诞生之前早已存在。如宇宙、天体等。另一种是经过人类加工制造的人工物质环境。如城市、村镇等。非物质的环境是指人类的社会环境,是人类发展历程中形成的人与人、群体与群体之间的复杂关系。如政治、文化、宗教等。人工物质环境和非物质的社会环境合起来可以看作社会环境。

生态环境,其主体是地球上所有的生物,其环境则是生物界周围的客观事物之总和。通常所说的环境,基本上可看作是在地球(包括地球大气层)范围内。

为了准确处理涉及环境保护的纠纷,从立法和执法角度,则规定了一个狭隘的环境定义。我国的《环境保护法》中明确规定:"本法所称环境是指:空气、水、土地、矿藏、森林、草原、野生动物、野生植物、水生动植物、名胜古迹、风景游览区、温泉、疗养区、自然保护区、生活居住区等"。其中把环境中应当保护的要素和对象直接界定为环境的一种工作性定义,其目的是从实际工作的需要出发,对"环境"一词在法律适用对象或适用范围作出规定,以保证法律实施的准确性。

二、环境要素

构成环境整体的各个独立的、性质不同而又服从整体演化规律的基本组成部分称为环境要素。环境要素分为自然环境要素和社会环境要素。

自然环境要素主要包括水、大气、生物、土壤、岩石和太阳光等。环境要素组成环境的结构单元,环境的结构单元又组成环境整体或环境系统。如:水组成水体,全部水体成为水圈。

社会环境是在人类社会发展中逐步形成的,而且越来越对人类社会产生巨大的影响和作用。社会环境既包括含有物质性的要素，如由人工建造的建筑，还包括非物质的要素。这些构成人与人之间相互联系、相互作用的因素，涉及政治、经济和文化等广泛的范围。

三、环境系统

研究范围内的环境要素及其相互关系的总和构成环境系统。全球环境系统是以整个地球（包括大气层）为对象的总体。考虑到地球与宇宙的能量和物质交换，所以全球环境系统是一个开放的系统。实际上所有的局部系统必然是一个开放系统，因为它总要与相邻的系统发生能量与物质的交换。

建立环境系统概念，可以使人们在研究环境时有个完整的统一的视角，避免将环境要素 相互孤立起来进行研究可能导致的失误。系统运行和演化的重要本质就在于各个环境要素间的相互关系和相互作用，其对研究和解决环境恶化问题具有重大意义。

能量交换和物质流动对人类环境和生态环境意义非凡。环境系统保持能量和物质交换的动态平衡对地球上的人类生物界至关重要。

地球环境系统的能量主要来自太阳辐射，少部分来自地壳内部的放射能。地球系统不断吸收太阳能，同时也不断向外辐射能量，构成一个动态平衡。可以推断，如果地球环境恶化到一定程度，这种平衡可能被打破，不能恢复，对人类而言将是巨大灾难。

地球环境中物质的循环表现为各种生命元素的流动和不断循环。主要生命元素如氧、碳、氮、硫、磷、钙、镁和钾等，不断地从土壤或大气中进入植物体、动物体或人体后又回到土壤和大气中。

四、环境系统的自我调节机制

环境系统在长期演化过程中逐渐发生和发展自身的调节机制，建立能够自我调节能量流动和物质循环的自我调节系统，借助自我调节系统的作用，维持了自身的相对稳定性。在外界条件发生变化时，这种调节系统及其机制也可能逐渐演变，形成新的平衡和新的稳定状态。系统的相对稳定性是其发展繁衍的必不可少的条件。过大的外力或外来作用，可能影响系统的自我调节机制，甚至破坏这种自我调节机制，一旦发生这种变化，将对系统造成灾难性恶果。如一个流域的生态系统如果被严重污染，鱼类死亡，草不生长，微生物都难存活，整个系统将不能自我调节，濒于死亡。一个局部系统的破坏，可能影响其他相关系统，甚至众多系统。如地球上森林系统的破坏，不仅影响气候，甚至可能危及全球环境系统的自我调节能力。

五、可持续发展

1987年以挪威前首相布伦特兰夫人为主席的联合国环境与发展委员会发表一篇报告《我们共同的未来》，这是国际组织首次提出并使用"可持续发展"概念。后来第十五届联合国环境理事会又通过《关于可持续发展的声明》，把可持续发展定义为：满足当前需要而又不削弱子孙后代满足其需要之能力的发展。1992年6月，在有146个国家元首和政府首脑参加的联合国环境与发展大会上，通过了关于在全球实现可持续发展的《21世纪议程》，表明可持续发展作为全球战略已经为世界各国所公认。

可持续发展追求的目标就是更有效地解决人类面临的种种矛盾，进而保证世世代代可以持续不断地发展。它针对影响当代发展的主要矛盾，强调只有在不危及后代人生存和发展需要的前提下，寻求满足当代人需要的发展途径，才能解决由于20世纪的发展缺陷而产生的同代人之间，代际之间，人与环境、资源间的诸多问题，保证人类持续不断的发展。既要使当代人类的需要得到满足，个人得到充分发展，又要保护好资源和生态环境，为后代人预留出更充分的发展空间。在坚持"生态文明"、"环境友好"的同时，发展经济，努力壮大我国的经济实力。

可持续发展表面上涉及的是人口、资源、环境这三个基本要素及其关系，但实际上它所面对的是从经济到政治、从科学到文化、从技术到伦理等社会生活的所有领域和方方面面。是人类迄今为止，面临的最为庞大、最难解决而又最迫切需要解决的系统工程。走可持续发展之路，是人类面向未来的唯一选择。

六、循环经济

循环经济是以生态学规律为指导，以减量化、再利用、资源化为基本原则，以资源节约和循环利用为基本内容，以实现经济社会可持续发展为基本目标的经济实践和发展方式，本质上内含着对可持续发展的追求。循环经济通过资源节约、节能减排和循环利用，减少资源的消耗和废弃物的排放，是克服环境污染、资源短缺困境，追求可持续发展的一种必然反应和有效尝试。循环经济本质上是生态经济，追求的是人与自然的和谐统一；而生态文明也是追求一种人与自然和谐共处的社会文明。

第二节 污染物的产生及危害

一、空气污染物及其危害

空气污染是指由于人类活动和自然过程向空气中排放某些物质，呈现出足够的浓度（超过环境所允许的极限），达到了足够的时间，使空气质量恶化，对人类健康生存和生态环境造成危害的现象。空气污染按污染物产生的类型可分为煤烟型污染、氧化型污染、混合型污染及特殊性污染。

煤烟型污染是指由于煤燃烧过程中排放的各种污染物而造成的污染。在煤烟中，通常含有较高浓度的 SO_2 和烟尘，遇到不利的气象条件时，容易形成硫酸盐和硫酸气溶胶。

氧化型污染是指由于机动车尾气排放和燃油锅炉及石油化工厂的排气中含有的氮氧化物和碳氢化合物，在适当的气候条件下（如日照强烈），发生光化学反应生成臭氧、醛类和过氧乙酰硝酸酯等二次污染物形成光化学烟雾造成的污染。

混合型污染是指由于燃煤和燃油过程中产生的污染物互相结合在一起造成的污染。

特殊性污染是指由于发生生产事故造成污染物泄漏而形成的污染。

造成城市空气污染的主要原因是人类生产、生活活动的结果。自从产业革命以来，由于人口的集中、现代化城市的兴起及工业的迅猛发展，尤其是工业化早期，人类对于环境的漠视和工业的粗放式经营，导致了严重的环境污染和生态破坏问题。

（一）空气污染物

人类生产和生活过程中向空气中排放的某些物质称之为空气污染物。目前被人们注意到或已经对环境和人类产生危害的空气污染物约有 200 种左右。环境空气中的污染物按其存在状态分为气溶胶状态污染物和气体状态污染物两大类。

1. 气溶胶状态污染物

在空气污染中，气溶胶是指沉降速度可以忽略的细小固体粒子、液体粒子或它们在气体介质中的悬浮体系。按照气溶胶的来源和物理性质，可分为如下几种：

（1）粉尘

粉尘是指悬浮于气体介质中的小固体颗粒，受重力作用可发生沉降，但在一定的时间内能保持悬浮状态。粉尘通常是由于固体物质的破碎、研磨、分级、输送等机械过程，或土壤、岩石的风化等自然过程形成的。粉尘粒径一般为 $1 \sim 200 \mu m$ 左右。

（2）烟

烟是指由冶金过程形成的固体颗粒的气溶胶。它是由熔融物质挥发后生成的气态物质的冷凝物，在生产过程中总是伴有诸如氧化之类的化学反应。烟颗粒的尺寸很小，一般为 $0.01 \sim 1 \mu m$ 左右。

（3）雾

雾是气体中液滴悬浮体的总称。在工程中，雾一般泛指小液体粒子悬浮体。液体蒸汽的凝结，液体的雾化等过程都可形成雾，如水雾、酸雾、碱雾和油雾等。在气象中指造成能见度小于 1km 的小水滴悬浮体。

2. 气体状态污染物

气体状态污染物是指以分子状态存在的气体污染物，简称气态污染物。气态污染物种类很多，主要有五类：含硫化合物、含氮化合物、碳氧化合物、碳氢化合物及卤素化合物等。在空气污染中，受到普遍重视的一次污染物主要有硫氧化物（SO_X）、氮氧化物（NO_X）、碳氧化物（CO 和 CO_2）和有机化合物（$C_1 \sim C_{10}$ 化合物）等；二次污染物主要有硫酸雾和光化学烟雾。

（1）硫氧化物

SO_X 主要是指二氧化硫（SO_2）。大气中的 SO_2 主要是由燃烧含硫煤和石油等燃料产生的。另外，有色金属冶炼厂、硫酸厂等也排放出相当数量的硫氧化物气体。空气中的硫化氢（H_2S）是不稳定的硫化物，当有颗粒物存在时，它在大气中可迅速氧化。硫氧化物不仅危害人体健康和植物生长，而且还会腐蚀设备、建筑物和名胜古迹。

（2）氮氧化物（NO_X）

NO_X 种类很多，它是 NO、NO_2、N_2O、N_2O_3、N_2O_4、N_2O_5 等的总称。造成空气污染的 NO_X 主要是指一氧化氮（NO）和二氧化氮（NO_2），它大部分来源于化石燃料的燃烧过程（如汽车、飞机及工业窑炉等的燃烧过程），也来自硝酸或使用硝酸等的生产过程，氮肥厂、有色及黑色金属冶炼厂的某些生产过程。

在无光照情况下，由 NO 氧化成 NO_2 是很缓慢的，当有 O_3 等强氧化剂存在时，或在催化剂作用下，其氧化速度会加快。当有碳氢化合物存在时，在紫外光照射下发生光化学作用，可使 NO 迅速转化为 NO_2。

以 NO 和 NO_2 为主的氮氧化物是形成光化学烟雾和酸雨的一个

重要原因。同时氮氧化物可刺激肺部，使人较难抵抗感冒之类的呼吸系统疾病。

（3）碳氧化物

碳氧化物是指一氧化碳（CO）和二氧化碳（CO_2）。城市环境空气中的 CO 和 CO_2 主要来源于燃料燃烧和机动车的尾气排放。其中，CO 主要是由于燃料燃烧不完全所产生的。近年来，随着机动车数量激增，由汽车等移动污染源燃烧排放的 CO 量呈逐渐上升的趋势。城市环境空气中的 CO 含量往往与交通量成正比。碳氧化物是主要的温室气体，可以吸收红外线，造成大气温度上升。

（4）有机化合物

有机化合物种类很多，从甲烷到长链聚合物的烃类。它除含有碳和氢原子外，还常含有氧、氮和硫的原子。城市空气中大部分的有机化合物来源于石油燃料的不充分燃烧和石油类的蒸发等过程。在石油炼制、石油化工生产中也会产生多种有机化合物；使用燃油的机动车是有机化合物的主要污染来源之一。该类污染物主要对人体器官造成损害。

（5）光化学烟雾

光化学烟雾（photochemical smog）是在强烈阳光作用下，大气中的氮氧化物、碳氢化合物和氧化剂之间发生一系列光化学反应而生成的蓝色烟雾（有时带紫色或黄褐色）。其主要成分有臭氧、过氧乙酰硝酸酯、酮类和醛类等，具有很强的氧化能力。光化学烟雾的刺激性和危害要比一次污染物强烈得多。其对人和动物的主要伤害是刺激眼睛和黏膜、造成头痛、呼吸障碍、慢性呼吸道疾病恶化、儿童肺功能异常等。

（二）空气污染的危害

空气污染具有影响广泛、难于控制的特点，对人类健康和生态环境都有极大危害。空气污染对人体健康的影响是多方面的。在突然的高浓度污染物作用下，可造成急性中毒，甚至在短时间内死亡。长期接触低浓度污染物，会引起支气管炎、哮喘、肺癌等。

空气污染还会对城市环境中的植物、文物、建筑和雕塑等造成侵蚀和破坏。污染物对植物的伤害，通常发生在叶子结构中，因为叶子含有整棵植物的构造机理。而硫酸雾、硝酸雾和碱雾等沾污器物表面后与器物发生化学作用，使器物腐蚀。光化学烟雾不仅会降低大气能见度，还会使橡胶制品开裂和腐蚀建筑物等。另外，空气污染对城市风景文物也有一定的破坏作用。

空气污染甚至会造成重大污染事故或大范围乃至全球性的生态

灾难。空气污染引发的酸雨问题、全球气候变暖问题如果得不到合理的控制很可能将导致全球性的生态灾难。

二、水环境污染物及其危害

水污染是指污染物质进入水体的数量超过了水体的自净能力或纳污能力，而使水体丧失规定的使用价值和使用功能的现象。目前，全国流经城市的河段普遍受污染，"三河三湖"虽然经过多年治理，但除太湖外，其他流域水质至今没有根本好转。2005年发生的环境事故中，97.1%属于污染事故，其中水污染事故占50.6%。

（一）水环境污染物

水环境中污染物很多，据不完全统计有 157 种之多，其中有重大影响的有 19 种，即需氧污染物、植物营养物、重金属、漂浮物、有毒化合物、酸碱和无机盐类、放射性物质、病原微生物和致癌物、工业废热水等。

1. 需氧污染物

大多数有机物（及少数无机物）被水体中的微生物吸收利用时，要消耗水中的溶解氧。溶解氧降低到一定程度后，水中生物就无法生存。当溶解氧用尽后，水质就腐败，发黑变臭，恶化环境。我国大多数水环境的污染都属于这种类型。

2. 毒物型污染

废水中的有机毒物（如酚、农药等）、无机毒物（如汞、铬、砷、氰等）以及放射性物质等排入水体后，就会使水生生物受害中毒，并通过食物链危害人体。当饮用或接触被这类污染物污染的水时，能直接危害人体健康。

3. 富营养型污染

含氮和磷多的废水一旦排入水环境，就会大量滋长藻类及其他水生植物。当水生植物死亡时，就会使水中的需氧物猛增，危害水生生物的生长。长期的富营养化过程会使一个水体衰老化，由杂草丛生演变为沼泽。水环境的富营养化非常普遍。

4. 感官型污染

废水中的许多污染物能使人感到很不愉快，颜色、气味、泡沫、浑浊就属于此类污染现象，它对旅游环境的影响十分严重。

5. 其他

浮油、酸碱、病原体、热水等污染物也能引起水体污染，造成不同的污染危害。

（二）水环境污染的危害

1. 水污染严重影响人的健康

水污染正威胁着我国许多地区居民的健康。污染水对人体的危害一般有两类：一类是污水中的致病微生物、病毒等引起传染性疾病；另一类是污水中含有的有毒物质（如重金属）和致癌物质导致人中毒或死亡。

2. 水污染造成水生态系统破坏

水环境的恶化破坏了水体的水生生态环境，导致水生生物资源的中毒、减少，以致灭绝。水污染恶化了水域原有的清洁的自然生态环境使许多江河湖泊水体浑浊，气味变臭，尤其是富营养化加速了湖泊衰亡。城市水域的污染，使水域景观恶化，降低了这些城市的旅游开发价值。

3. 水污染加剧了缺水状况

中国是一个缺水的国家，随着经济发展和人口的增加，对水的需求将更为迫切。水污染实际上减少了可用水资源量。目前，中国缺水城市有 300 多个。南方城市因水污染导致的缺水占这些城市总缺水量的 60%～70%。北方和沿海城市缺水则更为严重。显然，如果对水污染趋势不加以控制，我国今后的缺水状况将更加严重。

4. 水污染对农作物的危害

我国是农业大国，农业灌溉用水量约占全国总用水量的 3/4，目前，水污染导致不少地方不得不引用污染水灌溉农田。如果灌溉水中的污染物质浓度过高会杀死农作物；而有些污染物又会引起农作物变种，或者减产、绝收。另外，污染物质滞留在土壤中还会破坏土壤，累积在农作物中的有害成分会危及人的健康。

5. 水污染造成了较大的经济损失

我国由于缺水和水污染造成的经济损失是比较大的，虽然目前尚无确切统计数据，但有关部门曾做过粗略测算，每年因水污染造成的经济损失约 300～600 亿元人民币。据欧盟的统计，因污染造成的经济损失通常占国民经济总产值的 3%～5%。与国外相比，我国生产管理和技术水平相对落后，单位产值排污量大，污染造成的经济损失还要高。

三、固体废物污染物及其危害

（一）固体废物污染物及其来源

固体废物是指在社会生产、流通、消费等一系列活动中产生的一般不再具有原使用价值而被丢弃的以固态和泥状赋存的物质。它主要来源于人类的生产和生活过程环节。

固体废物按其来源分为：工业废物、矿业废物、城市垃圾、农业废物和放射性废物；按组成可分为有机废物和无机废物；按形态可分为固体废物和泥状废物；按其危害性可分为有害废物和一般废物。较多情况是按来源分类。

(二) 固体废物污染的危害

随着工业化的迅速发展以及人民生活水平的提高，我国生产的固体废物约按每年 9% 的速度增长。固体废物的堆存会带来各种各样的危害，会污染水体、土壤和大气，破坏城市环境。主要表现在以下几个方面：

1. 侵占并污染大量土地

堆放在城市郊区的垃圾，侵占了大量农田并形成"垃圾围城"现象。有害固体废物长期堆存，经过雨雪淋溶，可溶成分随水从地表向下渗透，向土壤迁移转化，富集有害物质，使堆场附近土质酸化、碱化、硬化，甚至发生重金属型污染。这些有毒物质一方面通过土壤进入水体，另一方面在土壤中发生积累而被植物吸收，毒害农作物。

2. 污染空气

一些有机固体废物，在适宜的温度和湿度下被微生物分解，能释放出有害气体；以细粒状存在的废渣和垃圾，在大风吹动下会随风散逸；固体废物在运输和处理过程中也能产生有害气体和粉尘。这些都对空气造成污染。

3. 污染水体

固体废物随天然降水和地表径流进入河流湖泊，或随风飘移落入水体能污染地面水；渗入土壤中则使地下水受污染；直接排入河流、湖泊或海洋，又能造成更大的水体污染事件。

4. 影响城市环境卫生

我国生活垃圾、粪便的清运能力不高，无害化处理率低，很大一部分垃圾堆存在城市的一些死角，严重影响环境卫生，对人们的健康构成潜在的威胁。

四、其他主要污染物及其危害

(一) 环境噪声污染及其危害

噪声污染是一种感觉公害。它具有局限性和分散性：即环境噪声影响范围上的局限性和环境噪声源分布上的分散性，噪声源往往不是单一的。

噪声的来源很多，主要有自然界的噪声和人为活动产生的噪声两种。自然界的噪声是由于火山爆发、地震、潮汐、下雨和刮风等自然现象所产生的雷声、地声、水声和风声等。与人们生活密切相关的是城市噪声，主要是人为活动产生的噪声，其来源主要有交通运输噪声、工业噪声、建筑施工噪声和公共活动噪声四个方面。

随着工业生产、交通运输、城市建设的高度发展和城镇人口的迅猛膨胀，噪声污染日趋严重。其中，生活噪声影响范围大并呈扩大趋势，交通噪声对环境冲击最强，各类功能区噪声普遍超标。归纳起来，噪声的危害主要表现在以下几个方面。

1. 对人们的正常生活和工作的影响

谈话的声音一般为 60 ~ 70dB（A）。对于打电话，噪声级达 60 ~ 70dB（A）时，就会感到通话困难。

此外，噪声使人心情烦躁，工作容易疲劳，反应迟钝，影响生产和工作效率，特别对从事精密加工和脑力劳动的人影响更明显。强噪声会影响人们注意力的集中，影响思考。

2. 损伤听力

噪声可以给人造成暂时性的或持久性的听力损伤。一般说来，85dB（A）以下的噪声不至于危害听觉，而超过 85dB（A）则可能发生危险。90dB（A）的噪声，耳聋发病率明显增加，极强的噪声，如 175dB（A），会使人死亡。噪声的危害关键在于它的长期作用。

3. 干扰睡眠和正常交谈

噪声会影响人的睡眠质量和数量。连续噪声可以加快熟睡到轻睡的回转，缩短人的熟睡时间。突然的噪声可使人惊醒。对睡眠和休息来说，噪声最大允许值为 50dB，理想值为 30dB。

4. 引起疾病

噪声会引起神经系统、消化系统、心血管系统等多种疾病，只不过这种影响往往是慢性的、潜移默化的。长期暴露在高噪声环境中的人患以上疾病的概率往往比普通人高。

（二）电磁辐射污染及其危害

电磁辐射无色无味，但它可以穿透包括人体在内的多种物质，对人体的损害是长期积累而产生的。生物机体在射频电磁场的作用下，可以吸收一定的辐射能量，并因此产生一定的生物效应，当射频电磁场的辐射强度被控制在一定范围内时，可对人体产生良好的作用，如用理疗机治病。但当它超过一定范围时，则会破坏人体的热平衡，会对人体产生危害。

1. 处于中、短波频段电磁场（高频）的人员，经过一定时间的暴露，将产生身体的不适感，严重者可引起神经衰弱症候与反映在心血管系统的植物神经失调。但这种症候在脱离作用区一定时间后即可消失，不形成永久性损伤。

2. 处于超短波与微波电磁场中的作业人员与居民，其受害程度比中、短波严重。尤其微波的危害更严重。在高强度与长时间的作用下，受害者的视觉器官和生育机能都将受到显著不良影响。微波危害的显著特点是具有积累性，时间越长，次数越多越难恢复。

（三）放射性污染及其危害

一些物质由于其原子核内部发生衰变而放射出射线（α、β、γ 射线与中子射线等）的性质叫做放射性。放射性污染指由放射性物质造成的环境污染。

1. 放射性污染的来源

（1）自然本底辐射存在着天然放射性物质

地壳所含的放射性核素最主要的有铀、钍和含量丰富的钾-40等。对人体的天然照射称为自然本底照射，对大多数人来说，本底照射是主要的放射性污染源。

（2）建筑材料放射

采用镭含量高的花岗岩、土坯和砖瓦等材料建筑房屋时，会使室内氡气及其子体的含量增加。当关闭门窗时，可到 0.37Bq/kg 甚至更高，这已是在放射工作场所中氡的最大允许浓度值。

（3）其他放射性污染

在一般日用消费品中，也常常包含天然或人工的放射性物质。如放射性发光表盘，家用彩色电视机，甚至燃煤在住房内的放射等。这些辐射剂量很低，其影响还有待深入研究。

2. 放射性污染的危害

（1）放射性作用机理

放射性核素释放的辐射能被生物体吸收以后，先在分子水平发生变化，引起分子的电离和激发。有的发生在瞬间，有的时间较久，甚至延迟若干年后才表现出来。人体对辐射最敏感的组织是骨髓、淋巴系统以及肠道内壁。

（2）急性效应

大剂量辐射造成的伤害表现为急性伤害。当核爆炸或反应堆发生意外事故，其产生的辐射生物效应立即呈现出来。急性损伤的死亡率取决于辐射剂量。辐射剂量在 6Gy 以上，通常在几小时或几天内立即引起死亡，死亡率达 100%，称为致死量；辐射剂量在 4Gy 左右，死亡率下降到 50%，称为半致死量。

（3）远期效应

放射性核素排入环境后，可造成对大气、水体和土壤的污染。放射性核素可以被生物富集，使一些动物、植物，特别是一些水生生物体内放射性核素的浓度比环境浓度高许多倍。例如牡蛎肉中的锌的同位素锌-65的浓度可以达到周围海水中浓度的10万倍。

（四）光污染及其危害

光污染是城市夜间室外照明产生的溢散光、反射光和眩光等干扰光，对人、物和环境造成干扰或负面影响的现象。从其污染性质来看，光污染是属于物理性污染，特别是光污染在环境中不会有残余物存在，在污染源停止作用后，污染也就立即消失。同时，污染范围一般是局部性的。

光污染对人体和其他生物的危害是一种潜在性危害，主要有以下几个方面：

1. 危害人体健康。长时间在光污染环境下工作和生活的人，视网膜会受到不同程度的损害，视力会急剧下降，同时会伴有头昏心烦，甚至失眠等类似神经衰弱的症状。长期在闪烁的灯光下过娱乐生活，会产生如心动过速、心脑血管等疾病。另外，彩光污染还会影响心理健康。

2. 光污染对行车安全的影响。在城市繁华地带，光污染很容易分散驾驶员的注意力，引起视觉疲劳，甚至由此引发交通事故，这是城市面上光污染公害的一种表现。尤其是在烈日下驾车行驶的司机，会出其不意地遭到玻璃幕墙反射光的突然袭击，很容易诱发车祸。

3. 光污染对城市生态平衡产生不利影响。夜间的光污染会影响动物和植物的生理周期，打乱动植物的生物钟。许多依靠昆虫授粉的植物也将受到不同程度的影响。

（五）热污染及其危害

热污染是指在工业生产活动和居民生活活动过程中排出的各种废热所导致的环境污染。它可能对人类和生态系统产生直接或间接的危害。

1. 热污染的来源

热污染主要来自能源消耗，城市热污染的来源包括以下两个方面：

（1）工业生产过程中排放的废热。如火力发电厂、核电站、钢铁厂的循环冷却系统和排气系统排出的废热水和热气体，以及石油、化工、铸造、造纸等工业排出的生产性废水和热气体中，均含有大量废热。这些废热排入地面水体之后，能使水温升高。排入大气后，造成城市局部区域气温升高。

（2）城市居民生活活动排放的废热。如空调、锅炉、汽车运行过程中向空气中排放的废热气体，家庭及商业服务行业向空气和下水道中排放的含热废气和废热水等。

2. 热污染的危害

（1）废热水对城市水环境的影响

大量的废热水，尤其是工业废热水排入水体后会引起水温的升高，导致水中溶解氧减少，有机物严重腐败，水生生物发育受阻或死亡，从而使水质恶化，水体乃至周边生态平衡破坏。

（2）废热气体对城市空气环境的影响

废热气体进入城市空气环境后，将加强城市热岛效应的强度，从而可能使城区冬季缩短，霜雪减少。城市热岛在夏季造成的高温，不仅使人的工作效率降低，中暑和死亡人数增加，而且还会加重城市供水紧张。

第三节　污染物的防治与治理

一、空气污染的防治与控制

防治大气污染的根本办法是使用清洁能源和清洁生产工艺，从源头杜绝污染的产生。但在技术和经济条件还不足以从源头彻底根除污染的时候，就应从污染源着手，采取各种有效措施，运用各种治理技术进行污染全过程综合防治，大力削减污染物的排放量，改善大气环境的质量。

（一）烟尘的治理

由燃料及其他物质燃烧产生的烟尘，以及对固体物料破碎、筛分和输送等机械过程所产生的粉尘，都是以固态或液态的粒子存在于气体中，习惯上将它们合称为烟尘。烟尘的治理主要是利用各种除尘装置（或称除尘器）。

除尘装置包括机械除尘器、湿式除尘器、过滤式除尘器、静电除尘器等，一般主要使用机械除尘器。

1. 机械除尘器

机械式除尘器是利用重力、惯性、离心力等方法来去除尘粒。包括重力沉降室、惯性除尘器和旋风除尘器等类型。这种设备构造简单、投资少、动力消耗低，除尘效率一般在40%～90%之间，是国内常用的一种除尘设备。在排尘量比较大或除尘要求比较严格的地方，这类设备可作为预处理用，以减轻第二级除尘器的负荷。

2. 湿式除尘器

湿式除尘的过程是基于含尘气体与某种液体（通常为水）接触，借助于惯性碰撞、扩散等机理，将粉尘予以捕集。这种方法简单、有效，因而在实际中得到相当广泛的应用。

湿式除尘器与其他除尘器比较具有以下优点：

（1）在消耗同等能量的情况下，湿式除尘器的除尘效率要比干式的高，高能湿式洗涤器（文丘里除尘器）对于小至 $0.1\mu m$ 的粉尘仍有很高的除尘效率。

（2）湿式除尘器适用于处理高温、高湿的烟气以及黏性大的粉尘。在这些情况下，采用干式除尘器则往往要受到各种条件的限制。

（3）很多有害气体可以用湿法净化，湿式除尘器可以同时除尘和净化有害气体；为了更有效地净化有害气体，还可以根据有害气体的性质选用其他液体（例如化学溶剂）代替水。

（4）湿式除尘器的结构简单、一次投资低、占地面积少。

湿式除尘器的缺点有：

（1）从湿式除尘器中排出的泥浆需要进行处理，否则会造成二次污染。

（2）当净化含有腐蚀性的气体时，化学腐蚀性转移到水中，因此污水处理系统要用防腐材料保护。

（3）不适用于憎水性和水硬性粉尘。

（4）在寒冷地区要防止冬季结冰。

（5）有些粉尘本身就是产品或原料（如水泥、面粉），无法使用湿式除尘器。

3. 过滤式除尘器

过滤式除尘器是使含尘气体通过一定的过滤材料来达到分离气体中固体粉尘的一种高效除尘设备。目前常用的有袋式除尘器和颗粒层除尘器。

袋式除尘器是含尘气体通过滤袋（简称布袋）滤去其中粉尘离子的分离捕集装置，是过滤式除尘器的一种。自从 19 世纪中叶布袋式除尘器开始用于工业生产以来，不断得到发展，特别是 20 世纪 50 年代，由于合成纤维滤料的出现、脉冲活灰及滤袋自动检漏等新技术的应用，为袋式除尘器的进一步发展及应用开辟了广阔的前景。

袋式除尘器主要有以下优点：

（1）袋式除尘器对净化含微米或亚微米数量级的粉尘粒子的除尘效率较高，可达 99% 甚至 99.99% 以上。

（2）这种除尘器可以捕集多种粉尘，特别是对于高比电阻粉尘，采用袋式除尘器净化要比用电除尘器的净化效率高很多。

（3）含尘气体浓度在相当大的范围内变化对袋式除尘器的防尘效率和阻力影响不大。

（4）袋式除尘器可设计制造出适应不同气量的含尘气体的要求。除尘器的处理烟气量可从每小时几立方米到几百万立方米。

（5）袋式除尘器也可做成小型的，安装在散尘设备上或散尘设备附近，也可安装在车上做成移动式袋式过滤器，这种小巧、灵活的袋式除尘器特别适用于分散尘源的除尘。

（6）袋式除尘运行稳定可靠，没有污泥处理和腐蚀等问题，操作和维护简单。

袋式除尘器主要有以下缺点：

（1）袋式除尘器的应用主要受滤料的耐温和耐腐蚀等性能所影响。目前，通常应用的滤料可耐 250℃ 左右，如采用特别滤料处理高温含尘烟气，将会增大投资费用。

（2）不适于净化含粘结和吸湿性强的粉尘的气体。用布袋式除尘器净化烟尘时的温度不能低于露点温度，否则将会产生结露，堵塞布袋滤料的孔隙。

（3）据概略的统计，用袋式除尘器净化大于 $17000m^3/h$ 的含尘烟气量所需的投资费用要比电除尘器高。而用其净化小于 $17000m^3/h$ 的含尘烟气量时，投资费用比电除尘器省。

颗粒层除尘器是利用颗粒过滤层使粉尘与气体分离，达到净化气体的目的。由于颗粒层除尘器一般采用石英砂、卵石等材料作为滤料，因此该类除尘器不仅具有耐高温性，而且具有滤料价廉、耐久、耐腐蚀等优点。选择适当的滤料，使用温度可达 400 ～ 500℃，甚至可达 800℃ 以上，还可吸收气体中的有害气体，起净化有害气体的作用。正因为有上述优点，该类除尘器在国内外得到很大发展，是一种很有前途的工业高温除尘设备。但同时，它也存在设备较大、占地面积较大、对微细粉尘的除尘效率不够高等缺点。

4. 电除尘器

电除尘器是使含尘气体在通过高压电场进行电离的过程中，使粉尘荷电，并在电场力的作用下，使粉尘沉积于电极上，将粉尘从含尘气体中分离出来的一种除尘设备。它能有效地回收气体中的粉尘，以净化气体。在合适的条件下使用电除尘器，其除尘效率可达 99% 或更高。目前在化工、发电、水泥、冶金、造纸等工业部门都已广泛使用。

电除尘器具有如下优点：

（1）电除尘器的除尘效率高。如果设计得合理，安装施工质量又高时，电除尘可以达到任何除尘效率的要求。目前，工业上应用的电除尘器，除尘效率达到 99% 以上已属多见。电除尘器对气体净化的程度，可根据生产工艺条件及国家规定的排放标准来确定。

（2）可以净化气量较大的烟气。在工业上净化 $10^6 m^3/h$ 烟气的电除尘器已得到普遍应用。

（3）电除尘器能够除下的粒子粒径范围较宽，对于 $0.1\mu m$ 的粉尘粒子仍有较高的除尘效率。

（4）可净化温度较高的含尘烟气。当用于净化 350℃ 以下的烟气时，可长期连续运行，用于净化更高温度烟气时，需要特殊设计。

（5）电除尘器结构简单，气流速度低，压力损失小，干式电除尘器的压力损失大约为 $100 \sim 200Pa$,湿式电除尘的压力损失稍高些，通常为 $200 \sim 300Pa$。

（6）电除尘器的能量消耗比其他类型除尘器低。如以每小时净化 $1000Nm^3$ 烟气计算，电除尘器的电能消耗约为 $0.2 \sim 0.8kWh$。电除尘器之所以消耗电能少，从分离机理上看，可以认为它的能量是直接作用于粉尘，使其从气流中分离出来的。

（7）电除尘器可以实现微机控制，远距离操作。

电除尘器具有如下缺点：

（1）建造电除尘器一次投资费用高，但是用于处理大流量的烟气（$17000m^3/h$ 以上）时,就能够发挥其经济性;此外钢材消耗量较大，据估算平均每平方米集尘面积所需钢材重量大约为 $3.5 \sim 4t$。

（2）电除尘器的除尘效率受粉尘物理性质影响很大，特别是粉尘的比电阻的影响更为突出。

（3）电除尘器不适宜直接净化高浓度含尘气体。

（4）电除尘器对制造和安装质量要求较高。

（5）需要高压变电及整流控制设备。

（6）占地面积较大。

（二）主要气态污染物的治理

气态污染物种类繁多，物理、化学性质各不相同，因此净化技术方法也多种多样。按照净化原理，气态污染物的净化技术方法可分为物理净化法和化学净化法，主要有吸收、吸附、燃烧、冷凝、催化、生物、膜分离和等离子体等净化技术。

1. 二氧化硫的治理

我国二氧化硫年排放量大大超出环境自净能力，酸雨区面积已占到国土总面积的大约 40% 左右，而且这 40% 的国土几乎全部位于经济发达地区。因此，SO_2 治理技术受到广泛关注。

（1）燃烧前脱硫技术

以前燃烧前脱硫是采用物理、化学或生物方法将煤中硫脱除，工艺投资大、成本高，尚未积极推广应用。近几年随科学技术发展，人们提出要从源头控制二氧化硫，主要方法是洗煤和集成煤气联合循环技术（IGCC）。

1998 年 1 月，国务院在《关于酸雨控制区和二氧化硫污染控制区有关问题的批复》中提出禁止新建煤层含硫份大于 3% 的矿井，同时，对已建成的生产煤层含硫份大于 3% 的矿井，逐步实行限产或关停。新建、改造含硫份大于 1.5% 的煤矿，应当配套建设相应规模的煤炭洗选设施。高硫煤禁止开采，中硫煤必须洗选，这是从源头解决脱硫问题，可有效控制二氧化硫。发达国家 80% ~ 90% 的煤炭都经洗选，一方面脱掉煤中硫，另一方面提高资源利用，减少运输量。我国一年生产的 12 亿吨煤炭中仅 22% ~ 25% 经过洗选，为了控制二氧化硫，国家正全力支持煤矿建设洗煤厂，同时促使用户用洗精煤代替原煤，减少燃煤电厂对周围环境的污染。

20 世纪末开发的集成煤气联合循环技术，先将煤气化，然后用煤气燃烧推动燃气锅炉进行发电。这种技术有如下优点：热效率高；煤中硫可脱掉 98%；二氧化碳可以回收；产生固渣很少；技术成熟，可以大规模生产（装置可达 30 万 kW 规模）；发电成本与常规粉煤蒸汽锅炉差不多。缺点是投资较大。

（2）燃烧中脱硫技术

燃烧中脱硫是指燃烧与脱硫同时进行。它除了可以减少二氧化硫排放，还能提高热效率，降低燃料消耗，目前比较成熟的有流化床燃烧脱硫技术和炉内喷钙技术。

流化床燃烧脱硫技术分循环流化床燃烧技术（CFBC）和增压流化床燃烧技术（PFBC）。CFBC 是将煤从吸附床加入燃烧室的床层，在常压下从炉底鼓风成流化燃烧，增压流化床原理与常压流化床类似，只是燃烧室内压力为 8 ~ 15 个大气压。炉内喷钙技术工艺简单、费用低，脱硫率高。这两项技术近几年在不断改进，正越来越受到重视。日本、西欧和美国新建电厂在控制二氧化硫和氮氧化物污染物方面都选择上述技术。我国流化床燃烧技术研究已取得较大进展。

（3）燃烧后脱硫技术

燃烧后脱硫技术是指对燃烧装置排出的烟气脱去二氧化硫的技术。这类方法很多，国际上一些发达国家积极开展烟气脱硫新技术，该技术脱硫率高，运行可靠，便于工业化。随着技术发展，脱硫装置的费用不断降低，工艺日益完善，占地减少，成为先进、高效、低价的脱硫技术。目前湿法脱硫装置的费用只有 10 年前的 1/2 ～ 1/3，故烟气脱硫技术被广泛应用。

①湿法脱硫技术

一些发达国家对发电厂烟气脱硫大都用湿法脱硫技术，如日本、美国和德国烟气脱硫工艺中，90% 以上用湿法脱硫技术。湿法脱硫技术大部分用石灰—石膏法，占湿法脱硫技术 36.7%。其优点有：脱硫效率高；吸收剂利用率高；设备运行效率高。新一代湿式石灰—石膏法工艺有三大特点：一是采用控制氧化法，即采用强化氧化和抑制氧化两种手段来控制亚硫酸盐的氧化率，可大大减少堵塞，结垢和腐蚀等问题；二是提高烟气流速，使烟气流速提高到 5.5 ～ 6.0m/s，比常规烟囱流速加快约一倍，这样可增加脱硫过程的传质速率，使全套工艺的设备，能耗和占地都比原来减少；三是开拓新型的喷淋设备，新设计的喷嘴有低压降、高密度特性，由此可减少喷雾层数，降低吸收塔的高度，减少成本。

目前正在进一步开发简化工艺系统新工艺，将烟气流速提高到 10m/s，并采用体积小、占地少的新型吸收塔，更适合老机组改造。这种新工艺系统称为简易式石灰石—石膏脱硫工艺，该系统工艺明显简化，脱硫效率可达 80%，投资低，是现有电厂脱硫工艺的选择最佳方案。

②海水烟气脱硫技术

建在海边的发电厂在处理烟气中二氧化硫过程中常采用海水烟气脱硫技术。此技术用海水作为吸收剂，由于海水的碱度能吸收二氧化硫，海水的碱度越高，吸收二氧化硫量就越多。吸收二氧化硫后的海水经空气曝气处理，吸收液呈一定酸性，用 pH8 的海水中和后可直排入海中，对海域生态环境不造成二次污染。该工艺脱硫率高，易于操作，脱硫费用低，有实用性。

③电子束烟气脱硫技术

电子束烟气脱硫技术是利用电子加速器产生的电子束幅照烟气，在有氨存在条件下，将烟气中二氧化硫和氮氧化物转化为硫氨、硝氨，脱除率分别为 90% 和 80% 以上。此项工艺流程简单，运行可靠，操作方便，无堵塞、腐蚀和泄漏等问题。它是一种不产生二次污染的新脱硫技术。

2. 氮氧化物（NO_X）的治理

NO_X 是造成空气污染的最主要的污染物之一。它当中的 NO 和 NO_2 等组分是造成酸雨和光化学烟雾污染的重要因素。

由于燃料燃烧是 NO_X 的主要来源（占人类排放的90%），因此 NO_X 的治理方法也主要是根据燃烧过程的特点来设计的，所以也可以简单地把 NO_X 的治理方法分为燃烧的前处理，燃烧方式的改进及燃烧的后处理这三种方法。其中燃烧的前处理主要是指燃料的脱氮，从而减少燃烧过程 NO_X 的生成量；燃烧方式的改进主要通过降低锅炉中火焰温度来抑制燃料性 NO_X 的生成量，以此作为减少 NO_X 产生的基本方法。在锅炉内燃煤过程中可以采用多种减少 NO_X 的措施，主要有：二段燃烧法、炉内脱氮三段燃烧法和烟气循环法。燃烧的后处理也就是对燃烧后产生的含有 NO_X 的烟气（尾气）进行处理的方法，因此亦称为烟道气脱硝或废气脱硝。废气脱硝是当前治理 NO_X 中最重要的方法。目前废气脱硝技术又分为干法和湿法两大类。其中干法包括催化还原法、吸附法和电子束照射法等，而催化还原法又可分为选择性催化还原（SCR）和选择性非催化还原法（SBCR）两种方法；湿法则包括直接吸收法、络合物吸收法、氧化吸收法和液相还原等。

3. 车辆尾气治理技术

汽车有害排放物主要有 CO、HC、NO_X（醛类物质）、微粒以及由 HC 和 NO_X 生成的光化学烟雾等6大类，物质成分达140多种，除了各有20%的 HC 分别从化油器式发动机的供油系统和曲轴箱排出外，其余均从发动机排气管排放。根据20世纪70～80年代美国和日本对城市空气污染源的调查结果，城市空气中90%以上的 CO、60%以上的 HC 和30%以上的 NO_X 来自汽车排放。

汽车尾气污染物包括 CO、HC、NO_X、SO_X、CO_2、悬浮颗粒和光化学烟雾等。

汽车尾气的净化措施有：燃料的改造与替代、机内净化、机外净化。

汽车尾气的治理措施有：废气再循环、二次空气供给、三元催化装置、无铅汽油、低硫份柴油、富氧燃料和燃料添加剂。

在对汽车尾气进行治理的同时，还应积极推进汽车燃料的改进，包括：使用符合环保要求的燃料；降低汽油中含硫量；可燃性气体（如天然气）或可燃性液体（如甲醇）代替燃料；混合燃料或电力代替燃料。

4. 垃圾焚烧烟气的治理

垃圾焚烧会产生大量的空气污染物，主要包括 NO_X、SO_X、CO、H_2S、HCl 及具有特殊气味的饱和烃和不饱和烃、卤代烃类、芳香族类及多氯二苯、二恶英等有害气体，还有炭黑、一些金属和盐类等固体颗粒污染物，必须尽可能地加以净化回收。其净化的内容主要为除臭、除酸和除尘。

垃圾焚烧烟气中常用的颗粒物的净化方法为静电除尘器、旋风分离器和袋式除尘器等；烟气中的气态污染物和臭味的去除最有效的方法是改进燃烧工艺，也常采用干喷射吸收法和喷雾干燥法净化；湿式洗涤法可高效地去除垃圾焚烧烟气中的 SO_2 和 NO_2 等酸性气体，同时具有一定的去除颗粒污染物的作用。现代垃圾焚烧烟气净化工艺常采用以上技术的组合。

（三）空气污染物的控制措施

控制空气污染不仅需要推广应用各种单项治理技术，也需要采取各种污染防治措施，更需要政府制定和实施完善的政策、法规，从而形成控制空气污染的综合防治体系。

1. 实施总量控制，减少污染物排放

所谓总量控制，是指根据整个地区的实际环境容量和经济发展状况，对整个地区的污染物排放总量加以限定，并通过许可证的形式明确地区内各污染源的排放量，从而达到改善大气环境质量的目的。总量控制尤其适用于污染源密度较高和污染较严重的地区，是一种更为科学的污染控制方法与政策。

2. 充分利用环境的自净能力，实施高空排放

高空排放就是通过高大的烟囱将废气输送至高空，甚至穿过逆温层，利用大气的自净作用，使污染物在更广阔的区域内输送和扩散，从而降低污染物的低空污染。有时采用集合烟囱排放，就是将数个排烟设备集中到一个烟囱排放，这样可以提高烟气的温度和出口速度，达到增加烟囱有效高度的目的。然而从大的范围看，高空排放并没有使污染物总量减少，而且它扩大了污染范围。尤其是在全球性大气污染问题日益突出的今天，更应当有选择性地实施高空排放，在废气高空排放前应尽量做好预净化工作。

3. 燃料、能源结构调整

调整燃料、能源结构是控制大气污染的一个有效途径。同煤相比，石油是较清洁的能源，天然气则是更为清洁的能源。一个城市若将高污染的煤燃料大部分改成低污染的气（或油）燃料，并在有条件的情况下，发展水能、地热能、风能、太阳能、生物质能、海洋能及核能等洁净能源以代替火力发电，必将显著改善大气环境质量，这对于我国大部分以煤为主要能源消耗的北方城市尤为重要。

4. 积极推广集中供热

集中供热可以充分提高燃烧效率，提高能源的利用率，减轻污染。

5. 加强城市绿化

城市绿化系统是城市生态系统的重要组成部分，完善的城市绿化系统不仅可以美化环境，而且对改善城市空气质量有着不可低估的作用。它可以通过植物的光合作用和蒸腾作用，调节水循环和"碳—氧"循环，使空气湿度增加，温度降低，从而缓解城市"热岛效应"，调节城市小气候；可以减少裸露土地，防风固沙，减少扬尘和降低地面温度；不少植物叶片表面粗糙不平，多绒毛，有的还能分泌黏液，吸收二氧化硫、硫化氢、苯、醛等有毒有害气体，故绿化系统还有吸附、阻滞尘埃，净化空气的作用。绿化植物还能减少空气中的放射性物质。

6. 加强城市规划，合理分区和布局

要从源头上控制城市空气污染，必须加强城市规划工作，形成合理的城市功能分区和用地布局。

二、污水处理

1. 水污染处理现状

2011 年，全国地表水总体为轻度污染。湖泊（水库）富营养化问题仍突出。长江、黄河、珠江、松花江、淮河、海河、辽河、浙闽片河流、西南诸河和内陆诸河十大水系监测的 469 个国控断面中，Ⅰ～Ⅲ类、Ⅳ～Ⅴ类和劣Ⅴ类水质断面比例分别为 61.0%、25.3% 和 13.7%。主要污染指标为化学需氧量、五日生化需氧量和总磷。由此看出，我国水污染问题依然突出，前景不容乐观。

2. 水污染处理技术

目前采用的污水处理技术，按其作用原理，可分为物理法、化学法和生物法三类。

污水的物理处理法，就是利用物理作用，分离污水中主要呈悬浮状态的污染物质，在处理过程中不改变其化学性质，属于物理法的处理技术有：沉淀、筛滤、气浮、离心与旋流分离、反渗透等。

污水的生物处理法，就是利用微生物新陈代谢功能，使污水中呈溶解和胶体状态的有机污染物被降解并转化为无害的物质，使污水得以净化，属于生物处理法的工艺有：活性污泥法、生物膜法、自然生物处理法、厌氧生物处理法等。

污水的化学处理法，就是通过投加化学物质，利用化学反应作用来分离、回收污水中的污染物，或使其转化为无害的物质。属于化学处理法的有：混凝法、中和法、氧化还原法、吸附法、离子交换法、电渗析法等。

有关污水处理的方法，详见本书第二章。

3. 水污染治理措施

（1）水体自净

水体中污染物浓度自然逐渐降低的现象称为水体自净。水体自净机制有 3 种。一是物理净化。物理净化是由于水体的稀释、混合、扩散、沉积、冲刷、再悬浮等作用而使污染物浓度降低的过程。二是化学净化。化学净化是由于化学吸附、化学沉淀、氧化还原、水解等过程而使污染物浓度降低。三是生物净化。生物净化是由于水生生物特别是微生物的降解作用使污染物浓度降低。

水体自净的 3 种机制往往是同时发生，并相互交织在一起，哪一方面起主导作用取决于污染物性质和水体的水文学和生物学特征。水体污染恶化过程和水体自净过程是同时产生和存在的。但在某一水体的部分区域或一定的时间内，这两种过程总有一种过程是相对主要的过程，它决定着水体污染的总特征。因此，当污染物排入清洁水体之后，水体一般呈现出 3 个不同水质区：即水质恶化区、水质恢复区和水质清洁区。

（2）水污染治理办法

为加强水资源保护，防止对水资源的破坏、浪费和严重污染，应加强水资源的保护工作，及时采取有效措施全面保护水资源。一是完善法律法规，强化管理，严格执法。贯彻执行《水法》、《水污染防治法》、《环境保护法》等法律法规，同时完善相应的法律法规，建立健全水环境保护法律体系。对污水的排污标准进行严格控制，尤其要加强对工业污水排放的监督和管理，对违法排放的工业企业要从重处罚。对集中排污口的各类污染源，加强跟踪监测，发现问题及时解决。加强对地表水和地下水的水质监测和水源的保护工作。以流域为单元，以河流为主线，以城镇为节点，建立流域水资源保护监督管理体系，强化流域管理的监督职能和协调能力，加强各相关部门之间的交流与合作。二是从源头控制污染。摆脱先污染后治理的发展模式，从控制污染物的排放量来遏止污染的进一步扩大。对企业要采取有力措施，改善经营管理，积极引进先进的生产工艺，提高物料利用率，减少污染物的排放。通过修订产业政策，调整产业结构，用行政、经济手段推行节约用水和清洁生产。三是大力提高水资源的利用率和重复利用率。低效的水资源利用，加剧了水资源的供需矛盾和严重浪费局面。只有施行较高的水资源价格、高额的水污染排污费，才能有效地促使企业采取措施，改直流冷却为循环冷却，改漫灌为喷灌或滴灌，采用先进的节水技术和生产工艺，研究污水的治理和重复利用，降低生产成本，进而实现企业的经济效益和环境效益的统一。四是提高水污染排污费的收缴额度，使排污费远远地高于水资源恢复治理的费用。当前，我国排污费定位太低，远远低于水资源补偿费用，因此全面提高排污收费标准，向等量甚至高于水资源恢复治理费靠拢。五是研究解决污水的资源化利用。污水资源化利用是解决用水紧张的一个有效途径，并产生较高的经济效益，实现较好的环境效益。如合理利用采煤过程中抽取的地下水，以全国煤炭产量12亿吨计算，大约抽排50亿立方米受污染的矿井地下水，如若全部净化成生活用水，能产生巨大的社会和经济效益。另外，中水回用、工业冷却用水的循环利用等都是充分合理地利用水资源的有效措施。六是加强宣传，提高全民的环保意识。环保不仅与政府或相关部门有关，而且与每个人都息息相关，因此要加强宣传，提高全民的环保意识。

三、固体废物处置

1. 固体废物处置定义

固体废物的处置包括处理和最终处置两部分。固体废物的处理就是通过物理、化学、生物、热解、焚烧、固化等途径将固体废物转变成适于运输、利用、储存或最终处置的过程。

2. 固体废物的处置方式

（1）焚烧

焚烧法是一种非常有效的固体废物处理方法，可以同时收到无害化、减量化和资源化的效果，主要针对城市垃圾及一些可燃性废物的处置。可燃性危险废物，如医疗废物、受铅污染的废油、多氯联苯、甲苯、氯化烃、含重金属的润滑油、氟利昂醇类等中的毒性组分在1450°C高温和碱性气氛中可以得到分解，主要有机有害物去除率在99.99%以上，烟气的各项指标均可达到排放标准。通过固体废物的焚烧还可以实现发电和供热。

（2）热解

热解是在无氧或缺氧的条件下，固体废弃物中的有机物受热分解，转化为可燃低分子化合物的过程。它与焚烧法的区别在于，焚烧是放热的，热解是吸热的。热解适于城市生活垃圾、污泥、工业废物等的处理。

（3）堆肥化

堆肥化是在人工控制的条件下，使来源于生物的有机废物，发生生物稳定作用的过程。其产品为堆肥，也称腐殖土，是一种土壤改良有机肥。废物经过堆制，体积一般只有原先的50%～70%。堆肥化工艺可以处理城市生活垃圾、污水处理厂的污泥、人畜粪便等。

3. 零排放和异地处理

在环境规划或城市规划中有时会遇到一些特殊的地段或地方，如风景旅游点、医院、高级疗养地、生态脆弱地、少数精密电子仪表或食品饮料生产基地及其他对环境卫生有特殊要求的地段，这些地段或地方要求不能有任何的污染或污染物存在。即便生产和生活产生的少量的污染物也须转移至其他地方处置，这就是所谓的"零排放"或称"零污染"。"零排放"情况下的污染物转移处置称之为污染物的"异地处理"。一般做法就是100%收集规划区域内所产生的固体废弃物，集中运输至能够无害化处理固体废弃物的场所，进行无害化处理。例如华山景区的规划中对固废采用全部袋装收集，运输至华山景区外的垃圾填埋场进行无害化处理，通过"异地处理"达到景区"零排放"、"零污染"的规划要求。

四、噪声污染的防护与控制

环境噪声污染已成为一种社会公害。目前，对环境噪声的防护和控制有两个方面的措施：行政管理措施和控制防治技术措施。

（一）行政管理措施

行政管理措施主要是依靠各级政府和有关部门颁布的法令、法规、规定、标准来控制和防治噪声污染。例如，我国1996年10月发布的《环境噪声污染防治法》，把我国噪声污染防治从单纯的点源治理，转变为整体的区域防治。1999年国家环境保护总局又发布了《关于加强社会生活噪声污染管理的通知》。相对应的控制噪声的标准有《声环境质量标准》GB 3096—2008、《工厂企业厂界环境噪声排放标准》GB 12348—2008等。

（二）环境噪声的防治技术与措施

一个完整的噪声污染系统由声源、声音传播途径、接收者三个要素组成。所谓声源，是指振动的物体。传播途径是通过空气或固体对声音的传播。接收者可以是人，也可以是物，例如精密仪器等。因此控制噪声污染的防治技术，主要从三个方面着手。

1. 从声源上控制噪声

声源控制噪声是噪声控制中最根本和最有效的手段。控制噪声源的噪声有以下技术途径：

（1）改进产生噪声的机械设备和运输工具的结构和运转性能，提高其中部件的加工精度和装配质量，达到减少噪声的目的。

（2）利用声的吸收、反射、干涉等特性，采用吸声、消声、隔声、减振、隔振、阻尼等技术及相关设备，以消除或降低声源的噪声辐射。主要方法有吸声降噪技术、消声降噪技术、阻尼降噪法等。

2. 从传播途径上控制噪声

工程设施完成后，再从声源上控制噪声常常难以实现，这就需要从声音传播途径上加以控制。主要措施如下：

（1）利用屏障阻止噪声传播

建立隔声屏障，或利用天然地形，如山岗、土坡、树木、草丛或已有的建筑、构筑物，以及利用其他隔声材料和隔声结构来阻断或屏蔽一部分噪声的传播。隔声屏障一般用砖、砌块、木板、钢板、塑料板、玻璃等厚重材料制成，有直板型、弧型等多种形式。用于室内的隔声屏要采取吸声措施，以提高降噪效果。

（2）充分利用噪声随距离衰减的规律

由于声波在传播中的能量是随着距离的增加而衰减的，因此，使噪声源远离需要安静的地方，可以达到降噪的目的。例如在厂址选择上，把噪声级高、污染面大的工厂、车间或作业场所设置在比较边远的地区，并且注意声源的发射方向。

（3）规划布局

为了防治、控制噪声，在城市规划中，要充分考虑以下几点：

①噪声源与防护对象之间的距离；

②居住区及要求安静的区域，与主要道路干线、铁道、工商业区、机场等之间应有足够的防护距离或防护带；

③交通干线可以旁经居住区及要求安静的区域，而不能直接通过这些地区；

④为防治交通噪声，可以设置公路环城外线，减少过境汽车通过市区中心。

3. 对接收者的防护

当通过控制噪声污染源或传播途径两种措施不能达到预期降噪效果或不经济的情况下，就要对接收者进行被动的个体防护。

五、其他污染的防护与控制

（一）电磁辐射污染的防护和控制

电磁辐射污染的防护和控制包括行政管理措施和技术措施两个方面。

1. 电磁辐射污染控制的行政管理措施

主要是政府通过制定实施有关电磁辐射防护的规定、条例、标准及对电磁辐射相关设施设备的管理，来保护环境和保障公众健康。例如：1988 年 3 月 11 日，国家环境保护局发布了《电磁辐射防护规定》GB 8702—88，规定电磁辐射的防护限值范围为 100kHz～300GHz；1989 年正式批准《作业场所微波辐射卫生标准》GB 10436—1989 为国家标准；还有 1989 年批准的《环境电磁波卫生标准》GB 9175—1988。各地政府依照原国家环保总局《电磁辐射环境保护管理办法》和国务院《建设项目环境保护管理条例》，对已经完成和正在或将要建设的一些广播、电视和移动通信发射装置的电磁辐射污染实施监督管理。

2. 电磁辐射污染控制的技术措施

电磁辐射污染控制的技术措施主要包括场源的控制与电磁能量传播的控制两个方面。通过合理的工业布局，使电磁辐射源远离居民稠密区，以加强损害防护；对已经进入到环境中的电磁辐射，要采取一定的技术防护手段，以减少对人及环境的危害。

（1）区域控制与绿化

对工业集中城市，特别是电子工业集中城市或电气、电子设备密集使用地区，可以将电磁辐射源相对集中在某一区域，使其远离一般工作区或居民区，对这样的区域设置安全隔离带，从而在较大的区域范围内控制电磁辐射的危害。

（2）屏蔽防护

屏蔽防护是用能抑制电磁辐射扩散的材料，将电磁场源与其环境隔离开来，使电磁辐射的作用与影响局限在指定的空间范围之内，达到防治电磁辐射污染的一种技术手段。具体方法是在电磁场传播的路径中，安置用屏蔽材料制成的屏蔽装置。电磁屏蔽防护分为主动场屏蔽防护和被动场屏蔽防护两类。

（3）吸收防护

是在电磁辐射源的外围敷设对电磁辐射具有很强吸收作用的材料，从而防止大范围的电磁辐射污染。常用的电磁辐射吸收材料分为谐振型吸收材料和匹配型吸收材料两类。吸收防护多用于微波设备调试过程中的微波辐射防护。

（4）对接受者进行防护

由于工作需要，操作人员（即接受者）必须进入辐射源的近场区作业时，或因某些原因不能对辐射源采取有效的屏蔽、吸收等措施时，必须采取个人防护措施，以保护作业人员的安全。接受者防护措施主要有穿防护服、戴防护头盔和防护眼镜等。这些个人防护装备同样也是利用了屏蔽、吸收等原理，用相应材料制成的。

（二）放射性污染防护和控制

放射性污染主要发生在核工业及一些特殊的工作人员身上或核电站的核泄漏事故、军事的核试验这些特殊的情形，以及放射性废料的污染。它和辐射性污染相似，它更强调污染源的管理和控制。

对一般放射性废液和废气的处理和普通的废液和废气的处理没有大的差别，只不过要将最终处置物如废滤料、收集的放射性粉尘等送交专门的放射性废物处理中心进行最终处置；高放射性废液一般要经过浓缩和固化处理后再与其他放射性固体废物一起处置。低放射性固体废物一般采取浅层地下掩埋或地下贮存库贮存；核废料等高放射性固体废物，一般采用地下深埋的方法处置。

（三）光污染的防治

由于城市光污染主要是由城市中建筑物的玻璃幕墙、釉面砖墙、磨光大理石等装饰材料反射光线、电焊等眩光、夜间过强过滥的路灯灯箱广告等造成的。因此，对城市光污染的防治首先要加强城市规划和管理，建立相应的污染标准和法规，合理布局光源，依法加强灯光管制。我国目前还没有防治光污染的法律法规。由建设部颁布，于2004年1月1日起实施的《玻璃幕墙工程技术规范》，对玻璃幕墙的使用范围、设计、制作、安装作了明确的规定。

其次，还可以从技术上和个人防护方面采取一定措施防治光污染。例如，将马路两旁的水银灯改为黄颜色的钠灯，修筑反光系数小的路面，采用亚光外墙建材和反射系数小的室内装饰材料。室内装修合理布置灯光，使光线照射方向和强弱合适，不直射人的眼睛，避免眩光。

（四）热污染的防治

造成热污染最根本的原因是能源没有被最有效、最合理地利用。因此，防治热污染的措施主要为：

1. 改进燃烧装置和热能利用技术，提高热能利用率

目前，因燃烧装置效率较低，使得大量能源以废热形式消耗，并造成热污染。我国热能平均有效利用率约30%左右，工业发达国家的热能平均有效利用率约40%以上。如果能把热能利用效率提高10%，就意味着热污染的15%得到控制，这样可以大大减少热污染。

2. 充分利用废热和余热

工业企业丰富的余热资源，可以通过热交换器充分利用工厂的余热，来预热空气或原料、干燥、生产热水和蒸汽或发电等。废水和废气携带的废热也可充分利用。废水全年温度比较恒定，可以结合排污系统，夏季为居民住宅制冷，冬季供暖。

3. 加强热污染的管理和法律法规建设

我国环境立法中目前尚无针对"热污染"的具体法律规范。上海和广州等城市已出台了相关法规,对空调等产生的热污染进行控制。

第四节 环境管理措施

随着世界政治、经济的不断发展以及环境状况的不断恶化,加强政府的环境管理职能已日益成为各国政府有效地处理环境问题的根本手段。作为一个迅速发展中的国家,工业化和城市化的迅速推进,使得我国的环境管理目前承受着巨大的压力。一些地区的环境污染问题甚至成了其经济社会发展的瓶颈。现在应对各种环境污染的技术措施已经非常成熟,国家及地方政府面临的是经济与环境之间的选择,也就是对环境管理措施的执行力度。目前,虽然我国已经制定了若干环境保护的法律、法规和行政规定,但是执行情况却不容乐观。

以下介绍一下我国现行的环境管理措施。

一、环境管理

环境管理的内容包括环境保护的基本方针、政策、制度,环境管理的各种手段、方法等。各国依据自身的国情有着各自不同的内容。其目的是预防控制和减少污染,减轻环境的破坏,协调社会经济发展与环境的关系,最终实现环境保护和可持续发展。

1. 环境管理的基本手段

(1) 行政手段

行政手段主要指国家和地方各级行政管理机关,根据国家行政法规所赋予的组织和指挥权力,制定方针、政策,对环境资源保护工作实施行政决策和管理。如划分自然保护区,重点污染防治区,环境保护特区等;对一些污染严重的工业、交通、企业要求限期治理。对重点城市、地区、水域的防治工作给予必要的资金或技术帮助等。

(2) 法律手段

法律手段是环境管理的一种强制性手段,依法管理环境是控制并消除污染,保障自然资源合理利用,并维护生态平衡的重要措施。环境管理一方面要靠立法,把国家对环境保护的要求、做法,全部以法律形式固定下来,强制执行;另一方面还要靠执法。

(3) 经济手段

经济手段是指利用价值规律,运用价格、税收、信贷等经济杠杆,控制生产者在资源开发中的行为，以便限制损害环境的社会经济活动。如：对排放污染物超过国家规定标准的单位，按照污染物的种类、数量和浓度征收排污费；对违反规定造成严重污染的单位和个人处以罚款；对排放污染物损害人民健康或造成财产损失的排污单位，责令对受害者赔偿损失；推行开发、利用自然资源的征税或资源补偿费制度等。

（4）技术手段

技术手段是指借助那些既能提高生产率，又能把对环境污染和生态破坏控制到最小限度的技术，以及先进的污染治理技术等来达到保护环境的目的。例如推广无污染、少污染的清洁生产工艺及先进治理技术；组织环境科研成果和环境科技情报的交流等。

（5）宣传教育手段

通过各种形式广泛宣传，使公众了解环境保护的重要意义和内容，提高全民族的环境意识，从而制止浪费资源、破坏环境的行为。例如，把环境教育纳入国家教育体系，从幼儿园、中小学抓起加强基础教育，搞好成人教育以及对各高校非环境专业学生普及环境保护基础知识等。

2. 我国现行的环境管理制度

从 1973 年第一次全国环境保护会议以来，我国在环境保护的实践中，经过不断探索和总结，逐步形成了一系列符合中国国情的环境管理制度。这些制度主要包括：老三项制度，即环境影响评价制度、"三同时"制度和排污收费制度，以及新五项制度，即排污许可证制度、环境保护目标责任制、城市环境综合整治定量考核制度、污染集中控制制度和污染限期治理制度。

（1）环境影响评价制度

环境影响评价制度是指在进行建设活动之前，对建设项目的选址、设计和建成投产使用后可能对周围环境产生的不良影响进行调查、预测和评定，提出防治措施，并按照法定程序进行报批的法律制度。

环境影响评价制度是实现经济建设、城乡建设和环境建设同步发展的主要法律手段。建设项目不但要进行经济评价，而且要进行环境影响评价，科学地分析开发建设活动可能产生的环境问题，并提出防治措施。通过环境影响评价，可以为建设项目合理选址提供依据，防止由于布局不合理给环境带来难以消除的损害；通过环境影响评价，可以调查清楚周围环境的现状，预测建设项目对环境影响的范围、程度和趋势，提出有针对性的环境保护措施；环境影响评价还可以为建设项目的环境管理提供科学依据。

（2）"三同时"制度

即"同时设计、同时施工、同时投入使用"。凡是通过环境影响评价确认可以开发建设的项目，建设时必须按照"三同时"规定，把环境保护措施落到实处，防止建设项目建成投产使用后产生新的环境问题，在项目建设过程中也要防止环境污染和生态破坏。建设项目的设计、施工、竣工验收等主要环节落实环境保护措施，关键是保证环境保护的投资、设备、材料等与主体工程同时安排，使环境保护要求在基本建设程序的各个阶段得到落实，"三同时"制度分别明确了建设单位、主管部门和环境保护部门的职责，有利于具体管理和监督执法。

（3）排污收费制度

是指向环境排放污染物或超过规定的标准排放污染物的排污者，依照国家法律和有关规定按标准交纳费用的制度。征收排污费的目的，是为了促使排污者加强经营管理，节约和综合利用资源，治理污染，改善环境。排污收费制度是"污染者付费"原则的体现，可以使污染防治责任与排污者的经济利益直接挂钩，促进经济效益、社会效益和环境效益的统一。缴纳排污费的排污单位出于自身经济利益的考虑，必须加强经营管理，提高管理水平，以减少排污，并通过技术改造和资源能源综合利用以及开展节约活动，改变落后的生产工艺和技术，淘汰落后设备，大力开展综合利用和节约资源、能源，推动企业事业单位的技术进步，提高经济和环境效益。征收的排污费纳入预算内，作为环境保护补助资金，按专款资金管理，由环境保护部门会同财政部门统筹安排使用，实行专款专用，先收后用，量入为出，不能超支、挪用。环境保护补助资金，应当主要用于补助重点排污单位治理污染源以及环境污染的综合性治理措施。

（4）排污许可证制度

是指凡是需要向环境排放各种污染物的单位或个人，都必须事先向环境保护部门办理申领排污许可证手续，经环境保护部门批准，获得排污许可证后方能向环境排放污染物的制度。

（5）环境保护目标责任制

是我国环境体制中的一项重大举措。它是通过签订责任书的形式，具体落实到地方各级人民政府和有污染的单位对环境质量负责的行政管理制度。明确一个区域、一个部门乃至一个单位环境保护的主要责任者和责任范围，运用目标化、定量化、制度化的管理方法，把贯彻执行环境保护这一基本国策作为各级领导的行为规范，推动环境保护工作的全面、深入发展，是责、权、利、义的有机结合，从而使改善环境质量的任务能够得到层层分解落实，达到既定的环境目标。

(6) 城市环境综合整治定量考核制度

就是把城市环境作为一个系统，一个整体，运用系统工程的理论和方法，采取多功能、多目标、多层次的综合战略、手段和措施，对城市环境进行综合规划、综合管理、综合控制，以最小的投入换取城市质量优化，做到经济建设、城乡建设、环境建设同步规划、同步实施、同步发展，从而使复杂的城市环境问题得以解决。这项制度要对环境综合整治的成效、城市环境质量，制定量化指标，进行考核，每年评定一次城市各项环境建设与环境管理的总体水平。

(7) 污染集中控制制度

污染集中控制制度是要求在一定区域，建立集中的污染处理设施，对多个项目的污染源进行集中控制和处理。这样做既可以节省环保投资，提高处理效率，又可采用先进工艺，进行现代化管理，因此有显著的社会、经济、环境效益。污染集中控制制度是从我国环境管理实践中总结出来的。多年的实践证明，我国的污染治理必须以改善环境质量为目的，以提高经济效益为原则。就是说，治理污染的根本目的不是去追求单个污染源的处理率和达标率，而应当是谋求整个环境质量的改善，同时讲求经济效率，以尽可能小的投入获取尽可能大的效益。

(8) 污染限期治理制度

是指对严重污染环境的企业事业单位和在特殊保护的区域内超标排污的生产、经营设施和活动，由各级人民政府或其授权的环境保护部门决定、环境保护部门监督实施，在一定期限内治理并消除污染的法律制度。

3.ISO 14000 环境管理标准

ISO 14000 环境管理标准是国际标准化组织于 1996 年 9 月推出的，包括环境管理体系、环境审计、环境行为评估、环境标志和产品生命周期评估五个环境管理体系的国际标准的统称。其核心是环境管理体系标准（ISO 14001 和 14004），该体系由环境方针、规划、实施与运行、检查和纠正、管理评审五个基本要素构成。

二、环境法规

环境保护法规是国家整个法律体系的重要组成部分，具有自身一套比较完整的体系。我国的环境保护法规体系由宪法、环境保护

专项法、资源法和其他有关的法律、法规、规章以及环境保护标准等组成。

1. 宪法

《中华人民共和国宪法》第 26 条规定："国家保护和改善生活环境和生态环境，防治污染和其他公害。国家鼓励植树造林，保护林木。" 它是我国环境保护法的法律依据和指导原则。

2. 环境保护基本法

环境保护基本法指《中华人民共和国环境保护法》，它是环境保护领域的基本法律，是环境保护专项法的基本依据。1979 年，我国颁布了《中华人民共和国环境保护法》(试行)，试行法使用了 10 年，对我国的环境保护工作起到了很大推动作用。1989 年 12 月，为了适应新形势的需要，在对试行法进行修订的基础上颁布了《中华人民共和国环境保护法》。该法共分 6 章 47 条，内容涉及我国环保工作的各个方面。2012 年 8 月 31 日《环境保护法修正案(草案)》发布。

3. 环境保护专项法

环境保护专项法是针对特定的污染防治领域和特定的资源保护对象而制订的单项法律。目前已颁布的环保专项法包括《中华人民共和国大气污染防治法》、《中华人民共和国水污染防治法》、《中华人民共和国固体废物污染环境防治法》、《中华人民共和国环境噪声污染防治法》和《中华人民共和国海洋环境保护法》5 个。

4. 环境保护资源法和相关法

自然资源是人类赖以生存发展的条件，为了合理地开发、利用和保护自然资源，国家制定了《中华人民共和国森林法》、《中华人民共和国草原法》、《中华人民共和国煤炭法》、《中华人民共和国矿产资源法》、《中华人民共和国渔业法》、《中华人民共和国土地管理法》、《中华人民共和国水法》、《中华人民共和国水土保持法》和《中华人民共和国野生动物保护法》等多部环境保护资源法；相关法指《中华人民共和国城乡规划法》、《中华人民共和国文物保护法》及《中华人民共和国卫生防疫法》等与环境保护工作密切相关的法律。

5. 环境保护行政法规

由国务院组织制定并批准公布的，为实施环境保护法律或规范环境监督管理制度而颁布的"条例"或"实施细则"，如《水污染防治法实施细则》、《大气污染防治法实施细则》等。

6. 环境保护部门规章

由国务院有关部门为加强环境保护工作而颁布的环境保护规范性文件，如原国家环保总局颁布的《城市环境综合整治定量考核实施办法》、《排放污染物申报登记规定》、《建设项目环境保护管理办法》等。

7. 环境保护地方性法规和地方政府规章

是指有立法权的地方权力机关——人民代表大会及其常委会和地方政府制定的环境保护规范性文件，是对国家环境保护法律、法规的补充和完善，它以解决本地区某一特定的环境问题为目标，具有较强的针对性和可操作性。

8. 环境标准

环境标准是我国环境法规体系中的一个重要组成部分，也是环境法制管理的基础和重要依据。环境标准主要包括环境质量标准、污染物排放标准、基础标准、方法标准等，其中环境质量标准和污染物排放标准为强制性标准。

9. 国际环境保护公约

是中国政府为保护全球环境而签订的国际条约和议定书，是中国承担全球环保义务的承诺，根据《环境保护法》规定，国内环保法律与国际条约有不同规定时，应优先采用国际条约的规定（除我国保留条件的条款外）。

三、环境规划

环境规划是国民经济和社会发展的有机组成部分，是环境决策在时间、空间上的具体安排，其目的是在发展经济的同时保护环境，使环境、经济与社会协调发展。

1. 环境规划的类型

按照环境组成要素划分，可分为大气污染防治规划、水质污染防治规划、土壤污染防治规划和噪声污染防治规划等。

按照区域和层次特征划分，可分为国家环境保护规划、地区环境规划、城市环境规划、流域环境规划和部门环境规划等。

按照规划期限划分，可分为长期环境规划（大于 20 年）、中期环境规划（15 年）和短期环境规划（5 年）。

按照规划的系统对象不同，可分为综合性环境规划和单要素的环境规划。

按照性质划分，可分为生态规划、污染综合防治规划和自然保护规划等。

2. 环境规划的基本内容

环境规划种类较多，内容侧重点各不相同，但其基本内容有许多相近之处，主要为：

（1）环境调查与评价。目的是认识环境现状。

（2）环境预测分析。即在环境调查评价的基础上结合社会经济发展情况对环境的发展趋势进行科学分析，进而做出预测，它是整个规划工作的关键和核心。

（3）环境功能区划。是从环境承载力与人类活动相和谐的角度来合理划分和布局环境功能区，以便确定具体的环境目标和目标的管理执行。它是环境管理的一项基础性工作，一般分综合环境区划和分项环境区划两个层次。

（4）确定环境规划目标。它是环境的具体体现，是环境规划管理的基本出发点和归宿，是环境规划的关键环节。包括环境质量目标和环境污染总量控制目标。

（5）环境规划方案的设计。包括规划技术路线和环境规划设计和优化。

（6）环境规划方案的选择和实施环境规划的支持与保证措施。

四、环境质量评价

环境质量评价是对特定区域的一切可能引起环境发生变化的人类社会行为，包括政策、法令在内的一切活动，按照一定的环境质量标准和评价方法，对特定区域的环境质量进行说明、评判和预测的一种工作过程。环境质量评价是一个统称，从广义上来说，是对特定区域环境的结构、状态、质量、功能的现状进行分析，对可能发生的变化进行预测，对其与社会经济发展活动的协调性进行定性或定量的评估。

1. 环境质量评价的目的

环境质量评价的基本目的是为环境决策、环境规划、环境管理及环境综合治理提供科学依据。环境评价可指明改善环境的方向和途径，以及采取的补救措施和办法，把不利影响减轻到最低限度。

2. 环境质量评价的类型

目前，环境质量评价的类型主要有以下几种：

（1）按时间分类

按时间顺序可以将环境质量评价分为回顾评价、现状评价、影响评价、风险评价四种类型。目前，国内主要进行的是后三种类型的评价。

（2）按环境质量要素分类

按照环境的组成要素，环境质量评价可分为单要素环境质量评价（大气质量评价、水环境质量评价等）、环境质量综合评价。

3. 环境质量评价工作内容

根据评价类型、目的及评价的地段或区域不同，涉及的内容也有不同，主要包括：

（1）自然环境、社会环境背景调查

（2）污染源调查与评价

（3）环境质量的监测和评价

（4）环境污染的生态效应调查

（5）区域环境质量研究

（6）环境质量恶化的原因及危害分析

（7）环境质量综合治理对策研究

4. 室内环境空气质量现状评价

随着经济的快速发展和生活水平的提高，人们对室内环境质量的要求也越来越高，室内空气质量评价应运而生。通过室内环境空气质量评价，能够了解室内环境空气污染水平和对居住者健康的可能影响，有针对性地提出控制措施。室内空气质量评价主要是现状评价。空气评价指标有主观评价指标、客观评价指标和综合评价指标三种。

室内环境空气质量评价方法有：

（1）主观评价方法

通常采用主观评价调查表格和个人背景资料相结合，通过对室内人员的询问结果而进行的评价，即利用人体的感觉器官对室内环境进行评价。也可以依靠有经验的专家进行主观评价和描述。

（2）客观评价方法

客观评价是根据现有的室内空气质量标准，利用现有的污染物分析方法，选择具有代表性的室内污染物。如一氧化碳、二氧化碳、甲醛等进行检测，然后进行评价的方法。这种方法直接用室内污染物作为评价指标，能够比较客观地反映室内空气质量状况。

（3）综合评价方法

综合评价法主要是将客观评价、主观评价和个人背景资料结合起来，然后进行评价的一种方法。目前较常采用。

5. 环境影响评价

按照 ISO 14000 国际标准的定义，环境影响评价的环境影响是"全部或部分组织的活动、产品或服务给环境造成的任何有益或有害的变化"。环境影响评价的目的是在开发活动或决策之前，全面地评估人类活动给环境造成的显著变化，并提出减免措施，从而起到"防患于未然"的作用。

我国目前大量开展的主要是建设项目环境影响评价，是指建设项目在动工兴建以前，对该项目在施工建设过程中和竣工投产后，可能对环境，包括自然环境和社会环境，造成的影响进行预测和估计。

五、环境监测

环境监测是利用物理的、化学的和生物的方法对影响环境质量的代表性的污染因子（包括化学污染物、物理污染物、生物污染物等）进行长时间的监视和测定。环境监测的发展大体可分为三个阶段：化学监测阶段，以分析环境中有害化学毒物为主要任务的被动监测阶段；以化学、物理和生物等综合手段进行区域性监测的主动监测阶段；用遥感、遥测等手段和自动连续监测系统对污染因子进行自动、连续监测，甚至预测环境质量的自动监测阶段。

1. 环境监测的目的和意义

（1）环境监测提供及时、准确、全面反映环境质量和污染源现状及发展趋势的信息，为环境质量评价、环境规划和环境污染治理提供科学决策的依据。

（2）收集环境本底数据，为环境质量标准、环境保护法规等的制定和修订提供科学依据。

（3）环境监测为环境科学研究提供重要的数据和信息。

2. 环境监测的分类

（1）按监测目的分类

①研究性监测

针对特定目的科学研究所进行的高层次监测。如环境监测新方法的建立、环境标准物的研制、环境本底值的确定等。

②特定目的监测

污染事故监测：在污染事故发生时进行应急监测，以确定污染源的扩散速度、趋势、可能波及的范围，为污染的有效控制提供依据。

咨询服务监测：为政府部门、生产部门和科研部门等提供的咨询性监测。

考核验证监测：包括人员、实验室的考核、方法的验证和污染治理工程竣工时的验收监测等。

仲裁监测：当发生环境污染事故纠纷或在环境执法过程中产生矛盾时，进行仲裁监测，为执法、司法部门提供具有法律效力的数据。

③例行性监测（监视性监测）：对指定的项目进行长期、连续的监测，以确定环境质量和污染源状况，评价环境标准的实施情况

和环境保护工作的进展等，是环境监测部门的日常工作。

（2）按监测对象分类

环境监测按监测对象可以分为水质污染监测、大气污染监测、土壤污染监测、固体废物监测、噪声污染监测、生物污染监测和放射性污染监测等。

3. 全球环境监测

随着全球环境问题的日益突出和人类在全球环境问题上合作的逐渐加强和频繁，全球环境监测也随之出现和发展。1975年全球环境监测系统（GEMS）诞生，开始了全球监测活动。全球环境监测主要利用遥感遥测技术、地球观测卫星等先进技术，针对全球性的环境问题而进行的地球范围内的监测。它包括全球性的水质监测系统（GEMS—Water）、全球大气环境监测系统（GEMS—Air）、全球性的生物监测和海洋监测等。

第五节　城乡环境保护规划

一、环境保护规划的基本概念和任务

1999年颁布的《中华人民共和国环境保护法》中明确提出环境保护的基本任务，"保护和改善生活环境与生态环境，防止污染和其他公害，保障人体健康，促进社会主义现代化的发展"。由此可以看出环境保护的基本任务主要是两方面：一是生态环境保护；二是环境污染综合防治。

2008年施行的《中华人民共和国城乡规划法》中第一条提出："为了加强城乡规划管理，协调城乡空间布局，改善人居环境，促进城乡经济社会全面协调可持续发展，特制定本法。"同时该法中明确提出环境保护等内容应当作为城市总体规划、镇总体规划等强制性内容。

环境保护规划是城市规划的重要组成部分。环境保护规划的任务是在环境调查、监测、评价、区划的基础上，协调城乡经济社会发展和环境保护的关系，提出对城市发展目标、规模和总体布局的调整意见和建议；依据城市总体规划确定的城市性质、规模、发展方向，制定环境保护技术政策，促进城乡经济社会全面协调可持续发展。

二、环境保护规划的主要内容

以下分专项介绍大气环境保护规划、水环境保护规划、固体废物污染控制规划、噪声污染控制规划的主要内容。

1. 大气环境保护规划的主要内容

大气环境保护规划总体上包括大气环境质量规划和大气污染控制规划，这两类规划相互联系、相互影响、相互作用，构成了大气环境规划的全过程。

（1）大气环境质量规划。大气环境质量规划以城市总体布局和国家大气环境质量标准为依据，规定了城市不同功能区主要大气污染物的限值浓度。它是城市大气环境管理的基础，也是城市总体规划的重要组成部分。

（2）大气污染控制规划。大气污染控制规划是实现大气环境质量规划的技术与管理方案。对于新建或污染较轻的城市，制定大气污染控制规划就是根据城市性质、发展规模、工业结构、可供利用的资源状况、大气污染最佳适用控制技术和地区大气环境特征，结合城市总体规划中其他专业规划进行大气环境功能区划的合理布局。一方面为城市及其工业的发展提供足够的环境容量，另一方面提出可以实现的大气污染物排放总量控制方案。对于已经受到污染或部分污染的城市，制定大气污染控制规划的目的主要是寻求实现城市大气环境质量规划的简捷、经济和可行的技术方案和管理对策。大气环境污染控制模型是基于设计气象条件、环境目标、经济技术水平、污染特点等因素基础上确定的。

①环境空气质量功能区分类

一类区为自然保护区、风景名胜区和其他需要特殊保护的地区。

二类区为城镇规划中确定的居住区、商业交通居民混合区、文化区、一般工业区和农村地区。

三类区为特定工业区。

②环境空气质量标准分级

环境空气质量标准分为三级：

一类区执行一级标准；

二类区执行二级标准；

三类区执行三级标准。

污染物的浓度限值见表 8-1。

2012 年 6 月 29 日颁布将于 2016 年 1 月 1 日实施的《环境空气质量标准》中；调整了环境功能分区，将三类区并入二类区；增设了 $PM_{2.5}$ 浓度限值和臭氧 8 小时浓度限值；调整了 PM_{10}、二氧化氮、铅和苯并 [a] 芘的浓度限值。

根据目前环保的 $PM_{2.5}$ 监测规划，今后规划中应加入 $PM_{2.5}$ 的控制标准。环境功能区的调整可以在此后的规划中逐步采用一类和二

污染物浓度限值　　　　　　　　　　　　　　　表 8-1

污染物名称	取值时间	一级标准	二级标准	三级标准	浓度单位
二氧化硫 SO_2	年平均 日平均 1 小时平均	0.02 0.05 0.15	0.06 0.15 0.50	0.10 0.25 0.70	mg/m^3 （标准状态）
总悬浮颗粒物 TSP	年平均 日平均	0.08 0.12	0.20 0.30	0.30 0.50	mg/m^3
可吸入颗粒物 PM_{10}	年平均 日平均	0.04 0.05	0.10 0.15	0.15 0.25	mg/m^3
氮氧化物 NO_X	年平均 日平均 1 小时平均	0.05 0.10 0.15	0.05 0.10 0.15	0.10 0.15 0.30	mg/m^3 （标准状态）
二氧化氮 NO_2	年平均 日平均 1 小时平均	0.04 0.08 0.12	0.04 0.08 0.12	0.08 0.12 0.24	mg/m^3 （标准状态）
一氧化碳 CO	日平均 1 小时平均	4.00 10.00	4.00 10.00	6.00 20.00	mg/m^3 （标准状态）
臭氧 O_3	1 小时平均	0.12	0.16	0.20	mg/m^3 （标准状态）
铅 Pb	季平均 年平均	1.50 1.00			mg/m^3
苯并 [a] 芘 B[a]P	日平均	0.01			$\mu g/m^3$ （标准状态）
氟化物	日平均 1 小时平均	7[①] 20[①]			$\mu g/m^3$ （标准状态）
F	月平均 植物生长季平均	1.8[②] 1.2[②]	3.0[③] 2.0[③]		$\mu g/ (dm^2 \cdot d)$

注：①适用于城市地区；②适用于牧业区和以牧业为主的半农半牧区，蚕桑区；③适用于农业和林业区。

类的划分方式。

2. 水环境保护规划内容

水环境保护规划总体上包括饮用水源保护规划和水污染控制规划。

（1）饮用水源保护规划的主要内容。饮用水源保护规划，应明确划分出水源保护区的保护界线，即对于水环境功能区划定的饮用水源地设一级及二级保护区，还可以根据需要在二级保护区外规定一定的水域及陆域作为准保护区。同时制定水源保护区污染防治规划，针对现有污染物提出治理措施，确定各保护区内污染防治措施。

（2）水污染控制规划的主要内容。水污染控制规划以改善水环境质量和维护水生态平衡为目的，在水污染现状与趋势分析的基础上，依据当地社会经济发展水平和技术经济可行性，提出阶段性水质改善目标，合理确定规划期间可实现的污染治理任务。

水污染控制规划要与区域经济和社会发展规划以及城市总体规划方案相协调。其主要内容应包含：对规划区域内的水环境现状进行调查、分析与评价，了解区域内存在主要环境问题；根据水环境现状，结合水环境功能区划分的状况，计算水环境容量；确定水环境规划目标；对水污染负荷总量进行合理分配；制定水污染综合防治方案，提出水环境综合管理与防治的方法和措施。

（3）地表水环境质量控制规划的主要内容

①地表水环境质量控制参照《地表水环境质量标准》GB 3838—2002

该标准按照地表水五类使用功能，规定了水质项目及标准值、水质评价、水质项目的分析方法以及标准的实施与监督。

②水域功能分类

依据地表水水域使用目的和保护目标将其划分为五类：

I 类主要适用于源头水、国家自然保护区；

II 类主要适用于集中式生活饮用水水源地一级保护区、珍贵鱼类保护区、鱼虾产卵场等；

III 类主要适用于集中式生活饮用水水源地二级保护区、一般鱼类保护区及游泳区；

IV 类主要适用于一般工业用水区及人体非直接接触的娱乐用水区；

V 类主要适用于农业用水区及一般景观要求水域。

同一水域兼有多类功能类别的，依最高类别功能划分。

3. 噪声污染控制规划的主要内容

在声环境质量和噪声污染现状与趋势分析的基础上，结合城市用地规划和声环境功能区划，提出噪声污染控制规划目标及实现目标所采取的噪声污染控制方案。

（1）噪声污染控制规划目标。噪声污染控制规划总体目标就是要为城市居民提供一个安静的生活、学习和工作环境。根据环境噪声污染现状和噪声污染预测情况，结合各噪声污染控制功能区的基本要求，确定规划区内噪声控制目标。

（2）噪声污染控制方案。噪声污染控制方案包括交通噪声污染控制方案、工业噪声污染控制方案、建筑施工噪声污染控制方案、社会生活噪声污染控制方案等。

环境噪声控制参照《声环境质量标准》GB 3096—2008，该标准规定了城市五类区域的环境噪声最高限值。乡村生活区域可参照该标准执行。

城市 5 类环境噪声标准值列于表 8-2：

环境噪声限值（等效声级 L_{Aeq}：dB）   表 8-2

类别	昼间	夜间
0	50	40
1	55	45
2	60	50
3	65	55
4a 类	70	55
4b 类	70	60

按区域的使用功能特点和环境质量要求，声环境功能区分为以下五种类型：

0 类声环境功能区：指康复疗养区等特别需要安静的区域。

1 类声环境功能区：指以居民住宅、医疗卫生、文化教育、科研设计、行政办公为主要功能，需要保持安静的区域。

2 类声环境功能区：指以商业金融、集市贸易为主要功能，或者居住、商业、工业混杂，需要维护住宅安静的区域。

3 类声环境功能区：指以工业生产、仓储物流为主要功能，需要防止工业噪声对周围环境产生严重影响的区域。

4 类声环境功能区：指交通干线两侧一定距离之内，需要防止交通噪声对周围环境产生严重影响的区域，包括 4a 类和 4b 类两种类型。4a 类为高速公路、一级公路、二级公路、城市快速路、城市主干路、城市次干路、城市轨道交通（地面段）、内河航道两侧区域；4b 类为铁路干线两侧区域。

4. 固体废物污染控制规划的主要内容

固体废物污染控制规划是根据环境目标，按照资源化、减量化和无害化的原则确定各类固体废物的综合利用率与处理、处置指标体系并制定最终治理对策。

固体废物污染控制规划的主要内容包括：根据总量控制原则，结合规划区域特点及经济、技术支撑能力，确定有关固体废物综合利用和处理、处置的数量与程度的总体目标。在此基础上根据不同行业、不同类型固体废物的预测量与环境规划总体目标的差距，明确固体废物的消减数量与程度，并落实到各部门、各行业的固体废物污染防治控制目标方案之中。

固体废物污染物防治规划指标主要包括：

（1）工业固体废物：处置率、综合利用率；

（2）生活垃圾：城镇生活垃圾分类收集率、无害化处理率、资源化利用率；

（3）危险废物：安全处置率；

（4）废旧电子电器：收集率、资源化利用率。

固体废物污染控制规划包括生活垃圾污染控制规划、工业固体废物污染控制规划、危险废物污染控制规划、医疗废物安全处置规划等。

三、城市规划中环境保护规划主要内容

环境保护规划贯穿于城市规划的整个阶段，从城市定位、产业选择、产业布局都应有环境保护规划思想的融合。

城市环境保护规划主要包括环境现状、规划目标、环境功能分区、环境保护措施等。

环境现状主要为规划区大气、水、噪声、固体废物的现状情况。

规划目标是对规划区在规划期内环境质量的总体设想，并应包含规划近、中、远期各环境要素的具体目标设定。

环境功能分区是依据大气、地表水、噪声等要素对规划区进行划分，并设定各要素功能区的具体目标。

环境保护措施是针对规划区的环境现状，提出可行的改善规划区环境质量的具体措施。

第六节　城市总体规划环境影响评价

一、规划环评起源及进展

我国自 1979 年实行环境影响评价制度以来，建设项目的环评取得了长足的发展，形成了一套较为完善的环评制度和体系，绝大多数的大中型建设项目都进行了环境影响评价，并实行了"三同时"制度，到 2000 年，全国大部分企业基本达到"一控双达标"的要求。2003 年 9 月 1 日，《中华人民共和国环境影响评价法》的实施，更是将环境影响评价这一制度作为法律的形式确定下来，这对改善我国的生态环境质量，促进社会的可持续发展无疑具有举足轻重的作用。

随着实践的发展，人们逐渐意识到，在有些领域，单个建设项目的环境影响评价对于预防生态环境的破坏，保护自然资源显得乏力，如在宏观层次的带有全局性、长期性、规律性和决策性特点的各种政策、规划和计划等，它们的制定和实施一般都需要耗费较多的人力、物力和财力，而且由于带有全局性，一旦实施后，对于自然生态环境所造成的影响也不是单个的建设项目可比的。从实际情况看，对环境产生重大、深远、不可逆影响的，往往是政府制定和实施的有关产业发展、区域开发和资源开发等方面的规划。有鉴于此，人们提出了战略环境影响评价（strategic environmental assessment，SEA）的概念，它是指环境评价（environmental impact assessment，EIA）的原则与方法在战略层次的应用，是对一项政策、计划或规划及其替代方案的环境影响进行正式的、系统的、综合的评价过程，包括完成 SEA 研究报告，并将结论应用于决策。SEA 的目的是消除或降低因战略缺陷对未来环境造成的不良影响，从源头上控制环境污染与生态破坏等环境问题的产生。

战略环评（SEA）起源于 1970 年美国《国家环境政策法》（National Environment Policy Act，NEPA）（罗杰等，1997）。这个法案明确要求"所有的联邦政府和机构对那些可能显著影响人类环境质量的法规和其他主要联邦行动的建议都必须准备一份详细的关于环境影响的报告（EIS）"，其中就有对政策规划等进行环境评价的要求。作为一个完整的定义，战略环境影响评价是由英国的 Lee 和 Walsh 等几位学者在 20 世纪 80 年代末提出的，同时期在国际上有多种术语与战略环境影响评价相应，如：政策环境影响评价、规划环境影响评价、区域环境影响评价、环境积累影响评价、政府建议环境影响评价等。

美国的环境质量委员会（Council on Environmental Quality，CEQ）在 1978 年对 NEPA 中的"政府行为"作了相关说明，认为它包括了政府政策、规划、计划。此后，联邦政府许多部门开始考虑将环境评价结合到部门的发展规划中，如加利福尼亚州在 1986 年通过的《加利福尼亚环境质量法》（CEQA），要求将环境影响评价的范围从项目拓展到政府的决策、规划和计划，并在圣华金（San Joaquin）等地进行了实例研究。

英国对 SEA 没有法律上的明确要求，但也对其展开了相关的研究，如 SACTRA（Standing Advisory Committee on Trunk Road Appraisal）在 1992 年提出，传统的环境影响评价程序应该进一步发展，以考虑某些累积效应或长期效应。荷兰在 1987 年建立了法定的战略环境影响评价制度，要求对能源与电力供应、土地利用规划等进行环境影响评价；1989 年，荷兰修改了《国家环境政策规划》，其宗旨就是要求对所有可能引起环境变化的政策、规划和计划作战略环评。瑞典对其全国交通管理方案进行了宏观层次的环境影响评价，该管理方案包括 1 个全国性和 7 个区域性的方案，并在 1993 年提交了有关报告，报告比较了 4 种不同方案和管理政策，对每一种方案政策都进行了环境质量及相关环境问题的分析。加拿大、新西兰已经在法律上确认了政策性战略行为的战略环境评价。

　　城市总体规划是一项战略性的工作，主要研究城市发展中的宏观性、方向性和全局性问题，比如城市性质与职能、城市发展的空间结构与功能的空间布局、城市土地利用规模等，并对城市发展中的重点专项或部门性问题提出引导性、控制性的框架，以指导规划的编制和实施。城市总体规划中涉及许多与生态环境关系密切的问题，如产业布局、生态保护等。为了促使城市实现经济、社会、环境的协调发展，防止城市发展过程中的环境污染、生态破坏和资源浪费等问题，理应进行环境影响评价。城市总体规划的环境影响评价属于 SEA 的范畴，在国内的起步较晚，只是在近几年才逐渐进入人们的视野并日益得到重视。2003 年 9 月 1 日起实施的《中华人民共和国环境影响评价法》中明确指出："应当在规划编制过程中组织进行环境影响评价，编写该规划有关环境影响的篇章或者说明"；规划环境影响评价是"在规划编制阶段，对规划实施可能造成的环境影响进行分析、预测和评价，并提出预防或减轻不良环境影响的对策和措施的过程"。

　　在《中华人民共和国环境影响评价法》实施的同时，原国家环保总局还颁布了《规划环境影响评价技术导则（试行）》，该导则对规划环评的内容、方法和环境影响评价文件的编制要求作了相关说明。

二、城市总体规划环境影响评价的意义

　　根据《规划环境影响评价条例》第二条："国务院有关部门、设区的市级以上地方人民政府及其有关部门，对其组织编制的土地利用的有关规划和区域、流域、海域的建设、开发利用规划（以下称综合性规划），以及工业、农业、畜牧业、林业、能源、水利、交通、城市建设、旅游、自然资源开发的有关专项规划（以下称专项规划），应当进行环境影响评价。"本节所介绍的规划环境影响评价为城市总体规划的环境影响评价。

　　针对城市总体规划所作的环境影响评价，不但可以预防和减轻规划实施后可能造成不利环境影响，起到保护环境的作用，而且作

为城市总体规划的一部分，对规划自身起着至关重要的制约作用，能够保证规划更加科学、合理、有效。

城市总体规划环评有以下意义：

1. 城市总体规划环评具有修正性

城市总体规划的编制往往经历相对漫长的过程，一方面是由于城市发展涉及的内容丰富，牵扯的问题较多，另一方面，规划编制过程中还必须考虑很多非技术因素，诸如不同领导的主观意见、不同政府部门的倾向、各级政府机构的想法等等。这些非技术因素经常造成城市总体规划编制单位在不同利益群体之间寻求平衡，造成规划存在诸多不符合科学的地方，特别是会给城市区域环境带来不良影响。因此，城市总体规划环评具有修正性。

2. 城市总体规划环评具有制约性

现在的城市总体规划调整的随意性很大，地方政府往往为眼前短期的经济利益不惜以牺牲环境为代价，将城市绿地、居住用地等更改为工业用地，造成城区整体发展的无序。

而城市总体规划环评具有制约性，作为规划的一部分能够防止规划调整的随意性，对于城市用地的性质具有明确的界定，可以最大限度地保护自然环境和人居环境。

3. 城市总体规划环评具有民主性

城市总体规划往往只向规划的审批机关报送一个报批版，而没有替代方案，造成审批机关只能以现有的版本批复或给予局部调整的意见，这样不科学也不民主。

城市总体规划的环评站在环境和可持续发展的角度，从规划的编制阶段就开始介入，参与选择合理的替代方案，或提出城市总体规划的局部修改方案，这不但使得规划更加科学，也使得规划的编制具有民主性。

4. 城市总体规划环评具有科学性

城市总体规划中对城市人口规模、人均用地等项目都进行了比较详细的定量分析，而对于当地的环境容量和污染物排放总量通常只进行定性分析，科学性不强，不能真正掌握区域的污染物排放总量和未来环境质量的发展趋势。

城市总体规划环评通过环境定量分析手段，可以给出区域的环境容量和污染物排放总量的发展变化趋势，给规划的编制部门以参考，使得环境质量较差地区的环境得以逐步改善，使得居民生活区更加优美，从布局上根本解决规划存在的环境缺陷。

三、城市总体规划环评的特点

1. 与城市总体规划目标一致

城市总体规划环评与城市总体规划目标一致，都是为城市的可持续发展，都为城镇居民创造一个良好的生活环境和优越的经济发展背景。城市总体规划从城市的发展空间结构与功能的空间布局、城市交通、道路系统、城市景观、市政基础设施等对未来城市的发展做出规划。而城市总体规划环评从自然生态、资源与能源的可持续利用方面给规划提出建议，二者相辅相成。

2. 与建设项目环评存在差异

城市总体规划环评是崭新的环保课题，它有许多新的理念，与建设项目环评存在较大差异。首先是评价对象不同，规划环境评价的对象是规划本身，而不是规划中涉及的具体建设项目。其次是所起的作用不同，虽然规划环评也是一种从源头上削减污染的措施，但它的范围更广泛、内容更丰富。最后，思考方法不同，规划环评不但要论证规划实施后对外界的影响，更要论证规划本身的协调性和合理性，这比建设项目环评复杂得多。

城市总体规划本身是一个包容万象的文本，内容丰富，信息量大，如果按照传统的建设项目的思维方式很容易陷入规划的细枝末节而忽略了大的缺陷。因此，城市总体规划环评的首要任务是站在更高的层次上论证规划的总思路和目标是否正确、合理。

3. 促进城市总体规划与环保相结合

城市总体规划环评不仅仅需要具有丰富环境知识的专业环保人士参与，同时由于规划环评的特殊性，还需要大量的规划专业人员参与。这样才能弥补环保人员规划知识的不足。这样的人员构成，在客观上促进了规划理念与环境理念的融合。

四、城市总体规划环评的主要内容

城市总体规划环评不仅要考虑传统的水、气、声、渣的影响，而且更要考虑区域内的其他因素，如生态、景观、交通、社会经济、土地利用率的合理性等。因此，环境适宜性分析、规划目标合理性分析、规划布局合理性分析、规划方案协调性分析、环境保护目标可达性分析等专章成为城市总体规划环评不可缺少的内容。

1. 环境适宜性分析主要内容是通过对城市的环境质量现状和社会环境特征的调查，分析城市的环境容量，找出对城市发展的主要环境制约因素，论述能否通过替代方案或其他手段，改变局部的制约因素。

2. 规划目标合理性分析主要内容是通过对城市近几年 GDP 增长趋势、人口增长速度以及国家的相关政策的分析，通过计算和类比调查，以城市的经济基础和自然资源条件为依据，判断城市总体规划中的 GDP 增长率、市区人口规模、污水处理率、垃圾处理率、城市人均公共绿地面积等目标能否实现。

3. 规划布局合理性分析主要内容是通过对城市未来发展的功能组团、分区结构的分析，在综合考虑城市现状自然地形、现状城市形态的基础上，结合已批准建设项目的规划用地，论述城市周边资源对规划城区组团功能的需求和支持，说明布局是否满足城市未来发展的需要。

4. 规划方案协调性分析主要内容是通过对各子项规划的分析，论述其指导方针、目标、内容与城市总体规划的一致性，各子项规划间能否相互依托，互为补充，从而体现出总体规划的整体思想。

5. 环境保护目标可达性分析主要内容是通过对城市环境质量和环境容量的分析，结合环境功能区划，从经济基础、政策措施、技术保障、管理手段、配套条件等方面论述环境保护目标能否实现。

附 8 环保模范城市

国家环境保护模范城市是由环境保护部根据《环保城市考核标准》验收鉴定，并予以挂牌，每 5 年重新申请验收。截至 2012 年中期，已有 90 多个市、区获得国家环保模范城市称号。

国家环保模范城市涵盖了社会、经济、环境、城建、卫生、园林等方面的内容；涉及面广、起点高、难度大，在已具备全国卫生城市、城市环境综合整治定量考核和环保投资达到一定标准基础上才能有条件创建。以下是国家环保城市考核标准。

一、基本条件

1. 城市环境综合整治定量考核连续三年名列本省（自治区）前列；

2. 近三年城市辖区内未发生重大、特大环境污染和生态破坏事故，前一年未有重大违反环保法律法规的案件，制定环境突发事件应急预案并进行演练；

3. 环境保护投资指数 ≥ 1.7%。

二、考核指标

（一）经济社会

4. 经济持续增长率高于全国平均增长水平，人均 GDP>1.5 万元

（西部城市可选择市区人均 GDP>1.5 万元）；

5. 人口与计划生育年度计划完成率 100%；

6. 单位 GDP 能耗低于全国平均水平，且近三年逐年下降；

7. 单位 GDP 用水量低于全国平均水平，且近三年逐年下降；

8. 万元 GDP 主要工业污染物排放强度低于全国平均水平，且近三年逐年下降。

（二）环境质量

9. 全年 API 指数≤100 的天数≥全年天数的 85%；

10. 集中式饮用水水源地水质达标率≥96%；

11. 城市水环境功能区水质达标率 100%，且市区内无劣 V 类水体；

12. 区域环境噪声平均值≤60dB（A）；

13. 交通干线噪声平均值≤70dB（A）。

（三）环境建设

14. 受保护地面积占国土面积比例≥10%；

15. 建成区绿化覆盖率≥35%（西部城市可选择人均公共绿地面积≥全国平均水平）；

16. 城市污水集中处理率≥80%，且缺水城市污水再生利用率≥20%；

17. 重点工业企业污染物排放稳定达标率 100%，工业企业排污申报登记执行率 100%；

18. 城市清洁能源使用率≥50%；

19. 城市集中供热普及率≥65%（南方城市不考核）；

20. 机动车环保定期检测率≥80%；

21. 生活垃圾无害化处理率≥85%；

22. 工业固体废物处置利用率≥90%；

23. 危险废物处置率 100%。

（四）环境管理

24. 环保目标责任制落实到位，环境指标已纳入党政领导干部政绩考核，制定创模规划并分解实施，实行环境质量公告制度；

25. 建设项目"环评"、"三同时"和规划环评综合执行率达到国家要求；

26. 按期完成总量控制计划，国家重点环保项目落实率≥80%；

27. 环境保护机构独立建制，环境保护能力建设达到国家标准化建设要求；

28. 公众对城市环境保护的满意率≥85%；

29. 中小学环境教育普及率≥85%；

30. 城市环境卫生工作落实到位，城乡结合部及周边地区环境管理符合要求。

三、参考指标

1. 开展了创建国家环境友好企业、绿色社区、绿色学校、国家生态示范区、环境优美乡镇、国家生态工业园区、国家 ISO 14000 示范区等活动，并且各类创建创成数量逐年增加；

2. 开展了清洁生产审核工作，按照国家规定应进行强制性清洁生产审核的企业数量逐年增加。

第九章
综合防灾减灾规划

第一节　概述

一、城市与安全

安全是人类最基本的需求之一，城市的出现就是基于人类的安全需要。《吴越春秋》记载："鲧（gǔn，传说为夏禹的父亲）筑城以卫君，造郭以守民，此城郭之始也。"城市作为人类生活、繁衍、发展的聚集地，安全一直是历朝历代都城选址、建设的重要考虑因素。

安全不仅是人类的基本需求，也是城市存在的基本条件。历史上很多城市是因为灾害而消失的。意大利庞贝古城因火山突然喷发而毁灭，我国楼兰古城因气候干旱和缺乏水源而消失，北川县城因汶川地震而夷为平地。

当今社会，更多的人居住在城市，同时也改变了原有的自然生态和社会环境，使城市成为灾害的巨大承载体。加之城市现代化进程的推进，城市人口、产业、财富高度集中，一旦发生灾害，必将严重威胁人们生命财产安全，阻碍城市社会经济可持续发展。

城市安全是城市发展的首要因素，保障城市安全是城市可持续发展的必要条件，是建设和谐社会的重要内容，只有在此条件下，才能为每个人提供最好的发展机会与空间。

城市是一个社会经济综合体，是一个复杂巨系统，灾害是城市不安全的重要原因但不是全部。影响城市安全的可能是一种灾害，可能是一种不在规划界定中的非正常状态，可能是一个事故，可能是一个恐怖事件，可能是一场流行病，可能是一场运动，甚至可能是一个突发事件、一个交通事故、一次停电、一场暴雨、一个谣言等。总之，凡是影响社会稳定造成社会不安定的因素都应该是我们所关注的。

进入21世纪以来，各种自然灾害、安全事故、公共卫生事件、社会安全事件不断发生，城市安全正在成为全世界都在关注的问题。

城市规划作为城市建设和发展的蓝图，是建设和管理城市的基本依据，必须在规划中从长远出发，综合考虑各种不安全事件，保障城市安全，确保城市可持续发展。

《城市规划编制办法》规定："城市规划是政府调控城市空间资源、指导城乡发展与建设、维护社会公平、保障公共安全和公众利益的重要公共政策。"合理的城市规划不仅可以降低公共安全事件发生的可能性，而且可以减少公共安全事件发生时的损失。

二、灾害

灾害是指由于自然的，人为的或综合的原因，对人类生存和社会发展造成损害的各种现象和事件。灾害是针对人而言的，只有当它使人类社会遭受损害时，才称之为灾害。灾害的本质是源于天体、地球、生物圈等方面以及人类自身的失误，形成超越本地区防救力量的大量伤亡和物质毁损。

灾害有大有小，具体级别主要由两个基本因素决定：致灾因子变化强度；受灾地区人口和经济密度以及承受灾害的能力。

联合国公布的最具危害性的灾情为：雪崩、寒流、旱灾、疫病、地震、饥饿、火灾、洪水灾害、病虫害、滑坡、热浪、暴风、海啸、火山爆发、交通灾害、地质灾害、城市新灾害等。

所有的灾害不外乎是由自然原因或社会原因所造成的，或者是二者共同作用的产物。因此通常根据致灾因素把灾害分为自然灾害和人为灾害两大类。

（一）自然灾害

自然灾害是以自然变异为主因产生的并表现为自然态的灾害。按照自然灾害的特点，可将其分为气象灾害、海洋灾害、洪水灾害、地质灾害、地震灾害、森林灾害等。此外，根据自然灾害的形成过程还可分为缓发性自然灾害和突发性自然灾害。

1. 气象灾害

气象灾害是自然灾害中最为频繁而又严重的灾害。我国是世界上自然灾害发生十分频繁、灾害种类甚多、造成损失十分严重的少数国家之一。影响我国的主要气象灾害有干旱、暴雨、热带气旋、冰雹、低温冷冻、雪灾等。其特点是种类多、范围广、频率高、持续时间长、群发性突出、连锁反应显著、灾情重。2008年初我国南方冰雪灾害和2011年初西南干旱就属于典型气象灾害案例。

2. 海洋灾害

在人类所面临的诸多自然灾害中，那些源于海洋的灾害称为海洋灾害。海洋灾害的种类有风暴潮、灾害海浪、海冰、赤潮和海啸等。海洋灾害还会在受灾地区引发次生灾害和衍生灾害。如风暴潮、风暴巨浪引起海岸侵蚀、土地盐碱化。2004年12月印尼海啸和2008年5月缅甸热带风暴潮及2011年日本地震引发的海啸都属于典型海洋灾害案例。

3. 洪水灾害

洪水灾害是人们通常所说的洪水灾害和涝灾的总称。是发生频率最高的灾种之一。如1998年长江流域洪水，2007年淮河洪水等。

4. 地质灾害

地质灾害是指在自然或者人为因素的作用下形成的，对人类生命财产、环境造成破坏和损失的地质作用（现象）。如崩塌、滑坡、泥石流、地裂缝、水土流失、土地沙漠化及沼泽化、土壤盐碱化，以及火山、地热害等。

5. 地震灾害

地震是地壳在内、外应力作用下，集聚的构造应力突然释放，产生震动弹性波，从震源向四周传播引起的地面颤动。是地壳快速释放能量过程中造成震动，期间会产生地震波的一种自然现象。全球每年发生地震约 550 万次。地震常常造成严重人员伤亡，能引起火灾、水灾、有毒气体泄漏、细菌及放射性物质扩散，还可能造成海啸、滑坡、崩塌、地裂缝等次生灾害。

6. 生物灾害

生物灾害是指由于动植物的活动和变化造成的灾害。狭义的生物灾害是由生物体本身活动带来的灾害现象，是纯自然现象，害源是生物，如蝗灾、鼠灾、兽灾等。广义的生物灾害是包括人类不合理活动导致的生物异常而产生的灾害，即生态危机，包括植被减少、生物退化、物种减少等。

（二）人为灾害

以人类行为失误或故意为主产生的，而且表现为人为态的灾害。城市是人口密集的地区，许多城市灾害都有其人为失误的特性。人为灾害的主要成灾原因是人和人所处的社会集团的行为。

1. 战争灾害

战争对城市的破坏力是最大的，许多历史名城的毁灭和衰败都是由战火造成的。现代化战争中，武器的破坏力剧增，尤其是核武器的发展，对城市构成了最大威胁。

2. 火灾

火灾在城市中发生频率极高，破坏力也相当大。伦敦、巴黎、芝加哥、东京和我国的长沙等城市，都曾发生过城市性大火，造成大量人员伤亡与财产损失。

3. 化学灾害

城市中有一些生产、储存、运输化学危险品的设施，往往由于人为失误引起中毒、燃爆等事故。化学灾害中，煤气中毒或燃气爆炸是最常见的事故。

4. 交通事故

城市中交通流量大，人流车流的交叉点多，交通事故发生频繁，

人员伤亡数和财产损失十分巨大。当前城市中发生最多的就是交通事故。

除上述几类灾害外，还包括物理灾害、生产事故、环境公害、职业病、恐怖事件等。而且随着城市发展，还会不断有新的灾种出现，如强电磁辐射，核泄漏等。

实际上，在城市灾害中，很难准确地划清自然与人为两种灾害之间的界限。自然灾害常常是人类行为失误的促发因素，如高温导致的火灾。自然条件也会引发人为灾害，如浓雾、雨雪天气引发的交通事故；而人为活动如工程开挖、过量抽取地下水，也可引起滑坡、地面沉陷等自然灾害的发生。因此，上述两类灾害之间有密切联系，不可割裂看待。

（三）我国各种灾害的规律与特点

我国地域辽阔，跨越热带、亚热带、温带和寒带，地表组成物质多样，地质构造复杂，东临大洋，西居高原，生态环境与气象多变，又由于一些城市防灾减灾资源的投入滞后于各业发展与城市化进程，存在多种灾害源和灾害隐患，每年都有多种自然灾害与人为灾害发生。对多种灾害综合研究的结果表明，我国的灾害主要有如下规律与特点：

1. 灾害种类多、出现频次高、成灾因素复杂

地质灾害、气象灾害、环境灾害、火灾、海洋灾害、生物灾害以及交通事故、工业安全事故等多种灾害频发。特别是地震灾害、洪涝灾害、干旱、风暴潮、火灾、交通事故、工业安全事故等灾害发生频次较高。严重缺水、环境灾害也威胁着一些城市的可持续发展。成灾既有自然因素，又有人为因素。由于这两种因素的综合作用，灾害类型、规模、发生频次、严重程度、复杂性与破坏力有增加的趋势，而且出现并发、连发性灾害。

2. 分布地域广、季节性和地域性强

我国的自然灾害在气圈、水圈、岩石圈、生物圈都有比较广泛的分布。32.5% 的国土处于地震烈度 7 度及其以上地区，滑坡、泥石流威胁着 70 多个城市；气象灾害中常见的旱灾不仅发生在北方，连东南沿海、华东、西南地区也时有发生；分布在中、东部的大江大河平均 3 年发生一次大的洪涝灾害；沿海城市经常受到风暴潮的袭击；火灾、交通事故、工业安全事故以及环境污染造成的灾害分布范围更广。许多自然灾害具有季节性与地域特性，例如：洪涝灾害主要集中在夏季和秋季，干旱多发生在春季和秋季，冬季和春季可能发生森林火灾和草原火灾，暴雪则发生在冬季；地震主要发生

在我国西南、西北和华北地区，干旱、沙尘暴、严重缺水主要分布在西北和华北地区，洪涝灾害主要发生在沿大江大河的地域，森林与草原大火主要发生在东北和内蒙古自治区。

3. 灾害并发、连发现象严重

灾害一般具有复合性、次生性、群发性，形成并发、连发现象。地震灾害伴生山崩、滑坡、塌陷、海啸、地裂缝、沙土液化以及城市生命线系统瘫痪，甚至导致瘟疫蔓延；洪涝灾害并发或连发滑坡、泥石流、水荒；燃气泄漏与火灾、爆炸，干旱与沙漠化、沙尘暴、严重缺水，多种灾害与瘟病流行，环境污染与疾病发生，气象灾害与交通事故等都存在并发、连发的关系。灾害并发与连发不仅加重灾区的经济损失与人员伤亡，也给防灾减灾带来更大的困难。

4. 灾害危害加剧、损失惨重

城市是人口、建筑物、财富高度集中的地区。随着城市化进程加快与城市经济的快速发展，城市数量、规模与经济实力不断增加，城市在国民经济中的地位越来越重要。因此，城市一旦发生严重灾害，一般都会造成惨重的经济损失与人员伤亡。

5. 人为灾害日趋严重

由于灾害管理法规不健全或有法不依、违规违章操作或作业、管理、防护措施不力、缺少强有力的防灾减灾措施、现代管理手段落后以及缺乏经验等原因，火灾与爆炸、交通事故、工业安全事故、公共场所事故、建筑事故、医疗事故、环境污染事故、中毒事件、流行病、城市灾害以及高新技术事故等人为灾害有日益严重趋势。目前在所有灾害中，人为因素造成的灾害大约占全部灾因的80%左右。

三、综合防灾减灾

1. 城市综合防灾减灾的涵义

"综合"：强调全过程观念、全方位观念、整体观念和系统观念，并在灾害的事前、事中、事后阶段得到充分反映。

"防灾减灾"：一是减少灾害发生的频率和次数；二是减轻灾害所造成的损失。

城市综合防灾减灾规划旨在综合协调辖域范围内一切防灾力量和资源，预测城市可能发生的各种灾害，制定综合对策，并从灾前预防及监测预报，灾时的应急反应、救援和疏散，一直到灾后的防疫、恢复和重建进行全面规划，确保城市可持续发展。

我国南北地理气候差距大，东西发展不平衡，城市灾害具有多灾种特点。城市综合防灾应是以各部门为基础，条块结合的制度安排和社会动员。

2. 国外防灾减灾

日本减灾重预防：日本是一个充满危机意识的国家。为了应对各种可能发生的危机，自 20 世纪 90 年代建立起从中央到地方的危机管理体制，在应对突发事件时发挥了重要作用。日本每年都要举行全国性的防灾演习，目的是使民众和其他有关人员掌握发生灾害后保护自己及援助他人所需要的最基本的技能。

美国防洪减灾靠保险：洪水是美国最严重的自然灾害，美国国土面积的 7% 受到洪水威胁，1/6 的城市处在百年一遇的洪泛平原内，2 万个社区易受洪灾。美国经过 30 多年的努力，已经建成较为完善的全国性洪水保险体制。这一由专职机构专项管理、私营保险公司参与并具有强制性特点的制度，不仅提高了防洪减灾的工作效率，同时也带来巨大效益。

英国防范和救援措施完善：英国政府应对具体灾害的一个主要原则是，灾害发生后一般由所在地方政府主要负责处理，以便最快捷地提供救援受困人员、阻止灾害扩大等所需的资源、人力和信息。

3. 我国防灾减灾

我国地域辽阔，天气变化万千，洪水、飓风、龙卷风、地震等不可抗性灾难频发。近 50 年来，我国每年由地震、地质、旱涝、海洋、疫病等自然灾害造成的直接经济损失约占国内生产总值的 3% ~ 4%。自然灾害已经成为影响我国经济发展和社会安全的重要因素。依靠科技进步，提高我国防灾减灾的综合能力已成为当务之急。尤其 2008 年全年中国各类自然灾害造成死亡和失踪88928 人，因灾直接经济损失 13547.5 亿元。这说明自然灾害已成为社会经济发展的最大制约因素之一，防灾减灾已成为一个重大的社会问题。

新中国成立以来，我国大中城市基本已从总体上配置了水、洪、风、震、消防等防灾设施，并初步形成程度不一的单项防灾工作系统。但计划经济体制下沿袭下来的分部门、分灾种的单一城市灾害管理模式并未得到改变，使城市缺乏综合防灾的管理与协调机制，造成单一灾种防灾减灾重复建设严重，存在局部高水准而总体偏低的状况。

我国提出的事前、事中、事后全过程防灾减灾观念，在单部门、单灾种防灾中有所体现，但全灾种防灾、地域性综合防灾、涉及多部门协调作战的综合防灾中，整体协调的体制、机制和制度安排缺乏。传统的防灾、救灾、减灾模式，使综合防灾减灾能力大打折扣。

四、综合防灾减灾规划

综合防灾减灾规划是城市规划中为抵御地震、洪水、火灾等各种灾害，保护人类生命财产而采取预防措施的规划的通称。

（一）现行防灾规划存在的问题

1. 对城市灾害类型考虑的种类较少

目前所做的主要是防震减灾、防洪、消防、人防四个部分（部分地区根据情况可能增加地质灾害、海洋灾害、气象灾害等），而对于其他自然、人为灾害及影响社会安定的非灾害因素考虑较少。

2. 从单灾种规划中整合而成，缺乏综合协调

目前综合防灾规划并没有引起全社会的重视，绝大部分规划设计单位都没有专业的防灾规划人员，而是由各相关灾种专业人员分工负责，从单灾种规划中整合而成。因此当前所做的主要是防灾工程规划，而不是防灾体系规划，各灾种规划缺乏综合协调。其结果只是专项职能部门各自为政、分工负责，进行重复性建设，浪费大量社会资源。

3. 缺少同其他专项规划之间的联系

目前防灾规划只是一个单独的专项内容，没有和规划其他专业：如公共政策、空间布局、市政基础设施、园林绿地、道路交通更好结合，甚至出现相互矛盾的状况。

（二）综合防灾减灾规划任务

城市综合防灾减灾规划的任务就是要运用当代科学技术的最新成就，研究城市灾害发生的原因，总结各类灾害的征兆和规律，进行系统的监测和预报，制定切实可行的综合防灾对策，对城市建设的各方面提出防灾要求，建立城市综合防灾减灾体系，全面、整体提高城市防灾减灾能力。通过规划的实施与管理，有效地保障灾害来临时城市的安全，尽最大可能维持运行机制的正常状态，减少灾害损失。具体包括：

1. 预测城市可能发生的灾害，利用现代科技成果与手段分析灾害的成因、规律及破坏机理；从城市的整体构成角度出发，寻找防灾薄弱环节，从而有所侧重地进行防灾加固。

2. 建立协调统一的灾害监测、预防、预报、预警、情报信息平台、指挥和救援等综合网络，保障应急物资储备与供应，全面提高救灾专业队伍的减灾救援能力，加强防灾减灾综合法律和规范系统建设。

3. 加强政府对城市防灾部门的综合协调、社会管理和公共服务职能，改革管理体制，建立长效机制，建设现代化城市综合防灾减灾体系。

4. 积极开展防灾减灾宣传教育活动。

（三）城市综合防灾减灾规划准则

1. 城市建设用地应避开自然易灾地段，例如易产生崩塌或滑坡的山坡的坡角、易发生洪水或泥石流的山谷的谷口、易发生地震液化的饱合砂层地区以及易发生震陷的古河道或填土区等，不能避开的则必须采取特殊防护措施。

2. 通过合理的规划避免建设时产生人为的易灾区，例如在规划中使易爆物仓库区远离易燃物仓库区以及人员和建筑物密集区。使易释放有毒有害烟尘或气体的单位选址于下风向等。

3. 建立适于避灾、抗灾、救灾和防灾的城市单元结构布局，以实现较优的系统防灾环境。

4. 城市道路系统规划中，应结合道路的功能和红线宽度，确定其在灾害发生时的地位和作用。防灾疏散干道和支干道是城市抢险救灾和人员疏散的主要通道。

5. 防灾公园在灾害发生时将发挥以下功能：防止火灾发生和延缓火势蔓延；减轻或防止因爆炸而产生的损害；成为临时避难场所、固定避难场所、避难通道、急救场所和临时生活场所；作为修复家园和城市复兴的据点；平时可作为学习防灾知识的场所。

6. 结合消防规划等所设置的专业队伍形成防灾专业队伍。保证城市生命线工程在灾害发生时不遭到严重破坏，应注重规划阶段采取必要的措施，提高生命线工程的抗灾的能力，例如：城市供水采取水源分区环形供水系统，水源及水厂在经济合理的情况下尽量分散布置；供电采用多电源环路供电；通信采用有线与无线相结合方式，并将机房分开建设。

（四）综合防灾减灾规划

一般来说，城市防灾工作包括对灾害的监测、预报、防护、抗御、救援和恢复援建等六个方面，每个方面都有组织指挥机构负责指挥协调。它们之间有着时间上的顺序关系，也有着工作性质上的协作分工关系。从时间顺序上来看，可以分为四个部分：灾前的防灾减灾工作；应急性的防灾工作；灾时的抗救工作；灾后工作。

综合防灾减灾各阶段的工作内容见图9-1。

1. 城市综合防灾减灾规划的四大体系

（1）灾前预测、预防、监测预警体系

从城市可持续发展角度出发，与其在灾害发生时抗御灾害，不如采取措施避免灾害的发生，但许多灾害的发生是不可避免的，这就需要建立健全灾害的预防、预报预警体系，在灾害发生前做好应

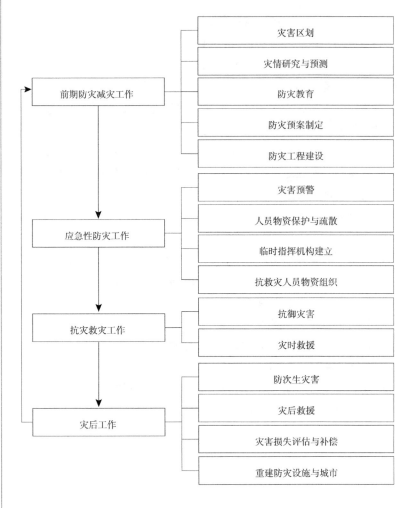

图 9-1 综合防灾工作内容图

对灾害的准备。

首先要根据历史灾害状况及相关文献资料，预测城市可能发生的灾害,利用现代科技成果与手段分析灾害的成因、规律及破坏机理。

防灾工程设施是防灾抗灾的主体设施，必须根据灾害分析结果,寻找城市抗灾薄弱环节，并依据相关标准加强各项防灾工程设施建设，使其达到相应的灾害设防标准。

规划过程中要综合考虑地形地貌、水文地质条件，进行建设用地的适宜性评价，水厂、变电站、停车场、医疗救护单位、公园绿地等的布置要考虑安全要求，并加强其自身的防灾抗灾性能；从综合防灾的角度出发，对城市危险源（如易燃易爆场所、各种危险品仓库等）进行合理布局。

规划时宜建立城市公共安全教育基地，进行灾害的宣传教育与防灾演练，提高公众识别灾害、应对灾害以及灾时自救与互救能力；

建立城市灾害信息系统，打破各部门之间的信息壁垒，实现信息共享，对各种灾害信息资源协同分析，为各种灾害的发生提高准确及时的预报。

（2）临灾报警及疏散体系

以地震为主要考虑因素，综合考虑火灾、洪水等灾害，结合交通专项规划及绿地系统规划，建立统一的通信报警系统、救灾及避灾疏散通道，并统一规划开辟城市避难场所。

疏散场地主要利用公园、绿地、广场、停车场、体育场、学校操场、以及较平坦的山坡地等。疏散通道两侧的建筑应能保障疏散通道的安全畅通。

防灾疏散干道的宽度应符合下列关系式：

$$N = W + （S_1 + S_2） - 1/2 （H_1 + H_2） \qquad (9-1)$$

式中：W——道路红线宽度；

　H_1，H_2——两侧建筑高度；

　S_1，S_2——两侧建筑退红线距离；

　　N——防灾安全通道宽度，疏散干道应大于 15m，支干道应大于 7m。

（3）灾时抢险救灾体系

城市防灾减灾涉及的部门较多，各部门之间既有交叉，又存在盲区，缺乏综合协调，难以发挥防灾救灾职能，应规划建立统一指挥、运转高效的灾害管理体系。

规划时应建立城市综合防灾指挥中心，并保持与各救灾部门、救援队伍、广播、电视媒体的信息通畅，由该中心汇总分析各部门灾害信息，灾时统一指挥、部门协调、公众参与，综合统筹调度城市防灾设施、防灾装备及救援队伍，形成反应灵敏、协调有序的抢险救灾指挥机制，及时发布抗灾及避灾措施，妥善疏散并安置受灾居民。

城市急救中心、血库、防疫站、各类医院是灾时急救和灾后防疫的重要力量，应加强此类医疗救护设施建设，在布局上必须避开危险地段、适当提高建筑物设防标准，并保证其最佳的服务范围。

加强公安、消防队伍建设，增加人员编制与专业救援设备，逐步构建以公安、消防为主要力量，各系统、行业、大型企业专业救援队伍为基本力量，社区自救互救组织和志愿者队伍为补充力量，军队为支援力量的救援队伍体系，形成全社会参与的防灾救灾的整体合力。

（4）灾后恢复重建体系

城市应建立灾害物资储备机制，建立与各大粮油系统、超市、药店等部门的物资供应链。规划设立外来援助物资储配点，依据灾情统一调配与居民生活密切相关的救灾物资，保证灾民基本的生活生存、生活条件。

规划配备与城区可能发生的综合灾害程度相适应的防灾装备、设施和物资，确保能在特殊情况下各自为战，应付局面，减少损失。

瘟疫往往是严重灾害的重要次生灾害，尤其是洪水、地震灾害之后，各种传染病也进入高发期。医院和防疫站作为灾后救助和防疫的重要力量，必须确保自身的安全性，并合理规划其服务范围。

城市各类医院配合防疫站建立灾后的疾病监测预防系统，及时发现疾病，及时治疗，并做好疫苗接种工作，避免疾病的相互传染。

灾后恢复重建涉及大量经费问题，防灾减灾工作离不开保险业务。政府可采用政策性保险公司与商业性保险公司相结合的形式，鼓励商业性保险公司经营灾害保险业务，并在税收、政策上扶持灾害保险业务的发展。

此外，政府也要建立灾害补助机制，对灾民进行经济援助。从而迅速恢复生产生活，维护社会稳定。

2. 城市综合防灾减灾规划的编制

2006年版《城市规划编制办法》对防灾问题做出了新的规定。其显著特点有两个：一是强调"综合防灾"，二是提出"公共安全"的概念。这样，城市防灾规划的内涵得到很大扩展；无论在灾种分类上，还是在指导思想、编制内容、编制流程上都产生了很大的变化。

城市综合防灾规划的编制流程见图9-2。

城市综合防灾规划应包括以下五个基本组成部分。

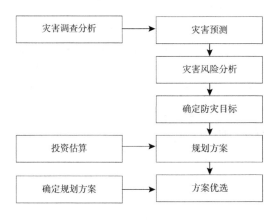

图9-2　综合防灾规划编制流程图

（1）城市防灾能力评估

在制定综合防灾规划前，必须清楚城市目前所拥有的防灾资源、防灾工作中存在的问题，只有这样，才可能对症下药，制定切实可行的规划。我国目前的城市防灾规划虽然也分析防灾工作中存在的问题，但是广度和深度仍很不够，因此需要把城市政府的防灾资源与限制条件逐一列出进行研究、分析。

（2）总体目标系统

目前，我国城市防灾规划中的目标要么过于宽泛、笼统，如"尽最大可能减少人民生命和财产损失"；要么过于具体，如"在几年内，建造多少公里的防洪大堤"等，未能从多专业、多角度来看问题。防灾规划的实施涉及多个部门、多个方面，例如，加强各个部门之间的相互协调，这是管理问题；提高居民防灾能力，这是社会问题；节省防灾工程措施的投资，这是经济问题；减少防灾工程对生态环境的不利影响，这是环境问题等。只有从多个不同角度来研究防灾问题，才有可能取得较好的防灾效果，此为"多目标"。

（3）风险评估系统

我国目前城市防灾规划中涉及的灾种较少，基本上只涉及地震、洪灾、火灾和空袭四种主要灾害。为此，在编制内容中提出了17个大类的灾种，并根据需要对增加的灾种进行了分类。不同的灾害对不同城市的威胁程度也不同，各城市所采取的相应的规划措施也不同，因此可以根据重大性、延迟性、破坏性、影响区域、频率、可能性、易损性、社区优先性这8个因素，将不同灾种分成高风险、中风险、低风险三类。这一环节体现了"多风险"的特点。针对不同风险程度的灾害制定不同等级的对策，可方便管理和节省投资。

（4）支持系统

支持系统是规划实施的重要支撑，我国目前的城市防灾规划中没有或很少考虑这些内容，导致规划的可操作性下降。规划如何操作实施，需要规划编制者认真研究，制订科学严密的实施计划，保证规划能落到实处，并能够发挥应有的作用。支持系统对灾前、灾中、灾后的工作需要整体考虑、统一安排。这个环节体现了规划对策的"多手段"。

（5）多灾种规划

多灾种规划是城市综合防灾规划的核心内容，灾种的广泛性在相当程度上体现了规划的综合性。"多灾种"既包括自然灾害，也包括人为灾害。由于我国近年来各种人为灾害接连发生，给人民生命和财产造成了重大损失，因此为把损失降低到最小，需要对各种主要的人为灾害采取一定的规划措施。

从规划层次上来说,要建立综合防灾规划(由防洪、抗震、消防、人防等专项规划组成)以及分区、分片的防灾规划,针对大型公共建筑的大型单体建筑防灾规划。

从规划内容和方法上,要根据当地的生态环境容量,从防灾减灾的角度提出城市的合理规模,控制城市规模无限扩大;推荐有利于防灾的城市形态。

从城市防灾减灾的角度提出绿地建设量、人口密度、容积率等,作为规划的科学依据。优化道路、广场、市政设施的规划,增加透水地面,规划中要明确增加城市防灾用地(包括避难场所、疏散通道等)。

科学布置重点地区的防灾设施,合理规划,保证交通、能源、供水、供电、通信等城市生命线系统自身的安全,避免次生灾害的产生,加强重点设防地区保障设施的备用方案的论证选择,注重旧城改造时防灾系统的配套和市政基础设施的改造。

第二节　防洪规划

一、洪水灾害

洪水灾害是洪灾和涝灾的总称。是一个流域内因集中大暴雨或长时间降雨,汇入河道的径流量超过其泄洪能力,漫溢两岸或造成堤坝决口导致泛滥的灾害。洪灾一般指因河流泛滥所引起的灾害。涝灾是因过量降雨所引起的地面大量积水并伴有一定损失的现象。二者经常是同时发生的,区别在于水的来源不同,而且水量也不同。

洪水灾害的形成受气候、下垫面等自然因素与人类活动因素的影响。洪水可分为雨洪水、湖泊洪水和风暴潮洪水等。

雨洪水:在中低纬度地带,洪水的发生多由雨形成。大江大河的流域面积大,且有河网、湖泊和水库的调蓄,不同场次的雨在不同支流所形成的洪峰,汇集到干流时,各支流的洪水过程往往相互叠加,组成历时较长涨落较平缓的洪峰。小河的流域面积和河网的调蓄能力较小,一次暴雨就会形成一次涨落迅猛的洪峰。雨洪水可分为两大类,暴洪是突如其来的湍流,它沿着河流奔流,暴洪具有致命的破坏力,另一种是缓慢上涨的洪水。

山洪:山区溪沟,由于地面和河床坡降都较陡,降雨后产流、汇流都较快,形成急剧涨落的洪峰。

泥石流:暴雨引起山坡或岸壁的崩坍,大量泥石连同水流下泄而形成。

融雪洪水：在高纬度严寒地区，冬季积雪较厚，春季气温大幅度升高时，积雪大量融化而形成。

冰凌洪水：中高纬度地区内，由较低纬度地区流向较高纬度地区的河流（河段），在冬春季节因上下游封冻期的差异或解冻期差异，可能形成冰塞或冰坝而引起（如内蒙古河套地区）。

溃坝洪水：水库失事时，存蓄的大量水体突然泄放，形成下游河段的水流急剧增涨甚至漫槽成为立波向下游推进的现象。冰川堵塞河道、壅高水位，然后突然溃决时，地震或其他原因引起的巨大土体坍滑堵塞河流，使上游的水位急剧上涨，当堵塞坝体被水流冲开时，在下游地区也形成这类洪水。

湖泊洪水：由于河湖水量交换或湖面大风作用或两者同时作用，可发生湖泊洪水。当入湖洪水遭遇江河洪水受其严重顶托时常产生湖泊水位剧涨，因盛行风的作用，引起湖水运动而产生风生流，有时可达 5 ～ 6m，如北美的苏必利尔湖、密歇根湖和休伦湖等。

天文潮：海水受引潮力作用，产生海洋水体的长周期波动现象。海面一次涨落过程中的最高位置称高潮，最低位置称低潮，相邻高低潮间的水位差称潮差。加拿大芬迪湾最大潮差达 19.6m，中国杭州湾的最大潮差达 8.9m。

风潮：台风、温带气旋、冷锋的强风作用和气压骤变等强烈的天气系统引起的水面异常升降现象。它和相伴的狂风巨浪可引起水位上涨，又称风潮增水。

海啸：是水下地震或火山爆发所引起的巨浪。

我国幅员辽阔，大约 2/3 的国土面积存在着不同类型和不同程度的洪水灾害。防洪重点在东部平原地区，如松花江中下游、海河、长江中游（江汉平原、洞庭湖区、鄱阳湖区以及沿江一带）、珠江三角洲等。其在地理上都有一个共同特点，即位于湖泊周围低洼地和江河两岸及入海口地区。另外，东南沿海一些山区和滨海平原的接合部，也属于洪水危险程度较大的区域。

洪灾有如下特点：

1. 普遍性和多样性

我国地域辽阔，自然环境差异很大，具有产生多种类型洪水和严重洪水灾害的自然条件和社会经济条件。我国多数城市沿江河或者沿海，普遍存在洪水威胁。除沙漠、极端干旱区和高寒区外，我国其余大约 2/3 的国土面积都存在不同程度和不同类型的洪水灾害。

2. 区域性和差异性

我国洪水灾害以暴雨成因为主，而暴雨的形成和地区关系密切。

对于我国来说,洪涝一般是东部多、西部少;沿海地区多,内陆地区少;平原地区多, 高原和山地少。

3. 季节性和周期性

我国最基本、最突出的气候特征是大陆性季风气候,因此,降雨量具有明显的季节性变化。这就决定了我国洪水发生的季节规律。我国的洪水灾害主要发生在 4 ~ 9 月。如我国长江中下游地区的洪水几乎全部都发生在夏季。

城市防洪规划是统筹安排各种预防和减轻洪水对城市造成灾害的工程或非工程措施的专项规划,是受洪水威胁城市的总体规划的组成部分, 也是城市所在地区河流流域防洪规划的组成部分。

二、洪水成因

1. 降雨强度

指单位时段内的降雨量, 以 mm/min 或 mm/h 计。从暴雨洪水的历史资料可以看出, 一般情况下, 3 天降雨量小于 30mm 时不大可能引发洪水, 而大于 200mm 时基本上都会引发洪水。

2. 汇水面积

指河流支流所流经的区域,这对于计算水流的流量是必要的。其是根据一系列的分水线（山脊线）的连线确定的。

3. 植被条件

森林覆盖率高的流域拦水能力较高,能显著地削减洪峰、延缓洪水过程。

4. 地形

中国是个多山的国家, 山地、高原和丘陵占国土面积的 65%,山脉体系有各种走向。总体上西高东低呈三级阶梯的独特地势。三大地形阶梯的结合部都是地理单元的过渡区, 是洪涝灾害的主要地区。尤其是喇叭口谷地,山高坡陡地区形成的径流,以极快的速度汇集到河谷中, 在阶梯结合部与相对平坦的区域,极易形成洪水。山高坡陡地区, 水流湍急, 河道狭窄, 洪水的影响范围小, 而到了平原地区, 水流渐缓, 河道开阔, 洪水的影响范围变大。尤其是在一些大江大河的下游地区, 由于洪水排泄不畅, 极易形成洪灾。

5. 流域形状

江河中下游平原区从北向南包括松花江中下游平原、辽河中下游平原、华北平原（海河）、黄河中下游平原、淮河流域平原地区、长江中下游宜昌以下地区、珠江流域平原地区。构成该地区的边界大体上和 100m 等高线一致, 是我国地形阶梯的第三级, 是开阔的平原地区，这一区域河道比降小，上游来水和下泄能力矛盾突出，是我国洪水的重灾区。所以该地区历来是我国的防洪重点地区。

三、防洪标准

在确定城市防洪工程设计标准时，除了进行保护范围内的安全效益与工程造价比较外，还应考虑以下基本事项：

1. 充分调查研究水文资料、洪水的成因及灾害情况。

2. 根据防护对象在国民经济中的作用、受洪水威胁的程度、洪水所造成的淹没损失、工程修复难易程度以及人口多少等综合确定。

3. 根据城市防洪建设的需要与投资的可能，全面规划，分期实施，对近远期工程分别确定不同的防洪标准。

4. 对超过设计标准的洪水，应采取对策性措施。

5. 在同一城市中，不同地区和不同防护对象的重要性和其他因素不同，可以根据具体情况采用不同的防洪标准。

6. 与流域防洪规划相适应，不得低于流域防洪标准。

城市根据其社会经济地位的重要性或城市人口的数量分为四个等级。各等级的防洪标准按表9-1确定。

城市等级和防洪标准　　　　　　　　　表 9-1

等级	重要程度	城市规模（万人）	防洪标准重现期（年）
1	特别重要的城市	≥ 150	≥ 200
2	重要的城市	150 ~ 50	200 ~ 100
3	中等城市	50 ~ 20	100 ~ 50
4	一般城镇	≤ 20	50 ~ 20

四、防洪对策

城市所处的地区不同，其防洪对策也不相同，一般来说，主要有以下几种情况：

1. 河流穿越城市，市区低于河道，设防洪堤

在平原地区，当大、中河流贯穿城市，或从市区一侧通过，市区地面高程低于河道洪水位时，一般采用修建防洪堤来防止洪水侵入城市。如：开封建设的黄河大堤，经过不断改造，加高加固，现在巨石砌成的堤坝普遍加高到 8 ~ 9m。除加固了两岸的临黄堤外，还新修缮加固了南北全堤、展宽区围堤、东平湖围堤、沁河堤和河口地区防洪堤等。加上干支流防洪水库的配合，大大提高了黄河防

洪的能力。

2.河流穿越城市，河床较深，设护岸

当河流贯穿城市，其河床较深，由于洪水的冲刷易造成对河岸的侵蚀，并引起塌方，或在沿岸需设置码头时，一般采用挡土墙护岸工程，这种护岸工程常与修建滨江大道结合。例如上海市的外滩沿岸、广州市的长堤路沿岸挡土墙护岸即属这种情况。

3.城市位于山前区，设排洪沟

城市位于山前区，地面坡度较大，山洪出山的沟口较多。对于这类城市一般采用排（截）洪沟；而当城市背靠山，面临水时，则可采取防洪堤（或挡土墙护岸）和截洪沟的综合防洪措施。

4.上游有水库，提高水库的设防标准，开辟滞洪区

当城市上游近距离内有大、中型水库，面对水库对城市形成的潜伏威胁，应根据城市范围和重要性质提高水库的设计标准，增大拦洪蓄洪的能力。对已建成的水库，应加高加固大坝，有条件时，可开辟滞洪区，而对城区河段则可同时修建防洪堤。

5.城市地处盆地，外围设围堰

城市地处盆地，市区低洼，暴雨时所处地域的降雨易汇流而造成市区被淹没。一般可在城区外围修建围堰或抗洪堤，而在市内则应采取排涝的措施（修建排水泵站），后者应与城市雨水排除统一考虑。

6.城市位于海边，设海岸堤

位于海边的城市，当城区地势较低，易受海潮或台风袭击威胁，除修建海岸堤外，还可修建防浪堤，对于停泊码头，则可采用直立式挡土墙。

五、防洪构筑物

城市防洪工程措施可分为挡洪、泄洪、蓄滞洪、排涝及泥石流防治等五类。挡洪工程主要包括堤防、防洪闸等工程设施；泄洪工程主要包括河道整治、排洪河道、截洪沟等工程设施；蓄（滞）洪工程主要包括分（蓄）洪区、调洪水库等工程设施；排涝工程主要包括排水沟渠、调蓄水体、排涝泵站等工程设施；泥石流防治工程包括拦挡坝、排导沟、停淤场等工程设施。

1.防洪堤

堤防是沿河流、湖泊、海洋的岸边或蓄洪区、水库库区的周边修建的挡水建筑物。堤防是世界各地防洪的主要工程措施，也是城市防洪的主要工程措施。堤防的作用主要是限制洪水泛滥，保护居民安全和工农业生产；约束水流，提高河道的泄洪排沙能力；防止

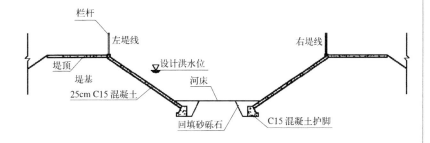

图9-3 河堤断面示意图

风暴潮的侵袭（图9-3）。

按水体的性质，堤防主要分三大类，即江河堤防、围堤和海堤（海塘）。

按堤防所处的位置分为河堤、湖堤、海堤、围堤和水库堤等。

按堤防的功能可分为防洪堤、防涝堤、防波堤等。

防洪堤的河堤断面如图9-3所示。

2. 护坡和护岸

护坡、护岸是保持江（河）岸、海岸、湖岸稳定，保护城市建筑、道路、码头安全的工程措施。设置护坡、护岸是为了保护岸边不被水流冲刷，防止岸边坍塌，保证汛期行洪岸边稳定。其布置应减少对河势的影响，避免抬高洪水位。

3. 防洪闸

防洪闸指城市防洪工程中的挡洪闸、分洪闸、泄洪闸和挡潮闸的总称。

挡洪闸是用来防止河洪倒灌的防洪建筑物，一般建在河口附近，在干流洪水水位到达控制水位时关闭闸门挡洪，在洪水位降到控制水位以下时开启闸门排泄支流洪水。

分洪闸建于河道的一侧，用来分泄河道洪水的水闸。当上游来水超过下游河道安全泄量时，为确保河道下游地区免受洪灾，将超过下游河道安全泄量的洪水经分洪闸泄入湖泊、洼地等预定的分洪区暂时存蓄，待洪水过后，再排入原河道，或泄入分洪道直接分流入海。

泄洪闸是用以宣泄洪水并调节控制水库水位的闸门。

挡潮闸建于滨海地段或河口附近，用来挡潮、蓄淡、泄洪、排涝的水闸。涨潮时关闭闸门，防止潮水倒灌进入河道,拦蓄内河淡水,满足引水、航运等的需要。退潮时，潮水位低于河水位，开启闸门，可以泄洪、排涝、冲淤。

4. 排涝泵站

排涝泵站站址应接近承泄区低洼处，分区排涝泵站应兼顾相邻区域的排涝要求。排涝泵站规模应根据城市排涝体系组成综合确定，排涝泵站用地参照《城市排水工程规划规范》有关指标确定。

5. 排洪渠

排洪渠是指拦截、排泄山洪的渠道。排洪渠道的作用是将山洪安全排至城市下游河道，它是减少山洪危害的重要措施之一。排洪渠道包括排洪明渠、排洪暗渠和截洪沟。

六、山洪及泥石流防治

山洪是指山区溪沟中发生的暴涨洪水。山洪具有突发性，水量集中流速大、冲刷破坏力强，水流中挟带泥沙甚至石块等，常造成局部性洪灾。一般分为暴雨山洪、融雪山洪、冰川山洪等。通过提高防洪标准、调整人类活动方式、增强山区群众防灾避灾意识，可以达到减少山洪灾害发生频率或减轻其危害的目的。

山洪挟带沉积物密度大于 $1.3t/m^3$ 时为泥石流，小于 $1.3t/m^3$ 时为普通山洪。泥石流的特点是暴发快，历时短，流速大，冲刷力大，含砂量大，破坏力大。

我国大部分地区在季风环流影响下，降水集中，暴雨频发，暴雨强度大。而高强度的暴雨，正是山洪灾害频繁发生的主要动力。因此，我国山洪灾害的分布特征基本与暴雨分布特征相一致。溪河洪水灾害主要分布于我国地势上的第二、三级阶梯的后缘地带，大体上可以大兴安岭—太行山—巫山—雪峰山一线为界划分为东、西两部分。泥石流灾害主要集中分布于西南地区和秦巴山区，其他的山地丘陵区泥石流灾害分布零散；沿青藏高原四周边缘山区，横断山—秦岭—太行山—燕山一线成密集带集中分布。滑坡灾害分布的基本特点是，西部地区多于东部地区，南部地区多于北部地区，其中西南地区是滑坡分布最集中、发生频率最高的地区。

山洪泥石流来势猛、成灾快、历时短、范围小而散，但易造成人员伤亡。对山洪泥石流威胁区内的人员和财产主要采取工程措施和非工程措施为主的综合防御措施，以减少人员伤亡为首要目标。

山洪、泥石流防治主要措施：上游控制泥砂下泄（水土保持，设谷坊）；中游拦砂泄流（设拦截坝）；下游安全排泄（设排洪道）。

七、海潮防治

海潮，即海洋潮汐，是指海水有规律地涨落现象。涨落高差一般为几米，在外海其潮小，近岸则潮大，多数海区的涨落周期约为半天，少数海区接近一天。海水定期升降或涨落的潮汐现象，提供了利于循潮捕捞、纳潮制盐、随潮航行等便利条件。异常海潮即灾害性海潮，却往往会造成巨大的经济、社会损失。

海岸工程防护（如建造防潮堤坝，并辅以丁坝、离岸堤等）是防治潮灾危害的最直接、见效相对较快、实施条件相对较为便利的措施。同时，还应建立包括植树、种草和工程防护措施等在内的立体防护生态系统。

八、防洪规划

城市防洪规划是为防治某一河流或某一地区的洪水灾害而制定的专业水利规划。是搞好城市防洪建设的基础，直接关系到城市的安全和城市的发展。城市防洪规划是流域总体规划的重要组成部分，一般要考虑蓄泄兼施，因地制宜的原则。同时要正确处理整体与局部、需要与可能、近期与远期、防洪与兴利等各方面的关系，进行综合安排和全面规划，以达到防洪兴利的目的。

（一）防洪规划的编制原则

1. 要贯彻全面规划、综合治理、防治结合、以防为主的方针。

2. 城市防洪规划不仅要与流域防洪规划相配合，与城市总体规划相协调，而且还要兼顾市政建设各有关部门的要求。

3. 根据城市大小及其重要性，在充分分析防洪工程效益的基础上，合理选定城市防洪标准。重要城市，对超过设计标准的特大洪水要作出对策性方案。

4. 要充分发挥城市防洪工程的防洪作用，并考虑与流域防洪设施的联合运用。修建水库和分（蓄）洪工程时，要尽可能地考虑综合利用。

5. 从实际出发，因地制宜，就地取材，提高投资效益。

6. 区别轻重缓急，近、远期相结合，全面规划，分期实施。随着城市不断发展，逐步提高城市防洪设施的抗洪能力。

7. 结合城市特点，考虑保护环境、美化城市。

8. 强调非工程措施的防洪作用。

（二）防洪规划的主要内容

1. 防洪设施现状分析

进行现场踏勘和资料调查。调查以往洪、涝、潮灾害简况；历史上主要洪涝年份的雨情、水情和灾情，对城市发展的影响；影响城市防洪治涝安全的有关河道、湖泊、水库、蓄滞洪区等的情况；防洪、治涝、排水、防潮工程设施和非工程措施建设情况；城市防洪、治涝、排水、防潮的现状能力和标准，历史大洪水再现时可能出现的水情和灾害，分析城市现状防洪能力及现状存在问题。

2. 洪水分析计算

根据暴雨观测、调查资料，分析暴雨成因和特性、历史大暴雨；计算不同历时设计暴雨。

根据有关江河洪水观测、调查资料，分析洪水成因和特性；所在地区历史大洪水的雨情和水情。计算不同频率洪水，确定设计洪水；分析人类活动对洪水影响。

根据潮水位观测或调查资料，分析潮汐、波浪特性；历史大风暴潮的风情、雨情、潮情和海浪。计算设计潮水位。

根据城市涝水观测资料、内涝成因和特性，分析所在地区历史上大涝年的雨情和城市涝情。进行治涝水文计算，分析人类活动对涝水的影响。

3. 防洪工程治理措施

主要有堤防、河道整治工程、蓄滞洪工程等。确定新建、改建、扩建和加高、加固的防洪工程设施，分洪口以及配套设施等的选址；堤线走向和河道治导线等的拟定；工程等级和设计标准；主要防洪工程设施的参数和控制运用规定；初拟防洪库容、挡潮闸、分洪道、堤防、河道整治工程和护岸等工程设施的设计方案；根据《防洪法》初步拟定的规划保留区范围。

4. 非工程治理措施

主要包括植树造林、洪水预报、洪水警报、洪水调度、蓄滞洪区管理、洪水保险、河道清障、河道管理、超标准洪水防御措施、灾后救济等。

（三）防洪规划的成果要求

1. 防洪规划的编制程序

（1）全面收集基础资料，并进行综合分析。

（2）分析历史上城市防洪、防潮、防凌方略和规划概况；防洪、防潮、防凌的对策和措施；可能采用的水库、堤防、分洪道、蓄滞洪区、挡潮闸等工程措施研究。拟定防洪、防潮、防凌规划方案。进行规划方案的洪水调节、洪水演算、设计洪水位和设计洪水水面线推算，以及设计潮水位、波浪爬高等防洪、防潮设计；规划方案的分析、论证、比选；选定的防洪工程设施规划方案。提出超标准洪水的对策和措施。

（3）组织有关部门专家对规划方案进行论证、评审、优选和技术鉴定。

2. 防洪规划成果要求

（1）说明书

主要介绍城市概述，规划编制的指导思想和原则要求，现状分析、防洪、治涝水文分析计算、防洪工程设施规划、治涝工程设施规划、非工程设施规划。

（2）图纸

包括现状和规划的城市防洪、治涝工程设施、排水管网分布及根据《防洪法》初步拟定的规划保留区范围等。

第三节　消防规划

一、火灾成因

火灾是威胁社会公共安全和社会发展的灾害。城市由于人口和社会财富高度集中，一旦发生火灾，损失十分严重。因此，在城市规划中应重视城市消防规划。

最近几个世纪来，世界上已有不少城市相继发生了相当大的火灾，有的城市大火给城市生产、居民生活带来了严重影响。

引起城市大火主要原因多为以下几方面：强风的影响；地震引起的次生灾害；战争空袭等。

我国城镇发生大火的主要原因有：①建设中存在盲目性，乱搭乱建情况严重；将易燃易爆的工厂、仓库，布置在居民区域公共建筑附近，一旦发生火灾爆炸事故，危害极大；②易燃建筑相距很近，这是旧城镇存在的问题，一旦起火，就会形成大面积火灾；③有些易燃易爆的工厂、仓库原先布置在城市边缘，但随着城市建设的发展，建成区范围逐步扩大，建筑与易燃易爆工厂等相距越来越近，不安全因素逐步增多，甚至成了重大火险隐患。

因此，在进行城市规划时，必须同时规划城市消防的有关设施，以确保人们生命财产的安全。

二、消防安全布局

消防安全布局是城市消防规划的重要部分，是贯彻消防工作"预防为主，防消结合"方针的具体体现，也是决定城市消防整体环境的重要因素，其主要目标是保障城市各项基本功能协调，各项建设有利于消防事业的健康发展。随着城市的不断发展和规划调整，对消防安全布局提出了新的要求。

1. 对易燃易爆工厂、仓库的布局（如石油工厂、仓库设置的位置和距离）。火灾危险大的工厂、仓库的选点与周围环境条件，散发可燃气体、可燃蒸气和可燃粉尘工厂的设置位置，与城市主导风向的关系及其他建筑之间的安全距离等，要采取严格控制办法。

2. 城市燃气调压站布点、与周围建筑物的间距；液化石油气储配站、灌瓶站的设置地点，与周围建筑物、构筑物、铁路、公路防火的安全距离等，应严格按防火间距规定执行。

3. 城市汽车加油站的布点、规模及安全条件等，根据消防要求，严格控制与周边环境的关系。

4. 位于居住区，且火灾危险性较大的工厂，采取有效措施，保证安全。

5. 结合旧城区改造，提高耐火能力，拓宽狭窄消防通道，增加消火栓，为灭火创造有利条件。

6. 对古建筑和重点文物单位应考虑保护措施。

7. 对燃气管道和高压输电线路采取保护措施。

三、消防站

（一）消防站的规划原则

城市消防站的规划布局首要原则是，消防队接到火警后要能尽快地到达火场，具体地说：发生火灾时，消防队接到火警在 5 分钟内要能到达责任区最远点。这一要求是根据消防站扑救责任区最远点的初期火灾所需要 15 分钟消防时间而确定的。根据我国通信、道路和消防装备等情况，15 分钟消防时间可以扑救砖木结构建筑物初期火灾，有效地防止火势蔓延。

目前，我国城市虽已建起了相当数量的钢筋混凝土结构和混合结构的建筑，但大多数城市旧城区的砖木结构式建筑仍占相当大的数量。

消防站布局要根据工业企业、人口密度、重点单位、建筑条件以及交通道路、水源、地形等条件确定。其责任区面积一般为 $4 \sim 7km^2$。每个消防站的具体责任区面积应根据不同情况分别确定。

1. 石油化工区，大型物资仓库区，商业中心区，高层建筑集中区，重点文物建筑集中区，首脑机关地区，砖木结构和木质结构、易燃建筑集中区以及人口密集、街道狭窄地区等，每个消防站的责任区面积一般不宜超过 $4 \sim 5km^2$。

2. 丙类生产火灾危险性的工业企业区（如纺织工厂、造纸工厂、制糖工厂、服装工厂、棉花加工厂、棉花打包厂、印刷厂、卷烟厂、电视机收音机装配厂、集成电路工厂等），科学研究单位集中区，大专院校集中区，高层建筑比较集中地区等，每个消防站的责任区面积不宜超过 $5 \sim 6km^2$。

3. 一、二级耐火等级建筑的居民区，丁、戊类生产火灾危险性的工业企业区（如炼铁厂、炼钢厂、有色金属冶炼厂、机床厂、机械加工厂、机车制造厂、制砖厂、新型建筑材料厂、水泥厂、加气混凝土厂等），以及砖木结构建筑分散地区等，每个消防站的责任区面积不超过 6 ~ 7km²。

上述三种情况可采用下列经验式计算消防站责任区面积：

$$A = 2R^2 = 2 \times \left(\frac{S}{\lambda}\right)^2 \tag{9-2}$$

式中：A——消防站责任区面积（km²）；

　　　R——消防站保护半径（消防站至责任区最远点的直线距离）（km）；

　　　S——消防站至责任区最远点的实际距离（km）；

　　　λ——道路曲度系数，即两点间实际交通距离与直接距离之比，取 1.3 ~ 1.5。

4. 在市区内如受地形限制，被河流或铁路干线分隔时，消防站责任区面积应当小一些。这是因为坡度和曲度大的道路，行车速度要大大减慢；还有的城市被河流分成几块，虽有桥梁连通，但因桥面窄，常常堵车，也会影响行车速度；再有，被山峦或其他障碍物堵隔，增大了行车距离。因此，在规划消防站时，要因地因条件制宜，合理解决。

5. 风力、相对湿度对火灾发生率有较大影响。据测定，当风速在 5m/s 以上或相对湿度在 50% 左右，火灾发生的次数较多，火势蔓延较快，其责任区面积应适当缩小。

6. 物资集中、货运量大、火灾危险性大的沿海及内河城市，应规划建设水上消防站。水上消防队配备的消防艇，吨位应视需要而定，海港应大些，内河可小些。水上消防队（站）责任区面积可根据本地实际情况确定，一般以从接到报警起 10 ~ 15 分钟内达到责任区最远点为宜。

（二）消防站的位置

消防站的位置是否合理，对于迅速出动消防车扑救火灾和保障消防站自身的安全有重要的关系。因此，在选择消防站的站址时，必须十分慎重。一般需要注意以下事项。

1. 消防站应选择在本责任区的中心或靠近中心的地点。因为只有这样设置，当消防站责任区的最远点发生火灾时，消防车才能迅速赶到火场，及早进行扑救，以减小火灾损失。

2. 为了便于消防队接到报警后能迅速出动，防止因道路狭窄、拐弯多，而影响出车速度，甚至造成事故，消防站必须设置在交通方便，利于消防车迅速出发的地点，如主要街道十字路口附近或主要街道的一侧。

3. 为了使消防车在接警出动和训练时不致影响医院、小学校、托儿所等单位的治疗、休息、上课等正常活动，同时为了防止人流集中时影响消防车迅速、安全地出动，消防站的位置距上述单位应保持足够的距离，一般不应小于50m。

4. 在生产、储存化学易燃易爆物品的建筑、装置、油罐区、可燃气体（如燃气、乙炔、氢气等）大型储罐区以及储量大的易燃材料（如芦苇、稻草等）堆场等，消防站与上述建筑物、堆场、储罐区等应保持足够的防火安全距离，一般不应小于200m，且应设置在这些建筑物、储罐、堆场常年主导风向的上风向或侧风向。

有些城郊的居住小区，如离城市消防站较远，且小区人口在15000人以上时，应设置一个消防站。

（三）消防站规划内容

消防站分为普通消防站、特勤消防站和战勤保障消防站三类。普通消防站分为一级普通消防站和二级普通消防站。

消防站内建筑应包括车库、值勤宿舍、训练场、油库和其他建筑物、构筑物。

1. 车库基本尺寸

车库基本尺寸应符合下列要求：

（1）车库内消防车外缘之间的净距不小于2m；

（2）消防车外缘至边墙、柱子表面的距离不小于1m；

（3）消防车外缘至后墙表面的距离不小于2.5m；

（4）消防车外缘至前门的距离不小于1m；

（5）车库的净高不小于车高加0.6m。

2. 值勤宿舍面积

包括消防队（站）队长和消防战斗员的值勤宿舍，前者每人面积不小于10m²，后者每人面积不小于6m²。

3. 训练场面积

应根据消防站的规模、车辆数确定，一般应符合表9-2的要求。

消防站训练场面积指标　　　　　　　　　　表9-2

车辆数	2～3	4～5	6～7
面积（m²）	1500	2000	2500

在执行上表的规定中尚应考虑以下两点：

（1）有条件的城市，在某些消防站内设置能够进行全套基本功训练的训练场地。训练场的宽度不宜小于 15m，长度宜为 150m。这样设置有困难时，其长度可减为 100m。

（2）对于旧城区新建、扩建的消防站，训练场地面积按表 9-2 规定执行有困难的，可适当减小，但最小不应小于 1000m²，并应根据需要在若干消防站的适当地点，设置宽度不小于 15m，长度宜为 150m 训练场地的消防站。

4. 训练塔

它是消防战士进行业务训练不可缺少的重要设施。因此，消防站内应设置训练塔，其正面应设有长度不小于 35m 的跑道。

训练塔不少于 4 层，高层建筑物较多的城市，层数宜为 8 层以上。

训练塔宜设置室外消防梯，并应通至塔顶。消防电梯宜从离地面 3m 高处设起，其宽度不宜小于 500mm。

四、消防给水

消防给水系统包括市政消火栓、天然水源取水设施、消防水池和消防供水管网等消防供水设施。建设消防供水设施应当达到：保证消防供水设施的数量，水量、水压等满足灭火需要，保证消防车到达火场后能够就近利用消防供水设施，及时扑救火灾，控制火势蔓延的基本要求。

（一）消防用水量

1. 在规划城市居住区室外消防用水量时，应根据人口数确定同一时间的火灾次数和一次灭火所需要的水量。可参见第一章表 1-5。

此外，尚应满足以下要求：

（1）城市室外消防用水量必须包括城市中的居住区、工厂、仓库和民用建筑的室外消防用水量。

（2）在冬季最低温度达到零下 10℃城市，如采用消防水池作为水源时，必须采取防冻保温措施，保证消防用水的可靠性。

（3）城市中的工厂、仓库、堆场等没有单独的消防给水系统时，其同一时间内火灾次数和一次火灾消防用水量，可分别计算。

2. 城市中的工业与民用建筑物室外消防用水量，应根据建筑物的耐火等级、火灾危险性类别和建筑物的体积等因素确定。一般不应小于表 9-3 的规定。

在确定建筑物室外消防用水量时，应按其消防需水量最大的一座建筑物或一个消防分区计算。

建筑物的室外消防用水量（L/s） 表 9-3

耐火等级	建筑物的类型		建筑物的体积（m³）					
			≤ 1500	1501 ~ 3000	3001 ~ 5000	5001 ~ 20000	20001 ~ 50000	> 50000
一、二级	厂房	甲、乙类	10	15	20	25	30	35
		丙类	10	15	20	25	30	40
		丁、戊类	10	10	10	15	15	20
	仓库	甲、乙类	15	15	25	25	—	—
		丙类	15	15	25	25	35	45
		丁、戊类	10	10	10	15	15	20
	民用建筑	单层或多层	10	15	15	20	25	30
		除住宅外的一类高层	30					
		一类高层住宅和二类高层	20					
三级	厂房或仓库	乙、丙类	15	20	30	40	45	—
		丁、戊类	10	10	15	20	25	35
	民用建筑		10	15	20	25	30	—
四级	丁、戊类厂房或仓库		10	15	20	25	—	—
	民用建筑		10	15	20	25	—	—

3. 油罐区（包括汽油、原油、苯、甲醇、乙醇、煤油、柴油、植物油等储罐区）的消防用水量一般包括灭火用水量和冷却用水量两个部分。

（二）消防水源

根据我国目前经济技术条件和消防装备条件，在规划城市消防供水时，宜根据不同条件和当地具体情况，采用多水源供水方式。就是说，一方面对现有的水厂进行设备更新、扩建改造，同时增建新的自来水厂，逐步提高供水能力；另一方面，要积极开发利用就近天然地表水（如江河、湖泊、水池、水塘、水渠等），人工水池或地下水（如管井、大口井、渗渠等），以便达到多水源供水，保证消防用水的需要。

符合表 9-4 所列条件的城市、工业企业、独立的居住区，其消防水源一般应不小于两个。

我国南方一些城市的市区和郊区河流纵横，河河相通构成水网，在规划中要采取积极措施加以保护，并由城建部门、水利部门通力合作，综合治理，付诸实施。

无河网的城市，宜结合重要公共建筑修建蓄水池、喷泉池等，

名称	人数（万人）	工业企业基础面积（ha）	附属于工业企业的居住区人数（万人）
城镇	>2.5	—	—
独立居住区	>2.5	—	—
大中型石油化工企业	—	>50	>1.0
其他工业企业	—	>100	>1.5

设置两个消防水源的条件　　　　　表9-4

并设置环形车行道，为消防车取水灭火创造有利条件。这类水池，不仅平时可作为消防水源，当遇到战争或地震等破坏城市管网而中断供水水源时，也可用来灭火。

城市中的大面积棚户区或三级及三级以上耐火等级占多数的老城区，凡严重缺乏消防用水的，应规划建设人工消防蓄水池。每个水池的容量宜为 $100 \sim 300m^3$，水池间距宜为 200 ~ 300m，寒冷地区还应采取防冻措施。

（三）消火栓

新建的城市（包括经济特区、经济开发区），城区住宅小区、卫星城及工业区，室外消火栓的规划设置要求如下：

1. 沿城市道路设置，并宜靠近十字路口。城市道路宽度超过60m 时，应在道路两边设置消火栓。

2. 消火栓距道路边缘不应超过 2m，距建筑物外墙不应小于5m。油罐储罐区、液化石油气储罐区的消火栓，应设置在防火堤外。

3. 市政或室外消火栓的间距不应超过 120m。对于城市主要街道、建筑物集中和人员密集的地区，市政消火栓间距过大的，应结合市政供水管道的改造，相应增加室外消火栓，使之达到规定要求。

4. 市政消火栓或室外消火栓，应有一个直径为 150mm 或100mm 和两个直径 65mm 的栓口。每个市政消火栓或室外消火栓的用水量应按 10 ~ 15L/s 计算。

室外地下式消火栓应有一直径为 100mm 的栓口，并应有明显标志。

（四）管道的管径

凡新规划建设的城市、居住区，给水管道的最小管径不应小于100mm，最不利市政消火栓的压力不应小于 0.1 ~ 0.15MPa，其流量不应小于 15L/s。

对于不符合要求的现有城市供水管道，在规划中，应密切结合市政基础设施的改造，有计划有步骤地扩大。

五、消防通道

消防通道规划包括两层含义，一是指消防车通向火灾现场的道路；二是火灾现场四周为消防车通行及火灾扑救而提供的道路及场地。规划建设消防车通道应达到保证道路的宽度、限高，能满足消防车通行和灭火作战的基本要求。

消防通道的建设应与城市建设及道路交通建设紧密结合。建立快速畅通的城市消防通道体系，确保消防车能够在 3～5 分钟内到达着火区。加强小区内部消防通道的规划及管理，确保消防通道系统的微循环通畅。

（一）具体要求

1. 城市道路应尽量短捷、顺直，转弯半径不应小于 15m。路面应平整，并相互连接成环状，满足消防要求。

2. 消防车道的宽度不应小于 4m，其路边距建筑物外墙宜大于 5m，道路上空遇有桥梁、隧道、立体交叉桥等障碍物时，其净高不应小于 4m。

3. 对宽度不足 4m 的道路进行拓宽，并形成环行车道，对于难以设置环行车道的应该设置尽头式回车场，并清除严重妨碍消防车通行的障碍物。

4. 环形消防车道应至少有两处与其他车道连通，尽头式消防道应设回车道或面积不小于 12×12m 的回车场。供大型消防车使用的回车场面积不应小于 18m×18m。

5. 消防车道下的管道和暗沟应能承受大型消防车的压力。

6. 当建筑物沿街部分长度超过 150m 或总长度超过 220m 时，均应设置穿过建筑物的消防车道。穿过建筑物的消防车道，其净高和净宽均不应小于 4m，如穿过门垛时，净宽不应小于 4m。

7. 道路交叉口修建有中央分隔栏的，均应设置为活动式中央分隔栏，方便火灾时消防车紧急掉头或左转的需要。

六、消防通信

消防通信是指能进行火灾报警、火警受理并进行消防指挥调度的城市消防通信指挥系统。消防通信指挥系统应当达到如下基本要求：在确认发生火灾后，人们能够及时报警或自动报警；各级消防指挥中心、消防站以及消防指战员之间能够通信畅通，及时获得和交换火灾信息，传达灭火指令。

百万人口以上的城市和有条件的其他城市，应当规划和逐步建成由电子计算机控制的火灾报警和消防通信调度指挥的自动化系统。

小城市的电信局和大、中城市的电信分局至城市火警总调度台，应当设置不少于两对的火警专线。建制镇、独立工矿区的电话分局至消防队火警接警室的火警专线，不宜少于两对。

城市火警总调度台与城市供水、供电、供气、急救、交通等部门之间应当设有专线通信联络。

七、消防规划

完善的城市消防规划可有效地预防和减少火灾危害，保护公民人身、财产安全，对于国家的长治久安和促进社会进步有着重要意义。因此，城市消防规划是城市规划中必不可少的组成部分，更是城市发展、建设的命脉。

城市消防规划是根据城市总体规划确定的性质、规模、城市布局结构和发展方向要求，形成与之相适应的消防安全布局和设施，使之能建成一个完善而先进的消防安全体系，较好地预防和减少火灾损失。由于各城市的性质、条件各不相同，各城市的消防规划也不尽相同，一般包括城市消防安全布局、消防站、消防给水、消防道路、消防通信等内容。

（一）规划原则

贯彻执行《中华人民共和国消防法》，执行"预防为主，防消结合"的原则。提高城市综合消防能力，最大限度地保障人民生命安全，减少火灾损失。以生活、生产引起的火灾为主，兼顾其他灾害引起的次生火灾。规划消防道路、消防避难空地时，尽可能利用已有的道路和绿地。与城市其他防灾专业规划相协调，成为城市综合防灾规划的一部分。

（二）消防规划的主要内容

1. 分析消防设施现状及存在问题

进行现场踏勘和资料调查。调查历史火害简况；城市消防站、消防给水、消防通信、消防车通道等公共消防设施和消防装备的现状情况；建筑密度高、耐火等级低、消防水源不足、消防通道不畅的建筑区、棚户区的分布、规模等现状情况；易燃易爆危险物品生产、储存、装卸、供应场所的位置、规模等现状情况；分析城市现状消防能力及现状存在问题。

2. 消防安全布局

明确城市消防安全布局的规划依据和原则；划分城市消防重点保护区域；按照有关消防安全规定和消防技术标准的要求，确定城市大型易燃易爆危险物品生产、储存、装卸、供应场所，可燃易燃物资仓库（堆场）、液化石油气供应基地、汽化站、混气站、汽车加油站等场所及输油、输气管道，高压电线（缆）等的安全布局；对现有影响城市消防安全的易燃易爆危险物品生产、储存、装卸、供应场所提出迁移或改造计划；对现有耐火等级低、建筑密集、消防通道不畅、消防水源不足的老城区、棚户区和商业区提出改造计划；对暂时不能改造、迁移或不宜远离城区的要提出安全控制措施，提高自身防灾能力。

3. 消防站

说明消防站的规划依据和原则；按照城市消防站建设标准的要求，确定新建消防站的位置、数量、用地规模、消防装备等。沿海城市可根据水上消防的实际需要，确定新建水上消防站的位置、数量、用地规模和水上消防艇等装备；对现有不适应城市消防需要的消防站提出改造、迁移计划；结合城市实际，确定消防培训中心的位置、用地规模等。

4. 消防给水

说明市政供水管网及消火栓、消防水池、天然水源取水设施等消防给水设施的规划依据和原则；确定可利用的市政及天然消防水源，按照有关消防技术标准的要求，确定新建消防给水设施的数量、位置，并提出有关技术要求；对现有不能满足消防需要的消防给水设施提出改造计划。

5. 消防车通道

说明消防车通道的规划依据和原则；按照有关消防技术标准的要求，对城市道路及桥梁、隧道、立体交叉桥等提出消防车通道宽度、限高、承载力及回车场地等要求；对现有不能满足消防需要的消防车通道提出改造计划；确定化学危险品的运输路线；对天然水源充足地带，应规划供消防车取水用的消防车通道。

6. 消防通信

说明消防通信的规划依据和原则；按照有关城市消防通信技术标准的要求，确定火灾报警和消防通信指挥系统的规划方案。

（三）消防规划的成果要求

1. 消防规划的编制程序

（1）全面收集基础资料，并进行综合分析；

（2）分析历史火灾及现状消防设施概况；研究消防安全布局；进行消防分区及消防站布置；规划方案的分析、论证、比选；选定的消防总体规划方案。提出城市消防的对策和措施。

（3）组织有关部门专家对规划方案进行论证、评审、优选和技术鉴定。

2. 消防规划成果要求

（1）说明书

包括规划编制的指导思想和原则要求，现状分析，消防安全布局、消防站规划、消防给水规划、消防通信规划、消防车通道规划等。

（2）图纸

表达的内容及要求应当与基础现状资料及规划说明书的内容一致；规划图纸应符合有关图纸的技术要求，图纸比例可根据实际需要确定。

第四节 防震减灾规划

一、地震

1. 地震的基本概念

地球表面的板块在不断地运动着，由于板块的运动，使板块不同部位的岩层受到挤压、拉伸、旋扭等各种力的作用，当地下那些构造比较脆弱的处所，承受不了各种力的作用时，岩层就会突然发生破裂、错动，或者因局部岩层塌陷、火山喷发等发出震动，并以波的形式传到地表引起地面的颠簸和摇晃，同时激发出一种向四周传播出去的地震波，地震波传到地面时，引起地面震动，这就是地震。

震源：是指地壳或地幔中发生地震的地方，即地震波发源的地方。

震中：是指震源在地面上的垂直投影，即地面上离震源最近的一点。震中可以看作地面上震动的中心，震中附近地面震动最大，远离震中地面震动减弱。

震源深度：是指震源与地面的垂直距离。通常把震源深度在70km 以内的地震称为浅源地震，70 ～ 300km 的称为中源地震，300km 以上的称为深源地震。目前出现的最深的地震是 720km。绝大部分的地震是浅源地震，震源深度多集中于 5 ～ 20km 左右，中源地震比较少，而深源地震为数更少。

2. 地震的成因和类型

引起地球表层震动的原因很多，根据地震的成因，可以把地震分为以下几种类型：

构造地震：由于地下深处岩石破裂、错动，把长期积累起来的能量急剧释放出来，以地震波的形式向四面八方传播出去，到地面引起的房摇地动称为构造地震。这类地震发生的次数最多，破坏力

也最大，约占全世界地震的 90% 以上。

火山地震：由于火山作用，如岩浆活动、气体爆炸等引起的地震称为火山地震。只有在火山活动区才可能发生火山地震，这类地震只占全世界地震的 7% 左右。

塌陷地震：由于地下岩洞或矿井顶部塌陷而引起的地震称为塌陷地震。这类地震的规模比较小，次数也很少，即使有，也往往发生在溶洞密布的石灰岩地区或大规模地下开采的矿区。

水库地震：由于水库蓄水、油田注水等活动而引发的地震称为诱发地震。因水库蓄水而诱发的地震，一是水的重量增大了基岩载荷；二是水对地基岩石腐蚀作用，使岩石强度降低，水渗透到岩体裂缝中，使断裂更易滑动。这类地震仅仅在某些特定的水库库区或油田地区发生。

爆炸地震：地下核爆炸、炸药爆破等人为引起的地面震动称为人工地震。人工地震是由人为活动引起的地震。在深井中进行高压注水以及大水库蓄水后增加了地壳的压力，有时也会诱发地震。

3. 我国地震状况

我国是世界上地震活动水平最高、地震灾害最重的国家。根据有仪器记录资料的统计，我国地震占全球大陆地震的 33%。我国平均每年发生 30 次 5 级以上地震，6 次 6 级以上强震，1 次 7 级以上大震。我国不仅地震频次高，而且地震强度极大。20 世纪全球发生的震级大于等于 8.5 级以上的特别巨大地震一共有 3 次，即 1920 年中国宁夏海原 8.6 级、1950 年中国西藏察隅 8.6 级和 1960 年智利南方省 8.5 级地震。可见中国的地震不但在世界上最多，而且最大。我国地震分布广泛，除浙江和贵州两省之外，其余各省均有 6 级以上强震发生，震源很浅（一般只有 10 ~ 20km），因而构成了我国地震活动频度高、强度大、分布广、震源浅的特征。另一方面，我国作为发展中国家，人口稠密，建筑物抗震能力低。因此，我国的地震灾害可谓全球之最。

20 世纪以来，我国多次发生大震。如：1920 年宁夏海原 8.5 级地震死亡 22 万人；1976 年唐山 7.8 级地震死亡 24.27 万人；2008 年汶川 8.0 级地震死亡及失踪近 8.7 万人；2010 年 4 月 14 日青海玉树 7.1 级地震 2698 人遇难，失踪 270 人。

二、地震的震级和烈度

地震震级：是表示地震本身强度大小的等级，是指一次地震时，震源处释放能量的大小，是以地震仪测定的每次地震活动释放的能量多少来确定的。震级通常用字母 M 表示。我国使用的震级是国际上通用的里氏震级，将地震震级划为 10 个等级。按震级大小可把地震划分为以下几类：弱震——震级小于 3 级；有感地震——震级大于或等于 3 级、小于或等于 4.5 级；中强震——震级大于 4.5 级、小于 6 级；强震——震级大于或等于 6 级，其中震级大于或等于 8 级的又称为巨大地震。

地震烈度：指地震时受震区的地面及建筑物遭受地震影响和破坏的程度。同样大小的地震，造成的破坏不一定相同；同一次地震，在不同的地方造成的破坏也不一样。为了衡量地震的破坏程度，科学家又"制作"了另一把"尺子"——地震烈度。在中国地震烈度表上，对人的感觉、一般房屋震害程度和其他现象作了描述，可以作为确定烈度的基本依据。影响烈度的因素有震级、震源深度、距震源的远近、地面状况和地层构造等。

震级是地震固有的属性，与所释放的地震能量有关，释放的能量越大，震级越大。一次地震所释放的能量是固定的，因此无论在任何地方测定都只有一个震级，其数值是根据地震仪记录的地震波图确定的。而地震烈度却在不同地区有不同烈度。震中烈度最大，距震中愈远，烈度愈小。

三、抗震原则

我国城市抗震标准即为抗震设防烈度，应按国家规定的权限审批、颁发的文件来确定，一般采用地震基本烈度。所谓地震基本烈度，是指一个地区今后一定时期内，在一般场地条件下可能遭遇的最大地震烈度，即现行《中国地震烈度区划图》所规定的烈度。

我国工程建设地震基本烈度 6 度开始设防，设防烈度有 6、7、8、9、10 五个等级。6 度及 6 度以下的城市一般为非重点抗震防灾城市，6 度地震区内的重要城市与国家重点抗震城市和位于 7 度以上地区的城市，都必须考虑抗震问题，并编制城市防震减灾规划。

我国建筑物抗震设计原则是"小震不坏，中震可修、大震不倒"。

四、生命线工程

生命线工程是城市的主命脉，主要包括交通、供水、供电、通信、医疗、消防、粮食等系统。一旦遭到破坏，城市就会处于瘫痪状态，甚至导致次生灾害的发生。所以必须采取有效的防灾措施，提高城市综合抗震能力，保证震时城市生命线工程的正常运转。城市生命线系统建筑应根据"地震安全性评价"结果确定设防标准。

交通运输系统：新建道路考虑地震时多方向出口，强化交通指挥和管理，保证震时疏散救援通道高效、便捷、畅通；建立震时车辆紧急调度与征用制度，保障震灾时指挥和救灾用车；交通运输部门、抗震主管部门、城建部门可协调其他相关部门，对现状桥梁、道路进行全面的抗震鉴定和抗震加固工作；公路、公交系统要各自编制本系统防震减灾规划，根据行业特点，制定抗震救灾应急预案。同时加强防震减灾宣传教育和培训工作，提高自身综合抗震能力。

供水系统：对抗震能力不足的供水构筑物和抗震能力较低的生产及办公建筑物进行抗震加固，加强供水系统的薄弱环节；结合水源、水厂扩建和供水管网改造与建设工程，进行供水管网抗震改造。一方面建立完善的环状供配水管网系统，另一方面改造更新老化的管网和震害预测较重的管线段。通过调整管网口径，改管网刚性接口为柔性接口，在管网转弯及坡降较大地段增设伸缩器，对跨越地裂缝的管段采取有效的工程抗震措施等，提高供水安全可靠性，增强供水管网抗震能力，减轻地震可能造成的危害；建立供水系统抗震救灾组织，制定内部临震应急救灾预案。

供电系统：组织专业技术人员对供电系统建（构）筑物工程进行统一的抗震鉴定，对存在薄弱环节或安全隐患的工程进行整改或抗震加固；规划合理坚强的供电网络，生命线工程部分用户，如电台、电视台、党、政、军指挥机构、消防指挥中心、抗震指挥中心、水厂、油库、粮库、医院、通信等应规划有两路电源（或自备发电机组）；改造原有输配电网络系统，更新淘汰陈旧落后设备和老化的电力线缆，加固供电网络的病危构架、杆线以及变压器、开关、断路器、蓄电池等设备，提高供电可靠性；划定高压线路走廊，纳入城市总体规划；将主要道路两侧架空明线逐步改为地下电缆以提高抗震能力；建立健全供电系统防震减灾组织机构，编制防震减灾应急预案。

通信系统：建立通信系统防震减灾组织机构。邮电、电信、移动通信、广播电视各部门要分工负责，分别组建各自的防震减灾专业队伍，编制各自的企业防震减灾规划以及地震应急预案。同时，在防震减灾，抢险救援时要密切配合，协同行动；对系统内职工进行抗震救灾培训，增强全体职工抗震防灾意识，提高其自救互救能力和震时应急应变能力；组织专业人员对城市广播电视大楼、电信大楼、机房等关键性工程进行抗震安全性评价和抗震鉴定，对抗震薄弱环节进行整改加固，对不能适应要求的陈旧设施和老化线缆进行更新改造，保证震时通信系统安全可靠；对通信重要台站，设置双回路或增设自备电源，确保震后通信畅通无阻；在地震局建立以现代化的抗震通信指挥系统为核心的防震减灾指挥中心，提高防震减灾通信设施技术装备水平和通信指挥水平。

粮油等重要物资供应系统：对现有粮库、油库、粮油加工单位的建筑物进行系统的抗震安全性评价，对有隐患的工程和抗震能力不足的房屋进行加固或改造；粮库和重要物资仓库、加工厂应制定防水、防潮、防污染、防哄抢等具体措施，增设必要的防火设施，定期培训企业兼职消防人员，增强企业防震减灾能力；建立健全粮油物资系统防震减灾的组织机构，震时组织领导全体职工进行防灾自救和城市居民的粮油食品等重要物资供应工作。

供热、燃气系统：建立健全供热、燃气系统防震减灾组织机构；由热力公司、燃气公司分别编制供热、燃气系统防震减灾规划，并组织实施，重点做好管网和燃气储罐地震抢险应急预案；对震害预测结果较严重的管线段及时更新改造，对城区高压输气管线和跨越地裂缝的管段采取有效工程加固措施。

医疗救援系统：对医疗卫生、药品供应单位的建筑物进行系统的抗震鉴定，对有隐患的建筑物进行加固或改造；卫生防疫部门负责对传染病的发生和流行、水源、食品进行检疫和控制；建立城市防震减灾医疗救护和卫生防疫体系，编制医疗防疫对策预案及实施规划，有计划地举办各种抗震救灾医疗专业知识培训班。

消防系统：建立各项设施齐全的、多功能综合性消防训练基地，加强消防训练，提高消防队伍战斗水平；结合供水管网改造，通过设置加压泵、增建消火栓、加强设施维护与供水综合调度等措施；增加消防投资，改善消防车辆、防护装备、消防器材和通信装备等，提高消防装备水平；提高消防建（构）筑物的抗震设防烈度，提高消防系统工程抗震能力；建立与完善消防系统地震应急预案。

五、疏散通道及避难场所

避难是人们为躲避地震、火灾、洪水及山体滑坡等自然灾害或事故、战争等人为灾害，从原来功能遭受破坏的场所或预想危险的场所，向安全的场所转移。地震作为给城市带来威胁和损失最大的灾种之一，而且极易引发火灾、洪水及地质灾害等次生灾害，以地震为主考虑避难疏散体系及相关指标，便可满足其他灾害的避难疏散要求。

避震疏散是当地震发生时，有准备、有计划、有步骤地组织广大群众躲避震灾的应急行为，是避免盲目行动，防止震时社会混乱、交通堵塞，减少震灾伤亡损失的有效措施。避难疏散体系包括避难疏散场所和避难疏散通道。在避难道路上实现避难行动，在避难场所内度过避难生活。

1. 疏散场所类型

城市避难疏散场所可以划分为以下类型：

紧急避难疏散场所：供避震疏散人员临时或就近避震疏散的场所，也是避震疏散人员集合并转移到固定避震疏散场所的过渡性场所。通常选择城市内的小公园、小花园、小广场、专业绿地、高层建筑的避难层等。

固定避难疏散场所：供避震疏散人员较长时间避震和进行集中救援的场所。通常可选择面积较大、人员容置较多的公园、广场、体育场、大型人防工程、停车场、空地、绿化隔离带以及抗震能力强的公共设施、防灾据点等。

中心避难疏散场所：规模较大、功能较全、起避难中心作用的固定避难疏散场所。场所内一般设有抢险救灾部队营地、医疗抢救中心和重伤员转运中心等。

防灾据点：采用较高抗震设防要求、有避震功能、可有效保证内部人员抗震安全的建筑。

防灾公园：城市中满足避震疏散要求的、可有效保证疏散人员安全的公园。平时则作为宣传、学习有关防灾知识的场所。

2. 避震场所要求

避难疏散场所距次生灾害危险源的距离应满足国家现行重大危险源和防火的有关标准规范要求；四周有次生火灾或爆炸危险源时，应设防火隔离带或防火树林带。避难疏散场所与周围易燃建筑等一般地震次生火灾源之间应设置不小于 30m 的防火安全带；距易燃易爆工厂仓库、供气厂、储气站等重大次生火灾或爆炸危险源距离应不小于 1000m。避难疏散场所应设防火设施、防火器材、消防通道、安全通道。

避震疏散场地人员进出口与车辆进出口宜分开设置，并应有多个不同方向的进出口。防灾据点至少应有一个进口与一个出口。其他固定避难疏散场所至少应有两个进口与两个出口。

3. 疏散场所相关指标

避震疏散人口估计：疏散人口数量和地震烈度、建筑质量等有关，通常采用简化方法估算，紧急避震疏散人口按责任区人口的 70% 计算，固定避震疏散人口可按责任区人口的 40% 计算。

避难疏散场地的规模：紧急避难疏散场地的用地不宜小于 0.1hm^2，固定避难疏散场地不宜小于 1hm^2，中心避震疏散场地不宜小于 50hm^2。

避难疏散场所每位避难人员的平均有效避难面积，应符合：紧急避难疏散场所人均有效避难面积不小于1m²；固定避难疏散场所人均有效避难面积不小于2m²。

紧急避难疏散场所的服务半径宜为500m，步行大约10分钟之内可以到达；固定避难疏散场所的服务半径宜为2～3km，步行大约1小时之内可以到达。

4. 避难疏散通道

城市的出入口数量宜符合以下要求：中小城市不少于4个，大城市和特大城市不少于8个。与城市出入口相连接的城市主干道两侧应保障建筑一旦倒塌后不阻塞交通。与城市出入口、中心避难疏散场所、综合防灾指挥中心相连的救灾主干道不宜小于15m宽。

避难疏散主通道两侧的建筑应能保障疏散通道的安全畅通。计算避难疏散通道的有效宽度时，道路两侧的建筑倒塌后瓦砾废墟影响可通过仿真分析确定；简化计算时，对于救灾主干道两侧建筑倒塌后的废墟宽度可按建筑高度的2/3计算，其他情况可按1/2～2/3计算。

六、防震减灾规划

（一）规划原则

坚持服务于国民经济和社会发展，在城市总体规划确定的城镇性质、规模、建设和发展要求等原则下进行，与城市总体规划保持一致；紧密结合城市建设与发展实际及防震减灾事业的具体要求，"以人为本，平震结合，因地制宜，全面防御，突出重点"，从建立完整系统的城市防震减灾安全保障体系出发，统筹规划；坚持贯彻"预防为主，防、抗、避、救相结合"的方针；坚持城市防震减灾事业建设与城市其他基础设施建设紧密结合，同步发展，软环境和硬环境建设相配套，重点与一般相兼顾，局部与全局利益相统一的原则。

（二）防震减灾规划的主要内容

1. 分析防震减灾设施现状及存在问题

进行现场踏勘和资料调查。调查历史地震概况，进行地震危险性分析；分析区域地震活动环境；调查现状地震避难场地情况；分析城市现状防震减灾能力及现状存在问题。

2. 工程抗震土地利用评价

依据城市的宏观震害资料和抗震设计规划对场地抗震评价的基本要求，并辅以定量分析，评价城市场地震害。根据建筑结构抗震设计规范中规定的辨别砂土液化的方法，判别城市液化的可能性。判断活动断裂构造性地裂缝对规划区域地面大规模运动的影响和危害性。并按照地震环境和场地抗震性能的要求给出规划区域内场地抗震性能的综合分区（抗震性能较好区、一般区和较差区）。

3. 基础设施抗震防灾规划

基础设施包括供电、供水、供气、交通、供热、燃气和对抗震救灾起重要作用的指挥、通信、医疗、消防、物资供应及保障等设施。基础设施是城市的动脉，一旦遭受严重破坏，直接影响抢险救灾和城市基本的生产、生活秩序，乃至使整个城市瘫痪，陷入完全混乱和失控状态。因此，基础设施的防震减灾是城市防震减灾安全保障体系的关键。

应当紧密结合城市建设现状和实际，根据基础设施地震安全评价和震害预测的结果，分析城市生命线工程各个部分的特点、存在的问题和抗震薄弱环节，制定相应的防震减灾对策和措施。

4. 建（构）筑物工程抗震设防规划

建（构）筑物的破坏是城市地震灾害中最基本的形式，人员伤亡、经济损伤主要是由于建（构）筑物破坏所造成的。生命线工程的震害、某些次生灾害的发生也在不同程度上受建（构）筑物破坏的影响。因此，必须加强建（构）筑物工程抗震设防工作。应明确建（构）筑物工程抗震设防的原则和方针，进行建（构）筑物工程抗震安全布局，提出建（构）筑物工程抗震设防规划措施和要求。

5. 地震次生灾害防治规划

地震次生灾害是指由于地震造成的地面、城市建筑和基础设施的破坏而导致的其他连锁性灾害，如水灾、火灾、爆炸、放射性辐射、有毒物质扩散或者蔓延、泥石流、滑坡、传染病等。众多次生灾害对城市危害巨大，必须对次生灾害的防止工作给予特别重视。提出各种防止次生灾害对策和措施。

6. 避震疏散规划

震后居民的避难疏散由城市各级抗震减灾组织体系和指挥系统完成。估算规划时间内各年的城市人口。根据不同地震烈度下建（构）筑物的破坏情况，估算每年或每隔5年地震烈度6、7、8、9、10度时人员死亡、重伤和无家可归者的人数，作为制定避难疏散规划的依据。进行避难疏散场所区划，给出疏散场地的名称、面积、可容纳的避难者人数、具体位置和疏散区域的范围。按照就近疏散的原则，将城市分为若干个避难疏散区，分别将震后无家可归者疏散到附近的公园、广场、体育场馆、绿地或空地，提供必要的生活用品、临时帐篷，配置适量的医务人员、医疗设备与药品，集中开展应急救灾活动。通过宣传或设置指示牌，使每位居民知道震后应去的避难位置。尽量利用条件比较好的疏散场地，在满足疏散面积要求的前提下，为便于统一管理以及救援人员的分配和救灾物资的发放，疏散区宜尽量集中。可以设一个中心疏散场地，由市级抗震救灾机构集中掌握使用，用于设置全市抗震救灾临时指挥中心、急救中心或用于其他应急工作。

7. 地震应急预案及震时抢险救灾

地震应急救援体系是防震减灾安全体系的重要组成部分之一，建立地震应急救援体系是深入贯彻预防为主，防、抗、避、救相结合的抗震防灾方针的具体体现。由于地震预报工作目前还处于研究探索阶段，因此加强地震应急救援工作是减少地震给人民生命财产带来损失的有效途径之一。地震应急救援包括震前应急预案的制订和震时抢险救灾两个部分。主要通过科学地编制完善、操作性强的地震应急预案并正确实施来实现。

（三）防震减灾规划的成果要求

1. 防震减灾规划的编制程序

（1）全面收集基础资料，进行现状分析；

（2）分析历史地震及现状防震减灾设施概况；进行地震危险性分析；进行地震安全性评价；规划方案的分析、论证、比选；选定的防震减灾总体规划方案。

（3）组织有关部门专家对规划方案进行论证、评审、优选和技术鉴定。

2. 防震减灾规划成果要求

（1）说明书

规划编制的指导思想和原则要求，地震危险性分析，工程抗震土地利用评价、基础设施抗震防灾规划、地震次生灾害防治规划、避震疏散规划、地震应急预案及震时抢险救灾、震后恢复重建规划。

（2）图纸

包括用地防灾适宜性分区、生命线工程防震减灾规划、抗震重点单位及次生灾害分布、避震疏散规划。

第五节　人防规划

城市是在战争中遭受空袭的主要目标。在 20 世纪中发生的两次世界大战和多次局部战争，使数以百万计的城市居民遭受伤亡，无家可归。在第二次世界大战中，仅英国、德国和日本的大中城市，因空袭造成的居民伤亡就超过 200 万人。1999 年 3 月开始的北约对南联盟的空袭，不到两个月就使 2000 多平民丧生，经济损失超过 1000 亿美元。如果在战争中使用核武器，损失将更为严重。1945 年日本广岛遭到第一颗原子弹袭击后，全市 24 万人口中死 7.1 万，伤 6.8 万，全城 81% 的建筑物被毁，战后整个城市重建。

人民防空是指动员和组织人民群众防备敌人空中袭击、消除空袭后果所采取的措施和行动，简称人防。它同国土防空、野战防空共同组成国家防空体系，是现代国防的重要组成部分。

人防工程为防御战时各种武器的杀伤破坏而修筑的地下空间建筑，通常有指挥所、掩蔽部、通信、水库、物资库、医院、交通干线等。防护工程是以战时为主兼顾平时利用，做到平战结合，使人防工程在和平时期也能发挥经济和社会效益。

一、人防规划原则

1. 配套的原则

人防建设以适应未来高技术局部战争的需要为根本，以提高城市总体防护能力为目标，完善人防指挥通信、人防工程体系、防空专业队、警报、人口疏散、重要经济目标防护建设的配套，特别强调人防工程的配套，改变过去人防建设只重视人防工程建设，人防工程建设只重视人员掩蔽工程和物资库建设的模式，为此人防规划必须面对新形势、新需求，以打赢未来高技术局部战争为基础进行综合规划，其核心是要充分认识到人防建设配套的重要性，并在规划中对这一原则加以科学、规范的引导。

2. 人口防护与重点目标防护并重的原则

未来高技术局部战争，敌人打击的重点之一是城市的重要目标，要使在未来战争中保障城市正常运转，就必须对保证城市正常运转的目标进行防护，因此，人民防空的任务已由原来单一的人口防护，转变为人口防护与重要目标防护并重。

3. 分散与掩蔽相结合原则

人民防空的重要任务之一是人口防护。人口防护的原则应是分散与掩蔽相结合。分散就是在临战前将城市的一部分人口疏散，以减小空袭带来的人员伤亡，而为维持城市正常运转，须有一部分人留城坚持生产和工作，为保障留城人口的安全必须为他们提供必要的掩蔽工程。

4. 平战结合原则

指各类人防工程布局应充分考虑平时的利用，为经济建设服务，由于平时防灾和战时防空在预警、应急反应、救灾物资储备及抢险救灾等方面有天然的相似性，人防工程建设应将战时防空和防灾相结合，实现真正意义上的平战结合。

5. 远近结合原则

近期建设应与远期规划相衔接，人防工程建设应有轻、重、缓、急之分，如通信指挥工程应尽量安排在近期建设完善。

二、人防工事类型及要求

1. 城市防空指挥通信工事

包括中心指挥所和各专业队指挥所、通信站、广播站等工事，要求有完善的通信联络系统、坚固的掩蔽工事且标准要适当提高。

市、区级工程宜建在政府所在地附近，便于临战转入地下指挥。街道指挥所结合小区建设布置。指挥所定量一般为 30 ~ 50 人，大城市要到 100 人，面积按每人 $2 ~ 3m^2$ 计。

全国重点城市和直辖市的区级指挥所的抗力等级一般为四级，特别重要的定为三级。

2. 医疗救护工事

包括急救医院和救护站，负责战时医疗救护工作。医疗救护工程的抗力等级为五级，特别重要的可为四级，其面积应按伤员和医护人员数量计，每人 $4 ~ 5m^2$。

3. 专业队工事

指为消防、抢修、防化、救灾、治安维护等各专业队提供的掩蔽场所和物资基地。其中，车库的布局尤为重要。

4. 后勤保障工事

包括物资仓库、车库、电站、给水设施等，为战时人防设施提供后勤保障。其面积应根据留守人员和防卫计划预定的储食、储水及物资数量来确定。

5. 人员掩蔽工事

指掩蔽部和生活必需的房间，由多个防护单元组成，形式多种多样，包括各种单建或附建的地下室、地道、隧道等，为平民和战斗人员提供掩蔽场所。人员掩蔽工事的面积按留守人员每人 $1m^2$ 计。

6. 人防疏散干道

包括地铁、公路隧道、人行地道、人防坑道、大型管道沟等，用于人员的隐蔽、疏散和转移，负责各人防片区之间的交通联系。

其抗力等级一般为五级，内部装修、防潮等标准可低一些。当通道较宽时，在满足人员通行外，还应设一排座位供掩蔽用，其面积指标可列入掩蔽工事。

7. 射击工事

规划时，应确定其数量和具体位置，平时不一定要全部建成，可在临战前修建。

三、平战结合

随着经济的发展，开发地下空间成为现实需要，繁华的商业地段成为地下空间开发的热点和焦点，其地下空间的利用离不了以防灾救灾为目的的人防工程，但仅考虑人防作用势必影响其商业、交通、娱乐等功能的发挥，人防工程规划应纳入到城市地下空间综合利用中去。

（一）人防工程与地下空间开发相结合原则

通过地下空间开发利用，将一部分地面设施转入地下，结合人防工程建设开发利用，更加完善城市功能，从而改善城市地面环境，维护城市人口的生态空间。

1. 平战结合、综合利用

人民防空工程与地下空间开发利用的平面布局、空间处理，应在不影响战时功能前提下，尽量满足平时使用要求。人防工程的平时功能应以完善城市功能为目的，将人防工程纳入城市的大系统中，在工程选点、出入口形式等方面应与地面设施相协调。人民防空工程的开发利用应优先安排城市生产和人民生活急需项目。

人防工程建设与城市地下空间开发利用紧密结合，综合利用城市地下空间，建立和完善由不同功能的地下设施组成的地区性综合体，提高城市的总体防护能力。

2. 与城市总体规划相衔接，统一规划，协同发展

人防工程规划与城市地下空间规划是城市总体规划的组成部分，也是总体规划的补充和完善。人防工程建设与城市地下空间开发利用必须与城市的规划建设相结合，人民防空工程与地下空间的建设，应根据城市建设的需要，与城市地面建筑和生活服务设施相适应、相配套。保证城市上下部以及各种地下空间设施之间的协同发展。提高其整体性、系统性、促进上下协调，提高综合效益。

3. 统筹布局、分期实施

确定人防工程及地下空间开发的时序、重点、统一规划，分期建设。主要是结合城市广场、绿地、车站、小区等修建地下停车场、商场、娱乐场所。结合人防工程的建设，在人流、车流密集地段或商业中心有计划修建地下街，车流密集的主干道上修建地下立交，既可缓解城市交通压力，战时这些地下交通系统也可起到防护、疏散的作用，结合高层建筑地下室修建地下停车场，平时缓解地面停车压力，改善地面环境，战时也作为交通运输专业队工程或物资库。为改善城市环境，未来可考虑将城市中必须的供水站、变配电站等建在地下，充分发挥地下空间的优势，增强城市功能，同时能提高城市的抗灾和防空袭能力。

（二）城市地下空间开发兼顾人民防空要求规划

城市地下空间是城市宝贵的资源，充分利用地下空间，从而构成绚丽多彩的立体城市。随着城市空间开发力度的加大，地下空间开发兼顾人防要求的建设和设计呈现多元化趋势，在这种形势下，在城市地下空间开发中人防工程建设应明确定位，使人防工程战时功能得到充分保证。

地下空间的开发重点项目依照人防标准建设，布局与人防体系相衔接；城市地下交通设施兼顾人民防空要求，并与就近的重要人防工程和疏散干道合理连通，并纳入人民防空体系；城市的中心区、副中心区的地下空间开发兼顾人防要求；城市应结合基本建设的需要和可能，有计划地修建平战两用的物资库、车库、医疗设施和生产车间；城市交通密集、人口稠密区，宜修建平战两用的地下街、过街地道、停车场和旅游、服务等地下公共设施；专供平时使用的地下建筑根据人民防空要求，制定战时使用方案或应急加固措施。

（三）人防工程平时利用规划

人防工程作为城市建设和地下空间开发的一部分，在保证人防工程能够保证战时防护功能的前提下，平时功能的利用上应尽可能的与战时功能接近。人防工程防护功能平战转换技术是解决人防工程平战结合的关键。我国人防工程建设执行"长期准备、重点建设、平战结合"的建设方针，形成平时与战时、平时与灾时功能可以置换的地下空间。平战结合既可提高战时城市的总体防护能力，具有防空、抗毁的功能，又能充分发挥平时为城市经济和防灾服务的功能，提高城市综合防护能力。

四、人防规划

（一）城市人防规划的编制原则

城市人防规划应纳入城市总体规划，作为城市总体规划的专项防灾规划。城市人防规划应全面规划、突出重点、平战结合、质量第一、统筹兼顾、因地制宜、注意实效、着眼发展、长期坚持，正确处理当前与长远、重点与一般、需要与可能的关系。

（二）城市人防规划的主要内容

1. 城市毁伤分析

将城市置于全国大系统中，根据打击价值最优原则，从敌方对人防城市目标系的火力分配中预测该城市受核武器打击的分配类型和当量，或者分析该城市目标系的打击效率和毁伤限额，确定毁伤城市对应的适宜当量。

2. 城市总体防护与措施

确定城市总体防护方案、城市防灾工程建设体系和分区结构。

3. 城市人防工事规划

按照城市规模及有关规范的各类人防工程面积标准，确定人防工程总量的各项控制指标。

4. 人口疏散与留城比例分析

这部分内容包括疏散的原则、时机、范围、对象和数量；疏散地域、路线和方法；疏散组织指挥和保障措施，明确人员隐蔽的有关情况。战时留城人口的数量将决定各类人防工程构筑的数量，是人防工程规划的重要前提。合理确定城市战时留城与疏散比，需要考虑以下几个因素：符合有关疏散比例的原则，并与本地实际相结合；符合城区人口和功能结构的实际，同时还应根据"三坚持"（坚持作战、坚持生产、坚持工作）的需要，保证城市战时功能的运转；根据武器效应对城市人员的杀伤分析，市中心区伤亡效应量大，人口密度大，应该多予疏散；已建人防工程的数量及根据财力、物力至规划期末或某规划节点可能新建的工程数量等。

5. 城市人防工程建设与城市地下空间开发相结合规划

确定城市人防工程建设与地下空间开发相结合的主要规划方案、项目和内容。确定规划期内人防工程建设与地下空间开发相结合项目的性质、规模和布局。提出人防工程建设与地下空间开发相结合项目的实施措施。

（三）城市人防规划的成果要求

1. 城市人防规划的编制程序

（1）全面收集基础资料，并进行综合分析。

（2）选择最佳的综合防护方案。对城市进行核武器、常规武器和主要自然灾害的毁伤效应分析，合理确定城市设防分区、工程布局、工程防护标准、人口疏散比例，选择最佳的综合防护方案。

（3）组织有关部门专家对规划方案进行论证、评审、优选和技术鉴定。特大城市一般应先编制城市防灾规划纲要，待确定人防规划的总体格局之后再进行人防规划的具体编制工作。

2. 城市人防规划成果要求

（1）说明书

规划编制的指导思想和原则要求，毁伤分析，地下空间开发利用、人防工程建设的原则和重点，城市总体防护布局，人防工程规划布局，交通、基础设施的防空防灾规划，储备设施的布局。

（2）图纸

包括城市人防工程现状、城市总体防护规划、城市人防工程建设、人防工程建设与地下空间开发相结合规划。

第六节 地质灾害防治

地质灾害是指在自然或者人为因素的作用下形成的，对人类生命财产、环境造成破坏和损失的地质作用（现象）。

地质灾害可划分为30多种类型，由降雨、融雪、地震等因素诱发的称为自然地质灾害，由工程开挖、堆载、爆破、弃土等引发的称为人为地质灾害。常见的地质灾害主要指危害人民生命和财产安全的崩塌、滑坡、泥石流、地面塌陷、地裂缝、地面沉降等6种与地质作用有关的灾害。

一、地质灾害的主要分类方法

根据地质灾害发生区的地理或地貌特征，可分山地地质灾害，如崩塌、滑坡、泥石流等，平原地质灾害，如地面沉降等。

就地质环境或地质体变化的速度而言，可分突发性地质灾害与缓变性地质灾害两大类。前者如崩塌、滑坡、泥石流等，即习惯上的狭义地质灾害；后者如水土流失、土地沙漠化等，又称环境地质灾害。

就其成因而论，主要由自然变异导致的地质灾害称自然地质灾害；主要由人为作用诱发的地质灾害则称人为地质灾害。

二、地质灾害的成因

（一）自然因素

引发地质灾害的自然因素主要包括：

1. 昼夜温差、季节温度变化，促使岩石风化；夏季炎热使黏土层龟裂，遇降雨雨水沿裂缝渗入，易引发崩塌和滑坡。

2. 降雨和地下水位。降雨是促发滑坡、崩塌、泥石流的首要因素，降雨补充地下水，致使地下水位或水压增加，对岩土体产生浮托作用，引发地质灾害。

3. 地表水的冲刷、溶解和软化裂隙充填物。当水渗入不透水层上时，接触面湿润，减少其摩擦力和粘聚力，促使崩塌滑坡产生。

4. 水库、河道水流冲刷、侵蚀坡脚，削弱斜坡的支撑部分，河水涨落引起地下水位的升降，均能引起崩塌滑坡的失稳破坏。

5. 地震的影响。地震是诱发滑坡的重要因素之一，特别是由于地震产生裂缝和断崖，助长了以后降雨的渗透，因此地震后常因降雨而发生滑坡或山崩。

（二）人为因素

1. 人为改变河道路径可能引发山洪地质灾害。

2. 随意兴建池塘也会诱发地质灾害。

3. 轻视基础设施建设将会诱发地质灾害。

4. 随意选择绿化植物也可能诱发地质灾害。

三、地质灾害的危害

（一）对人类的危害主要表现

对居民点的危害：地质灾害特别是滑坡和泥石流冲进乡村、城镇，淹没人畜，毁坏土地，甚至造成村毁人亡的灾难。

对公路、铁路的危害：地质灾害特别是崩塌和泥石流，可直接埋没车站、铁路、公路，摧毁路基、桥涵等设施，致使交通中断，还可引起正在运行的火车、汽车颠覆，造成重大的人身伤亡事故。

2010 年 8 月 7 日，甘肃舟曲县突降强暴雨，县城北面的罗家峪、三眼峪泥石流下泄，由北向南冲向县城，造成沿河房屋被冲毁，泥石流阻断白龙江、形成堰塞湖。遇难 1434 人，失踪 331 人。

（二）对城市总体规划的危害

1. 影响城市用地适宜性评价结论的科学性；

2. 影响城市用地选择和对各类用地具体部署的适宜性；

3. 影响城市用地总体布局和对各类用地发展方向的合理性；

4. 影响城市综合防灾规划的完整性。

（三）对城市详细规划和具体项目选址的危害

1. 影响城市具体地块的建筑性质和适建范围的合理确定；

2. 影响城市具体地块的建筑高度、建筑密度、容积率和重要建筑具体位置的合理确定；

3. 影响城市具体地块的工程防护措施、防护范围、安全间距的确定。

四、地质灾害的防治

最近十多年来，随着我国地质灾害减灾防灾体系的建立和完善，每年因地质灾害造成的人员伤亡已从 20 世纪末的 1000 多人下降到 800 人以下。但是，因地灾造成的人员伤亡中，农村占到了总数的 80% 以上，农村已成为今后地质灾害减灾防灾的重点。

（一）地质灾害危险性评估

国土资源部《地质灾害防治管理办法》第 15 条规定，城市建设、有可能导致地质灾害发生的工程项目建设和在地质灾害易发区内进行的工程建设，在申请建设用地之前必须进行地质灾害危险性评估。

地质灾害危险性评估是对地质灾害的活动程度进行调查、监测、分析、评估的工作，主要评估地质灾害的破坏能力。地质灾害危险性通过各种危险性要素体现，分为历史灾害危险性和潜在灾害危险性。

历史灾害危险性是指已经发生的地质灾害的活动程度，要素有：灾害活动强度或规模、灾害活动频次、灾害分布密度、灾害危害强度。其中危害强度指灾害活动所具有的破坏能力，是灾害活动的集中反映，是一种综合性的特征指标，只能用灾害等级进行相对量度。

潜在危险性评估是指未来时期将在什么地方可能发生什么类型的地质灾害，其灾害活动的强度、规模以及危害的范围、危害强度的一种分析、预测。

（二）地质灾害防治的原则

1. 保护、改善和合理利用地质环境，防止地质灾害，保障人民生命财产安全。

2. 地质灾害防灾减灾实行预防为主、避让与治理相结合的原则。

3. 从事生产、建设活动的单位和个人，应当采取必要措施防止诱发或加重地质灾害。

4. 鼓励在地质灾害防治中采用先进适用的技术，开展地质灾害防灾减灾的宣传，提高防止地质灾害的能力。

（三）地质灾害的防治对策

1. 根据本地区地质灾害的发生频率、危害程度和潜在隐患确定地质灾害防治规划的目标、原则、重点和实施步骤，针对不同的灾害分区提出切合当地实际和操作性强的城市地质灾害综合防治措施。

2. 对城市工程勘察设计、施工、监理、验收及交付使用的整个过程，特别是对在有地质灾害隐患的地区进行的建设，制定落实、检查、复查地质灾害方法的措施，制订全面具体的城市地质灾害防治规划管理准则。

（四）地质灾害的防治措施

地质灾害防治措施较多，一般包括群测群防、群专结合、工程措施、生物措施、避让措施、行政措施、法律措施等。在城市规划中，应以避让为主。

1. 群测群防

地质灾害点多面广，随机性大、突发性强，必须依靠各级政府，发动广大群众，建立健全国家、省市、乡镇、居委会四级地质灾害群测群防监测网络。

监测预警，首先是开展对灾害体及其附着物的监测，主要手段包括地面观察、形变测量、地倾斜测量、综合自动监测等，监测内容有灾害体位移、裂缝变形、应力变化等；其次是对激发灾害体活动要素的监测，包括降水监测、水文动态监测、地下水动态监测等。在上述监测基础上，综合分析灾害体稳定程度、运动速率，确定其灾变活动的临界值；建立预警系统，进行短期预报和临灾警报。

2. 工程措施

截流排水：地表排水一般采用地裂填埋和修筑排水沟的方法，适用于各类崩塌、滑坡的防治，尤其适用于透水性强的土质滑坡的防治；地下排水多采用盲沟、排水孔、竖井等措施，适用地下水量丰富的滑坡防治，常与地表排水工程结合使用。

拦挡工程：包括挡墙、护坡、抗滑桩、锚固等方法。挡墙适用于规模不大或剩余推力不大的滑坡和崩塌滚石的支挡，常与排水措施联合使用；护坡用于防止崩塌、滑坡体表面局部崩落和冲刷；抗滑桩适用于不同规模和类型的滑坡，尤其是正在活动的浅层和中厚层滑坡；锚固适用于危岩体和顺层岩质滑坡的加固。

削坡减荷：主要方法是将较陡的斜坡减缓或将滑坡体后缘的岩土体削去一部分，适用于滑床上陡下缓，后壁及两侧岩体较稳定，危险性大又不便于加固的危岩块体。更多的情况是将削坡减荷与反压措施结合起来，既降低坡体的下滑力，又增加其抗滑力。

棚洞、明洞和防护罩：适用于铁路及公路沿线，可有效避免崩塌、落石对过往车辆构成的威胁。

3. 生物治理：地质灾害防治的生物措施是利用农业、林牧业技术，如退耕还林还草，营造涵养林、防护林等，对市域周边陡坡耕地、荒地、荒坡，进行人工改造，以控制其面蚀作用和水土流失强度，固定表层土。在一些滑坡、崩塌地质灾害重点防治地段，需要生物措施与工程措施相结合才能产生显著的防治效果。

4. 避让：对于威胁少、危害小，或者结构复杂，变形剧烈等，实施防治工程措施经济上不合理，或在目前的技术水平下实施难度较大的地质灾害体，宜采取避让方案。同时完善群专结合的群测群防监测网络、预警系统，当灾害体有发生征兆或发生过程中，采取相应的避让措施，避免或减少地质灾害所造成的损失。

五、地质灾害防治规划的主要内容

地质灾害防治规划的主要内容包括：城市的地质灾害现状、防治目标、防治原则、易发区（容易产生地质灾害的区域）和危险区（明显可能发生地质灾害且可能造成较多人员伤亡和严重经济损失的区域）的划定、总体部署和主要任务、基本措施和预期效果。

地质灾害防治预案的主要内容包括：地质灾害监测、预防的重点，主要地质灾害危险点的威胁对象、范围、监测与预防负责人，主要地质灾害危险点的预警信号、人员与财产转移路线。

第七节 其他城市灾害防治

其他城市灾害包括：风暴潮、海啸、沙尘暴、雷暴、病虫害、流行病、交通事故、恐怖袭击等。

一、风暴潮与海啸

1. 风暴潮

根据风暴的性质，通常分为由台风（热带气旋）引起的台风风暴潮和由温带气旋引起的温带风暴潮两大类。

台风风暴潮：多见于夏秋季节。其特点是：来势猛、速度快、强度大、破坏力强。凡是有台风影响的海洋国家、沿海地区均有台风风暴潮发生。目前，全球平均每年出现台风约 80 个，其中有 1/3 能造成台风风暴潮。

温带风暴潮：多发生于春秋季节，夏季也时有发生。其特点是：增水过程比较平缓，增水高度低于台风风暴潮。主要发生在中纬度沿海地区，以欧洲北海沿岸、美国东海岸以及我国北方海区沿岸为多。

由风暴潮和天文潮叠加引起的沿岸涨水造成的灾害，或由风暴潮、天文潮、风浪、涌浪相互叠加结合引起的沿岸涨水造成的灾害，通称为风暴潮灾害。风暴潮灾害居海洋灾害之首位，世界上绝大多数因强风暴引起的特大海岸灾害都是由风暴潮造成的。

近年来，随着海岸带开发的迅猛发展，沿海人口密度及海洋产业产值的剧增，沿海城乡工农业的发展和沿海基础设施大量增加，承灾体日趋庞大，海洋灾害所造成的损失呈急剧增长的趋势，风暴潮正成为沿海对外开放和社会经济发展的一大制约因素。

风暴潮容易冲毁海塘堤防、涵闸、码头、护岸等设施，甚至可能直接冲走附近人员，造成人员伤亡。因此，防范风暴潮灾害最重要的是要及时撤离危险堤塘。目前各级政府都建立了风暴潮灾害的应急预案，在风暴潮来临前及时预警预报，沿海地区从事塘外养殖和处于危险堤塘内的群众要在现场指挥人员的指挥下，及时转移到安全地带。

2. 海啸

海啸由海底地震、火山爆发或巨大岩体塌陷和滑坡等导致的海水长周期波动，能造成近岸海面大幅度涨落。海啸是一种灾难性的海浪，通常由震源在海底下 50km 以内、里氏震级 6.5 以上的海底地震引起。

2004 年 12 月 26 日于印尼的苏门答腊外海发生 9 级海底地震。海啸袭击斯里兰卡、印度、泰国、印尼、马来西亚、孟加拉、马尔代夫、缅甸和非洲东岸等国，造成三十余万人丧生。

2011 年 3 月 11 日，日本东北部海域发生 9 级地震并引发海啸，造成 15843 人死亡、3469 人失踪。

3. 风暴潮与海啸的区别

海啸是由海底地震、火山爆发或巨大岩体塌陷和滑坡等导致的海水长周期波动，能造成近岸海面大幅度涨落；风暴潮这种灾害性的自然现象是由于剧烈的大气扰动，如强风和气压骤变（通常指台风和温带气旋等灾害性天气系统）导致海水异常升降，使受其影响的海区的潮位大大地超过平常潮位的现象；周期不一样，风暴潮每年都会发生，而海啸则周期性较长；造成的危害也不一样，海啸的危害一般较大。

风暴潮与海啸的相同之处是海啸和风暴潮都是由海洋引发的灾害；海啸和风暴潮都会形成"水墙"。

4. 风暴潮与海啸灾害的防御措施

防御风暴潮与海啸灾害的主要措施包括：工程措施和非工程措施。

工程措施是指在可能遭受风暴潮灾的沿海地区修筑防潮工程。目前，沿海地区已相继修建了一些沿海、沿江堤坝和挡潮闸，在防潮工作中发挥了重要作用。

非工程措施主要是指监测预报和紧急疏散计划等。目前，我国已经建立了风暴潮监测预报系统，负责风暴潮的监测和预报警报的发布。防潮指挥部门依据预报警报实施恰当的防潮指挥，必要时按照疏散计划确定的路线将人员和贵重的物质财产转移到预先确定的

"避难所"。这些减轻风暴潮灾害的非工程措施在减灾中也发挥了很好的作用。

二、沙尘暴

沙尘暴（sand dust storm）是沙暴（sand storm）和尘暴（dust storm）两者兼有的总称，是指强风把地面大量沙尘物质吹起卷入空中，使空气特别混浊，水平能见度小于 1km 的严重风沙天气现象。其中沙暴系指大风把大量沙粒吹入近地层所形成的挟沙风暴；尘暴则是大风把大量尘埃及其他细粒物质卷入高空所形成的风暴。

（一）沙尘暴产生的原因

有利于产生大风或强风的天气形势，有利的沙、尘源分布和有利的空气不稳定条件是沙尘暴或强沙尘暴形成的主要原因。强风是沙尘暴产生的动力，沙、尘源是沙尘暴的物质基础，不稳定的热力条件利于风力加大、强对流发展，从而夹带更多的沙尘，并卷扬得更高。除此之外，前期干旱少雨，天气变暖，气温回升，是沙尘暴形成的特殊的天气气候背景。

大量的砍伐森林，破坏草原植被加剧了沙漠化，扩大了沙、尘源的面积，同时也增强了风力，增加了沙尘暴的影响范围、次数和破坏力等。

（二）沙尘天气的分类

浮尘：尘土、细沙均匀地浮游在空中，使水平能见度小于 10km 的天气现象。

扬沙：风将地面尘沙吹起，使空气相当混浊，水平能见度在 1 ~ 10km 以内的天气现象。

沙尘暴：强风将地面大量尘沙吹起，使空气很混浊，水平能见度小于 1km 的天气现象。

强沙尘暴：大风将地面尘沙吹起，使空气模糊不清，浑浊不堪，水平能见度小于 500m 的天气现象。

（三）沙尘暴的危害

1. 沙尘暴主要危害方式

（1）强风：携带细沙粉尘的强风摧毁建筑物及公用设施，造成人畜伤亡。

（2）沙埋：以风沙流的方式造成农田、渠道、村舍、铁路、草场等被大量流沙掩埋，尤其是对交通运输造成严重威胁。

（3）土壤风蚀：每次沙尘暴的沙尘源和影响区都会受到不同程度的风蚀危害，风蚀深度可达 1 ~ 10cm。据估计，我国每年由沙尘暴产生的土壤细粒物质流失高达 $10^6 \sim 10^7$ 吨，其中绝大部分粒径在 $10\mu m$ 以下，对源区农田和草场的土地生产力造成严重破坏。

（4）大气污染：在沙尘暴源地和影响区，大气中的可吸入颗粒物（TSP）增加，大气污染加剧。以 1993 年"5.5"特强沙尘暴为例，甘肃省金昌市的室外空气的 TSP 浓度达到 $1016mg/m^3$，室内为 $80mg/m^3$，超过国家标准的 40 倍。2000 年 3 ～ 4 月，北京地区受沙尘暴的影响，空气污染指数达到 4 级以上的有 10 天。

2. 沙尘暴主要危害

（1）生态环境恶化

出现沙尘暴天气时狂风包裹沙石、浮尘到处弥漫，凡是经过地区空气浑浊，呛鼻迷眼，呼吸道等疾病人数增加。

（2）生产生活受影响

沙尘暴天气携带的大量沙尘蔽日遮光，天气阴沉，造成太阳辐射减少，几小时到十几个小时恶劣的能见度，容易使人心情沉闷，工作学习效率降低。轻者可使大量牲畜患呼吸道及肠胃疾病，严重时将导致大量"春乏"牲畜死亡、刮走农田沃土、种子和幼苗。沙尘暴还会使地表层土壤风蚀、沙漠化加剧，覆盖在植物叶面上厚厚的沙尘，影响正常的光合作用，造成农作物减产。

（3）生命财产损失

1993 年 5 月 5 日，发生在甘肃省金昌、武威、民勤、白银等地市的强沙尘暴天气，受灾农田 253.55 万亩，损失树木 4.28 万株，造成直接经济损失达 2.36 亿元，死亡 50 人，重伤 153 人。2000 年 4 月 12 日，永昌、金昌、武威、民勤等县市强沙尘暴天气，据不完全统计仅金昌、武威两市直接经济损失达 1534 万元。

（4）交通安全（飞机、汽车等交通事故）

沙尘暴天气经常影响交通安全，造成飞机不能正常起飞或降落，使汽车、火车车厢玻璃破损、停运或脱轨。

（四）沙尘暴的预防措施

1. 加强环境的保护，进行植树造林。

2. 恢复植被，加强防止沙尘暴的生物防护体系。实行依法保护和恢复林草植被，防止土地沙化进一步扩大，尽可能减少沙尘源地。

3. 根据不同地区因地制宜制定防灾、抗灾、救灾规划，积极推广各种减灾技术，并建设一批示范工程，以点带面逐步推广，进一步完善区域综合防御体系。

4. 控制人口增长，减轻人为因素对土地的压力，保护好环境。

5. 加强沙尘暴的发生、危害与人类活动的关系的科普宣传，提高人类的意识。

三、雷暴

雷暴（Thunderstorms）是伴有雷击和闪电的局地对流性天气。它产生在强烈的积雨云中，因此常伴有强烈的阵雨或暴雨，有时伴有冰雹和龙卷风，属于强对流天气。雷暴的持续时间一般较短，单个雷暴的生命史一般不超过 2 小时。我国雷暴是南方多于北方，山区多于平原。多出现在夏季和秋季，冬季只在我国南方偶有出现。雷暴出现的时间多在下午。夜间因云顶辐射冷却，使云层内的温度层结变得不稳定，也可引起雷暴，称为夜雷暴。

1. 雷暴的分类

雷暴共分为三种，分别为单细胞雷暴、多细胞雷暴及超级细胞雷暴三种。而分辨它们的方法是根据大气的不稳定性及不同层次里的相对风速而定。

单细胞雷暴（Single cell storms）是在大气不稳定，但只有少量甚至没有风切变时发生。这些雷暴通常较为短暂，不会持续超过 1 小时。在平日亦有很多机会看到这种雷暴，因此亦被称为阵雷。

多细胞雷暴（Multi cell storms）由多个单细胞雷暴所组成，是单细胞雷暴的进一步发展而成的。这时会因为气流的流动而形成阵风带，这个阵风带可以延绵数里，如果风速加快、大气压力加大及温度下降，这个阵风带会越来越大，并且吹袭更大的区域。

超级细胞雷暴（Super cell storms）是在风切变极大时发生的，并由各种不同程度的雷暴组成。这种雷暴的破坏力最大，并且有 30% 可能性会产生龙卷风。

根据雷暴形成时不同的大气条件和地形条件，一般将雷暴分为热雷暴、锋雷暴和地形雷暴三大类。此外，也有人把冬季发生的雷暴划为一类，称为冬季雷暴。在我国南部还常出现所谓旱天雷，也叫干雷暴。

评价某一地区雷电活动的强弱习惯使用"雷暴日"，即以一年当中该地区有多少天发生耳朵能听到雷鸣来表示该地区的雷电活动强弱。

2. 雷暴的危害

（1）对航空业的危害，造成飞机事故。

（2）对建筑的影响，如果没有避雷针或者是避雷针出现了问题，建筑将会遭到破坏。

（3）对一些建筑物或者是构筑物施工工地造成影响。

（4）对人的影响，下雨打雷时可能会带来生命危险。

3. 防雷暴的注意事项

从建筑方面来说，建筑设计时要处理雷暴问题；避免雷暴给电力电信线路带来的影响和破坏；在城市景观方面，可适当做些有防雷暴作用的休闲亭等。

附9　公共安全保障体系及应急预案

近年来，城市公共安全事件频繁发生，地震、海啸、爆炸、恐怖袭击、泥石流不胜枚举，严重威胁着人类生命和财产安全，"灾害"、"灾难"等自然科学的概念向"公共安全"、"危机管理"等公共政策、社会学概念的转变，催生了传统防灾减灾规划向公共安全规划的转变。

城市公共安全主要指社会公众的生命、健康、重大公私财产以及城市公共生产、生活的安全。也就是城市公民从事和进行正常的生活、学习、工作、娱乐、交往所必需的稳定的外部环境和秩序。它包括经济安全、环境安全、卫生安全、政治安全、社会安全和信息安全等。

根据现有法定的突发公共事件的分类法，城市公共安全事件大约分四类：

第一类是对人的生命安全和财产安全造成威胁的自然灾害，包括：风灾、水灾、火灾、雪灾、地震等。

第二类是事故灾难，包括：各类生产安全事故，如交通运输事故、公共设施事故、环境污染、核事故等。

第三类是公共卫生事件，包括食品中毒、传染病流行事件等。

第四类是社会安全事件，主要指恐怖袭击、劫持人质、金融安全、经济安全、群体性事件等等。

我国每年因公共安全问题造成的经济损失达6500亿元，约占GDP总量的6%。其中，安全生产事故引发的损失2500亿元；社会治安事件造成的损失1500亿元；自然灾难造成的损失2000亿元；生物侵害导致的损失500亿元。

一、我国城市公共安全进程

2004年5月，国务院办公厅将《省（区、市）人民政府突发公共事件总体应急预案框架指南》印发各省，要求各省人民政府编制突发公共事件总体应急预案。

2005 年 1 月，国务院常务会议原则通过《国家突发公共事件总体应急预案》和 25 件专项预案、80 件部门预案，共计 105 件。

2005 年 7 月，国务院召开全国应急管理工作会议，标志着中国应急管理纳入了经常化、制度化、法制化的工作轨道。

2006 年 1 月 8 日，国务院授权新华社全文播发了《国家突发公共事件总体应急预案》。该预案是全国应急预案体系的总纲，明确了各类突发公共事件分级分类和预案框架体系，规定了国务院应对特别重大突发公共事件的组织体系、工作机制等内容，是指导预防和处置各类突发公共事件的规范性文件。该预案的出台使得政府公共事件管理登上一个新台阶，并在 2008 年汶川地震救援工作中发挥了巨大作用。

二、健全公共安全保障体系

我国城市公共安全保障体系主要表现为"一案三制"。"一案"为国家突发公共事件应急预案；"三制"为应急管理体制、运行机制和法制。

应急管理体制：主要指建立健全集中统一、坚强有力、政令畅通的指挥机构。

应急管理运行机制：主要指建立健全监测预警机制、应急信息报告机制、应急决策和协调机制。

应急管理法制：主要是通过依法行政，努力使突发公共事件的应急处置逐步走上规范化、制度化和法制化轨道。

按照系统论的思想，城市公共安全体系建设可分为三个层次，即城市公共安全管理体系、城市公共安全运行机制和城市公共安全技术平台。在环节上，城市公共安全系统由四个环节组成，即预防、预警、应急救援和善后处置。

1. 建立健全公共危机管理体制

危机管理在很大程度上是一种政府行为，政府介入危机管理是通过一系列法律、规范、标准、指南等政策实现的。应当进一步健全我国政府的公共危机管理体制，包括：建立起"防灾减灾抗灾救灾—危机管理—公共安全保障"三位一体的系统；成立由政府及军队、公安、消防、人防、地震、气象、通信、能源、交通、环保、农林水、医疗等各职能部门共同组建的防灾、减灾、抗灾、救灾公共安全保障体系，逐步把"综合防灾减灾抗灾救灾管理体制"上升到"公共危机综合管理体制"；健全高效的公共安全管理决策机构，其主要职能是制定公共安全管理战略、政策和计划，保证中央的政令畅通和对突发事件的统一领导，实行严格的危机决策和指挥的责任制。

2. 完善危机管理运行机制

预警机制：应对现代风险社会中的突发事件，首要的是要有科学准确的预警，要求我们必须充分利用现代科技发展成果，通过建设准确可靠的危机预警机制，及时监控、预测风险并把握风险向危机与灾难转化的时机，提前做好应对准备。科学的危机预警机制包括预警管理的组织、程序、制度、方法以及技术、设备、信息平台建设、判断准则等。这套机制不仅要在总量和指标方面对公共危机加以分析和判断，而且还应从社会结构的不同层面出发，分别考察公共危机对不同层面的人群可能造成的不同影响。

应急机制：公共危机管理的成败，关键取决于应急机制是否能够迅速有效地运行。要求我们在危机发生前做好充分的应急准备。应急机制要体现早发现、早报告、早控制、早解决的原则，同时强调科学性、实用性、可操作性和权威性。还要进一步完善公共危机管理的信息共享机制、社会动员机制、保障机制、协调机制和监督机制等。

3. 加快危机管理法制建设

目前，我国已制定了应对危机管理法律体系中起着总体指导作用的龙头性法律——《突发事件应对法》；应对自然灾害的《防震减灾法》、《气象法》、《防洪法》等；应对事故灾难的《安全生产法》、《民用航空法》等；应对公共卫生事件的《传染病防治法》、《突发公共卫生事件应急条例》等；应对社会安全事件的《集会游行示威法》、《戒严法》和《消防法》等法律法规，为我国在应对突发事件、加强危机管理方面，基本做到了有法可依。

三、应急预案

目前我国的应急预案体系分为 6 大类：总体应急预案、专项应急预案、部门应急预案、区域应急预案、基层单元应急预案、重大活动应急预案。

应急预案的建立原则：树立现代城市综合防灾的情报意识；确立各类城市防灾信息资源的共享观念；形成保存城市灾害历史纪录的责任观念；保证城市规划、建设、决策等用户利用现有数据库的权利；解决城市综合防灾数据库的投资经费来源；健全城市综合防灾数据库管理体系，并形成省、市、县级城镇综合防灾数据库三级网络。

应急预案应具备的总体内容：组织机构及其职责、危害辨识与风险评价、通告程序和报警系统、应急设备与设施、评价能力与资源、保护措施程序、预案的启动和关闭条件、信息发布与公众教育、事故后的恢复程序、培训与演练、应急计划的维护等。

5·12 汶川大地震的应急处理，充分体现了社会整体应急管理机制的优越性。地震发生 24 小时内，建立了一个集军、警、消防、医疗等单位于一体的指挥调度体系。应对自然灾害、事故灾难、公共卫生和社会安全等方面的突发危机，很大程度减轻人民生命和财产损失。

四、建立健全公共安全教育体系

"以人为本"是公共安全的核心，要最大限度减轻甚至避免灾害，就需要全社会共同努力，必须加强公众安全教育，提高公众应对突发灾害的能力。

强化各级政府的减灾责任意识，将减灾知识普及纳入学校教育内容，开展减灾普及和专业教育，建立公共安全教育基地，普及地震、地质灾害、洪水、火灾等自然灾害与人为灾害知识，提高公众识别灾害、应对突发灾害以及灾时自救与互救能力。

编制减灾科普读物、挂图或音像制品，推广地方减灾经验，宣传成功减灾案例和减灾知识，提高公民防灾减灾意识和技能。

五、城市公共安全体系规划

城市公共安全是国家安全的重要组成部分，是社会进步和文明的标志。加强城市公共安全体系规划和建设，预防和控制城市灾害与事故是社会稳定和经济可持续发展的要求。

因此，在城市规划中，应进行城市公共安全的研究，从城市公共安全现状和需求出发，提出城市公共安全体系建设的目标，在社会因素、管理模式和科学技术的层面，研究灾害预警、事故预防和应急反应等公共安全建设要素，建立保障有力的城市公共安全体系。

附录A 相关法律、法规

《中华人民共和国城乡规划法》

《中华人民共和国城市房地产管理法》

《中华人民共和国水法》

《中华人民共和国水污染防治法》

《中华人民共和国清洁生产促进法》

《中华人民共和国节约能源法》

《中华人民共和国可再生能源法》

《中华人民共和国电力法》

《中华人民共和国煤炭法》

《中华人民共和国环境保护法》

《中华人民共和国大气污染防治法》

《中华人民共和国固体废物污染环境防治法》

《中华人民共和国环境噪声污染环境防治法》

《中华人民共和国海洋环境保护法》

《中华人民共和国土地管理法》

《中华人民共和国水土保持法》

《中华人民共和国环境影响评价法》

《中华人民共和国防洪法》

《中华人民共和国消防法》

《中华人民共和国防震减灾法》

《中华人民共和国人民防空法》

《中华人民共和国突发事件应对法》

《城市规划编制办法》

《城市规划编制办法实施细则》

《城市供水条例》

《中华人民共和国水污染防治细则》

《取水许可制度实施办法》

《水功能区划管理办法》

《城市节约用水管理办法》

《建设项目水资源论证管理办法》

《节约用电管理办法》

《重点用能单位节能管理办法》

《民用建筑节能管理规定》

《规划环境影响评价条例》

《全国污染源普查条例》

《水污染防治法实施细则》

《大气污染防治法实施细则》

《取水许可技术考核与管理通则》

《工业企业产品取水定额编制通则》

《节水型产品技术条件与管理通则》

《地质灾害防治条例》

附录B 相关规范、标准

《城市给水工程规划规范》

《城市居民生活用水量标准》

《室外给水设计规范》

《工业取水定额》

《生活饮用水卫生标准》

《生活饮用水水源水质标准》

《建筑设计防火规范》

《城市排水工程规划规范》

《室外排水设计规范》

《建筑中水设计规范》

《城市污水再生利用分类》

《污水再生利用工程设计规范》

《污水排入城市下水道水质标准》

《地表水环境质量标准》

《地下水质量标准》

《城市电力规划规范》

《35～110kV变电所设计规范》

《66kV及以下架空电力线路设计规范》

《电力工程电缆设计规范》

《城市电力网规划设计导则》

《城市热力网设计规范》

《锅炉房设计规范》

《城镇燃气设计规范》

《防洪标准》

《江河流域规划编制规范》

《城市抗震防灾规划标准》

《城市消防站建设标准》

《严寒和寒冷地区居住建筑节能设计标准》

《夏热冬暖地区居住建筑节能设计标准》

《夏热冬冷地区居住建筑节能设计标准》

《公共建筑节能设计标准》

《建筑节能工程施工验收规范》

《民用建筑太阳能热水系统应用技术规范》

《绿色建筑评价标准》

附录C　纪念日

2 月 2 日：世界湿地日

2 月 10 日：国际气象节

3 月 9 日：全国保护母亲河日

3 月 12 日：中国植树节

3 月 21 日：世界森林日

3 月 22 日：世界水日

3 月 23 日：世界气象日

4 月 22 日：世界地球日

5 月 12 日：全国防灾减灾日

5 月 17 日：国际电信日

5 月 22 日：国际生物多样性日

6 月 5 日：世界环境日

6 月 8 日：世界海洋日

6 月 11 日：中国人口日

6 月 17 日：世界防治荒漠化和干旱日

6 月 25 日：全国土地日

7 月 11 日：世界人口日

9 月 14 日：世界清洁地球日

9 月 16 日：国际臭氧层保护日

10 月第二个星期三：国际减轻自然灾害日

10 月 9 日：世界邮政日

10 月 14 日：世界标准日

11 月 9 日：全国消防安全宣传教育日

参考文献

1. 建筑设备（第二版）李祥平、闫增峰、吴小虎主编　中国建筑工业出版社，2013

2. 城市工程系统规划（第二版）戴慎志主编　中国建筑工业出版社，2008

3. 城市给水排水（第二版）姚雨霖等编　中国建筑工业出版社，1986

4. 给水工程（第三版）严煦世、范瑾初主编　中国建筑工业出版社，1995

5. 燃气工程技术手册　姜正候主编　同济大学出版社，1993

6. 城市冷、暖、汽三联供手册　曾志诚主编　中国建筑工业出版社，1995

7. 实用集中供热手册　李善化主编　中国电力出版社

8. 供热锅炉房及其环保设计技术措施　陈秉林、侯辉主编　中国建筑工业出版社，1989

9. 城市供热手册　汤惠芬，范季贤等编　天津科学技术出版社，1991

10. 燃气输配（第三版）段常贵主编　中国建筑工业出版社，2001

11. 煤气规划手册　邓渊主编　中国建筑工业出版社，1992

12. 燃气管道供应　华景新主编　化学工业出版社，2007

13. 电信规划方法　马永源、马力编著　北京邮电大学出版社，2001

14. 固体废物处理与处置工程学　陈昆柏等编著　中国环境科学出版社，2005

15. 固体废物处理及污染的控制与治理　赵勇胜、董军、洪梅编著　化学工业出版社，2009

16．工业固体废物处理及回收利用　王琪主编　中国环境科学出版社，2006

17．建筑垃圾处理与资源化　王罗春、赵由才编著　化学工业出版社，2004

18．环境生态学　程胜高、罗泽娇、曾克峰编著　化学工业出版社，2003

19．城市综合防灾规划　戴慎志主编　中国建筑工业出版社

20．城市综合防灾理论与实践　尚春明、翟宝辉主编　中国建筑工业出版社

21．城市公共安全应急与管理　董华、张吉光主编　化学工业出版社

22．地下工程与城市防灾　崔京浩主编　中国水利水电出版社